U0803140

国家重点生态功能区县域生态环境质量监测评价与考核技术指南

（第二版）

中国环境监测总站　编

中国环境出版集团·北京

图书在版编目（CIP）数据

国家重点生态功能区县域生态环境质量监测评价与考核技术指南/中国环境监测总站编. —2 版. —北京：中国环境出版集团，2019.4

ISBN 978-7-5111-3941-2

Ⅰ. ①国… Ⅱ. ①中… Ⅲ. ①县—区域生态环境—环境质量评价—中国—指南 Ⅳ. ①X321.2-62

中国版本图书馆 CIP 数据核字（2019）第 056401 号

出 版 人 武德凯
责任编辑 曲 婷
责任校对 任 丽
封面设计 宋 瑞

出版发行 中国环境出版集团
（100062 北京市东城区广渠门内大街 16 号）
网 址：http://www.cesp.com.cn
电子邮箱：bjgl@cesp.com.cn
联系电话：010-67112765（编辑管理部）
发行热线：010-67125803，010-67113405（传真）
印 刷 北京中科印刷有限公司
经 销 各地新华书店
版 次 2019 年 4 月第 1 版
印 次 2019 年 4 月第 1 次印刷
开 本 787×1092 1/16
印 张 22.5
字 数 492 千字
定 价 98.00 元

前　言

国家重点生态功能区是指在水源涵养、水土保持、防风固沙、生物多样性维护等方面具有关键作用的区域，对维护国家或地区生态安全具有重要意义。国家一直非常重视对重点或脆弱生态区域的保护，先后制定并发布了一系列规划。2000 年，国务院发布《全国生态环境保护纲要》（国发〔2000〕38 号），指出“江河源头区、重要水源涵养区、水土保持重点预防保护区和监督区、江河洪水调蓄区、防风固沙区和重要渔业水域等重要生态功能区，在保持流域、区域生态平衡，减轻自然灾害，确保国家和地区生态环境安全方面具有重要作用，对这些区域的现有植被和自然生态系统应严加保护，通过建立生态功能保护区，实施保护措施，防止生态环境的破坏和生态功能的退化”。2008 年，环境保护部、中国科学院联合发布了《全国生态功能区划》方案，该方案在分析区域生态特征、生态系统服务功能以及生态敏感性空间分异规律基础上，确定我国不同地域单元的主导生态功能；同时根据生态功能区对保障国家生态安全的重要性，以水源涵养、水土保持、防风固沙、生物多样性保护和洪水调蓄 5 类主导生态调节功能为基础，确定了 50 个重要生态服务功能区域。2010 年，国务院发布了《全国主体功能区规划》方案，将国土空间划分为优化开发区、重点开发区、限制开发区及禁止开发区四类，国家重点生态功能区作为限制开发区的重要组成部分，列出了水源涵养、水土保持、防风固沙、生物多样性维护四种生态服务功能类型的 25 个国家重点生态功能区，同时确定了每个重点生态功能区包括的县域名单。按照《全国主体功能区规划》，国家重点生态功能区的功能定位是：保障国家生态安全的重要区域，人与自然和谐相处的示范区；以保护和修复生态环境、提供生态产品为首要任务，因地制宜地发展不影响主体功能定位的产业，引导超载人口逐渐有序转移。在开发管制方面，要遵循以下原则：①对各类开发活动进行严格管制，尽可能减少对自然生态系统的干扰，不得损害生态系统的稳定性和完整性；②开发矿产资源、发展适宜产业和建设基础设施，都要控制在尽可能小的空间范围之内；③严格控制开发强度，逐步减少农村居民点占用的空间，腾出更多的空间用于维系生态系统的良性循环；④实行更加严格的产业准入环境标准，严把项目准入关；⑤在现有城镇布局基础上进一步集约开发、集中建设，重点规划和建设资源环境承载能力相对较强的县城和中心镇，提高综合承载能力；⑥加强县城和中心镇的道路、供排水、垃圾污水处理等基础设施建设。2016年，国务院印发了《国务院关于同意新增部分县（市、区、旗）纳入国家重点生态功能区的批复》（国函〔2016〕161号），文中同意新增纳入国家重点生态功能区的县（市、区、旗）名单，并提出：地方各级人民政府、各有关部门要牢固树立绿色发展理念，加强生态保护和修复，根据国家重点生态功能区定位，合理调控工业化、城镇化开发内容和边界，保持并提高生态产品供给能力；地方各级人民政府要严格实行重点生态功能区产业准入负面清单制度，新纳入的县（市、区、旗）要尽快制定产业准入负面清单，确保在享受财政转移支付等优惠政策的同时，严格按照主体功能区定位谋划经济社会发展。

为落实《全国主体功能区规划》，财政部于2008年开展了国家重点生态功能区财政转移支付，探索建立国家主体功能区限制开发区的生态补偿制度，制定了《国家重点生态功能区转移支付办法》，用以规范转移支付资金的管理、绩效及奖惩。截至2018年，国家重点生态功能区转移支付涉及29个省（自治区、直辖市）及新疆生产建设兵团的818个县（区、市）。该项资金对国家重点生态功能区县级政府加强生态环境保护，切实维护好生态系统在水源涵养、水土保持、防风固沙、生物多样性维护方面的功能具有重要作用；同时该项工作具有明确的政策导向，给地方政府发出强烈的信号，保护生态环境不仅关乎国家整体利益，而且与自身利益紧密相关。

为评估国家重点生态功能区财政转移支付资金使用效果，环保部、财政部于2009年启动了国家重点生态功能区县域生态环境质量监测、评价与考核评价工作，以生态环境质量监测、定量化评价作为衡量转移支付资金使用效果的依据，建立了国家重点生态功能区转移支付绩效评估技术方法体系和业务化体系。随着国家生态环境管理形势需要以及生态环境质量监测、评价与考核的不断深入，环境保护部与财政部联合制定并印发了《关于加强“十三五”国家重点生态功能区县域生态环境质量监测评价与考核工作的通知》（环办监测函〔2017〕279号），用于指导“十三五”期间的国家重点生态功能区县域生态环境质量监测评价与考核工作。

本技术指南是在2014年出版的《国家重点生态功能区县域生态环境质量监测评价与考核技术指南》的基础上，整理了最新的国家重点生态功能区县域生态环境质量监测、评价与考核工作的有关技术方案和要求，更新了重点生态功能区县域生态环境质量监测、评价与考核系统使用指南等，方便参与国家重点生态功能区县域生态环境质量考核工作的管理及技术人员使用。

目 录

上篇 有关制度和技术方案

下篇 重点生态功能区县域生态环境质量监测评价与考核系统使用指南

上　篇

有关制度和技术方案

第 1 章
关于加强“十三五”国家重点生态功能区县域生态环境质量监测评价与考核工作的通知

（环办监测函〔2017〕279 号）

各省、自治区、直辖市环境保护厅（局）、财政厅（局），新疆生产建设兵团环境保护局、财政局：

为贯彻落实《环境保护法》和《生态环境监测网络建设方案》，“十三五”国家重点生态功能区县域生态环境质量监测、评价与考核工作，突出以生态环境质量改善为核心，坚持科学监测、综合评价、测管协同原则，为国家重点生态功能区财政转移支付提供科学依据，为国家生态文明建设成效考核提供技术支撑。现将有关事项通知如下：

一、监测评价指标体系

（一）补齐环境空气质量指标。落实《大气污染防治行动计划》，根据《环境空气质量标准》（GB 3095—2012），空气质量指标由原来的 3 项污染物（二氧化硫、二氧化氮、可吸入颗粒物）增加至 6 项污染物（二氧化硫、二氧化氮、可吸入颗粒物、细颗粒物、臭氧、一氧化碳）。

（二）完善水环境质量指标。落实《水污染防治行动计划》，按照“十三五”国家地表水环境质量监测要求，在涉水县域境内主要河流、湖库布设监测点位（含断面，下同），同时开展县城在用集中式饮用水水源地水质监测。

（三）新增土壤环境质量指标。落实《土壤污染防治行动计划》的有关要求，根据现行国家土壤环境质量标准和评价方法增加土壤环境质量指标。

（四）调整自然生态指标。紧密结合生态保护红线监管要求，在自然生态指标中增加生态保护红线内容，将原来的“受保护区域面积比”指标调整为“生态保护红线等受保护区域面积所占比例”指标。

（五）调整污染源方面的评价指标。将“污染源排放达标率”“主要污染物排放强度”和“城镇污水集中处理率”3 个技术指标调整为监管指标，并将“主要污染物排放强度”作为专项指标进行评价。

自本通知印发之日起，各地应按照《国家重点生态功能区县域生态环境质量监测评价与考核实施细则》（见附件 1），组织开展国家重点生态功能区县域生态考核工作。

二、监测工作模式

（一）自然生态监测工作

自然生态监测由国家统一组织实施。

（二）环境质量监测工作

环境质量监测工作包括环境空气质量监测、水环境质量（含饮用水水源地水质）监测和土壤环境质量监测。

1. 环境质量监测点位全部为国控点位或省控点位。考核县域内环境质量监测点位除国控点位外，全部设为省控点位，由省级环境保护主管部门负责管理并组织监测。

环境空气质量监测点位除目前的国控点位外，其余点位全部设为省控点位。

依据《“十三五”国家地表水环境监测网设置方案》（环监测〔2016〕30 号）进行调整的地表水水质监测点位按照国控点位管理，其余点位全部设为省控点位。县城集中式饮用水水源地水质监测点位全部设为省控点位。

土壤环境质量监测点位均为国控点位，由国家统一组织布设。

2. 环境质量监测工作组织方式。国控点位由国家组织监测。省控点位由省级环境保护主管部门组织监测，根据本地区实际情况确定监测方式，同时负责本行政区域内考核县域环境监测质量控制工作。

（三）污染源监测

省级环境保护主管部门应按照《生态环境监测网络建设方案》和《省以下环保机构监测监察执法垂直管理制度改革试点工作的指导意见》，统筹组织实施监测工作。

（四）现场核查工作

现场核查分为国家核查和省级核查两类。国家核查以现场抽查为主，由环境保护部统一组织。省级核查由省级环境保护主管部门会同省级财政主管部门组织实施，可采取问题导向核查或专项核查方式，每年开展重点核查。新增县域核查由省级组织实施，两年内完成。

自本通知印发之日起，各地应按照《国家重点生态功能区县域生态环境质量考核现场核查指南》（见附件 2）要求，认真做好考核县域生态环境现场核查工作。

三、工作要求

（一）加强组织领导。各相关省（区、市）环境保护、财政主管部门要高度重视县域生态考核工作，建立部门联动机制，做好经费保障，确保考核工作顺利实施。同时，强化考核结果在财政转移支付、生态保护红线、国家生态文明建设示范区、国家生态文明试验区等保护绩效评估中的应用，将其作为推进国家生态文明建设的有力抓手。

（二）加强重点区域考核。根据考核县域生态功能类型、生态功能重要性实施精准考核，特别是对祁连山水源涵养功能区等“两屏三带”区域、福建省等生态文明试验区的县域要加大考核力度，严守生态保护红线，重点加强卫星巡查、无人机抽查、现场核查等日常监管工作。对自然保护区等禁止开发区监管不力、产业准入负面清单落实不到位以及主要污染物排放强度不降反升等情况，直接扣减转移支付资金，并予以查处。

（三）加强点位（断面）规范管理。省级环境保护主管部门要进一步加强对县域生态环境质量监测点位（断面）及重点污染源监测名单的管理。被考核县级人民政府不得擅自变更、调整或撤销监测点位（断面），否则监测数据视为无效。

（四）加强数据质量管理。严格按照法律法规和技术规范要求开展监测，对于故意篡改、伪造监测数据的行为，一经查实，依据《环境保护法》和《最高人民法院、最高人民检察院关于办理环境污染刑事案件适用法律若干问题的解释》严肃查处。

附件：1. 国家重点生态功能区县域生态环境质量监测评价与考核实施细则（试行）

2. 国家重点生态功能区县域生态环境质量监测评价与考核现场核查指南

环境保护部办公厅

财政部办公厅

2017 年 2 月 27 日

附件 1

国家重点生态功能区县域生态环境质量监测评价与考核实施细则

（试　行）

第一部分　总　则

为做好“十三五”国家重点生态功能区县域生态环境质量监测、评价与考核工作，为国家重点生态功能区财政转移支付提供科学依据，特制定《国家重点生态功能区县域生态环境质量监测评价与考核实施细则（试行）》。

国家重点生态功能区县域生态环境质量监测评价与考核指标体系包括技术指标和监管指标两部分（表 1）。

技术指标由自然生态指标和环境状况指标组成，突出水源涵养、水土保持、防风固沙和生物多样性维护等四类生态功能类型的差异性。

监管指标包括生态环境保护管理指标、自然生态变化详查指标以及人为因素引发的突发环境事件指标三部分。

表 1　国家重点生态功能区县域生态环境质量监测评价与考核指标体系

指标类型		一级指标	二级指标
技术指标	防风固沙	自然生态指标	植被覆盖指数
			生态保护红线区等受保护区域面积所占比例
			林草地覆盖率
			水域湿地覆盖率
			耕地和建设用地比例
			沙化土地面积所占比例
		环境状况指标	土壤环境质量指数
			III类及优于III类水质达标率
			优良以上空气质量达标率
			集中式饮用水水源地水质达标率

指标类型		一级指标	二级指标
技术指标	水土保持	自然生态指标	植被覆盖指数
			生态保护红线区等受保护区域面积所占比例
			林草地覆盖率
			水域湿地覆盖率
			耕地和建设用地比例
			中度及以上土壤侵蚀面积所占比例
		环境状况指标	土壤环境质量指数
			Ⅲ类及优于Ⅲ类水质达标率
			优良以上空气质量达标率
			集中式饮用水水源地水质达标率
	生物多样性维护	自然生态指标	生物丰度指数
			林地覆盖率
			草地覆盖率
			水域湿地覆盖率
			耕地和建设用地比例
			生态保护红线区等受保护区域面积所占比例
		环境状况指标	土壤环境质量指数
			Ⅲ类及优于Ⅲ类水质达标率
			优良以上空气质量达标率
			集中式饮用水水源地水质达标率
	水源涵养	自然生态指标	水源涵养指数
			林地覆盖率
			草地覆盖率
			水域湿地覆盖率
			耕地和建设用地比例
			生态保护红线区等受保护区域面积所占比例
		环境状况指标	土壤环境质量指数
			Ⅲ类及优于Ⅲ类水质达标率
			优良以上空气质量达标率
			集中式饮用水水源地水质达标率
监管指标		生态环境保护管理	
		自然生态变化详查	
		人为因素引发的突发环境事件	

第二部分 技术指标

一、自然生态指标

（一）林地覆盖率

1. 指标解释：指县域内林地（有林地、灌木林地和其他林地）面积占县域国土面积的比例。林地是指生长乔木、竹类、灌木的土地，以及沿海生长的红树林的土地，包括迹地；不包括居民点内部的绿化林木用地，铁路、公路征地范围内的林木以及河流沟渠的护堤林。有林地是指郁闭度大于 0.3 的天然林和人工林，包括用材林、经济林、防护林等成片林地；灌木林地指郁闭度大于 0.4、高度在 2 m 以下的矮林地和灌丛林地；其他林地包括郁闭度为 0.1～0.3 的疏林地以及果园、茶园、桑园等林地。

2. 计算公式：林地覆盖率=（有林地面积+灌木林地面积+其他林地面积）/县域国土面积×100%

（二）草地覆盖率

1. 指标解释：指县域内草地（高覆盖度草地、中覆盖度草地和低覆盖度草地）面积占县域国土面积的比例。草地是指生长草本植物为主、覆盖度在 5%以上的土地，包括以牧为主的灌丛草地和树木郁闭度小于 0.1 的疏林草地。高覆盖度草地是指植被覆盖度大于 50%的天然草地、人工牧草地及树木郁闭度小于 0.1 的疏林草地。中覆盖度草地是指植被覆盖度 20%～50%的天然草地、人工牧草地。低覆盖度草地是指植被覆盖度 5%～20%的草地。

2. 计算公式：草地覆盖率=（高覆盖度草地面积+中覆盖度草地面积+低覆盖度草地面积）/县域国土面积×100%

（三）林草地覆盖率

1. 指标解释：指县域内林地、草地面积之和占县域国土面积的比例。

2. 计算公式：林草地覆盖率=林地覆盖率+草地覆盖率

（四）水域湿地覆盖率

1. 指标解释：指县域内河流（渠）、湖泊（库）、滩涂、沼泽地等湿地类型的面积占县域国土面积的比例。水域湿地是指陆地水域、滩涂、沟渠、水利设施等用地，不包括滞洪区和已垦滩涂中的耕地、园地、林地等用地。河流（渠）是指天然形成或人工开挖的线状水体，河流水面是河流常水位岸线之间的水域面积；湖泊（库）是指天然或人工形成的面状水体，包括天然湖泊和人工水库两类；滩涂包括沿海滩涂和内陆滩涂两类，其中沿海滩涂是指沿海大潮高潮位与低潮位之间的潮浸地带，内陆滩涂是指河流湖泊常水位至洪水位间的滩地；时令湖、河流洪水位以下的滩地；水库、坑塘的正常蓄水位与洪水位之间的滩地。沼泽地是指地势平坦低洼，排水不畅，季节性积水或常年积水以生长湿生植物为主地段。

2. 计算公式：水域湿地覆盖率=［河流（渠）面积+湖泊（库）面积+滩涂面积+沼泽地面积］/县域国土面积×100%

（五）耕地和建设用地比例

1. 指标解释：指耕地（包括水田、旱地）和建设用地（包括城镇建设用地、农村居民点及其他建设用地）面积之和占县域国土面积的比例。耕地是指耕种农作物的土地，包括熟耕地、新开地、复垦地和休闲地（含轮歇地、轮作地）；以种植农作物（含蔬菜）为主，间有零星果树、桑树或其他树木的土地；耕种三年以上，平均每年能保证收获一季的已垦滩地和海涂；临时种植药材、草皮、花卉、苗木的耕地，以及临时改变用途的耕地。水田是指有水源保证和灌溉设施，在一般年景能正常灌溉，用于种植水稻、莲藕等水生农作物的耕地，也包括实行水生、旱生农作物轮作的耕地。旱地是指无灌溉设施，靠天然降水生长的农作物用地；以及有水源保证和灌溉设施，在一般年景能正常灌溉，种植旱生农作物的耕地；以种植蔬菜为主的耕地，正常轮作的休闲地和轮歇地。建设用地是指城乡居民地（点）及城镇以外的工矿、交通等用地。城镇建设用地是指大、中、小城市及县镇以上的建成区用地；农村居民点是指农村地区农民聚居区；其他建设用地是指独立于城镇以外的厂矿、大型工业区、油田、盐场、采石场等用地以及机场、码头、公路等用地及特殊用地。

2. 计算公式：耕地和建设用地比例=（水田面积+旱地面积+城镇建设用地面积+农村居民点面积+其他建设用地面积）/县域国土面积×100%

（六）生态保护红线区等受保护区域面积所占比例

1. 指标解释：指县域内生态保护红线区、自然保护区等受到严格保护的区域面积占县域国土面积的比例。受保护区域包括生态保护红线区、各级（国家、省、市或县级）自然保护区、（国家或省级）风景名胜区、（国家或省级）森林公园、国家湿地公园、国家地质公园、集中式饮用水水源地保护区。

2. 计算公式：生态保护红线区等受保护区域面积所占比例=（生态保护红线区面积+自然保护区面积+风景名胜区面积+森林公园面积+湿地公园面积+地质公园面积+集中式饮用水水源地保护区面积−重复面积）/县域国土面积×100%

（七）中度及以上土壤侵蚀面积所占比例

1. 指标解释：针对水土保持功能类型县域，侵蚀强度在中度及以上的土壤侵蚀面积之和占县域国土面积的比例。侵蚀强度分类按照水利部门的《土壤侵蚀分类分级标准》（SL 190—2007），分为微度、轻度、中度、强烈、极强烈和剧烈 6 个等级。

2. 计算公式：中度及以上土壤侵蚀面积所占比例=（土壤中度侵蚀面积+土壤强烈

侵蚀面积+土壤极强烈侵蚀面积+土壤剧烈侵蚀面积）/县域国土面积×100%

（八）沙化土地面积所占比例

1. 指标解释：针对防风固沙功能类型县域，除固定沙丘（地）之外的沙化土地面积之和占县域国土面积的比例。沙化土地分类按照林业部门荒漠化与沙化土地调查分类标准，分为固定沙丘（地）、半固定沙丘（地）、流动沙丘（地）、风蚀残丘、风蚀劣地、戈壁、沙化耕地、露沙地 8 种类型。

2. 计算公式：沙化土地面积所占比例=［半固定沙丘（地）面积+流动沙丘（地）面积+风蚀残丘面积+风蚀劣地面积+戈壁面积+沙化耕地面积+露沙地面积］/县域国土面积×100%

（九）植被覆盖指数

1. 指标解释：指县域内林地、草地、耕地、建设用地和未利用地等土地生态类型的面积占县域国土面积的综合加权比重，用于反映县域植被覆盖的程度。

2. 计算公式：植被覆盖指数= *A*×［0.38×（0.6×有林地面积+0.25×灌木林地面积+0.15×其他林地面积）+0.34×（0.6×高盖度草地面积+0.3×中盖度草地面积+0.1×低盖度草地面积）+0.19×（0.7×水田面积+0.30×旱地面积）+0.07×（0.3×城镇建设用地面积+0.4×农村居民点面积+0.3×其他建设用地面积）+0.02×（0.2×沙地面积+0.3×盐碱地面积+0.3×裸土地面积+0.2×裸岩面积）］/县域国土面积。其中，*A* 为植被覆盖指数的归一化系数（值为 458.5），以县级尺度的林地、草地、耕地、建设用地等生态类型数据加权，并以 100 除以最大的加权值获得；通过归一化系数将植被覆盖指数值处理为 0～100 之间的无量纲数值。

（十）生物丰度指数

1. 指标解释：指县域内不同生态系统类型生物物种的丰贫程度，根据县域内林地、草地、耕地、水域湿地等不同土地生态类型对生物物种多样性的支撑程度进行综合加权获得。

2. 计算公式：生物丰度指数= *A*×［0.35×（0.6×有林地面积+0.25×灌木林地面积+0.15×其他林地面积）+0.21×（0.6×高盖度草地面积+0.3×中盖度草地面积+0.1×低盖度草地面积）+0.11×（0.6×水田面积+0.40×旱地面积）+0.04×（0.3×城镇建设用地面积+0.4×农村居民点面积+0.3×其他建设用地面积）+0.01×（0.2×沙地面积+0.3×盐碱地面积+0.3×裸土地面积+0.2×裸岩面积）+0.28×（0.1×河流面积+0.3×湖库面积+0.6×滩涂面积）］/县域国土面积。其中，*A* 为生物丰度指数的归一化系数（值为 511.3），以县级尺度的林地、草地、水域湿地、耕地、建设用地等生态类型数据加权，并以 100 除以最大的加权值获得；通过归一化系数将生物丰度指数值处理为 0～100 之间的无量纲数值。

（十一）水源涵养指数

1. 指标解释：指县域内生态系统水源涵养功能的强弱程度，根据县域内林地、草地及水域湿地在水源涵养功能方面的差异进行综合加权获得。

2. 计算公式：水源涵养指数=*A*×［0.45×（0.1×河流面积+0.3×湖库面积+0.6×沼泽面积）+0.35×（0.6×有林地面积+0.25×灌木林地面积+0.15×其他林地面积）+0.20×（0.6×高盖度草地面积+0.3×中盖度草地面积+0.1×低盖度草地面积）］/县域国土面积。其中，*A* 为水源涵养指数的归一化系数（值为 526.7），以县级尺度的林地、草地、水域湿地三种生态类型数据加权，并以 100 除以最大的加权值获得；通过归一化系数将水源涵养指数值处理为 0～100 之间的无量纲标数值。

二、环境状况指标

（一）Ⅲ类或优于Ⅲ类水质达标率

1. 指标解释：指县域内所有经认证的水质监测断面中，符合Ⅰ～Ⅲ类水质的监测次数占全部认证断面全年监测总次数的比例。

2. 计算公式：Ⅲ类或优于Ⅲ类水质达标率=认证断面达标频次之和/认证断面全年监测总频次×100%

（二）集中式饮用水水源地水质达标率

1. 指标解释：指县域范围内在用的集中式饮用水水源地的水质监测中，符合Ⅰ～Ⅲ类水质的监测次数占全年监测总次数的比例。

2. 计算公式：集中式饮用水水源地水质达标率=饮用水水源地监测达标频次/饮用水水源地全年监测总频次×100%

（三）优良以上空气质量达标率

1. 指标解释：指县域范围内城镇空气质量优良以上的监测天数占全年监测总天数的比例。执行《环境空气质量标准》（GB 3095—2012）及相关技术规范。

2. 计算公式：优良以上空气质量达标率=空气质量优良天数/全年监测总天数×100%

（四）土壤环境质量指数

1. 指标解释：采用土壤环境质量指数（SQI）评价县域土壤环境质量状况。按照《土壤环境质量标准》（GB 15618—1995），计算每个监测点位的最大单项污染指数 $P_{ip\max}$，获得对应的土壤环境质量评级，并将质量评级转换为土壤环境质量指数。

2. 计算公式：$\mathrm{SQI}=\sum_{i=1}^{n}\mathrm{SQI}_i \Big/ n$

式中：SQI_i 为单个监测点位的土壤环境质量指数值，介于 0～100 之间；n 为县域内土壤环境质量监测点位数量。

3. 计算方法：

基于单个监测点位的土壤最大单项污染指数计算公式如下：

$$P_{ipmax}=MAX（P_{ip1}，P_{ip2}，\cdots，P_{ipn}）$$

式中，P_{ip} 为单项污染指数；n 为项目数，$P_{ip}=\frac{污染物实测值}{污染物质量标准}$。

表 2 土壤环境质量指数 SQI 计算方法

等级	P_{ipmax}	质量评级	SQI 阈值	SQI 计算方法
Ⅰ	$P_{ipmax}\leqslant 1$	无污染	80～100	$100-20\times P_{ipmax}$
Ⅱ	$1<P_{ipmax}\leqslant 2$	轻微污染	60～80	$80-20\times（P_{ipmax}-1）$
Ⅲ	$2<P_{ipmax}\leqslant 3$	轻度污染	40～60	$60-20\times（P_{ipmax}-2）$
Ⅳ	$3<P_{ipmax}\leqslant 5$	中度污染	20～40	$40-10\times（P_{ipmax}-3）$
Ⅴ	$P_{ipmax}>5$	重度污染	0～20	$25-P_{ipmax}$

三、评价方法

（一）评价模型

1. 县域生态环境质量状况值（EI）

县域生态环境质量采用综合指数法评价，以 EI 表示县域生态环境质量状况，计算公式为：

$$\mathrm{EI}=w_{\mathrm{eco}}\mathrm{EI}_{\mathrm{eco}}+w_{\mathrm{env}}\mathrm{EI}_{\mathrm{env}}$$

其中：$\mathrm{EI}_{\mathrm{eco}}$ 为自然生态指标值；w_{eco} 为自然生态指标权重；$\mathrm{EI}_{\mathrm{env}}$ 为环境状况指标值；w_{env} 为环境状况指标权重。$\mathrm{EI}_{\mathrm{eco}}$、$\mathrm{EI}_{\mathrm{env}}$ 分别由各自的二级指标加权获得。

自然生态指标值：$\mathrm{EI}_{\mathrm{eco}}=\sum_{i=1}^{n}w_i\times X_i'$

环境状况指标值：$\mathrm{EI}_{\mathrm{env}}=\sum_{i=1}^{n}w_i\times X_i'$

其中：w_i 为二级指标权重；X_i' 为二级指标标准化后的值。

2. 县域生态环境质量状况变化值（$\Delta\mathrm{EI}'$）

以 $\Delta\mathrm{EI}'$ 表示县域生态环境质量状况变化情况，计算公式为：

$$\Delta\mathrm{EI}'=\mathrm{EI}_{评价考核年}-\mathrm{EI}_{基准年}$$

表 3　国家重点生态功能区县域生态环境质量监测评价与考核技术指标权重

功能类型	一级指标		二级指标	
	名称	权重	名称	权重
防风固沙	自然生态指标	0.70	植被覆盖指数	0.24
			生态保护红线区等受保护区域面积所占比例	0.10
			林草地覆盖率	0.22
			水域湿地覆盖率	0.20
			耕地和建设用地比例	0.14
			沙化土地面积所占比例	0.10
	环境状况指标	0.30	土壤环境质量指数	0.30
			III类及优于III类水质达标率	0.15
			优良以上空气质量达标率	0.30
			集中式饮用水水源地水质达标率	0.25
水土保持	自然生态指标	0.70	植被覆盖指数	0.23
			生态保护红线区等受保护区域面积所占比例	0.13
			林草地覆盖率	0.23
			水域湿地覆盖率	0.18
			耕地和建设用地比例	0.13
			中度及以上土壤侵蚀面积所占比例	0.10
	环境状况指标	0.30	土壤环境质量指数	0.30
			III类及优于III类水质达标率	0.15
			优良以上空气质量达标率	0.30
			集中式饮用水水源地水质达标率	0.25
生物多样性维护	自然生态指标	0.70	生物丰度指数	0.23
			林地覆盖率	0.15
			草地覆盖率	0.10
			水域湿地覆盖率	0.15
			耕地和建设用地比例	0.15
			生态保护红线区等受保护区域面积所占比例	0.22
	环境状况指标	0.30	土壤环境质量指数	0.25
			III类及优于III类水质达标率	0.35
			优良以上空气质量达标率	0.20
			集中式饮用水水源地水质达标率	0.20
水源涵养	自然生态指标	0.70	水源涵养指数	0.25
			林地覆盖率	0.15
			草地覆盖率	0.10
			水域湿地覆盖率	0.15
			耕地和建设用地比例	0.15
			生态保护红线区等受保护区域面积所占比例	0.20
	环境状况指标	0.30	土壤环境质量指数	0.25
			III类及优于III类水质达标率	0.35
			优良以上空气质量达标率	0.20
			集中式饮用水水源地水质达标率	0.20

第三部分　监管指标

监管指标包括生态环境保护管理指标、自然生态变化详查指标以及人为因素引发的突发环境事件指标三部分。

一、生态环境保护管理

（一）评分方法

从生态保护成效、环境污染防治、环境基础设施运行、县域考核工作组织四个方面进行量化评价，各项目的分值相加即为该县的生态环境保护管理得分值（$EM_{管理}$）。

$EM_{管理}$满分 100 分，其中生态保护成效 20 分、环境污染防治 40 分、环境基础设施运行 20 分、县域考核工作组织 20 分（表 4）。

表 4　生态环境保护管理指标分值

指　标	分　值
1. 生态保护成效	20 分
1.1 生态环境保护创建与管理	5 分
1.2 国家级自然保护区建设	5 分
1.3 省级自然保护区建设及其他生态创建	5 分
1.4 生态环境保护与治理支出	5 分
2. 环境污染防治	40 分
2.1 污染源排放达标率与监管	10 分
2.2 污染物减排	10 分
2.3 县域产业结构优化调整	10 分
2.4 农村环境综合整治	10 分
3. 环境基础设施运行	20 分
3.1 城镇生活污水集中处理率与污水处理厂运行	8 分
3.2 城镇生活垃圾无害化处理率与处理设施运行	8 分
3.3 环境空气自动站运行及联网	4 分
4. 县域考核工作组织	20 分
4.1 组织机构和年度实施方案	5 分
4.2 部门分工	5 分
4.3 县级自查	10 分
合　　计	100 分

1. 生态保护成效（20 分）

1.1　生态环境保护创建与管理

按照国家生态文明建设示范区、环境保护模范城市、国家公园等创建要求，考核县域获得国家生态文明建设示范区、环境保护模范城市或国家公园等命名。

计分方法：5 分。

计分依据：提供关于创建成功的公告等证明材料。

1.2　国家级自然保护区建设

考核县域建成国家级自然保护区，对重要生态系统或物种实施严格保护。

计分方法：5 分。

计分依据：提供国务院批准的国家级自然保护区建设文件，以及国家级自然保护区概况等资料。

1.3　省级自然保护区建设及其他生态创建

在考核年，县域建成省级自然保护区或获得其他生态创建称号。

计分方法：5 分。

计分依据：提供省级政府批准的省级自然保护区建设文件，以及省级自然保护区概况等资料；或其他生态创建称号的文件。

1.4　生态环境保护与治理支出

在考核年，县域在生态保护与修复、环境污染防治、资源保护方面的投入占当年全县财政支出的比例。

计分方法：5 分，根据支出比例计算得分（生态环境治理与保护支出比例×5）。

计分依据：县域生态环境保护与治理的预算支出凭证、当年全县财政支出等数据。

2. 环境污染防治（40 分）

2.1　污染源排放达标率与监管

县域内纳入监控的污染源排放达到相应排放标准的监测次数占全年监测总次数的比例。污染源排放执行地方或国家行业污染物排放（控制）标准，对于暂时没有针对性排放标准的企业，可执行地方或国家污染物综合排放标准。

计分方法：10 分。其中污染源排放达标率满分 7 分，按照达标率高低计分（污染源排放达标率×7）；污染源监管 3 分，考核污染源企业自行监测、信息公开以及环境监察情况。

计分依据：提供纳入监控的污染源名单、监督性监测报告、自行监测报告及监测信息公开、环境监察记录等资料。

2.2　污染物减排

考核主要污染物排放强度和年度减排责任书完成情况，其中主要污染物排放强度指县域二氧化硫、氮氧化物、化学需氧量和氨氮排放量与县域国土面积的比值。

计分方法：10 分。县域年度减排任务完成情况 3 分；主要污染物排放强度降低率 7 分。与考核年的上年相比，县域主要污染物排放强度不增加，按照排放强度降低率计算得分$\left(\frac{x_{考核上年}-x_{考核年}}{x_{考核上年}}\times 7\right)$；若与考核年的上年相比，排放强度增加，则得 0 分。

计分依据：考核年和上一年度主要污染物排放量统计数据，县域年度减排责任书签订与完成情况的认定材料。

2.3 县域产业结构优化调整

县域制定并落实重点生态功能区县域产业准入负面清单情况以及第二产业所占比例变化。

计分方法：10 分。其中，产业准入负面清单落实情况 5 分，重点考核县域是否制定负面清单以及考核年负面清单落实情况（根据发改部门制定的产业准入负面清单，考核年对现有企业淘汰或升级改造情况，以及新增企业是否属于负面清单）；县域第二产业所占比例变化 5 分，与考核年的上年相比，第二产业所占比例动态变化情况，若考核年第二产业所占比例与上年相比增加，则不得分；若降低，则按照降低幅度计算得分$\left[\left(p_{考核上年}-p_{考核年}\right)\times 5\right]$。

计分依据：提供发改等部门制定的产业准入负面清单以及考核年县域对现有企业淘汰或升级改造情况，以及新增企业是否有列入负面清单的等相关材料。考核年以及上一年度第二产业增加值和县域生产总值数据。

2.4 农村环境综合整治

县域开展农村环境综合整治情况，包括农村环境综合整治率、乡镇生活垃圾集中收集率、乡镇生活污水集中收集率三个指标。

计分方法：10 分。其中，农村环境综合整治率 6 分，指完成农村环境综合整治和新农村建设的行政村占县域内所有行政村的比例，得分为农村环境综合整治率×6；乡镇生活垃圾收集率 2 分，得分为乡镇生活垃圾收集率×2；乡镇生活污水收集率 2 分，得分为乡镇生活污水收集率×2。

计分依据：提供已经完成农村环境综合整治、新农村建设项目情况，以及乡镇生活垃圾、生活污水收集统计数据。

3. 环境基础设施运行（20 分）

3.1 城镇生活污水集中处理率与污水处理厂运行

城镇生活污水集中处理率为县域范围内城镇地区经过污水处理厂二级或二级以上处理且达到相应排放标准的污水量占城镇生活污水全年排放量的比例。

计分方法：8 分。其中，城镇生活污水处理率 5 分，按照处理率高低计分（城镇生活污水集中处理率×5）；污水处理厂运行情况 3 分。

计分依据：提供污水处理厂运行、在线监控数据、有效性监测报告等资料以及年度污水排放总量、收集量、达标排放量、污水管网建设等材料。

3.2　城镇生活垃圾无害化处理率与处理设施运行

城镇生活垃圾无害化处理率为县域范围内城镇生活垃圾无害化处理量占垃圾清运量的比例。

计分方法：8 分。其中，城镇生活垃圾无害化处理率 5 分，按照处理率高低计分（城镇生活垃圾无害化处理率×5）；城镇生活垃圾处理设施运行情况 3 分。

计分依据：提供县域生活垃圾产生量、清运量、处理量等数据以及生活垃圾处理设施运行状况资料。

3.3　环境空气自动站建设及联网情况

建成环境空气自动站，并与省或国家联网。

计分方法：4 分。其中，建成空气自动站，2 分；实现环境空气自动站与省或国家联网，2 分。

计分依据：提供空气自动站验收材料，省级部门出具的联网证明等。

4. 县域考核工作组织（20 分）

4.1　组织机构和年度实施方案

县级党委政府重视生态环境保护工作，成立由党委、政府领导牵头的考核工作领导小组，组织协调县域考核工作。按照国家年度考核实施方案，县级政府制定本县域年度考核工作实施方案。

计分方法：5 分。

计分依据：提供县级党委政府成立县域考核协调机构的文件，提供县政府制定的年度考核工作实施方案等材料。

4.2　部门分工

根据考核指标体系，明确各部门职责分工。

计分方法：5 分。

计分依据：提供县政府制定的考核任务部门职责分工文件材料。

4.3　县级自查情况

县级政府自查报告编制及填报数据资料完整性、规范性和有效性。

计分方法：10 分。

计分依据：自查报告能够体现政府的生态环境保护工作和成效，内容丰富数据详实；填报数据真实可靠，无填报错误，具有相关部门的证明文件。

（二）评价方法

生态环境保护管理评价以省级评分为主，国家抽查。根据每个县域生态环境保护管理得分（$EM_{管理}$），以省为单位将各考核县域的评分值归一化处理为−1.0～+1.0 之间的无量纲值，作为生态环境保护管理评价值，以 $EM'_{管理}$表示，公式如下：

$$EM'_{管理}=\begin{cases}1\times(EM_{管理}-EM_{avg})/(EM_{max}-EM_{avg}) & 当EM_{管理}\geqslant EM_{avg}时\\ 1\times(EM_{管理}-EM_{avg})/(EM_{avg}-EM_{min}) & 当EM_{管理}<EM_{avg}时\end{cases}$$

其中：EM_{max} 为某省考核县域生态环境保护管理得分的最大值；EM_{min} 为某省考核县域生态环境保护管理得分的最小值；EM_{avg} 为某省考核县域生态环境保护管理得分的平均值。

二、自然生态变化详查

自然生态变化详查是通过考核年与基准年高分辨率遥感影像对比分析及无人机遥感核查，查找并验证局部生态系统发生变化的区域，根据变化面积、变化区域重要性确定自然生态变化详查评价值，自然生态变化详查的评价值介于−1.0～+1.0，根据变化面积确定（表 5）。

对于在生态重要区或极度敏感区发现的破坏（如自然保护区核心区或饮用水水源地保护区、生态保护红线区等）或者往年已发现的生态破坏仍没有好转的，对县域最终考核结果实行一票否决机制，将考核结果直接定为最差一档。

表 5 自然生态变化详查指标评价

局部自然生态地表变化面积		$EM'_{无人机}$
变化面积＞5 km^2	破坏	−1
	恢复	+1
2 km^2＜变化面积≤5 km^2	破坏	−0.5
	恢复	+0.5
0＜变化面积≤2 km^2	破坏	−0.3
	恢复	+0.3
未变化		0

三、人为因素引发的突发环境事件

人为因素引发的突发环境事件起负向评价作用，评价值以 $EM'_{事件}$表示，介于−0.5～0。但当县域发生特大、重大环境事件时，对最终考核结果实行一票否决机制，直接定为最差一档（表 6）。

表 6　人为因素引发的突发环境事件评价

<table>
<tr><th colspan="2">分　级</th><th>$EM'_{事件}$</th><th>判断依据</th><th>说 明</th></tr>
<tr><td rowspan="4">突发环境事件</td><td>特大环境事件</td><td rowspan="2">一票否决</td><td rowspan="4">按照《国家突发环境事件应急预案》，在评价考核年被考核县域发生人为因素引发的特大、重大、较大或一般等级的突发环境事件，若发生一次以上突发环境事件则以最严重等级为准</td><td rowspan="6">若为同一事件引起的多项扣分，则取扣分最大项，不重复计算</td></tr>
<tr><td>重大环境事件</td></tr>
<tr><td>较大环境事件</td><td>−0.5</td></tr>
<tr><td>一般环境事件</td><td>−0.3</td></tr>
<tr><td>生态环境违法案件</td><td>环境保护部通报生态环境违法事件，或挂牌督办的环境违法案件、纳入区域限批范围等</td><td>−0.5</td><td>考核县域出现由环境保护部通报的环境污染或生态破坏事件、自然保护区等受保护区域生态环境违法事件，或出现由环境保护部挂牌督办的环境违法案件以及纳入区域限批范围等</td></tr>
<tr><td>公众环境投诉</td><td>“12369”环保热线举报情况</td><td>−0.5</td><td>考核县域出现经“12369”举报并经有关部门核实的环境污染或生态破坏事件</td></tr>
</table>

第四部分　综合考核

县域生态环境质量综合考核结果以 ΔEI 表示，由技术评价结果（即县域生态环境质量变化值 $\Delta EI'$）、生态环境保护管理评价值（$EM'_{管理}$）、自然生态变化详查评价值（$EM'_{无人机}$）、人为因素引发的突发环境事件评价值（$EM'_{事件}$）四部分组成，计算公式如下：

$$\Delta EI = \Delta EI' + EM'_{管理} + EM'_{无人机} + EM'_{事件}$$

县域生态环境质量综合考核结果分为三级七类。三级为“变好”、“基本稳定”、“变差”；其中“变好”包括“轻微变好”、“一般变好”、“明显变好”，“变差”包括“轻微变差”、“一般变差”、“明显变差”（表 7）。

表 7　县域生态环境质量综合考核结果分级

<table>
<tr><th rowspan="2">变化等级</th><th colspan="3">变 好</th><th rowspan="2">基本稳定</th><th colspan="3">变 差</th></tr>
<tr><th>轻微变好</th><th>一般变好</th><th>明显变好</th><th>轻微变差</th><th>一般变差</th><th>明显变差</th></tr>
<tr><td>ΔEI 阈值</td><td>$1 \leqslant \Delta EI \leqslant 2$</td><td>$2 < \Delta EI < 4$</td><td>$\Delta EI \geqslant 4$</td><td>$-1 < \Delta EI < 1$</td><td>$-2 \leqslant \Delta EI \leqslant -1$</td><td>$-4 < \Delta EI < -2$</td><td>$\Delta EI \leqslant -4$</td></tr>
</table>

附件 2

国家重点生态功能区县域生态环境质量
监测评价与考核现场核查指南

为做好国家重点生态功能区县域生态环境质量监测、评价与考核工作，依据《环境保护法》、《关于加快推进生态文明建设的意见》（中发〔2015〕12 号）、《关于印发生态环境监测网络建设方案的通知》（国办发〔2015〕56 号）、《党政领导干部生态环境损害责任追究办法（试行）》（中办发〔2015〕45 号）等文件，制定《国家重点生态功能区县域生态环境质量监测评价与考核现场核查指南》，用于指导国家重点生态功能区县域生态环境质量监测、评价与考核现场核查（以下简称现场核查）工作。

一、核查目的

落实《国家主体功能区规划》，加强国家重点生态功能区建设，掌握国家重点生态功能区县域生态环境保护状况；督促国家重点生态功能区县级党委、政府切实履行生态环境保护主体责任，加大生态环境保护投入，不断改善县域生态环境质量，推动生态文明建设。

二、核查主体与对象

2.1　核查主体

现场核查分为国家核查和省级核查两类，作为每年县域考核的一项常态化工作纳入年度工作计划。

国家核查以抽查为主，重点核查考核结果变好和变差的县域，由环境保护部、财政部共同组织，实施主体为各区域环境保护督查中心、中国环境监测总站、环境保护部卫星环境应用中心等。

省级核查由省级环境保护主管部门联合省级财政主管部门共同开展，根据现场核查指南制定省级现场核查方案，可采取问题导向核查或专项核查方式。

2.2　核查对象

核查对象为纳入国家重点生态功能区财政转移支付的县（市、区）人民政府，具体名单根据财政部最新的国家重点生态功能区转移支付县域确定。

“十三五”期间，相关省份要对本省范围内所有转移支付县域开展至少一次现场核查，新增转移支付县域要在两年内全部完成现场核查。

三、核查内容

3.1　生态环境保护责任落实情况

县级党委、政府建立生态环境保护“党政同责、一岗双责”机制。按照国家生态文明建设制度体系，落实国家主体功能区规划，加强国家重点生态功能区建设，建立相应的环境保护工作机制和规章制度，实行环境保护目标责任制，明确相关部门的环保责任，不断改善县域生态环境质量。加强县域考核工作组织和领导，建立县域考核工作长效机制。

3.2　生态保护成效

（1）生态保护工程

为提升县域生态系统功能及生态产品供给能力，县级政府实施的生态系统保护与恢复工程，诸如防护林建设、退耕还林、退牧还草、湿地恢复与治理、水土流失治理、石漠化治理和矿山生态修复等能够改善县域整体生态质量的工程。

（2）生态保护创建

县级政府在生态保护方面取得的成效，包括创建生态文明示范区、环保模范城市、国家公园等。建立国家级（省级）自然保护区、森林公园、湿地公园等各类受保护区；划定生态保护红线，制定管控措施，对重要生态区域进行严格保护和管理。

3.3　环境保护及治理情况

（1）环境基础设施建设与运行

县域环境空气自动监测站建设、运行维护及联网状况；县域城镇生活污水集中处理设施、生活垃圾处理设施建设运行及监管、污水管网建设情况等。

（2）环境质量监测规范性

调研县域环境质量监测组织模式是否适应国家环境监测体制机制改革要求。核查县域水、空气、土等环境质量监测项目、频次规范性，以及采样、分析等监测过程规范性，实地核查地表水断面、集中式饮用水水源地等。

（3）重点污染源监管

调研“十小”污染企业取缔与重点行业治污减排情况，抽查一定数量重点污染源企业，检查污染源达标排放情况、环保在线监控设施安装与运行、企业自行监测及信息公开、环境监察等。对照年度主要污染物减排任务，抽查部分污染减排重点项目、重点工程完成情况及效果。

3.4　生态环保投入与产业结构调整

核查县域在生态保护与修复、环境污染治理、资源保护方面的投入，核算生态环境保护与治理支出占全县财政支出的比例。调研县域转移支付额度及用途。核查县域产业准入负面清单的制定和落实情况，推动产业结构优化调整。

3.5 县域突发环境案件等情况

了解县域突发环境事件、生态破坏案件处理情况，以及“12369”环保热线群众举报的环保问题处理及整改情况。

四、核查程序

现场核查程序主要包括座谈交流、资料查阅与部门沟通、实地查看等环节。

4.1 座谈交流

核查组与县级政府就生态环境保护与治理工作及取得成效进行座谈。主要内容包括：县域社会经济发展基本情况，县域推进国家重点生态功能区建设方面的措施、建立的制度、开展的工作、取得实效、存在问题和困难等。

4.2 资料查阅与部门沟通

核查组查阅县域考核工作组织机构和实施方案及部门分工文件，县政府制定或批准实施的生态环境保护制度和规划材料，本行政区域内自然保护区建设及其他生态创建材料，生态环境保护与治理支出明细，县域产业结构优化及产业准入负面清单落实材料，农村环境综合整治措施及成效，并与提供数据的县级政府相关部门进行交流，了解国家有关规划、政策的落实情况。

4.3 实地查看

实地查看内容主要包括两方面：一是县域自然生态保护与恢复情况，可结合县域不同时期遥感影像比对结果，对自然生态变化区域、生态建设工程、自然保护区等受保护区域、矿山生态环境整治等进行检查，并调研自然生态变化的合理合法性；二是县域环境保护、治理和监管能力等情况，查看环境空气自动站运行维护、环境基础设施运行（生活污水处理厂、垃圾填埋场建设及运行情况）、环境整治重点（工业园区、城乡结合部、农村环境综合整治、畜禽养殖场、城镇集中式饮用水水源地）和重点行业污染治理情况。

五、核查结果

现场核查结果主要以打分表（见附）形式体现，也可将核查情况编制成现场核查报告。现场核查打分表作为对县域考核指标体系中“生态环境保护管理”监管指标的参考依据和佐证材料，用作对生态环境保护管理相关指标评分值的修正。

附

表 8 现场核查打分表

核查内容	核 查 要 点	评 分 标 准	得分
一、生态环境保护责任机制（14 分）			
1. 生态环境保护责任落实（4 分）	县级党委政府实行生态环境保护"党政同责、一岗双责"，落实主体功能区规划，推进县域生态文明建设	生态环境保护制度与落实情况（0～4 分）	
2. 县域考核工作组织（10 分）	县域考核工作组织情况，建立长效机制，明确部门分工及职责，保障工作经费	①建立考核领导小组（3 分）； ②制定年度考核实施方案（2 分）； ③明确部门分工及职责（5 分）。 得分：①+②+③	
二、生态保护成效（30 分）			
1. 生态环境保护创建（5 分）	国家级生态文明示范区、环保模范城市、国家公园等创建规划、批复等	创建成功（5 分）；创建中（3 分）；未创建（0 分）	
2. 生态保护红线等受保护区建设（15 分）	划定保护红线，完成勘界定标，并有管控措施	全部完成（5 分）；部分完成（3 分）；未完成（0 分）	
	国家级自然保护区建设情况	已建成（5 分）；建设中（3 分）；无（0 分）	
	考核年，省级自然保护区、国家风景名胜区、森林公园等创建情况	已建成（5 分）；建设中（3 分）；无（0 分）	
3. 生态保护与修复工程实施（5 分）	考核年，县域开展生态保护与修复工程情况，如退耕还林、退牧还草、防护林建设、水土流失治理、石漠化治理、矿山生态修复等，核查工程批复、设计等资料，现场查看实施效果	保护与修复成效显著（4～5 分）；保护与修复成效一般（1～3 分）；未开展相关工作（0 分）	
4. 生态环境保护与治理支出（5 分）	考核年，县域获得的转移支付资金总额及主要用途	资金____万元；主要用途：____	调查指标
	生态环保支出占县域财政支出比例	支出比例×5 分，最高 5 分	
三、环境污染防治（21 分）			
1. 重点污染源监管（3 分）	抽查 1～2 家主要污染源企业，核查环保设施运行、企业自行监测及环境监察记录等	①在线监控设施无异常（1 分）； ②定期开展自行监测（1 分）； ③有监管部门定期监察记录（1 分）。 得分：①+②+③	
2. 污染物减排任务（3 分）	主要污染物减排责任书签订及完成情况	①县级政府签订减排任务书（2 分）；②减排任务完成情况（0～1 分）。得分：①+②	
3. 农村环境综合整治（10 分）	查阅考核年农村环境综合整治的台账和统计资料	6 分，农村综合整治率×6 分	
	查阅考核年乡镇生活垃圾收集转运台账资料	2 分，乡镇生活垃圾收集率×2 分	
	查阅考核年各乡镇生活污水收集处理台账以及统计资料	2 分，乡镇生活污水收集处理率×2 分	

核查内容	核 查 要 点	评 分 标 准	得分
4. 县域产业结构优化调整（5 分）	是否制定并印发产业准入负面清单；考核年，发改、经信等部门落实负面清单情况	①制定并印发实施产业准入负面清单（3 分）；②考核年，负面清单落实情况（0～2 分）。得分：①+②	
四、环境基础设施建设与运行（25 分）			
1. 城镇生活污水处理设施（10 分）	县城污水管网分布、污水收集处理台账、城镇年度污水排放量统计资料；污水处理厂监督监测、企业自测、在线监控设备运行情况	①污水集中处理率×7 分；②运行状况（0～3 分）。得分：①+②	
2. 城镇生活垃圾处理设施（10 分）	县城生活垃圾收集处理台账，城镇生活垃圾统计资料；生活垃圾处理设施运行情况，渗滤液处理、周边环境定期监测等	①生活垃圾无害化处理率×7 分；②运行状况（0～3 分）。得分：①+②	
3. 空气自动站运行与联网（5 分）	环境空气自动站是否正常运行，是否与省级环保部门联网	①空气自动站运行情况（0～2 分）；②与省级联网（3 分）。得分：①+②	
五、生态环境监管（10 分）			
1. 突发环境事件或生态破坏案件情况	考核年，县域突发环境事件或生态破坏案件发生情况	扣分项。发生人为因素引发的突发环境事件或生态破坏案件（扣 5 分）	
2. 群众举报及处理情况	“12369”环保热线群众举报环境问题均得到妥善处理，件件有落实	扣分项。若发现群众举报问题未处理（扣 5 分）	
3. 环境质量监测规范性（10 分）	环境质量监测规范性	环境质量监测频次、项目符合考核要求，监测报告规范（发现一处不规范之处扣 1 分，扣完为止）	
总体结论	核查专家：　　　　核查时间：____年____月____日		

第 2 章
关于印发《2017 年国家重点生态功能区县域生态环境质量监测、评价与考核工作实施方案》*的通知

（环办监测函〔2016〕1578 号）

各有关省、自治区、直辖市环境保护厅（局）、财政厅（局），新疆生产建设兵团环境保护局、财务局：

为确保 2017 年国家重点生态功能区县域生态环境质量监测、评价与考核工作顺利完成，根据《国家重点生态功能区县域生态环境质量考核办法》（环发〔2011〕18 号），环境保护部、财政部联合制定了《2017 年国家重点生态功能区县域生态环境质量监测、评价与考核工作实施方案》（见附件）。现印发给你们，请遵照执行。

附件：2017 年国家重点生态功能区县域生态环境质量监测、评价与考核工作实施方案

环境保护部办公厅

财政部办公厅

2016 年 8 月 27 日

---

* “十三五”期间执行此工作方案，如有变动另行通知。

附件

2017年国家重点生态功能区县域生态环境质量监测、评价与考核工作实施方案

为确保2017年国家重点生态功能区县域生态环境质量监测、评价与考核工作顺利完成，根据《国家重点生态功能区县域生态环境质量考核办法》（环发〔2011〕18号），特制定本实施方案。

一、适用范围

本实施方案适用于限制开发等国家重点生态功能区所属县（包括县级市、市辖区、旗等，以下统称县），具体考核县名单由财政部另行制定。

二、指标体系

按照《国家重点生态功能区县域生态环境质量监测评价与考核指标体系》（环发〔2014〕32号）、《国家重点生态功能区县域生态环境质量监测评价与考核指标体系实施细则》（环办〔2014〕96号）有关要求组织实施。

三、职责分工

财政部：负责考核工作的总体指导，与环境保护部联合印发实施方案、组织现场抽查、通报考核结果；并将考核结果应用于国家重点生态功能区转移支付。

环境保护部：负责考核工作的组织实施，与财政部联合印发实施方案、通报考核结果。组织制定县域生态环境质量监测、评价技术方案；汇总、分析各相关省（区、市）考核县域生态环境数据资料，编写技术评价报告；向财政部提交国家重点生态功能区县域生态环境质量考核报告；适时对相关省份考核工作组织情况进行抽查。

省级财政主管部门：指导行政区内考核工作，与省级环境保护主管部门联合印发实施方案、开展数据审核和现场核查等工作。研究制定省对下重点生态功能区转移支付办法，落实考核结果的应用。

省级环境保护主管部门：组织实施行政区内监测、评价与考核工作，与省级财政主管部门联合印发实施方案，组织完成考核县域的生态环境监测任务；负责考核县域生态环境监测数据质量控制和现场核查，开展工作培训、业务指导、数据汇总（审核）等；

向环境保护部提交本省（区、市）县域生态环境质量考核工作报告。

被考核县级人民政府：按照国家、省级财政和环境保护主管部门的有关要求，负责本县域自查工作。按考核要求及时开展环境监测工作，填报相关数据、资料，编写自查报告，保障相关工作经费，并对监测数据的准确性和自查报告的规范性、完整性负责。

四、工作安排

（一）县级自查

2016 年 10 月 31 日前，被考核县级人民政府认真开展自查工作，编写自查报告。按时将自查报告、资料光盘、相关证明材料等以正式文件（含电子版）报送所属省级环境保护主管部门。委托社会环境监测机构承担监测任务的，需制定实施监测数据质量控制工作方案并报省级环境保护部门备案。

县域地表水水质、集中式饮用水水源地水质、环境空气质量和污染源监测执行《2017 年国家重点生态功能区县域环境监测方案》（附后）。从 2017 年考核工作开始，监测数据按季度直报（包括第三方直报），具体要求是：2016 年 10 月 10 日前报送 2015 年第四季度和 2016 年前三季度监测数据；2017 年 1 月 10 日前报送 2016 年第四季度监测数据。从 2017 年第一季度开始，分别在每个季度结束的下个月 10 日前，向所属省级环境保护主管部门报送该季度监测数据及报告。

“生态环境保护与管理”指标中，增加“第一、二、三产业产值及比例”和“每年生态环境保护与治理的支出”两项指标。数据来源为部门统计数据。

自然生态数据、统计调查数据，以 2015 年度数据为准。

（二）省级审核（汇总）

2016 年 12 月 10 日前，省级环境保护主管部门会同省级财政主管部门完成行政区内所有考核县域自查报告及数据审核、现场核查等工作，按时将考核工作报告、资料光盘等以正式文件报送环境保护部。

从 2016 年起，利用县域考核软件按季度汇总考核县域环境监测数据并报送环境保护部，具体要求是：2016 年 10 月 20 日前完成 2015 年第四季度和 2016 年前三季度监测数据汇总和报送；2017 年 1 月 20 日前完成 2016 年第四季度监测数据汇总和报送。从 2017 年第一季度起，每个季度结束的下个月 20 日前，汇总该季度环境监测数据，并报送环境保护部。

（三）国家考核

2016 年 8—9 月，环境保护部联合财政部制定并印发实施方案，举办培训班，部署 2017 年县域考核工作；2017 年 3 月 31 日前，组织完成所有考核县域的生态环境数据资料集中审核与分析评价工作，组织开展无人机核查和现场抽查工作，编写国家重点生态功能区县域生态环境质量监测、评价与考核综合报告。

五、有关要求

（一）各相关省（区、市）环境保护、财政主管部门和被考核县级人民政府要高度重视，加强组织领导，制定考核工作方案，建立部门联动工作机制，落实责任分工，确保考核工作顺利实施。

（二）按照环境质量监测事权上收要求，原则上县域环境质量和污染源监测工作由省级环保部门组织实施，可采用多种方式，由第三方或地市级环境监测机构承担监测任务。第三方或地市级环境监测机构完成的水质监测数据、土壤监测数据及污染源监测数据要求直接报中国环境监测总站，并同时报省站。省级环保部门要加强对环境监测机构的监督检查，健全并落实数据质量控制与管理制度，并将环境监测质控情况纳入省级年度考核工作报告。

（三）县域生态环境质量监测点位（断面）和污染源监测名单不得擅自变更、调整或撤销。如确需变更、调整或撤销的，应经论证后由省级环境保护主管部门及时报环境保护部批准。地表水监测国控点位（断面）以《"十三五"国家地表水环境质量监测网设置方案》（环监测〔2016〕30 号）为准，其余点位（断面）纳入省控点位管理。2017 年年底前，所有考核县域完成土壤环境质量监测国控点位设置。

（四）已建成并运行的环境空气自动监测站，应于 2016 年 12 月 31 日前完成与省和国家联网，数据直接报中国环境监测总站。尚未建成空气自动监测站的县域，要求于 2017 年 12 月 31 日前按照《环境空气质量标准》（GB 3095—2012）及相关技术要求建成环境空气自动监测站，并与省和国家联网。

（五）对于故意篡改、伪造监测数据的行为，一经查实，根据《环境保护法》《生态环境监测网络建设方案》（国办发〔2015〕56 号）、《党政领导干部生态环境损害责任追究办法（试行）》（中办发〔2015〕45 号）及《环境监测数据弄虚作假行为判定及处理办法》（环发〔2015〕175 号）等有关规定严肃处理。

附：2017 年国家重点生态功能区县域环境监测方案

附

2017 年国家重点生态功能区县域环境监测方案

国家重点生态功能区县域生态环境监测包括地表水水质、集中式饮用水水源地水质、环境空气质量及污染源监测，根据不同要素的特征，特制订本监测方案。

一、地表水水质监测

1．监测断面

按照经环境保护部批准或核实认定的断面开展监测。

2．监测指标

按照《地表水环境质量标准》（GB 3838—2002）表 1 中除粪大肠菌群以外的 23 项指标。

3．监测频次与时间

按月监测，在每月上旬（1—10 日）完成水质监测的采样及实验室分析，编制地表水水质监测报告。对于只有季节性河流或无地表径流而无法正常采样的县域，经报请省级环境保护主管部门审批并征得环境保护部同意后，可以不开展地表水水质监测。

4．监测质量控制

地表水水质监测严格执行《地表水环境质量标准》（GB 3838—2002）、《地表水和污水监测技术规范》（HJ/T 91—2002）、《环境水质监测质量保证手册（第二版）》及《水和废水监测分析方法（第四版）》等相关标准和规范，加强实验室质量控制。

二、集中式饮用水水源地水质监测

1．监测对象

经环境保护部核实认定的服务于县城的在用集中式饮用水水源地，包括地表水饮用水水源地和地下水饮用水水源地。

2．监测指标

地表水饮用水水源地常规监测指标包括《地表水环境质量标准》（GB 3838—2002）表 1 中除化学需氧量以外的 23 项指标、表 2 的补充指标（5 项）和表 3 的优选特定指标（33 项），共 61 项；全分析指标包括《地表水环境质量标准》（GB 3838—2002）中的 109 项。地下水饮用水水源地常规监测指标包括《地下水质量标准》（GB/T 14848—1993）中的 23 项；全分析指标包括《地下水质量标准》（GB/T 14848—1993）中的 39 项。

3．监测频次

地表水饮用水水源地每季度监测 1 次，每年 4 次，每两年开展 1 次水质全分析监测；地下水饮用水水源地每半年监测 1 次，每年监测 2 次，每两年开展 1 次水质全分析监测。

4．监测质量控制

严格执行《地表水环境质量标准》（GB 3838—2002）、《地下水质量标准》（GB/T 14848—1993）、《地表水和污水监测技术规范》（HJ/T 91—2002）、《环境水质监测质量保证手册（第二版）》及《水和废水监测分析方法（第四版）》等相关标准和规范，加强实验室质量控制。

三、环境空气质量监测

1．监测点位

按照经环境保护部批准或核实认定的点位开展监测。

2．监测指标

自动监测项目为可吸入颗粒物（PM_{10}）、细颗粒物（$PM_{2.5}$）、二氧化硫（SO_2）、二氧化氮（NO_2）、一氧化碳（CO）和臭氧（O_3）6 项指标。

手工监测项目为可吸入颗粒物（PM_{10}）、二氧化硫（SO_2）和二氧化氮（NO_2）3 项指标。

3．监测频次

采用自动监测的，每月至少有 27 个日平均浓度值（二月至少有 25 个日平均浓度值）；采用手工监测的，按照“五日法”开展监测，每季度至少监测 1 次，每年至少监测 4 次。

4．监测质量控制

在县城建成区开展环境空气质量监测，严格执行《环境空气质量标准》（GB 3095—2012）、《环境空气质量手工监测技术规范》（HJ/T 194—2005）、《环境空气质量自动监测技术规范》（HJ/T 193—2005）及《空气和废气监测分析方法（第四版）》等相关标准和规范，加强监测过程的质量控制。

四、污染源监测

1．监测对象

按照经环境保护部批准或核实认定的污染源名单开展监测。

2．监测指标

根据污染源类型执行的相关标准确定监测项目，其中污水处理厂需监测 19 项基本控制项目。

3．监测频次

每季度监测 1 次，全年监测 4 次；对于季节性生产企业，在生产季节监测 4 次。

4．监测质量控制

根据污染源类型执行相关的行业标准、综合排放标准或监测技术规范，同时做好监测过程及分析测试记录，并编制污染源监测报告，加强监测过程的质量控制。

第3章
国家重点生态功能区县域监测点位布设技术要求

国家重点生态功能区县域地表水、空气自动监测点位（断面）布设规定

一、地表水监测断面布设技术要求

1．监测断面位置应避开河流死水区、回水区、排污口，尽量选择在顺直河段、河床稳定、水流平稳处及河流水面宽阔、无急流、无浅滩处。

2．监测断面力求与水文测流断面一致，以便利用水文参数，实现水质监测与水量监测的结合。

3．监测断面布设位置要考虑到取样的可行性和方便性。

4．监测断面的布设应考虑社会经济发展，监测工作的实际状况和需要，要具有相对的稳定性。

5．若河流流经县城、工业园区或经济开发区，则在其下游设置监测断面。

6．在有水工建筑并受人工控制的河段，视情况分别在闸（坝、堰）上、下设置断面，若水质无明显差别，可只在闸（坝、堰）上设置监测断面。

7．若县域内河流主要为季节性河流［如防风固沙和水土保持（如黄土高原区）功能区内的某些县］，无水则不开展监测。

8．水源涵养功能类型的县域，地表水监测断面要尽可能覆盖县域内所有河流。

9．湖泊、水库监测点位要综合考虑水体水动力条件、湖库面积、湖盆形态、补给条件、出水及取水情况、排污设施位置和规模及污染物在水体中的循环及迁移转化等因素综合确定。城镇建成区内的湖泊、水库，不设置水质监测点位。

10．水质监测断面须经省级环保行政主管部门认定。

二、空气自动监测点位布设技术要求

1．空气监测点位布设应反映城市主要功能区和主要大气污染源的污染现状及变化趋势。

2．空气监测点位要具有较好的代表性，能客观反映一定空间范围内的环境空气污染水平和变化规律。

3．空气监测点位设置应考虑县城未来的发展规划，监测点位要兼顾城市未来发展。

4．监测点位周围 50 米范围内不应有污染源。

5．监测仪器采样口周围、监测光束附近或开放光程监测仪器发射光源到监测光束接收端之间不应有阻碍空气流通的高大建筑物、树木或其他障碍物。从采样口或监测光束到附近最高障碍物之间的水平距离，应为障碍物与采样口或监测光束高度差的两倍以上。

6．监测仪器采样口周围水平面应保证 270°以上的捕集空间，如果采样口一边靠近建筑物，采样口周围水平面应有 180°以上自由空间。

7．监测点周围环境状况相对稳定，安全和防火措施有保障；同时没有强大的电磁干扰，周围有稳定可靠的电力供应，通信线路容易安装和检修。

8．空气自动监测点位须经省级环保行政主管部门认定。

第4章
国家重点生态功能区县域生态环境无人机核查技术指南

一、前言

国家重点生态功能区是指在水源涵养、水土保持、防风固沙、生物多样性维护等方面具有关键作用的区域。2008年，原环境保护部、中国科学院联合发布《全国生态功能区划》，划定了50个重要生态功能区，确定了不同地域单元的主导生态功能，2010年，国务院发布《全国主体功能区规划》，确定水源涵养、水土保持、防风固沙、生物多样性维护四种生态服务功能25个国家重点生态功能区，作为限制开发区的重要组成部分，同时确定了每类功能区包括的县域名称。为落实《全国主体功能区规划》，中央财政于2008年率先开展国家重点生态功能区财政转移支付，探索建立了国家主体功能区限制开发区的生态补偿制度，制定了《国家重点生态功能区转移支付办法》，用以规范转移支付资金的使用管理、绩效及奖惩。

为评估中央财政转移支付资金对国家重点生态功能区县域生态环境改善及保护效果，原环境保护部、财政部于2009年启动了国家重点生态功能区县域生态环境质量考核工作，以生态环境质量监测、定量化评价作为衡量转移支付资金使用效果的依据，制定印发了《国家重点生态功能区县域生态环境质量考核办法》，并于2011年对所有全国重点生态功能区县域开展生态环境质量考核。

无人机核查是国家重点生态功能区县域生态环境质量考核的重要内容，也是县域生态环境质量变化综合评估的重要指标之一，已被纳入《国家重点生态功能区县域生态环境质量监测评价与考核指标体系实施细则（试行）》（环办〔2014〕96 号）中，为县域生态环境质量变化考核提供了有力的技术支撑。

二、无人机核查目标、内容及技术路线

1. 无人机核查目标

针对国家重点生态功能区县域生态环境质量，采用卫星与无人机遥感技术结合地面调查的方式，完成县域生态环境质量变化状况监测并进行定量评估，为县域考核工作提供技术与数据支撑。

2. 无人机核查内容

无人机核查监测国家重点生态功能区县域生态环境质量变化情况，提取生态环境变化斑块的位置、面积、边界、地物类型等属性信息，并针对重点县域，采用无人机技术进行抽查，同时，通过地面调查方式核实属性信息，检查生态环境变化斑块所涉及建设项目的环评文件与批复情况。

3. 无人机核查技术路线

无人机核查用于评估一段时期国家重点生态功能区县域生态环境质量的变化情况。为确保评估的科学性与可比性，需设定生态县域考核的基准年，以此作为生态环境质量本底，在此基础上与考核年进行比较，开展生态环境质量变化的无人机核查工作。考虑新增生态县域数量不断增加的情况，依据生态县域考核工作的启动时间，规定：2010 年之前（包括 2010 年）设定生态县域无人机核查基准年为 2010 年，2010 年之后新增生态县域的无人机核查基准年为该县域进入生态县域名单的年份，因此，当年新增的生态县域不在无人机核查范围之内，而是从第二年开始进行核查。

无人机核查采用“卫星普查—无人机抽查—现场核查”的工作流程，该流程综合集成无人机航空遥感、卫星遥感等技术，逐级深入地对国家重点生态功能区县域生态质量进行考核，通过影像对比与信息提取，获取了县域生态环境变化斑块，调查了生态环境变化原因，为县域考核评价提供了技术与数据支撑。

其流程如图 1 所示：首先，基于卫星普查，获取全部生态县域两期卫星遥感影像并进行对比分析，提取所有县域的生态环境变化和人类活动信息并成图；之后，依托卫星普查结果遴选部分重点县域作为无人机抽查县域，采用无人机对生态变化区域进行飞行作业，获取航空影像并进行图像处理，进一步提取环境变化区域边界、面积和地物空间分布特征信息；最后，基于无人机抽查结果，通过现场核查，核实无人机抽查结果，进一步明确县域生态环境变化属性信息，找出变化原因，并审查生态环境变化斑块涉及的建设项目是否具有环评报告书（表）及批复文件，以此明确变化斑块的合法性。

图 1　国家重点生态功能区县域生态环境质量无人机核查流程

三、卫星普查技术流程

1. 卫星影像数据处理

卫星影像处理包括数据选取、几何精校正和影像镶嵌等三方面工作。

数据选取：要求基准年和考核年以中、高空间分辨率卫星影像数据为主，其空间分辨率优于 30 m，时相为 6—8 月，南方的县域可选择 5—9 月，每景影像云覆盖率小于 2%；

几何精校正：以基准年影像校正考核年影像，两期影像投影坐标系为亚尔勃斯投影（Albert Equal Area），地理坐标系为 2000 国家大地坐标系，校正后的考核年卫星影像精度优于 2 个像元；

影像镶嵌：镶嵌后影像整体色调均匀，接边重叠带无模糊或重影现象，边界清晰、无明显错位。

2. 变化斑块提取解译

变化斑块提取解译包括变化斑块提取、变化状况分级及变化斑块解译等三方面工作。

变化斑块提取：根据县域卫星影像空间分辨率特征，参考县域生态考核实施细则，定义最小生态环境变化斑块面状地物为 10×10 像元，线状地物为 1×10 像元。因此，通过对比两期卫星影像，采用目视解译与数字化方法提取县域内所有大于最小生态环境变化斑块的区域边界，在数字化过程中，将变化斑块定义为多边形矢量，每隔 3 个像元数字化 1 个节点，数字化时的比例尺按照公式（1）计算后设定。

$$\frac{1}{M}=\frac{1}{1\,000\times R\times P} \tag{1}$$

式中：M 为数字化时的比例尺分母；R 为人眼对屏幕的分辨率，取值 4；P 为卫星影像空间分辨率（m）。

变化状况分级：根据变化斑块矢量文件，计算每个斑块的面积，结果保留 2 位小数。依据《国家重点生态功能区县域生态环境质量监测评价与考核指标体系实施细则（试行）》（环办〔2014〕96 号）规定，生态变化斑块变化状况分为基本稳定（面积无明显变化）、轻微变化（0＜变化面积≤2 km^2）、一般变化（2 km^2＜变化面积≤5 km^2）、明显变化（变化面积＞5 km^2）等四个级别，此外，按照生态环境变好、变差情况，又将轻微变化、一般变化、明显变化等级别细分为轻微变差、轻微变好、一般变差、一般变好、明显变差、明显变好等类型，为区分生态环境变化情况，生态变化斑块变化状况字段应填写到变好、变差一级。具体情况如表 1 所示。

表 1　生态环境变化状况分级评价标准

分级		判断依据	说明
明显变化	明显变差	变化面积＞5 km^2	通过不同年份遥感影像对比分析及无人机遥感核查，查找和证实考核县域局部生态系统发生变化的区域并测算变化面积
	明显变好		
一般变化	一般变差	2 km^2＜变化面积≤5 km^2	
	一般变好		
轻微变化	轻微变差	0＜变化面积≤2 km^2	
	轻微变好		
基本稳定	无明显变化	—	

变化斑块解译：对县域内提取的所有变化斑块矢量数据建立属性表，建立变化斑块相关属性字段，具体要求如表 2 所示，地物类型解译标志如表 3 所示。

表 2 生态变化斑块属性表要求

序号	字段名称	字段类型	数据长度	备注
1	变化图斑编号	[char]	20	按照自上而下，从左到右的方式统一编号，编号为自然数
2	省份名称	[char]	20	
3	地市名称	[char]	20	
4	县级行政辖区名称	[char]	20	
5	中心点经度	[float]	15，6	小数点后保留 6 位小数，单位：（°）
6	中心点纬度	[float]	15，6	小数点后保留 6 位小数，单位：（°）
7	国家重点生态功能区名称	[char]	50	
8	生态功能类型	[char]	50	
9	基准年地物类型	[char]	20	耕地、林地、草地、水体、城镇、村庄、裸地、矿产、工业园区、开发建设用地、尾矿库
10	考核年地物类型	[char]	20	耕地、林地、草地、水体、城镇、村庄、裸地、矿产、工业园区、开发建设用地、尾矿库
11	变化面积	[float]	8，2	小数点后保留 2 位小数，单位：km^2
12	变化状况	[char]	20	生态环境变化状况等级
13	备注	[char]	50	需要说明的特殊情况

表 3 地物类型卫星影像解译标志

序号	土地覆盖类型	影像特征			卫星影像解译标志
		形状	影像色调	纹理	
1	耕地	以块状、条带状或不规则状分布，地类界线较为清晰	种植作物呈现红、暗红、鲜红、粉红等，未种植地块呈灰、灰白或白色	对于水田地块，影像纹理较为细腻，质地均匀；对于旱地地块，纹理较为粗糙，纹理不均匀	
2	林地	形状不规则，可呈线状、格状、点状、片状或分散分布	色调较为均匀，呈暗红、红、鲜红、粉红等颜色，与林地类型、生长地点相关性大	纹理较为细腻，由人力种植的林地纹理比较杂乱且不规则	

序号	土地覆盖类型	影像特征			卫星影像解译标志
		形状	影像色调	纹理	
3	草地	连片分布，边界明显或形状不规则	以鲜红、红、淡红、粉红、淡黄色为主色调	质地较为细腻、纹理清晰、颜色均一	
4	水体	弯曲线状、带状或片状，地物界线清晰	呈黑色或淡蓝色	质地均匀，颜色较为均一	
5	城镇	规则的团状、片状或长条状	呈灰、黑或黑灰色	纹理较为粗糙，一般有大的交通线路穿过	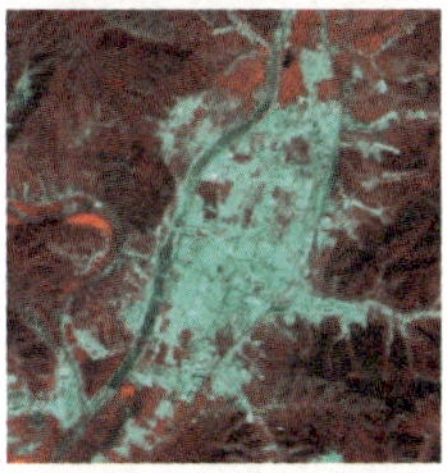
6	村庄	规则的块状、长条状或不规则团状	呈青灰色或黑灰色，村庄四周如有树木或果园，使得村庄居民地周围出现红色	纹理较为粗糙	
7	裸地	片状或带状，界线较为清晰	淡灰色或亮灰色	纹理较为粗糙	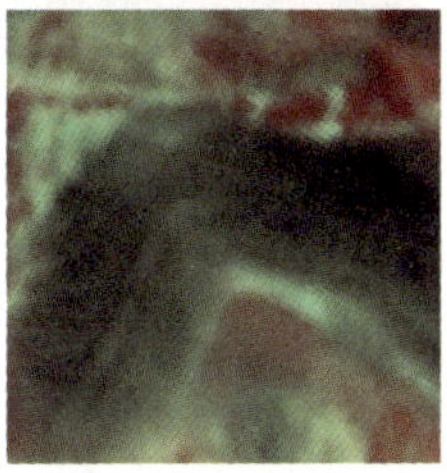
8	沙地	不规则分布，界线较为清晰	呈白色或灰白色	具有格状、波状纹理	

序号	土地覆盖类型	影像特征			卫星影像解译标志
		形状	影像色调	纹理	
9	戈壁	不规则块状，界线明显	黑色或灰黑色	纹理较为粗糙	
10	沼泽地	不规则片状或条带状，界线不清晰	青灰色基色中泛淡红色或红色，夹有黑色、蓝色或淡蓝色	质地较为均匀	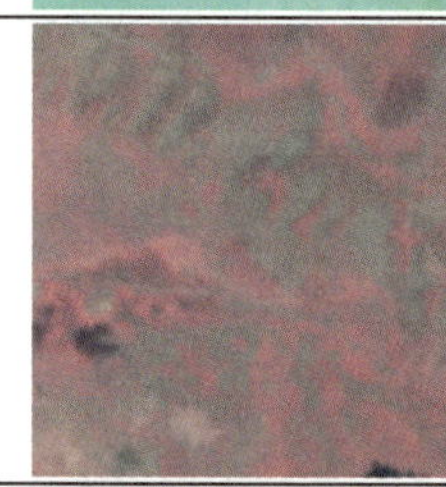
11	裸岩石砾地	片状或团状，界线清晰	灰色、铁青色	纹理杂乱清晰	
12	寒漠苔原	一般呈片状或带状，界线明确清晰	黑灰色或铁青色	质地较为均匀	
13	矿产开发	不规则片状或块状，边界清晰	煤矿为黑色，被剥离的地表植被呈白色或浅黄色，铁矿呈青灰色或灰黑色；水泥矿石呈青灰色；铝土矿呈白灰色；瓷土矿呈青绿色	纹理较为粗糙	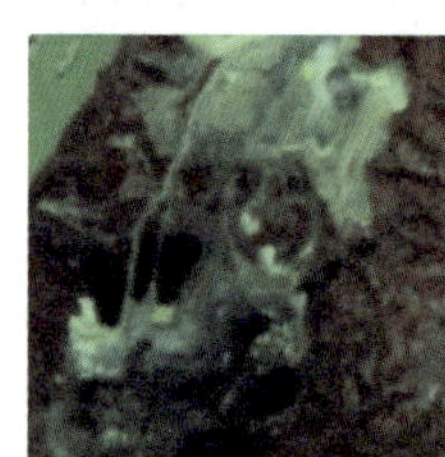
14	工业园区	较为规则的块状，内部有道路等人为设施，边界清晰	呈青绿色或淡黄色	纹理较为粗糙	

序号	土地覆盖类型	影像特征			卫星影像解译标志
		形状	影像色调	纹理	
15	开发建设用地	不规则的块状或团状，内部有道路等，界线明显	呈青灰色或黑灰色	纹理较为粗糙	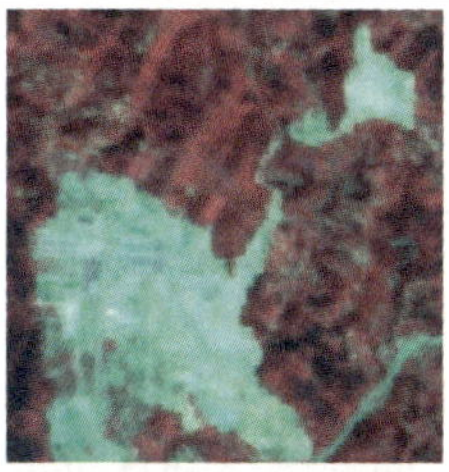
16	尾矿库	规则或不规则的片状、块状，界线清晰	呈灰白色、黑灰色或灰褐色	纹理较为粗糙	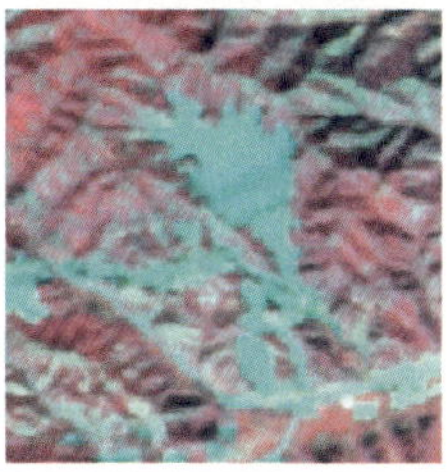

3. 变化斑块地物类型验证

为确保变化斑块地物类型解译的准确性，客观地反映县域生态环境变化状况，同时，为无人机核查飞行场地选取做好铺垫，需对解译过程中的不确定地物类型进行实地验证，明确其土地利用类别。地物类型验证工作包括验证准备、数据导入、车载 GPS 导航、地面 GPS 导航、地物类型验证等五方面工作。

验证准备：在设备方面，需准备车载 GPS、手持 GPS、便携式电脑、照相机、越野车、望远镜等；在数据方面，需准备变化斑块卫星遥感影像、变化斑块数字化矢量文件、公路数据、其他道路辅助数据等；在软件方面，需准备 GIS 专业软件，用于实时显示验证路径、修改地物类型。

数据导入：在便携式电脑中打开 GIS 软件，输入变化斑块卫星影像、变化斑块矢量文件及公路数据或其他道路辅助数据，连接、打开车载 GPS、接收卫星信号，使 GPS 光标信号可在 GIS 软件中显示，并确保汽车开动后，GPS 能在屏幕中沿行径方向移动。

车载 GPS 导航：在 GIS 软件中确定变化斑块、道路、起始点之间的空间关系，确定行径方向，出发后利用车载 GPS 导航，不断接近变化斑块中心点，汽车行驶到达离变化斑块最近的位置。

地面 GPS 导航：在道路达不到的地方，需步行达到变化斑块，将变化斑块中心点坐标输入到手持 GPS 中，打开手持 GPS，接收卫星信号，利用手持 GPS 的目标导航，接近变化斑块中心点。

地物类型验证：到达变化斑块后，根据地物类型特征，确认变化斑块土地利用类型，并修改解译错误的斑块矢量文件属性表。

4. 变化斑块专题图

以县域基准年与考核年的卫星影像为底图，生成生态变化斑块变化状况专题图，进而对比生态变化情况，制图具体要求详见附件一。

四、无人机抽查技术流程

1. 抽查县域选取

抽查县域包括选取原则和筛选流程两个方面，选取原则遵循典型性与可行性原则，筛选流程采用逐层筛选与典型性排序的方法。

选取原则：

（1）从明显变化、一般变化和轻微变化的县域中选取抽查县域；

（2）原则上对自然因素导致的生态环境变差县域不进行抽查；

（3）原则上生态环境变好的县域不进行抽查；

（4）难以满足无人机飞行条件的县域暂不纳入抽查县域范围。

筛选流程：

（1）分别从明显变化、一般变化、轻微变化的县域中筛选出生态环境变差的县域；

（2）在生态环境变差的县域中筛选出由人为因素导致变差的县域；

（3）依据生态环境变化斑块所处的地理环境、气象条件、海拔高度、交通可达性等因素，在生态环境变差的县域中筛选出具备无人机飞行作业条件的县域，作为抽查县域总体；

（4）根据生态变化斑块类型，将抽查县域总体进行分类；

（5）按照生态环境斑块变化面积大小，对每个类型中的县域从高到低进行排序；

（6）按照年度无人机核查县域数量要求，分别在每类县域中选取排名靠前的县域作为无人机抽查县域；同时，为更全面地选取抽查县域，在筛选过程中也将舆情监控系统反映的生态县域环境破坏事件作为辅助条件进行参考。

2. 飞行区域划定

无人机抽查县域的飞行区域主要针对县域内生态环境变化严重或面积最大的斑块，飞行区域划定需满足如下规则：

（1）飞行区域必须覆盖生态变化斑块，并使变化斑块尽量位于飞行区域中部；

（2）飞行区域应为矩形或规则四边形，飞行面积视具体工作而定；

（3）飞行区域应不覆盖或少覆盖城镇用地和其他危险设施；

（4）变化斑块周边存在疑似生态破坏的区域，应纳入飞行区域内。

3. 无人机飞行

为保证获取的无人机影像质量，需规范无人机飞行作业流程，包括空域申请、原始影像分辨率、航线规划、飞行作业时相选择及飞行参数控制等五个方面。

空域申请：根据《中华人民共和国民用航空法》《中华人民共和国飞行基本规则》等法律法规规定，无人机飞行前需向相关航空管制部门申请飞行空域，经批准后方可开展飞行。因此，在划定飞行区域后，需向相关航空管制部门申请空域。

原始影像分辨率：为高精度、准确地提取生态环境变化斑块信息，要求无人机飞行的原始影像分辨率优于 0.2 m，基于该要求，选取符合要求的传感器，并设定相应的航高，计算原始影像分辨率公式如下：

$$\mathrm{GSD}=\frac{H\cdot a}{f} \tag{2}$$

式中：H 为行高（m）；f 为镜头焦距（mm）；a 为传感器的像元尺寸（mm）。

航线规划：航线一般按东西向平行于图廓线敷设，特殊条件下亦可按南北向或沿线路、河流、海岸等方向敷设；曝光点尽量采用数字高程模型依地形起伏逐点设计；航向覆盖要求超出作业边界线不少于两条基线，超出作业边界线不少于像幅的 50%。

飞行作业时相选择：避免地表植被和其他覆盖物（如积雪、洪水、扬尘等）对作业的不利影响，确保图像能够真实显现地物细节，保证具有充足的光照度，避免过大的阴影；不同地形太阳高度角要求：平地＞20°，丘陵地＞30°，山地＞45°。

飞行参数控制：航向重叠度一般为 60%～80%，最小不低于 53%；旁向重叠度一般为 30%～60%，最小不低于 25%；像片倾角应小于 3°，出现超过 3°的相片数不多于总数的 5%；像片旋角要求超过 10°的数量不应超过 3 张，且在一个摄区内出现最大旋角的像片数不应超过摄区总像片数的 4%；像片倾角和旋角不应同时达到最大值；要求飞行作业过程中最大航高与最小航高之差＜40 m，实际航高与设计航高之差＜20 m。

无人机飞行作业具体要求详见环境保护部办公厅正式发文《无人机环境遥感监测基本作业规范（试行）》（环办〔2014〕84 号）。

4. 无人机影像处理

为保证生态变化斑块信息提取精度，需保证无人机影像处理质量。无人机影像处理包括空中三角测量精度和影像处理质量等两个方面。

空中三角测量精度：相对定向要求连接点上下视差中误差＜2/3 个像素，最大残差≤1 个像素，每个相对连接点数目≥30 个，连接点距影像边缘≥100 个像素；绝对定向要求基本定向点残差≤1.5 m，检查点误差≤1.75 m，公共点较差≤3 m。

影像处理质量：拼接后的无人机影像空间分辨率优于 0.2 m，影像清晰，层次丰富，反差适中，色调柔和，无模糊、重影、错位、扭曲、变形、拉花、脏点、漏洞、同一地物色彩反差不一致的现象；无云、云影、烟、大面积反光、污点等缺陷；能辨认出与地面分辨率相适应的细小地物；曝光瞬间造成的像点位移<1 个像元。

5. 变化斑块信息提取解译

基于无人机影像的变化斑块信息提取解译参照“三、2. 变化斑块提取解译”相关流程。

6. 变化斑块专题图

以无人机影像为底图，生成生态变化斑块变化状况专题图，制图具体要求详见附件一。同时，为直观对比生态变化斑块变化情况，基于卫星及无人机影像，对每个变化斑块分别生成专题图，具体要求详见附件一。

五、现场调查技术流程

1. 变化斑块属性信息调查

基于变化斑块无人机影像，针对调查重点区域做好调查方案，在地方环保部门协助下，赴现场核实变化斑块类型，并在调查过程中，对变化斑块整体及局部进行拍照取证。

2. 环评手续审查

如变化斑块涉及建设项目，需审查项目环境影响报告书（表）和环评批复情况，如项目有上述文件，需对环境影响报告书（表）与环评批复文件拍照取证。

根据现场调查工作内容，制定现场调查工作表，具体见表 4。

表 4　现场调查工作表

______省________市________县　　　　　　　　　　　　调查人 ________日期______

序号	中心点经度	中心点纬度	生态功能类型	无人机抽查地物类型	现场核查地物类型	涉及建设项目名称	项目产业类型	有无环境影响报告书（表）	有无环评批复	现场核查照片	备注

六、质量控制

1. 卫星普查质量控制

卫星普查质量控制主要针对卫星影像选取、几何精校正、变化斑块提取、地物类型解译结果和变化斑块专题图等内容进行质量控制。

卫星影像选取：针对选取的生态县域卫星影像，打开影像元数据文件，检查影像的时相、空间分辨是否符合影像选取标准，同时，目视检查影像云量是否符合要求。

几何精校正：基于遥感软件，通过卷帘功能，对所有县域精校正后的影像，检查影像中的河流、道路、人工建筑等地物与控制影像中相同地物在空间上的一致性。

变化斑块提取：检查所有县域提取变化斑块的边界与影像中斑块的边界一致性。

地物类型解译结果：基于高空间分辨率卫星影像，检查变化斑块解译的地物类型与变化斑块属性中地物类型的一致性，并检查其准确性；检查变化斑块属性表中各项字段属性值、字段类型、数据长度的准确性。

变化斑块专题图：检查变化斑块专题图图例中卫星影像合成波段顺序、各变化等级名称、要素颜色、指北针、比例尺的字体与样式，与专题图成图要求的一致性。

2. 无人机抽查质量控制

无人机抽查质量控制包括飞行区域、无人机影像获取、无人机影像处理、变化斑块提取、变化斑块专题图等内容的质量控制。

飞行区域：根据无人机区域划定的原则，检查划定的无人机飞行区域的合理性与准确性。

无人机影像获取：打开无人机航摄影像飞行记录数据，检查影像像片倾角、旋角、最大和最小航高差，同时，抽取50%的无人机航摄影像像片，检查其航向与旁向重叠度，比较其是否满足飞行参数控制要求。

无人机影像处理：通过无人机影像处理软件，检查空中三角测量相对定向的连接点上下视差中误差、最大残差、相对连接点数目、连接点距影像边缘等数据；检查绝对定向的定向残差、检查点误差和公共点较差等数据；检查拼接后无人机影像的空间分辨率、影像匀色效果与像点位移数据。

变化斑块提取：检查所有县域提取变化斑块的边界与影像中斑块的边界一致性。

变化斑块专题图：检查变化斑块专题图图例、要素颜色、指北针、比例尺的字体与样式，与专题图成图要求的一致性。

3. 现场核查质量控制

现场核查质量控制包括属性信息与环评手续等内容的质量控制。

属性信息：依据无人机影像，结合现场取证照片，检查变化斑块属性的正确性。

环评手续：根据环境影响报告书（表）与环评批复文件的照片，检查项目环评批复情况的准确性。

七、核查结果综合赋分

根据《国家重点生态功能区县域生态环境质量监测评价与考核指标体系实施细则（试行）》（环办〔2014〕96 号）规定，依据提取的生态变化斑块变化面积，对县域生态环境变化情况进行综合赋分，其中，无人机抽查县域以无人机抽查的生态变化斑块变化面积进行赋分，无人机抽查之外的县域，采用卫星普查的变化斑块面积进行赋分，见表 5。

表 5　国家重点生态功能区县域生态环境变化卫星普查及无人机核查赋分标准

<table>
<tr><th colspan="2">分级</th><th>判断依据</th><th>变化性质</th><th>赋分</th><th>生态变化斑块类型赋分依据</th><th>斑块面积判定标准</th><th>备注</th></tr>
<tr><td rowspan="2">明显变化</td><td>明显变差</td><td rowspan="2">变化面积＞$5\ km^2$</td><td>破坏</td><td>−1</td><td rowspan="7">一、赋分类型：
1. 矿产资源开发类：包括矿产露天开采、尾矿库新建或扩建等；
2. 石料开采加工类：包括采石场、石料厂、砂石厂、废渣堆放等；
3. 污染工程项目类：包括水泥厂、冶金材料厂、污染型小作坊、垃圾场等；
4. 工业园区：新增工业园区；
5. 其他植被破坏致使原有植被变为裸地等；
6. 生态恢复类：破坏斑块植树、种草或其他恢复措施等。
上述类型根据变化面积大小赋分。
二、不赋分类型：
1. 城市发展：包括工业园区扩建、城镇建设、房地产项目开发等；
2. 经济发展工程类：包括输变电站、道路或桥梁建设等；
3. 农业经济发展类：包括农户新房用地、农业产业园、坡改梯农田、种植基地、耕种牧草、农户守棚等。
上述类型不根据变化面积进行赋分</td><td rowspan="7">1. 若抽查县域斑块多余一个，且斑块间距离大于 5 km，则以所有斑块中面积最大者为该县域变化斑块面积；
2. 若斑块间距离小于 5 km，则以相关斑块的面积和作为该县域变化斑块面积</td><td rowspan="7">连续三年发现生态破坏仍没有好转的，县域最终考核结果实行一票否决制</td></tr>
<tr><td>明显变好</td><td>恢复</td><td>+1</td></tr>
<tr><td rowspan="2">一般变化</td><td>一般变差</td><td rowspan="2">$2\ km^2$＜变化面积≤$5\ km^2$</td><td>破坏</td><td>−0.5</td></tr>
<tr><td>一般变好</td><td>恢复</td><td>+0.5</td></tr>
<tr><td rowspan="2">轻微变化</td><td>轻微变差</td><td rowspan="2">0＜变化面积≤$2\ km^2$</td><td>破坏</td><td>−0.3</td></tr>
<tr><td>轻微变好</td><td>恢复</td><td>+0.3</td></tr>
<tr><td>基本稳定</td><td>无明显变化</td><td>—</td><td>破坏</td><td>0</td></tr>
</table>

对于生态环境变化斑块所涉及项目未办理环评手续的县域，采取综合考核结果降一档处理，具体情况见表 6。

表 6　基于环评手续办理情况的无人机核查降档处理标准

<table>
<tr><th>生态变化斑块类型</th><th>环评手续办理认定条件</th><th>环评手续</th><th>降档处理</th></tr>
<tr><td rowspan="2">1. 矿产资源开发类：包括矿产露天开采、尾矿库新建或扩建等；
2. 石料开采加工类：包括采石场、石料厂、砂石厂、废渣堆放等；
3. 污染工程项目类：包括水泥厂、冶金材料厂、污染型小作坊、垃圾场等；
4. 其他植被破坏致使原有植被变为裸地等</td><td rowspan="2">在无人机飞行核查县域前办理环评手续，即认定办理了环评手续</td><td>办理</td><td>不降档</td></tr>
<tr><td>未办理</td><td>降一档</td></tr>
</table>

对于生态环境变化斑块位于国家级自然保护区内的县域，依据保护区的保护对象，结合变化斑块所处的保护区功能分区类型，对综合考核结果进行降档处理，具体情况见表 7。

表 7　国家级自然保护区内生态变化斑块无人机核查降档处理标准

<table>
<tr><th>生态变化斑块类型</th><th>国家级自然保护区功能分区</th><th>保护对象</th><th>降档标准</th></tr>
<tr><td rowspan="9">1. 矿产资源开发类：包括矿产露天开采、尾矿库新建或扩建等；
2. 石料开采加工类：包括采石场、石料厂、砂石厂、废渣堆放等；
3. 污染工程项目类：包括水泥厂、冶金材料厂、污染型小作坊、垃圾场等；
4. 其他植被破坏致使原有植被变为裸地等；
5. 城市发展：包括工业园区新增或扩建、城镇建设、房地产项目开发等</td><td rowspan="3">核心区</td><td>自然生态系统</td><td rowspan="3">一票否决</td></tr>
<tr><td>野生动物</td></tr>
<tr><td>自然遗迹</td></tr>
<tr><td rowspan="3">缓冲区</td><td>自然生态系统</td><td rowspan="3">降两档</td></tr>
<tr><td>野生动物</td></tr>
<tr><td>自然遗迹</td></tr>
<tr><td rowspan="3">实验区</td><td>自然生态系统</td><td rowspan="3">降一档</td></tr>
<tr><td>野生动物</td></tr>
<tr><td>自然遗迹</td></tr>
<tr><td rowspan="9">6. 经济发展工程类：包括输变电站、道路或桥梁建设等；
7. 农业经济发展类：包括农户新房用地、农业产业园、坡改梯农田、种植基地、耕种牧草、农户守棚等</td><td rowspan="3">核心区</td><td>自然生态系统</td><td rowspan="2">一票否决</td></tr>
<tr><td>野生动物</td></tr>
<tr><td>自然遗迹</td><td>降两档</td></tr>
<tr><td rowspan="3">缓冲区</td><td>自然生态系统</td><td rowspan="2">降两档</td></tr>
<tr><td>野生动物</td></tr>
<tr><td>自然遗迹</td><td>降一档</td></tr>
<tr><td rowspan="3">实验区</td><td>自然生态系统</td><td rowspan="2">降一档</td></tr>
<tr><td>野生动物</td></tr>
<tr><td>自然遗迹</td><td>不降档</td></tr>
</table>

对于生态环境变化斑块位于饮用水水源地内的县域，依据变化斑块所处的水源地保护区分区类型，对综合考核结果进行降档处理，具体情况见表 8。

表 8　饮用水水源地内生态变化斑块无人机核查降档处理标准

生态变化斑块类型	饮用水水源保护区分区	降档标准
1. 矿产资源开发类：包括矿产露天开采、尾矿库新建或扩建等； 2. 石料开采加工类：包括采石场、石料厂、砂石厂、废渣堆放等；	一级保护区	一票否决
3. 污染工程项目类：包括水泥厂、冶金材料厂、污染型小作坊、垃圾场等； 4. 其他植被破坏致使原有植被变为裸地等；	二级保护区	降二档
5. 城市发展：包括工业园区新增或扩建、城镇建设、房地产项目开发等； 6. 经济发展工程类：包括输变电站、道路或桥梁建设等； 7. 农业经济发展类：包括农民基本的生产生活设施等	准保护区	降一档

附件一：

变化斑块专题图制图格式

1. 基于卫星影像的专题图制图

要求卫星影像波段组合为标准假彩色合成影像（波段按照近红外、红、绿的顺序），添加指北针、比例尺、图例等要素，变化斑块边界用线要素表示，变化状况等级用不同颜色表示，具体情况见表 1。

表 1　生态变化斑块变化状况专题图颜色表示

生态变化斑块变化状况等级	RGB 组合	颜色
明显变差	（255，0，0）	
明显变好	（0，0，255）	
一般变差	（255，0，255）	
一般变好	（0，255，255）	
轻微变差	（255，255，0）	
轻微变好	（112，48，160）	

生态变化斑块专题图示意图见图 1。

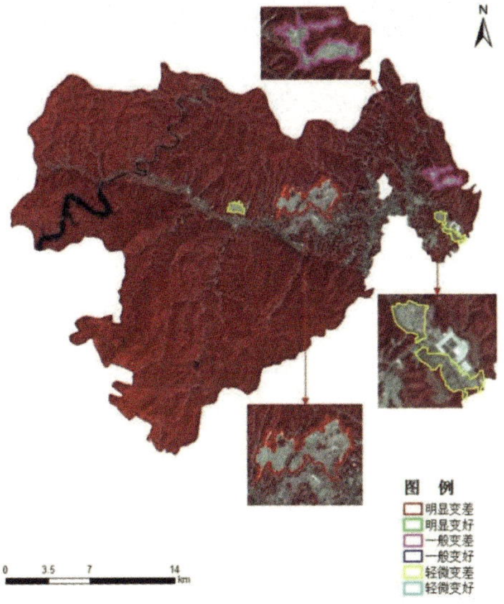

图 1　生态变化斑块专题图示意图

其中，图例字体格式为：居中，14.5 号字，宋体，加粗；各变化等级字体：左对齐，11 号字，宋体；比例尺字体：12 号字，Arial。

2．基于无人机影像的专题图制图

要求具有指北针、比例尺、图例、边框等要素，变化斑块边界用线要素表示，变化状况等级颜色与“基于卫星影像的专题图制图”的内容一致。若对变化斑块内的地物类型细分后进行制图时，每个地物颜色可任意搭配，但不能与“基于卫星影像的专题图制图”中的颜色重复，也不能使用白色、黑色、灰色等颜色。专题图制图示意图见图 2。

图 2　无人机影像变化斑块专题图示意图

其中，图例字体格式为：居中，14.5 号字，宋体，加粗；各变化等级字体：左对齐，11 号字，宋体；比例尺字体：12 号字，Arial。

3．单个生态变化斑块专题图

单个生态变化斑块专题图成图要素包括基准年与考核年标记，生态变化斑块变化过程指向箭头。其示意图见图 3。

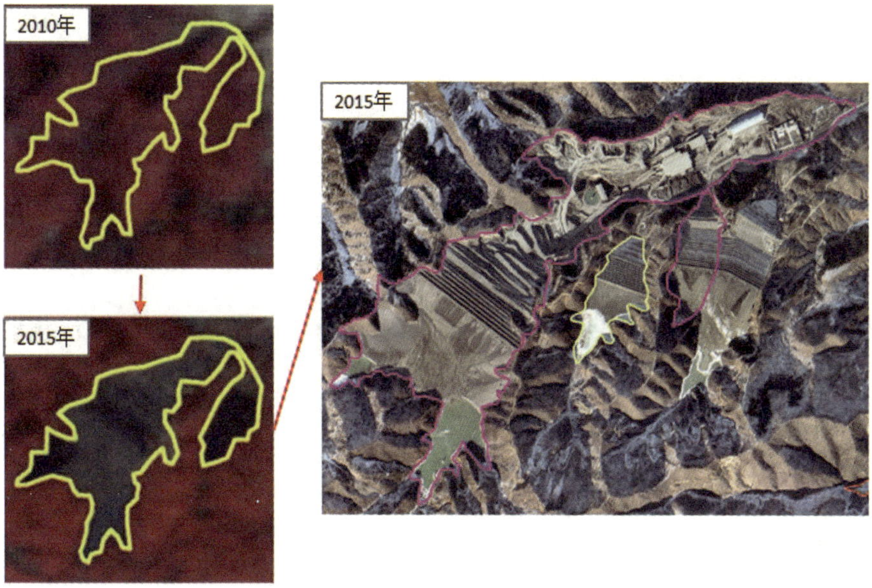

图 3　单个生态变化斑块专题图示意图

其中，基准年与考核年的字体格式为：居中，16 号字，宋体；各变化等级字体：箭头格式为：红色（255，0，0），实线线型，2 磅宽度。

第5章
2018年国家重点生态功能区县域生态环境质量考核名单

序号	省份	地市名称	县域名称	区划代码	国家重点生态功能区	主导生态功能类型
1	北京市		密云区	110118	京津水源地水源涵养重要区	水源涵养
2	北京市		延庆区	110119	京津水源地水源涵养重要区	水源涵养
3	天津市		蓟州区	120119	京津水源地水源涵养重要区	水源涵养
4	河北省	石家庄市	井陉县	130121	太行山地水土保持功能区	水土保持
5	河北省	石家庄市	正定县	130123	太行山地水土保持功能区	水土保持
6	河北省	石家庄市	行唐县	130125	太行山地水土保持功能区	水土保持
7	河北省	石家庄市	灵寿县	130126	太行山地水土保持功能区	水土保持
8	河北省	石家庄市	赞皇县	130129	太行山地水土保持功能区	水土保持
9	河北省	石家庄市	平山县	130131	太行山地水土保持功能区	水土保持
10	河北省	秦皇岛市	北戴河区	130304	冀北及燕山水土保持生态功能区	水土保持
11	河北省	秦皇岛市	抚宁区	130306	冀北及燕山水土保持生态功能区	水土保持
12	河北省	秦皇岛市	青龙满族自治县	130321	冀北及燕山水土保持生态功能区	水土保持
13	河北省	邢台市	邢台县	130521	太行山地水土保持功能区	水土保持
14	河北省	保定市	阜平县	130624	太行山地水土保持功能区	水土保持
15	河北省	保定市	涞源县	130630	太行山地水土保持功能区	水土保持
16	河北省	保定市	安新县	130632	白洋淀水源涵养生态功能区	水源涵养
17	河北省	保定市	易县	130633	太行山地水土保持功能区	水土保持
18	河北省	保定市	曲阳县	130634	太行山地水土保持功能区	水土保持
19	河北省	保定市	顺平县	130636	太行山地水土保持功能区	水土保持
20	河北省	保定市	雄县	130638	白洋淀水源涵养生态功能区	水源涵养

序号	省份	地市名称	县域名称	区划代码	国家重点生态功能区	主导生态功能类型
21	河北省	张家口市	桥东区	130702	浑善达克沙漠化防治生态功能区	防风固沙
22	河北省	张家口市	桥西区	130703	浑善达克沙漠化防治生态功能区	防风固沙
23	河北省	张家口市	宣化区	130705	浑善达克沙漠化防治生态功能区	防风固沙
24	河北省	张家口市	下花园区	130706	浑善达克沙漠化防治生态功能区	防风固沙
25	河北省	张家口市	万全区	130708	浑善达克沙漠化防治生态功能区	防风固沙
26	河北省	张家口市	崇礼区	130709	浑善达克沙漠化防治生态功能区	防风固沙
27	河北省	张家口市	张北县	130722	浑善达克沙漠化防治生态功能区	防风固沙
28	河北省	张家口市	康保县	130723	浑善达克沙漠化防治生态功能区	防风固沙
29	河北省	张家口市	沽源县	130724	浑善达克沙漠化防治生态功能区	防风固沙
30	河北省	张家口市	尚义县	130725	浑善达克沙漠化防治生态功能区	防风固沙
31	河北省	张家口市	蔚县	130726	京津水源地水源涵养生态功能区	水源涵养
32	河北省	张家口市	阳原县	130727	京津水源地水源涵养生态功能区	水源涵养
33	河北省	张家口市	怀安县	130728	浑善达克沙漠化防治生态功能区	防风固沙
34	河北省	张家口市	怀来县	130730	京津水源地水源涵养生态功能区	水源涵养
35	河北省	张家口市	涿鹿县	130731	京津水源地水源涵养生态功能区	水源涵养
36	河北省	张家口市	赤城县	130732	浑善达克沙漠化防治生态功能区	防风固沙
37	河北省	承德市	双桥区	130802	京津水源地水源涵养生态功能区	水源涵养
38	河北省	承德市	双滦区	130803	京津水源地水源涵养生态功能区	水源涵养
39	河北省	承德市	鹰手营子矿区	130804	京津水源地水源涵养生态功能区	水源涵养
40	河北省	承德市	承德县	130821	京津水源地水源涵养生态功能区	水源涵养
41	河北省	承德市	兴隆县	130822	京津水源地水源涵养生态功能区	水源涵养
42	河北省	承德市	平泉市	130881	京津水源地水源涵养生态功能区	水源涵养
43	河北省	承德市	滦平县	130824	京津水源地水源涵养生态功能区	水源涵养
44	河北省	承德市	隆化县	130825	京津水源地水源涵养生态功能区	水源涵养
45	河北省	承德市	丰宁满族自治县	130826	浑善达克沙漠化防治生态功能区	防风固沙
46	河北省	承德市	宽城满族自治县	130827	京津水源地水源涵养生态功能区	水源涵养
47	河北省	承德市	围场满族蒙古族自治县	130828	浑善达克沙漠化防治生态功能区	防风固沙
48	河北省	衡水市	桃城区	131102	衡水湖水源涵养生态功能区	水源涵养
49	河北省	衡水市	冀州区	131103	衡水湖水源涵养生态功能区	水源涵养
50	河北省	衡水市	枣强县	131121	衡水湖水源涵养生态功能区	水源涵养
51	山西省	忻州市	神池县	140927	黄土高原丘陵沟壑水土保持生态功能区	水土保持
52	山西省	忻州市	五寨县	140928	黄土高原丘陵沟壑水土保持生态功能区	水土保持
53	山西省	忻州市	岢岚县	140929	黄土高原丘陵沟壑水土保持生态功能区	水土保持
54	山西省	忻州市	河曲县	140930	黄土高原丘陵沟壑水土保持生态功能区	水土保持
55	山西省	忻州市	保德县	140931	黄土高原丘陵沟壑水土保持生态功能区	水土保持
56	山西省	忻州市	偏关县	140932	黄土高原丘陵沟壑水土保持生态功能区	水土保持
57	山西省	临汾市	吉县	141028	黄土高原丘陵沟壑水土保持生态功能区	水土保持

序号	省份	地市名称	县域名称	区划代码	国家重点生态功能区	主导生态功能类型
58	山西省	临汾市	乡宁县	141029	黄土高原丘陵沟壑水土保持生态功能区	水土保持
59	山西省	临汾市	大宁县	141030	黄土高原丘陵沟壑水土保持生态功能区	水土保持
60	山西省	临汾市	隰县	141031	黄土高原丘陵沟壑水土保持生态功能区	水土保持
61	山西省	临汾市	永和县	141032	黄土高原丘陵沟壑水土保持生态功能区	水土保持
62	山西省	临汾市	蒲县	141033	黄土高原丘陵沟壑水土保持生态功能区	水土保持
63	山西省	临汾市	汾西县	141034	黄土高原丘陵沟壑水土保持生态功能区	水土保持
64	山西省	吕梁市	兴县	141123	黄土高原丘陵沟壑水土保持生态功能区	水土保持
65	山西省	吕梁市	临县	141124	黄土高原丘陵沟壑水土保持生态功能区	水土保持
66	山西省	吕梁市	柳林县	141125	黄土高原丘陵沟壑水土保持生态功能区	水土保持
67	山西省	吕梁市	石楼县	141126	黄土高原丘陵沟壑水土保持生态功能区	水土保持
68	山西省	吕梁市	中阳县	141129	黄土高原丘陵沟壑水土保持生态功能区	水土保持
69	内蒙古自治区	呼和浩特市	清水河县	150124	黄土高原丘陵沟壑水土保持生态功能区	水土保持
70	内蒙古自治区	包头市	固阳县	150222	阴山北麓草原生态功能区	防风固沙
71	内蒙古自治区	包头市	达尔罕茂明安联合旗	150223	阴山北麓草原生态功能区	防风固沙
72	内蒙古自治区	赤峰市	阿鲁科尔沁旗	150421	科尔沁草原生态功能区	防风固沙
73	内蒙古自治区	赤峰市	巴林右旗	150423	科尔沁草原生态功能区	防风固沙
74	内蒙古自治区	赤峰市	克什克腾旗	150425	浑善达克沙漠化防治生态功能区	防风固沙
75	内蒙古自治区	赤峰市	翁牛特旗	150426	科尔沁草原生态功能区	防风固沙
76	内蒙古自治区	通辽市	科尔沁左翼中旗	150521	科尔沁草原生态功能区	防风固沙
77	内蒙古自治区	通辽市	科尔沁左翼后旗	150522	科尔沁草原生态功能区	防风固沙
78	内蒙古自治区	通辽市	开鲁县	150523	科尔沁草原生态功能区	防风固沙
79	内蒙古自治区	通辽市	库伦旗	150524	科尔沁草原生态功能区	防风固沙
80	内蒙古自治区	通辽市	奈曼旗	150525	科尔沁草原生态功能区	防风固沙
81	内蒙古自治区	通辽市	扎鲁特旗	150526	科尔沁草原生态功能区	防风固沙
82	内蒙古自治区	呼伦贝尔市	阿荣旗	150721	大小兴安岭森林生态功能区	水源涵养
83	内蒙古自治区	呼伦贝尔市	莫力达瓦达斡尔族自治旗	150722	大小兴安岭森林生态功能区	水源涵养

序号	省份	地市名称	县域名称	区划代码	国家重点生态功能区	主导生态功能类型
84	内蒙古自治区	呼伦贝尔市	鄂伦春自治旗	150723	大小兴安岭森林生态功能区	水源涵养
85	内蒙古自治区	呼伦贝尔市	新巴尔虎左旗	150726	呼伦贝尔草原草甸生态功能区	防风固沙
86	内蒙古自治区	呼伦贝尔市	新巴尔虎右旗	150727	呼伦贝尔草原草甸生态功能区	防风固沙
87	内蒙古自治区	呼伦贝尔市	牙克石市	150782	大小兴安岭森林生态功能区	水源涵养
88	内蒙古自治区	呼伦贝尔市	扎兰屯市	150783	大小兴安岭森林生态功能区	水源涵养
89	内蒙古自治区	呼伦贝尔市	额尔古纳市	150784	大小兴安岭森林生态功能区	水源涵养
90	内蒙古自治区	呼伦贝尔市	根河市	150785	大小兴安岭森林生态功能区	水源涵养
91	内蒙古自治区	巴彦卓尔市	乌拉特中旗	150824	阴山北麓草原生态功能区	防风固沙
92	内蒙古自治区	巴彦卓尔市	乌拉特后旗	150825	阴山北麓草原生态功能区	防风固沙
93	内蒙古自治区	乌兰察布市	化德县	150922	阴山北麓草原生态功能区	防风固沙
94	内蒙古自治区	乌兰察布市	察哈尔右翼中旗	150927	阴山北麓草原生态功能区	防风固沙
95	内蒙古自治区	乌兰察布市	察哈尔右翼后旗	150928	阴山北麓草原生态功能区	防风固沙
96	内蒙古自治区	乌兰察布市	四子王旗	150929	阴山北麓草原生态功能区	防风固沙
97	内蒙古自治区	兴安盟	阿尔山市	152202	大小兴安岭森林生态功能区	水源涵养
98	内蒙古自治区	兴安盟	科尔沁右翼中旗	152222	科尔沁草原生态功能区	防风固沙
99	内蒙古自治区	锡林郭勒盟	阿巴嘎旗	152522	浑善达克沙漠化防治生态功能区	防风固沙
100	内蒙古自治区	锡林郭勒盟	苏尼特左旗	152523	浑善达克沙漠化防治生态功能区	防风固沙
101	内蒙古自治区	锡林郭勒盟	苏尼特右旗	152524	浑善达克沙漠化防治生态功能区	防风固沙
102	内蒙古自治区	锡林郭勒盟	东乌珠穆沁旗	152525	浑善达克沙漠化防治生态功能区	防风固沙
103	内蒙古自治区	锡林郭勒盟	西乌珠穆沁旗	152526	浑善达克沙漠化防治生态功能区	防风固沙

序号	省份	地市名称	县域名称	区划代码	国家重点生态功能区	主导生态功能类型
104	内蒙古自治区	锡林郭勒盟	太仆寺旗	152527	浑善达克沙漠化防治生态功能区	防风固沙
105	内蒙古自治区	锡林郭勒盟	镶黄旗	152528	浑善达克沙漠化防治生态功能区	防风固沙
106	内蒙古自治区	锡林郭勒盟	正镶白旗	152529	浑善达克沙漠化防治生态功能区	防风固沙
107	内蒙古自治区	锡林郭勒盟	正蓝旗	152530	浑善达克沙漠化防治生态功能区	防风固沙
108	内蒙古自治区	锡林郭勒盟	多伦县	152531	浑善达克沙漠化防治生态功能区	防风固沙
109	内蒙古自治区	阿拉善盟	阿拉善左旗	152921	腾格里沙漠防风固沙区	防风固沙
110	内蒙古自治区	阿拉善盟	阿拉善右旗	152922	腾格里沙漠防风固沙区	防风固沙
111	内蒙古自治区	阿拉善盟	额济纳旗	152923	腾格里沙漠防风固沙区	防风固沙
112	辽宁省	抚顺市	新宾满族自治县	210422	长白山森林生态功能区	水源涵养
113	辽宁省	本溪市	本溪满族自治县	210521	长白山森林生态功能区	水源涵养
114	辽宁省	本溪市	桓仁满族自治县	210522	长白山森林生态功能区	水源涵养
115	辽宁省	丹东市	宽甸满族自治县	210624	长白山森林生态功能区	水源涵养
116	吉林省	通化市	东昌区	220502	长白山森林生态功能区	水源涵养
117	吉林省	通化市	集安市	220582	长白山森林生态功能区	水源涵养
118	吉林省	白山市	浑江区	220602	长白山森林生态功能区	水源涵养
119	吉林省	白山市	江源区	220605	长白山森林生态功能区	水源涵养
120	吉林省	白山市	抚松县	220621	长白山森林生态功能区	水源涵养
121	吉林省	白山市	靖宇县	220622	长白山森林生态功能区	水源涵养
122	吉林省	白山市	长白朝鲜族自治县	220623	长白山森林生态功能区	水源涵养
123	吉林省	白山市	临江市	220681	长白山森林生态功能区	水源涵养
124	吉林省	白城市	通榆县	220822	科尔沁草原生态功能区	防风固沙
125	吉林省	延边朝鲜族自治州	敦化市	222403	长白山森林生态功能区	水源涵养
126	吉林省	延边朝鲜族自治州	和龙市	222406	长白山森林生态功能区	水源涵养
127	吉林省	延边朝鲜族自治州	汪清县	222424	长白山森林生态功能区	水源涵养
128	吉林省	延边朝鲜族自治州	安图县	222426	长白山森林生态功能区	水源涵养

序号	省份	地市名称	县域名称	区划代码	国家重点生态功能区	主导生态功能类型
129	黑龙江省	哈尔滨市	方正县	230124	大小兴安岭森林生态功能区	水源涵养
130	黑龙江省	哈尔滨市	木兰县	230127	大小兴安岭森林生态功能区	水源涵养
131	黑龙江省	哈尔滨市	通河县	230128	大小兴安岭森林生态功能区	水源涵养
132	黑龙江省	哈尔滨市	延寿县	230129	大小兴安岭森林生态功能区	水源涵养
133	黑龙江省	哈尔滨市	尚志市	230183	大小兴安岭森林生态功能区	水源涵养
134	黑龙江省	哈尔滨市	五常市	230184	大小兴安岭森林生态功能区	水源涵养
135	黑龙江省	齐齐哈尔市	甘南县	230225	大小兴安岭森林生态功能区	水源涵养
136	黑龙江省	鸡西市	虎林市	230381	三江平原湿地生态功能区	生物多样性维护
137	黑龙江省	鸡西市	密山市	230382	三江平原湿地生态功能区	生物多样性维护
138	黑龙江省	鹤岗市	绥滨县	230422	三江平原湿地生态功能区	生物多样性维护
139	黑龙江省	双鸭山市	饶河县	230524	三江平原湿地生态功能区	生物多样性维护
140	黑龙江省	伊春市	伊春区	230702	大小兴安岭森林生态功能区	水源涵养
141	黑龙江省	伊春市	南岔区	230703	大小兴安岭森林生态功能区	水源涵养
142	黑龙江省	伊春市	友好区	230704	大小兴安岭森林生态功能区	水源涵养
143	黑龙江省	伊春市	西林区	230705	大小兴安岭森林生态功能区	水源涵养
144	黑龙江省	伊春市	翠峦区	230706	大小兴安岭森林生态功能区	水源涵养
145	黑龙江省	伊春市	新青区	230707	大小兴安岭森林生态功能区	水源涵养
146	黑龙江省	伊春市	美溪区	230708	大小兴安岭森林生态功能区	水源涵养
147	黑龙江省	伊春市	金山屯区	230709	大小兴安岭森林生态功能区	水源涵养
148	黑龙江省	伊春市	五营区	230710	大小兴安岭森林生态功能区	水源涵养
149	黑龙江省	伊春市	乌马河区	230711	大小兴安岭森林生态功能区	水源涵养
150	黑龙江省	伊春市	汤旺河区	230712	大小兴安岭森林生态功能区	水源涵养
151	黑龙江省	伊春市	带岭区	230713	大小兴安岭森林生态功能区	水源涵养
152	黑龙江省	伊春市	乌伊岭区	230714	大小兴安岭森林生态功能区	水源涵养
153	黑龙江省	伊春市	红星区	230715	大小兴安岭森林生态功能区	水源涵养
154	黑龙江省	伊春市	上甘岭区	230716	大小兴安岭森林生态功能区	水源涵养
155	黑龙江省	伊春市	嘉荫县	230722	大小兴安岭森林生态功能区	水源涵养
156	黑龙江省	伊春市	铁力市	230781	大小兴安岭森林生态功能区	水源涵养
157	黑龙江省	佳木斯市	同江市	230881	三江平原湿地生态功能区	生物多样性维护
158	黑龙江省	佳木斯市	富锦市	230882	三江平原湿地生态功能区	生物多样性维护
159	黑龙江省	佳木斯市	抚远市	230883	三江平原湿地生态功能区	生物多样性维护
160	黑龙江省	牡丹江市	林口县	231025	长白山森林生态功能区	水源涵养

序号	省份	地市名称	县域名称	区划代码	国家重点生态功能区	主导生态功能类型
161	黑龙江省	牡丹江市	海林市	231083	长白山森林生态功能区	水源涵养
162	黑龙江省	牡丹江市	宁安市	231084	长白山森林生态功能区	水源涵养
163	黑龙江省	牡丹江市	穆棱市	231085	长白山森林生态功能区	水源涵养
164	黑龙江省	牡丹江市	东宁市	231086	长白山森林生态功能区	水源涵养
165	黑龙江省	黑河市	爱辉区	231102	大小兴安岭森林生态功能区	水源涵养
166	黑龙江省	黑河市	嫩江县	231121	大小兴安岭森林生态功能区	水源涵养
167	黑龙江省	黑河市	逊克县	231123	大小兴安岭森林生态功能区	水源涵养
168	黑龙江省	黑河市	孙吴县	231124	大小兴安岭森林生态功能区	水源涵养
169	黑龙江省	黑河市	北安市	231181	大小兴安岭森林生态功能区	水源涵养
170	黑龙江省	黑河市	五大连池市	231182	大小兴安岭森林生态功能区	水源涵养
171	黑龙江省	绥化市	庆安县	231224	大小兴安岭森林生态功能区	水源涵养
172	黑龙江省	绥化市	绥棱县	231226	大小兴安岭森林生态功能区	水源涵养
173	黑龙江省	大兴安岭地区	加格达奇区	232701	大小兴安岭森林生态功能区	水源涵养
174	黑龙江省	大兴安岭地区	松岭区	232702	大小兴安岭森林生态功能区	水源涵养
175	黑龙江省	大兴安岭地区	新林区	232703	大小兴安岭森林生态功能区	水源涵养
176	黑龙江省	大兴安岭地区	呼中区	232704	大小兴安岭森林生态功能区	水源涵养
177	黑龙江省	大兴安岭地区	呼玛县	232721	大小兴安岭森林生态功能区	水源涵养
178	黑龙江省	大兴安岭地区	塔河县	232722	大小兴安岭森林生态功能区	水源涵养
179	黑龙江省	大兴安岭地区	漠河县	232723	大小兴安岭森林生态功能区	水源涵养
180	浙江省	杭州市	淳安县	330127	天目山区水源涵养生态功能区	水源涵养
181	浙江省	温州市	文成县	330328	浙闽山地生物多样性保护区	生物多样性维护
182	浙江省	温州市	泰顺县	330329	浙闽山地生物多样性保护区	生物多样性维护
183	浙江省	金华市	磐安县	330727	浙闽山地生物多样性保护区	生物多样性维护
184	浙江省	衢州市	常山县	330822	浙闽山地生物多样性保护区	生物多样性维护
185	浙江省	衢州市	开化县	330824	浙闽山地生物多样性保护区	生物多样性维护
186	浙江省	丽水市	遂昌县	331123	浙闽山地生物多样性保护区	生物多样性维护
187	浙江省	丽水市	云和县	331125	浙闽山地生物多样性保护区	生物多样性维护

序号	省份	地市名称	县域名称	区划代码	国家重点生态功能区	主导生态功能类型
188	浙江省	丽水市	庆元县	331126	浙闽山地生物多样性保护区	生物多样性维护
189	浙江省	丽水市	景宁畲族自治县	331127	浙闽山地生物多样性保护区	生物多样性维护
190	浙江省	丽水市	龙泉市	331181	浙闽山地生物多样性保护区	生物多样性维护
191	安徽省	安庆市	潜山县	340824	大别山水土保持生态功能区	水土保持
192	安徽省	安庆市	太湖县	340825	大别山水土保持生态功能区	水土保持
193	安徽省	安庆市	岳西县	340828	大别山水土保持生态功能区	水土保持
194	安徽省	黄山市	黄山区	341003	黄山水源涵养生态功能区	水源涵养
195	安徽省	黄山市	歙县	341021	黄山水源涵养生态功能区	水源涵养
196	安徽省	黄山市	休宁县	341022	黄山水源涵养生态功能区	水源涵养
197	安徽省	黄山市	黟县	341023	黄山水源涵养生态功能区	水源涵养
198	安徽省	黄山市	祁门县	341024	黄山水源涵养生态功能区	水源涵养
199	安徽省	六安市	金寨县	341524	大别山水土保持生态功能区	水土保持
200	安徽省	六安市	霍山县	341525	大别山水土保持生态功能区	水土保持
201	安徽省	池州市	石台县	341722	大别山水土保持生态功能区	水土保持
202	安徽省	池州市	青阳县	341723	黄山水源涵养生态功能区	水源涵养
203	安徽省	宣城市	泾县	341823	黄山水源涵养生态功能区	水源涵养
204	安徽省	宣城市	绩溪县	341824	九华山-天目山水源涵养生态功能区	水源涵养
205	安徽省	宣城市	旌德县	341825	九华山-天目山水源涵养生态功能区	水源涵养
206	福建省	福州市	永泰县	350125	东南沿海红树林生物多样性生态功能区	生物多样性维护
207	福建省	三明市	明溪县	350421	武夷山水土保持生态功能区	水土保持
208	福建省	三明市	清流县	350423	武夷山水土保持生态功能区	水土保持
209	福建省	三明市	宁化县	350424	武夷山水土保持生态功能区	水土保持
210	福建省	三明市	将乐县	350428	武夷山水土保持生态功能区	水土保持
211	福建省	三明市	泰宁县	350429	武夷山水土保持生态功能区	水土保持
212	福建省	三明市	建宁县	350430	武夷山水土保持生态功能区	水土保持
213	福建省	泉州市	永春县	350525	戴云山生物多样性生态功能区	生物多样性维护
214	福建省	漳州市	华安县	350629	南岭山地森林及生物多样性生态功能区	水源涵养
215	福建省	南平市	浦城县	350722	武夷山水土保持生态功能区	水土保持
216	福建省	南平市	光泽县	350723	武夷山水土保持生态功能区	水土保持
217	福建省	南平市	武夷山市	350782	武夷山水土保持生态功能区	水土保持
218	福建省	龙岩市	长汀县	350821	南岭山地森林及生物多样性生态功能区	水源涵养
219	福建省	龙岩市	上杭县	350823	南岭山地森林及生物多样性生态功能区	水源涵养

序号	省份	地市名称	县域名称	区划代码	国家重点生态功能区	主导生态功能类型
220	福建省	龙岩市	武平县	350824	南岭山地森林及生物多样性生态功能区	水源涵养
221	福建省	龙岩市	连城县	350825	南岭山地森林及生物多样性生态功能区	水源涵养
222	福建省	宁德市	屏南县	350923	浙闽山地生物多样性生态功能区	生物多样性维护
223	福建省	宁德市	寿宁县	350924	浙闽山地生物多样性生态功能区	生物多样性维护
224	福建省	宁德市	周宁县	350925	浙闽山地生物多样性生态功能区	生物多样性维护
225	福建省	宁德市	柘荣县	350926	浙闽山地生物多样性生态功能区	生物多样性维护
226	江西省	景德镇市	浮梁县	360222	黄山水源涵养生态功能区	水源涵养
227	江西省	萍乡市	莲花县	360321	罗霄山水源涵养生态功能区	水源涵养
228	江西省	萍乡市	芦溪县	360323	罗霄山水源涵养生态功能区	水源涵养
229	江西省	九江市	修水县	360424	九岭山水源涵养生态功能区	水源涵养
230	江西省	赣州市	南康区	360703	南岭山地森林及生物多样性生态功能区	水源涵养
231	江西省	赣州市	赣县区	360704	南岭山地森林及生物多样性生态功能区	水源涵养
232	江西省	赣州市	信丰县	360722	南岭山地森林及生物多样性生态功能区	水源涵养
233	江西省	赣州市	大余县	360723	南岭山地森林及生物多样性生态功能区	水源涵养
234	江西省	赣州市	上犹县	360724	南岭山地森林及生物多样性生态功能区	水源涵养
235	江西省	赣州市	崇义县	360725	南岭山地森林及生物多样性生态功能区	水源涵养
236	江西省	赣州市	安远县	360726	南岭山地森林及生物多样性生态功能区	水源涵养
237	江西省	赣州市	龙南县	360727	南岭山地森林及生物多样性生态功能区	水源涵养
238	江西省	赣州市	定南县	360728	南岭山地森林及生物多样性生态功能区	水源涵养
239	江西省	赣州市	全南县	360729	南岭山地森林及生物多样性生态功能区	水源涵养
240	江西省	赣州市	宁都县	360730	南岭山地森林及生物多样性生态功能区	水源涵养
241	江西省	赣州市	于都县	360731	南岭山地森林及生物多样性生态功能区	水源涵养
242	江西省	赣州市	兴国县	360732	南岭山地森林及生物多样性生态功能区	水源涵养

序号	省份	地市名称	县域名称	区划代码	国家重点生态功能区	主导生态功能类型
243	江西省	赣州市	会昌县	360733	南岭山地森林及生物多样性生态功能区	水源涵养
244	江西省	赣州市	寻乌县	360734	南岭山地森林及生物多样性生态功能区	水源涵养
245	江西省	赣州市	石城县	360735	南岭山地森林及生物多样性生态功能区	水源涵养
246	江西省	赣州市	瑞金市	360781	南岭山地森林及生物多样性生态功能区	水源涵养
247	江西省	吉安市	遂川县	360827	罗霄山水源涵养生态功能区	水源涵养
248	江西省	吉安市	万安县	360828	罗霄山水源涵养生态功能区	水源涵养
249	江西省	吉安市	安福县	360829	罗霄山水源涵养生态功能区	水源涵养
250	江西省	吉安市	永新县	360830	罗霄山水源涵养生态功能区	水源涵养
251	江西省	吉安市	井冈山市	360881	南岭山地森林及生物多样性生态功能区	水源涵养
252	江西省	宜春市	靖安县	360925	罗霄山水源涵养生态功能区	水源涵养
253	江西省	宜春市	铜鼓县	360926	罗霄山水源涵养生态功能区	水源涵养
254	江西省	抚州市	黎川县	361022	武夷山水源涵养生态功能区	水源涵养
255	江西省	抚州市	南丰县	361023	武夷山水源涵养生态功能区	水源涵养
256	江西省	抚州市	宜黄县	361026	武夷山水源涵养生态功能区	水源涵养
257	江西省	抚州市	资溪县	361028	武夷山水源涵养生态功能区	水源涵养
258	江西省	抚州市	广昌县	361030	武夷山水源涵养生态功能区	水源涵养
259	江西省	上饶市	婺源县	361130	怀玉山水源涵养生态功能区	水源涵养
260	山东省	淄博市	博山区	370304	鲁中山地水土保持生态功能区	水土保持
261	山东省	淄博市	沂源县	370323	鲁中山地水土保持生态功能区	水土保持
262	山东省	枣庄市	台儿庄区	370405	鲁中南山地水土保持生态功能区	水土保持
263	山东省	枣庄市	山亭区	370406	鲁中山地水土保持生态功能区	水土保持
264	山东省	烟台市	长岛县	370634	长岛海岛生物多样性保护功能区	生物多样性维护
265	山东省	潍坊市	临朐县	370724	鲁中山地水土保持生态功能区	水土保持
266	山东省	济宁市	曲阜市	370881	鲁中山地水土保持生态功能区	水土保持
267	山东省	泰安市	泰山区	370902	鲁中山地水土保持生态功能区	水土保持
268	山东省	日照市	五莲县	371121	鲁中山地水土保持生态功能区	水土保持
269	山东省	临沂市	沂水县	371323	鲁中山地水土保持生态功能区	水土保持
270	山东省	临沂市	费县	371325	鲁中山地水土保持生态功能区	水土保持
271	山东省	临沂市	平邑县	371326	鲁中山地水土保持生态功能区	水土保持
272	山东省	临沂市	蒙阴县	371328	鲁中山地水土保持生态功能区	水土保持
273	河南省	洛阳市	栾川县	410324	南水北调水源涵养生态功能区	水源涵养
274	河南省	三门峡市	卢氏县	411224	南水北调水源涵养生态功能区	水源涵养
275	河南省	南阳市	西峡县	411323	南水北调水源涵养生态功能区	水源涵养
276	河南省	南阳市	内乡县	411325	南水北调水源涵养生态功能区	水源涵养

序号	省份	地市名称	县域名称	区划代码	国家重点生态功能区	主导生态功能类型
277	河南省	南阳市	淅川县	411326	南水北调水源涵养生态功能区	水源涵养
278	河南省	南阳市	桐柏县	411330	大别山水源涵养生态功能区	水源涵养
279	河南省	南阳市	邓州市	411381	南水北调水源涵养生态功能区	水源涵养
280	河南省	信阳市	浉河区	411502	大别山水源涵养生态功能区	水源涵养
281	河南省	信阳市	罗山县	411521	大别山水源涵养生态功能区	水源涵养
282	河南省	信阳市	光山县	411522	大别山水源涵养生态功能区	水源涵养
283	河南省	信阳市	新县	411523	大别山水土保持生态功能区	水土保持
284	河南省	信阳市	商城县	411524	大别山水土保持生态功能区	水土保持
285	湖北省	十堰市	茅箭区	420302	南水北调水源涵养生态功能区	水源涵养
286	湖北省	十堰市	张湾区	420303	南水北调水源涵养生态功能区	水源涵养
287	湖北省	十堰市	郧阳区	420304	南水北调水源涵养生态功能区	水源涵养
288	湖北省	十堰市	郧西县	420322	南水北调水源涵养生态功能区	水源涵养
289	湖北省	十堰市	竹山县	420323	南水北调水源涵养生态功能区	水源涵养
290	湖北省	十堰市	竹溪县	420324	南水北调水源涵养生态功能区	水源涵养
291	湖北省	十堰市	房县	420325	南水北调水源涵养生态功能区	水源涵养
292	湖北省	十堰市	丹江口市	420381	南水北调水源涵养生态功能区	水源涵养
293	湖北省	宜昌市	夷陵区	420506	三峡库区水土保持生态功能区	水土保持
294	湖北省	宜昌市	兴山县	420526	三峡库区水土保持生态功能区	水土保持
295	湖北省	宜昌市	秭归县	420527	三峡库区水土保持生态功能区	水土保持
296	湖北省	宜昌市	长阳土家族自治县	420528	三峡库区水土保持生态功能区	水土保持
297	湖北省	宜昌市	五峰土家族自治县	420529	三峡库区水土保持生态功能区	水土保持
298	湖北省	襄樊市	南漳县	420624	秦巴生物多样性生态功能区	生物多样性维护
299	湖北省	襄樊市	保康县	420626	秦巴生物多样性生态功能区	生物多样性维护
300	湖北省	孝感市	孝昌县	420921	大别山水土保持生态功能区	水土保持
301	湖北省	孝感市	大悟县	420922	大别山水土保持生态功能区	水土保持
302	湖北省	黄冈市	红安县	421122	大别山水土保持生态功能区	水土保持
303	湖北省	黄冈市	罗田县	421123	大别山水土保持生态功能区	水土保持
304	湖北省	黄冈市	英山县	421124	大别山水土保持生态功能区	水土保持
305	湖北省	黄冈市	浠水县	421125	大别山水土保持生态功能区	水土保持
306	湖北省	黄冈市	麻城市	421181	大别山水土保持生态功能区	水土保持
307	湖北省	咸宁市	通城县	421222	九岭山水源涵养生态功能区	水源涵养
308	湖北省	咸宁市	通山县	421224	九岭山水源涵养生态功能区	水源涵养
309	湖北省	恩施土家族苗族自治州	利川市	422802	武陵山区生物多样性与水土保持生态功能区	生物多样性维护
310	湖北省	恩施土家族苗族自治州	建始县	422822	武陵山区生物多样性与水土保持生态功能区	生物多样性维护

序号	省份	地市名称	县域名称	区划代码	国家重点生态功能区	主导生态功能类型
311	湖北省	恩施土家族苗族自治州	巴东县	422823	三峡库区水土保持生态功能区	水土保持
312	湖北省	恩施土家族苗族自治州	宣恩县	422825	武陵山区生物多样性与水土保持生态功能区	生物多样性维护
313	湖北省	恩施土家族苗族自治州	咸丰县	422826	武陵山区生物多样性与水土保持生态功能区	生物多样性维护
314	湖北省	恩施土家族苗族自治州	来凤县	422827	武陵山区生物多样性与水土保持生态功能区	生物多样性维护
315	湖北省	恩施土家族苗族自治州	鹤峰县	422828	武陵山区生物多样性与水土保持生态功能区	生物多样性维护
316	湖北省		神农架林区	429021	秦巴生物多样性生态功能区	水源涵养
317	湖南省	株洲市	茶陵县	430224	南岭山地森林及生物多样性生态功能区	水源涵养
318	湖南省	株洲市	炎陵县	430225	南岭山地森林及生物多样性生态功能区	水源涵养
319	湖南省	衡阳市	南岳区	430412	衡山水源涵养生态功能区	水源涵养
320	湖南省	邵阳市	新邵县	430522	雪峰山水源涵养生态功能区	水源涵养
321	湖南省	邵阳市	隆回县	430524	雪峰山水源涵养生态功能区	水源涵养
322	湖南省	邵阳市	洞口县	430525	雪峰山水源涵养生态功能区	水源涵养
323	湖南省	邵阳市	绥宁县	430527	雪峰山水源涵养生态功能区	水源涵养
324	湖南省	邵阳市	新宁县	430528	雪峰山水源涵养生态功能区	水源涵养
325	湖南省	邵阳市	城步苗族自治县	430529	雪峰山水源涵养生态功能区	水源涵养
326	湖南省	岳阳市	君山区	430611	洞庭湖生物多样性维护功能区	生物多样性维护
327	湖南省	岳阳市	平江县	430626	九岭山水源涵养生态功能区	水源涵养
328	湖南省	常德市	桃源县	430725	武陵山区生物多样性与水土保持生态功能区	生物多样性维护
329	湖南省	常德市	石门县	430726	武陵山区生物多样性与水土保持生态功能区	生物多样性维护
330	湖南省	张家界市	永定区	430802	武陵山区生物多样性与水土保持生态功能区	生物多样性维护
331	湖南省	张家界市	武陵源区	430811	武陵山区生物多样性与水土保持生态功能区	生物多样性维护
332	湖南省	张家界市	慈利县	430821	武陵山区生物多样性与水土保持生态功能区	生物多样性维护
333	湖南省	张家界市	桑植县	430822	武陵山区生物多样性与水土保持生态功能区	生物多样性维护
334	湖南省	益阳市	桃江县	430922	雪峰山水源涵养生态功能区	水源涵养
335	湖南省	益阳市	安化县	430923	雪峰山水源涵养生态功能区	水源涵养
336	湖南省	郴州市	宜章县	431022	南岭山地森林及生物多样性生态功能区	水源涵养

序号	省份	地市名称	县域名称	区划代码	国家重点生态功能区	主导生态功能类型
337	湖南省	郴州市	嘉禾县	431024	南岭山地森林及生物多样性生态功能区	水源涵养
338	湖南省	郴州市	临武县	431025	南岭山地森林及生物多样性生态功能区	水源涵养
339	湖南省	郴州市	汝城县	431026	南岭山地森林及生物多样性生态功能区	水源涵养
340	湖南省	郴州市	桂东县	431027	南岭山地森林及生物多样性生态功能区	水源涵养
341	湖南省	郴州市	安仁县	431028	南岭山地森林及生物多样性生态功能区	水源涵养
342	湖南省	郴州市	资兴市	431081	南岭山地森林及生物多样性生态功能区	水源涵养
343	湖南省	永州市	东安县	431122	南岭山地森林及生物多样性生态功能区	水源涵养
344	湖南省	永州市	双牌县	431123	南岭山地森林及生物多样性生态功能区	水源涵养
345	湖南省	永州市	道县	431124	南岭山地森林及生物多样性生态功能区	水源涵养
346	湖南省	永州市	江永县	431125	南岭山地森林及生物多样性生态功能区	水源涵养
347	湖南省	永州市	宁远县	431126	南岭山地森林及生物多样性生态功能区	水源涵养
348	湖南省	永州市	蓝山县	431127	南岭山地森林及生物多样性生态功能区	水源涵养
349	湖南省	永州市	新田县	431128	南岭山地森林及生物多样性生态功能区	水源涵养
350	湖南省	永州市	江华瑶族自治县	431129	南岭山地森林及生物多样性生态功能区	水源涵养
351	湖南省	怀化市	鹤城区	431202	雪峰山水源涵养生态功能区	水源涵养
352	湖南省	怀化市	中方县	431221	雪峰山水源涵养生态功能区	水源涵养
353	湖南省	怀化市	沅陵县	431222	雪峰山水源涵养生态功能区	水源涵养
354	湖南省	怀化市	辰溪县	431223	武陵山区生物多样性与水土保持生态功能区	生物多样性维护
355	湖南省	怀化市	溆浦县	431224	雪峰山水源涵养生态功能区	水源涵养
356	湖南省	怀化市	会同县	431225	雪峰山水源涵养生态功能区	水源涵养
357	湖南省	怀化市	麻阳苗族自治县	431226	武陵山区生物多样性与水土保持生态功能区	生物多样性维护
358	湖南省	怀化市	新晃侗族自治县	431227	雪峰山水源涵养生态功能区	水源涵养
359	湖南省	怀化市	芷江侗族自治县	431228	雪峰山水源涵养生态功能区	水源涵养

序号	省份	地市名称	县域名称	区划代码	国家重点生态功能区	主导生态功能类型
360	湖南省	怀化市	靖州苗族侗族自治县	431229	雪峰山水源涵养生态功能区	水源涵养
361	湖南省	怀化市	通道侗族自治县	431230	雪峰山水源涵养生态功能区	水源涵养
362	湖南省	怀化市	洪江市	431281	雪峰山水源涵养生态功能区	水源涵养
363	湖南省	娄底市	新化县	431322	雪峰山水源涵养生态功能区	水源涵养
364	湖南省	湘西土家族苗族自治州	吉首市	433101	武陵山区生物多样性与水土保持生态功能区	生物多样性维护
365	湖南省	湘西土家族苗族自治州	泸溪县	433122	武陵山区生物多样性与水土保持生态功能区	生物多样性维护
366	湖南省	湘西土家族苗族自治州	凤凰县	433123	武陵山区生物多样性与水土保持生态功能区	生物多样性维护
367	湖南省	湘西土家族苗族自治州	花垣县	433124	武陵山区生物多样性与水土保持生态功能区	生物多样性维护
368	湖南省	湘西土家族苗族自治州	保靖县	433125	武陵山区生物多样性与水土保持生态功能区	生物多样性维护
369	湖南省	湘西土家族苗族自治州	古丈县	433126	武陵山区生物多样性与水土保持生态功能区	生物多样性维护
370	湖南省	湘西土家族苗族自治州	永顺县	433127	武陵山区生物多样性与水土保持生态功能区	生物多样性维护
371	湖南省	湘西土家族苗族自治州	龙山县	433130	武陵山区生物多样性与水土保持生态功能区	生物多样性维护
372	广东省	韶关市	始兴县	440222	南岭山地森林及生物多样性生态功能区	水源涵养
373	广东省	韶关市	仁化县	440224	南岭山地森林及生物多样性生态功能区	水源涵养
374	广东省	韶关市	翁源县	440229	南岭山地森林及生物多样性生态功能区	水源涵养
375	广东省	韶关市	乳源瑶族自治县	440232	南岭山地森林及生物多样性生态功能区	水源涵养
376	广东省	韶关市	新丰县	440233	南岭山地森林及生物多样性生态功能区	水源涵养
377	广东省	韶关市	乐昌市	440281	南岭山地森林及生物多样性生态功能区	水源涵养
378	广东省	韶关市	南雄市	440282	南岭山地森林及生物多样性生态功能区	水源涵养
379	广东省	茂名市	信宜市	440983	南岭山地森林及生物多样性生态功能区	水源涵养
380	广东省	梅州市	大埔县	441422	南岭山地森林及生物多样性生态功能区	水源涵养
381	广东省	梅州市	丰顺县	441423	南岭山地森林及生物多样性生态功能区	水源涵养

序号	省份	地市名称	县域名称	区划代码	国家重点生态功能区	主导生态功能类型
382	广东省	梅州市	平远县	441426	南岭山地森林及生物多样性生态功能区	水源涵养
383	广东省	梅州市	蕉岭县	441427	南岭山地森林及生物多样性生态功能区	水源涵养
384	广东省	梅州市	兴宁市	441481	南岭山地森林及生物多样性生态功能区	水源涵养
385	广东省	汕尾市	陆河县	441523	南岭山地森林及生物多样性生态功能区	水源涵养
386	广东省	河源市	龙川县	441622	南岭山地森林及生物多样性生态功能区	水源涵养
387	广东省	河源市	连平县	441623	南岭山地森林及生物多样性生态功能区	水源涵养
388	广东省	河源市	和平县	441624	南岭山地森林及生物多样性生态功能区	水源涵养
389	广东省	清远市	阳山县	441823	南岭山地森林及生物多样性生态功能区	水源涵养
390	广东省	清远市	连山壮族瑶族自治县	441825	南岭山地森林及生物多样性生态功能区	水源涵养
391	广东省	清远市	连南瑶族自治县	441826	南岭山地森林及生物多样性生态功能区	水源涵养
392	广东省	清远市	连州市	441882	南岭山地森林及生物多样性生态功能区	水源涵养
393	广西壮族自治区	南宁市	马山县	450124	桂黔滇喀斯特石漠化防治生态功能区	水土保持
394	广西壮族自治区	南宁市	上林县	450125	桂黔滇喀斯特石漠化防治生态功能区	水土保持
395	广西壮族自治区	柳州市	融水苗族自治县	450225	南岭山地森林及生物多样性生态功能区	水源涵养
396	广西壮族自治区	柳州市	三江侗族自治县	450226	南岭山地森林及生物多样性生态功能区	水源涵养
397	广西壮族自治区	桂林市	阳朔县	450321	桂黔滇喀斯特石漠化防治生态功能区	水土保持
398	广西壮族自治区	桂林市	灌阳县	450327	桂黔滇喀斯特石漠化防治生态功能区	水土保持
399	广西壮族自治区	桂林市	龙胜各族自治县	450328	南岭山地森林及生物多样性生态功能区	水源涵养
400	广西壮族自治区	桂林市	资源县	450329	南岭山地森林及生物多样性生态功能区	水源涵养
401	广西壮族自治区	桂林市	恭城瑶族自治县	450332	桂黔滇喀斯特石漠化防治生态功能区	水土保持
402	广西壮族自治区	梧州市	蒙山县	450423	桂黔滇喀斯特石漠化防治生态功能区	水土保持

序号	省份	地市名称	县域名称	区划代码	国家重点生态功能区	主导生态功能类型
403	广西壮族自治区	百色市	德保县	451024	桂黔滇喀斯特石漠化防治生态功能区	水土保持
404	广西壮族自治区	百色市	那坡县	451026	桂黔滇喀斯特石漠化防治生态功能区	水土保持
405	广西壮族自治区	百色市	凌云县	451027	桂黔滇喀斯特石漠化防治生态功能区	水土保持
406	广西壮族自治区	百色市	乐业县	451028	桂黔滇喀斯特石漠化防治生态功能区	水土保持
407	广西壮族自治区	百色市	西林县	451030	桂黔滇喀斯特石漠化防治生态功能区	水土保持
408	广西壮族自治区	贺州市	富川瑶族自治县	451123	桂黔滇喀斯特石漠化防治生态功能区	水土保持
409	广西壮族自治区	河池市	天峨县	451222	桂黔滇喀斯特石漠化防治生态功能区	水土保持
410	广西壮族自治区	河池市	凤山县	451223	桂黔滇喀斯特石漠化防治生态功能区	水土保持
411	广西壮族自治区	河池市	东兰县	451224	桂黔滇喀斯特石漠化防治生态功能区	水土保持
412	广西壮族自治区	河池市	罗城仫佬族自治县	451225	南岭山地森林及生物多样性生态功能区	水源涵养
413	广西壮族自治区	河池市	环江毛南族自治县	451226	南岭山地森林及生物多样性生态功能区	水源涵养
414	广西壮族自治区	河池市	巴马瑶族自治县	451227	桂黔滇喀斯特石漠化防治生态功能区	水土保持
415	广西壮族自治区	河池市	都安瑶族自治县	451228	桂黔滇喀斯特石漠化防治生态功能区	水土保持
416	广西壮族自治区	河池市	大化瑶族自治县	451229	桂黔滇喀斯特石漠化防治生态功能区	水土保持
417	广西壮族自治区	来宾市	忻城县	451321	桂黔滇喀斯特石漠化防治生态功能区	水土保持
418	广西壮族自治区	来宾市	金秀瑶族自治县	451324	桂东北丘陵山地水源涵养区	水源涵养
419	广西壮族自治区	崇左市	天等县	451425	桂黔滇喀斯特石漠化防治生态功能区	水土保持
420	海南省	海口市	秀英区	460105	海南岛热带岛屿生态功能区	生物多样性维护
421	海南省	海口市	龙华区	460106	海南岛热带岛屿生态功能区	生物多样性维护
422	海南省	海口市	琼山区	460107	海南岛热带岛屿生态功能区	生物多样性维护
423	海南省	海口市	美兰区	460108	海南岛热带岛屿生态功能区	生物多样性维护

序号	省份	地市名称	县域名称	区划代码	国家重点生态功能区	主导生态功能类型
424	海南省		三亚市	460200	海南岛热带岛屿生态功能区	生物多样性维护
425	海南省		三沙市	460300	海南岛热带岛屿生态功能区	生物多样性维护
426	海南省		儋州市	460400	海南岛热带岛屿生态功能区	生物多样性维护
427	海南省		五指山市	469001	海南岛热带岛屿生态功能区	生物多样性维护
428	海南省		琼海市	469002	海南岛热带岛屿生态功能区	生物多样性维护
429	海南省		文昌市	469005	海南岛热带岛屿生态功能区	生物多样性维护
430	海南省		万宁市	469006	海南岛热带岛屿生态功能区	生物多样性维护
431	海南省		东方市	469007	海南岛热带岛屿生态功能区	生物多样性维护
432	海南省		定安县	469021	海南岛热带岛屿生态功能区	生物多样性维护
433	海南省		屯昌县	469022	海南岛热带岛屿生态功能区	生物多样性维护
434	海南省		澄迈县	469023	海南岛热带岛屿生态功能区	生物多样性维护
435	海南省		临高县	469024	海南岛热带岛屿生态功能区	生物多样性维护
436	海南省		白沙黎族自治县	469025	海南岛热带岛屿生态功能区	生物多样性维护
437	海南省		昌江黎族自治县	469026	海南岛热带岛屿生态功能区	生物多样性维护
438	海南省		乐东黎族自治县	469027	海南岛热带岛屿生态功能区	生物多样性维护
439	海南省		陵水黎族自治县	469028	海南岛热带岛屿生态功能区	生物多样性维护
440	海南省		保亭黎族苗族自治县	469029	海南岛热带岛屿生态功能区	生物多样性维护
441	海南省		琼中黎族苗族自治县	469030	海南岛热带岛屿生态功能区	生物多样性维护
442	重庆市		城口县	500229	秦巴生物多样性生态功能区	生物多样性维护
443	重庆市		武隆区	500156	武陵山区生物多样性与水土保持生态功能区	生物多样性维护
444	重庆市		云阳县	500235	三峡库区水土保持生态功能区	水土保持

序号	省份	地市名称	县域名称	区划代码	国家重点生态功能区	主导生态功能类型
445	重庆市		奉节县	500236	三峡库区水土保持生态功能区	水土保持
446	重庆市		巫山县	500237	三峡库区水土保持生态功能区	水土保持
447	重庆市		巫溪县	500238	秦巴生物多样性生态功能区	生物多样性维护
448	重庆市		石柱土家族自治县	500240	武陵山区生物多样性与水土保持生态功能区	生物多样性维护
449	重庆市		秀山土家族苗族自治县	500241	武陵山区生物多样性与水土保持生态功能区	生物多样性维护
450	重庆市		酉阳土家族苗族自治县	500242	武陵山区生物多样性与水土保持生态功能区	生物多样性维护
451	重庆市		彭水苗族土家族自治县	500243	武陵山区生物多样性与水土保持生态功能区	生物多样性维护
452	四川省	绵阳市	北川羌族自治县	510726	川滇森林及生物多样性生态功能区	生物多样性维护
453	四川省	绵阳市	平武县	510727	川滇森林及生物多样性生态功能区	生物多样性维护
454	四川省	广元市	旺苍县	510821	秦巴生物多样性生态功能区	生物多样性维护
455	四川省	广元市	青川县	510822	秦巴生物多样性生态功能区	生物多样性维护
456	四川省	达州市	沐川县	511129	川西南山地生物多样性功能区	生物多样性维护
457	四川省	乐山市	峨边彝族自治县	511132	川西南山地生物多样性功能区	生物多样性维护
458	四川省	达州市	马边彝族自治县	511133	川西南山地生物多样性功能区	生物多样性维护
459	四川省	达州市	万源市	511781	秦巴生物多样性生态功能区	生物多样性维护
460	四川省	雅安市	石棉县	511824	川西南山地生物多样性功能区	生物多样性维护
461	四川省	雅安市	天全县	511825	川滇森林及生物多样性生态功能区	生物多样性维护
462	四川省	雅安市	宝兴县	511827	川滇森林及生物多样性生态功能区	生物多样性维护
463	四川省	巴中市	通江县	511921	秦巴生物多样性生态功能区	生物多样性维护
464	四川省	巴中市	南江县	511922	秦巴生物多样性生态功能区	生物多样性维护
465	四川省	阿坝藏族羌族自治州	马尔康市	513201	川滇森林及生物多样性生态功能区	生物多样性维护
466	四川省	阿坝藏族羌族自治州	汶川县	513221	川滇森林及生物多样性生态功能区	生物多样性维护

序号	省份	地市名称	县域名称	区划代码	国家重点生态功能区	主导生态功能类型
467	四川省	阿坝藏族羌族自治州	理县	513222	川滇森林及生物多样性生态功能区	生物多样性维护
468	四川省	阿坝藏族羌族自治州	茂县	513223	川滇森林及生物多样性生态功能区	生物多样性维护
469	四川省	阿坝藏族羌族自治州	松潘县	513224	川滇森林及生物多样性生态功能区	生物多样性维护
470	四川省	阿坝藏族羌族自治州	九寨沟县	513225	川滇森林及生物多样性生态功能区	生物多样性维护
471	四川省	阿坝藏族羌族自治州	金川县	513226	川滇森林及生物多样性生态功能区	生物多样性维护
472	四川省	阿坝藏族羌族自治州	小金县	513227	川滇森林及生物多样性生态功能区	生物多样性维护
473	四川省	阿坝藏族羌族自治州	黑水县	513228	川滇森林及生物多样性生态功能区	生物多样性维护
474	四川省	阿坝藏族羌族自治州	壤塘县	513230	川滇森林及生物多样性生态功能区	生物多样性维护
475	四川省	阿坝藏族羌族自治州	阿坝县	513231	若尔盖草原湿地生态功能区	水源涵养
476	四川省	阿坝藏族羌族自治州	若尔盖县	513232	若尔盖草原湿地生态功能区	水源涵养
477	四川省	阿坝藏族羌族自治州	红原县	513233	若尔盖草原湿地生态功能区	水源涵养
478	四川省	甘孜藏族自治州	康定市	513301	川滇森林及生物多样性生态功能区	生物多样性维护
479	四川省	甘孜藏族自治州	泸定县	513322	川滇森林及生物多样性生态功能区	生物多样性维护
480	四川省	甘孜藏族自治州	丹巴县	513323	川滇森林及生物多样性生态功能区	生物多样性维护
481	四川省	甘孜藏族自治州	九龙县	513324	川滇森林及生物多样性生态功能区	生物多样性维护
482	四川省	甘孜藏族自治州	雅江县	513325	川滇森林及生物多样性生态功能区	生物多样性维护
483	四川省	甘孜藏族自治州	道孚县	513326	川滇森林及生物多样性生态功能区	生物多样性维护
484	四川省	甘孜藏族自治州	炉霍县	513327	川滇森林及生物多样性生态功能区	生物多样性维护
485	四川省	甘孜藏族自治州	甘孜县	513328	川滇森林及生物多样性生态功能区	生物多样性维护
486	四川省	甘孜藏族自治州	新龙县	513329	川滇森林及生物多样性生态功能区	生物多样性维护
487	四川省	甘孜藏族自治州	德格县	513330	川滇森林及生物多样性生态功能区	生物多样性维护

序号	省份	地市名称	县域名称	区划代码	国家重点生态功能区	主导生态功能类型
488	四川省	甘孜藏族自治州	白玉县	513331	川滇森林及生物多样性生态功能区	生物多样性维护
489	四川省	甘孜藏族自治州	石渠县	513332	川滇森林及生物多样性生态功能区	生物多样性维护
490	四川省	甘孜藏族自治州	色达县	513333	川滇森林及生物多样性生态功能区	生物多样性维护
491	四川省	甘孜藏族自治州	理塘县	513334	川滇森林及生物多样性生态功能区	生物多样性维护
492	四川省	甘孜藏族自治州	巴塘县	513335	川滇森林及生物多样性生态功能区	生物多样性维护
493	四川省	甘孜藏族自治州	乡城县	513336	川滇森林及生物多样性生态功能区	生物多样性维护
494	四川省	甘孜藏族自治州	稻城县	513337	川滇森林及生物多样性生态功能区	生物多样性维护
495	四川省	甘孜藏族自治州	得荣县	513338	川滇森林及生物多样性生态功能区	生物多样性维护
496	四川省	凉山彝族自治州	木里藏族自治县	513422	川滇森林及生物多样性生态功能区	生物多样性维护
497	四川省	凉山彝族自治州	盐源县	513423	川滇森林及生物多样性生态功能区	生物多样性维护
498	四川省	凉山彝族自治州	宁南县	513427	川西南山地生物多样性功能区	生物多样性维护
499	四川省	凉山彝族自治州	普格县	513428	川西南山地生物多样性功能区	生物多样性维护
500	四川省	凉山彝族自治州	布拖县	513429	川西南山地生物多样性功能区	生物多样性维护
501	四川省	凉山彝族自治州	金阳县	513430	川西南山地生物多样性功能区	生物多样性维护
502	四川省	凉山彝族自治州	昭觉县	513431	川西南山地生物多样性功能区	生物多样性维护
503	四川省	凉山彝族自治州	喜德县	513432	川西南山地生物多样性功能区	生物多样性维护
504	四川省	凉山彝族自治州	越西县	513434	川西南山地生物多样性功能区	生物多样性维护
505	四川省	凉山彝族自治州	甘洛县	513435	川西南山地生物多样性功能区	生物多样性维护
506	四川省	凉山彝族自治州	美姑县	513436	川西南山地生物多样性功能区	生物多样性维护
507	四川省	凉山彝族自治州	雷波县	513437	川西南山地生物多样性功能区	生物多样性维护
508	贵州省	六盘水市	六枝特区	520203	桂黔滇喀斯特石漠化防治生态功能区	水土保持

序号	省份	地市名称	县域名称	区划代码	国家重点生态功能区	主导生态功能类型
509	贵州省	六盘水市	水城县	520221	桂黔滇喀斯特石漠化防治生态功能区	水土保持
510	贵州省	遵义市	习水县	520330	桂黔滇喀斯特石漠化防治生态功能区	水土保持
511	贵州省	遵义市	赤水市	520381	桂黔滇喀斯特石漠化防治生态功能区	水土保持
512	贵州省	安顺市	镇宁布依族苗族自治县	520423	桂黔滇喀斯特石漠化防治生态功能区	水土保持
513	贵州省	安顺市	关岭布依族苗族自治县	520424	桂黔滇喀斯特石漠化防治生态功能区	水土保持
514	贵州省	安顺市	紫云苗族布依族自治县	520425	桂黔滇喀斯特石漠化防治生态功能区	水土保持
515	贵州省	毕节地区	七星关区	520502	桂黔滇喀斯特石漠化防治生态功能区	水土保持
516	贵州省	毕节地区	大方县	520521	桂黔滇喀斯特石漠化防治生态功能区	水土保持
517	贵州省	毕节地区	黔西县	520522	桂黔滇喀斯特石漠化防治生态功能区	水土保持
518	贵州省	毕节地区	金沙县	520523	桂黔滇喀斯特石漠化防治生态功能区	水土保持
519	贵州省	毕节地区	织金县	520524	桂黔滇喀斯特石漠化防治生态功能区	水土保持
520	贵州省	毕节地区	纳雍县	520525	桂黔滇喀斯特石漠化防治生态功能区	水土保持
521	贵州省	毕节地区	威宁彝族回族苗族自治县	520526	桂黔滇喀斯特石漠化防治生态功能区	水土保持
522	贵州省	毕节地区	赫章县	520527	桂黔滇喀斯特石漠化防治生态功能区	水土保持
523	贵州省	铜仁市	江口县	520621	桂黔滇喀斯特石漠化防治生态功能区	水土保持
524	贵州省	铜仁市	石阡县	520623	桂黔滇喀斯特石漠化防治生态功能区	水土保持
525	贵州省	铜仁市	思南县	520624	桂黔滇喀斯特石漠化防治生态功能区	水土保持
526	贵州省	铜仁市	印江土家族苗族自治县	520625	桂黔滇喀斯特石漠化防治生态功能区	水土保持
527	贵州省	铜仁市	德江县	520626	桂黔滇喀斯特石漠化防治生态功能区	水土保持
528	贵州省	铜仁市	沿河土家族自治县	520627	桂黔滇喀斯特石漠化防治生态功能区	水土保持
529	贵州省	黔西南布依族苗族自治州	望谟县	522326	桂黔滇喀斯特石漠化防治生态功能区	水土保持
530	贵州省	黔西南布依族苗族自治州	册亨县	522327	桂黔滇喀斯特石漠化防治生态功能区	水土保持
531	贵州省	黔东南苗族侗族自治州	黄平县	522622	桂黔滇喀斯特石漠化防治生态功能区	水土保持
532	贵州省	黔东南苗族侗族自治州	施秉县	522623	桂黔滇喀斯特石漠化防治生态功能区	水土保持
533	贵州省	黔东南苗族侗族自治州	锦屏县	522628	桂黔滇喀斯特石漠化防治生态功能区	水土保持
534	贵州省	黔东南苗族侗族自治州	剑河县	522629	桂黔滇喀斯特石漠化防治生态功能区	水土保持

序号	省份	地市名称	县域名称	区划代码	国家重点生态功能区	主导生态功能类型
535	贵州省	黔东南苗族侗族自治州	台江县	522630	桂黔滇喀斯特石漠化防治生态功能区	水土保持
536	贵州省	黔东南苗族侗族自治州	榕江县	522632	桂黔滇喀斯特石漠化防治生态功能区	水土保持
537	贵州省	黔东南苗族侗族自治州	从江县	522633	桂黔滇喀斯特石漠化防治生态功能区	水土保持
538	贵州省	黔东南苗族侗族自治州	雷山县	522634	桂黔滇喀斯特石漠化防治生态功能区	水土保持
539	贵州省	黔东南苗族侗族自治州	丹寨县	522636	桂黔滇喀斯特石漠化防治生态功能区	水土保持
540	贵州省	黔南布依族苗族自治州	荔波县	522722	桂黔滇喀斯特石漠化防治生态功能区	水土保持
541	贵州省	黔南布依族苗族自治州	平塘县	522727	桂黔滇喀斯特石漠化防治生态功能区	水土保持
542	贵州省	黔南布依族苗族自治州	罗甸县	522728	桂黔滇喀斯特石漠化防治生态功能区	水土保持
543	贵州省	黔南布依族苗族自治州	三都水族自治县	522732	桂黔滇喀斯特石漠化防治生态功能区	水土保持
544	云南省	昆明市	东川区	530113	乌蒙山生物多样性生态功能区	生物多样性维护
545	云南省	玉溪市	江川区	530403	川滇森林及生物多样性生态功能区	生物多样性维护
546	云南省	玉溪市	澄江县	530422	川滇森林及生物多样性生态功能区	生物多样性维护
547	云南省	玉溪市	通海县	530423	川滇森林及生物多样性生态功能区	生物多样性维护
548	云南省	玉溪市	华宁县	530424	川滇森林及生物多样性生态功能区	生物多样性维护
549	云南省	昭通市	巧家县	530622	乌蒙山生物多样性生态功能区	生物多样性维护
550	云南省	昭通市	盐津县	530623	乌蒙山生物多样性生态功能区	生物多样性维护
551	云南省	昭通市	大关县	530624	乌蒙山生物多样性生态功能区	生物多样性维护
552	云南省	昭通市	永善县	530625	乌蒙山生物多样性生态功能区	生物多样性维护
553	云南省	昭通市	绥江县	530626	乌蒙山生物多样性生态功能区	生物多样性维护
554	云南省	丽江市	玉龙纳西族自治县	530721	川滇森林及生物多样性生态功能区	生物多样性维护
555	云南省	丽江市	永胜县	530722	高原湖泊水源涵养生态功能区	水源涵养

序号	省份	地市名称	县域名称	区划代码	国家重点生态功能区	主导生态功能类型
556	云南省	丽江市	宁蒗彝族自治县	530724	川滇森林及生物多样性生态功能区	生物多样性维护
557	云南省	普洱市	景东彝族自治县	530823	川滇森林及生物多样性生态功能区	生物多样性维护
558	云南省	普洱市	镇沅彝族哈尼族拉祜族自治县	530825	川滇森林及生物多样性生态功能区	生物多样性维护
559	云南省	普洱市	孟连傣族拉祜族佤族自治县	530827	川滇森林及生物多样性生态功能区	生物多样性维护
560	云南省	普洱市	澜沧拉祜族自治县	530828	川滇森林及生物多样性生态功能区	生物多样性维护
561	云南省	普洱市	西盟佤族自治县	530829	川滇森林及生物多样性生态功能区	生物多样性维护
562	云南省	楚雄彝族自治州	双柏县	532322	川滇森林及生物多样性生态功能区	生物多样性维护
563	云南省	楚雄彝族自治州	大姚县	532326	川滇干热河谷水土保持生态功能区	水土保持
564	云南省	楚雄彝族自治州	永仁县	532327	川滇干热河谷水土保持生态功能区	水土保持
565	云南省	红河哈尼族彝族自治州	屏边苗族自治县	532523	川滇森林及生物多样性生态功能区	生物多样性维护
566	云南省	红河哈尼族彝族自治州	石屏县	532525	高原湖泊水源涵养生态功能区	水源涵养
567	云南省	红河哈尼族彝族自治州	金平苗族瑶族傣族自治县	532530	川滇森林及生物多样性生态功能区	生物多样性维护
568	云南省	文山壮族苗族自治州	文山市	532601	桂黔滇喀斯特石漠化防治生态功能区	水土保持
569	云南省	文山壮族苗族自治州	西畴县	532623	桂黔滇喀斯特石漠化防治生态功能区	水土保持
570	云南省	文山壮族苗族自治州	麻栗坡县	532624	桂黔滇喀斯特石漠化防治生态功能区	水土保持
571	云南省	文山壮族苗族自治州	马关县	532625	桂黔滇喀斯特石漠化防治生态功能区	水土保持
572	云南省	文山壮族苗族自治州	广南县	532627	桂黔滇喀斯特石漠化防治生态功能区	水土保持
573	云南省	文山壮族苗族自治州	富宁县	532628	桂黔滇喀斯特石漠化防治生态功能区	水土保持
574	云南省	西双版纳傣族自治州	景洪市	532801	川滇森林及生物多样性生态功能区	生物多样性维护
575	云南省	西双版纳傣族自治州	勐海县	532822	川滇森林及生物多样性生态功能区	生物多样性维护

序号	省份	地市名称	县域名称	区划代码	国家重点生态功能区	主导生态功能类型
576	云南省	西双版纳傣族自治州	勐腊县	532823	川滇森林及生物多样性生态功能区	生物多样性维护
577	云南省	大理白族自治州	漾濞彝族自治县	532922	滇西山地生物多样性生态功能区	生物多样性维护
578	云南省	大理白族自治州	南涧彝族自治县	532926	滇西山地生物多样性生态功能区	生物多样性维护
579	云南省	大理白族自治州	巍山彝族回族自治县	532927	滇西山地生物多样性生态功能区	生物多样性维护
580	云南省	大理白族自治州	永平县	532928	滇西山地生物多样性生态功能区	生物多样性维护
581	云南省	大理白族自治州	洱源县	532930	高原湖泊水源涵养生态功能区	水源涵养
582	云南省	大理白族自治州	剑川县	532931	川滇森林及生物多样性生态功能区	生物多样性维护
583	云南省	怒江傈僳族自治州	泸水市	533301	川滇森林及生物多样性生态功能区	生物多样性维护
584	云南省	怒江傈僳族自治州	福贡县	533323	川滇森林及生物多样性生态功能区	生物多样性维护
585	云南省	怒江傈僳族自治州	贡山独龙族怒族自治县	533324	川滇森林及生物多样性生态功能区	生物多样性维护
586	云南省	怒江傈僳族自治州	兰坪白族普米族自治县	533325	川滇森林及生物多样性生态功能区	生物多样性维护
587	云南省	迪庆藏族自治州	香格里拉市	533401	川滇森林及生物多样性生态功能区	生物多样性维护
588	云南省	迪庆藏族自治州	德钦县	533422	川滇森林及生物多样性生态功能区	生物多样性维护
589	云南省	迪庆藏族自治州	维西傈僳族自治县	533423	川滇森林及生物多样性生态功能区	生物多样性维护
590	西藏自治区	拉萨市	当雄县	540122	雅江中游谷地水源涵养区	水源涵养
591	西藏自治区	日喀则地区	定日县	540223	中喜马拉雅山北翼高寒草原水源涵养区	水源涵养
592	西藏自治区	日喀则地区	康马县	540230	中喜马拉雅山北翼高寒草原水源涵养区	水源涵养
593	西藏自治区	日喀则地区	定结县	540231	中喜马拉雅山北翼高寒草原水源涵养区	水源涵养
594	西藏自治区	日喀则地区	仲巴县	540232	雅江上游高寒草甸草原水源涵养区	水源涵养
595	西藏自治区	日喀则地区	亚东县	540233	中喜马拉雅山北翼高寒草原水源涵养区	水源涵养
596	西藏自治区	日喀则地区	吉隆县	540234	中喜马拉雅山北翼高寒草原水源涵养区	水源涵养

序号	省份	地市名称	县域名称	区划代码	国家重点生态功能区	主导生态功能类型
597	西藏自治区	日喀则地区	聂拉木县	540235	中喜马拉雅山北翼高寒草原水源涵养区	水源涵养
598	西藏自治区	日喀则地区	萨嘎县	540236	雅江上游高寒草甸草原水源涵养区	水源涵养
599	西藏自治区	日喀则地区	岗巴县	540237	中喜马拉雅山北翼高寒草原水源涵养区	水源涵养
600	西藏自治区	昌都地区	江达县	540321	藏东生物多样性生态功能区	生物多样性维护
601	西藏自治区	昌都地区	贡觉县	540322	藏东生物多样性生态功能区	生物多样性维护
602	西藏自治区	昌都地区	类乌齐县	540323	藏东生物多样性生态功能区	生物多样性维护
603	西藏自治区	昌都地区	丁青县	540324	藏东生物多样性生态功能区	生物多样性维护
604	西藏自治区	林芝地区	巴宜区	540402	藏东南高原边缘森林生态功能区	生物多样性维护
605	西藏自治区	林芝地区	米林县	540422	藏东南高原边缘森林生态功能区	生物多样性维护
606	西藏自治区	林芝地区	墨脱县	540423	藏东南高原边缘森林生态功能区	生物多样性维护
607	西藏自治区	林芝地区	波密县	540424	藏东南高原边缘森林生态功能区	生物多样性维护
608	西藏自治区	林芝地区	察隅县	540425	藏东南高原边缘森林生态功能区	生物多样性维护
609	西藏自治区	山南地区	措美县	540526	中喜马拉雅山北翼高寒草原水源涵养区	水源涵养
610	西藏自治区	山南地区	洛扎县	540527	中喜马拉雅山北翼高寒草原水源涵养区	水源涵养
611	西藏自治区	山南地区	隆子县	540529	中喜马拉雅山北翼高寒草原水源涵养区	水源涵养
612	西藏自治区	山南地区	错那县	540530	藏东南高原边缘森林生态功能区	生物多样性维护
613	西藏自治区	山南地区	浪卡子县	540531	中喜马拉雅山北翼高寒草原水源涵养区	水源涵养
614	西藏自治区	那曲地区	嘉黎县	542422	藏西北羌塘高原荒漠生态功能区	生物多样性维护
615	西藏自治区	那曲地区	安多县	542425	藏西北羌塘高原荒漠生态功能区	生物多样性维护
616	西藏自治区	那曲地区	班戈县	542428	藏西北羌塘高原荒漠生态功能区	生物多样性维护
617	西藏自治区	那曲地区	尼玛县	542430	藏西北羌塘高原荒漠生态功能区	生物多样性维护

序号	省份	地市名称	县域名称	区划代码	国家重点生态功能区	主导生态功能类型
618	西藏自治区	那曲地区	双湖县	542431	藏西北羌塘高原荒漠生态功能区	生物多样性维护
619	西藏自治区	阿里地区	普兰县	542521	藏西北羌塘高原荒漠生态功能区	生物多样性维护
620	西藏自治区	阿里地区	札达县	542522	藏西北羌塘高原荒漠生态功能区	生物多样性维护
621	西藏自治区	阿里地区	噶尔县	542523	藏西北羌塘高原荒漠生态功能区	生物多样性维护
622	西藏自治区	阿里地区	日土县	542524	藏西北羌塘高原荒漠生态功能区	生物多样性维护
623	西藏自治区	阿里地区	革吉县	542525	藏西北羌塘高原荒漠生态功能区	生物多样性维护
624	西藏自治区	阿里地区	改则县	542526	藏西北羌塘高原荒漠生态功能区	生物多样性维护
625	西藏自治区	阿里地区	措勤县	542527	藏西北羌塘高原荒漠生态功能区	生物多样性维护
626	陕西省	西安市	周至县	610124	秦巴生物多样性生态功能区	生物多样性维护
627	陕西省	宝鸡市	凤县	610330	秦巴生物多样性生态功能区	生物多样性维护
628	陕西省	宝鸡市	太白县	610331	秦巴生物多样性生态功能区	生物多样性维护
629	陕西省	延安市	安塞区	610603	黄土高原丘陵沟壑水土保持生态功能区	水土保持
630	陕西省	延安市	子长县	610623	黄土高原丘陵沟壑水土保持生态功能区	水土保持
631	陕西省	延安市	志丹县	610625	黄土高原丘陵沟壑水土保持生态功能区	水土保持
632	陕西省	延安市	吴起县	610626	黄土高原丘陵沟壑水土保持生态功能区	水土保持
633	陕西省	延安市	宜川县	610630	黄土高原丘陵沟壑水土保持生态功能区	水土保持
634	陕西省	延安市	黄龙县	610631	黄土高原丘陵沟壑水土保持生态功能区	水土保持
635	陕西省	汉中市	汉台区	610702	南水北调水源涵养生态功能区	水源涵养
636	陕西省	汉中市	南郑县	610721	南水北调水源涵养生态功能区	水源涵养
637	陕西省	汉中市	城固县	610722	南水北调水源涵养生态功能区	水源涵养
638	陕西省	汉中市	洋县	610723	南水北调水源涵养生态功能区	水源涵养
639	陕西省	汉中市	西乡县	610724	南水北调水源涵养生态功能区	水源涵养
640	陕西省	汉中市	勉县	610725	南水北调水源涵养生态功能区	水源涵养
641	陕西省	汉中市	宁强县	610726	南水北调水源涵养生态功能区	水源涵养

序号	省份	地市名称	县域名称	区划代码	国家重点生态功能区	主导生态功能类型
642	陕西省	汉中市	略阳县	610727	南水北调水源涵养生态功能区	水源涵养
643	陕西省	汉中市	镇巴县	610728	南水北调水源涵养生态功能区	水源涵养
644	陕西省	汉中市	留坝县	610729	南水北调水源涵养生态功能区	水源涵养
645	陕西省	汉中市	佛坪县	610730	南水北调水源涵养生态功能区	水源涵养
646	陕西省	榆林市	绥德县	610826	黄土高原丘陵沟壑水土保持生态功能区	水土保持
647	陕西省	榆林市	米脂县	610827	黄土高原丘陵沟壑水土保持生态功能区	水土保持
648	陕西省	榆林市	佳县	610828	黄土高原丘陵沟壑水土保持生态功能区	水土保持
649	陕西省	榆林市	吴堡县	610829	黄土高原丘陵沟壑水土保持生态功能区	水土保持
650	陕西省	榆林市	清涧县	610830	黄土高原丘陵沟壑水土保持生态功能区	水土保持
651	陕西省	榆林市	子洲县	610831	黄土高原丘陵沟壑水土保持生态功能区	水土保持
652	陕西省	安康市	汉滨区	610902	南水北调水源涵养生态功能区	水源涵养
653	陕西省	安康市	汉阴县	610921	南水北调水源涵养生态功能区	水源涵养
654	陕西省	安康市	石泉县	610922	南水北调水源涵养生态功能区	水源涵养
655	陕西省	安康市	宁陕县	610923	南水北调水源涵养生态功能区	水源涵养
656	陕西省	安康市	紫阳县	610924	南水北调水源涵养生态功能区	水源涵养
657	陕西省	安康市	岚皋县	610925	南水北调水源涵养生态功能区	水源涵养
658	陕西省	安康市	平利县	610926	南水北调水源涵养生态功能区	水源涵养
659	陕西省	安康市	镇坪县	610927	南水北调水源涵养生态功能区	水源涵养
660	陕西省	安康市	旬阳县	610928	南水北调水源涵养生态功能区	水源涵养
661	陕西省	安康市	白河县	610929	南水北调水源涵养生态功能区	水源涵养
662	陕西省	商洛市	商州区	611002	南水北调水源涵养生态功能区	水源涵养
663	陕西省	商洛市	洛南县	611021	南水北调水源涵养生态功能区	水源涵养
664	陕西省	商洛市	丹凤县	611022	南水北调水源涵养生态功能区	水源涵养
665	陕西省	商洛市	商南县	611023	南水北调水源涵养生态功能区	水源涵养
666	陕西省	商洛市	山阳县	611024	南水北调水源涵养生态功能区	水源涵养
667	陕西省	商洛市	镇安县	611025	南水北调水源涵养生态功能区	水源涵养
668	陕西省	商洛市	柞水县	611026	南水北调水源涵养生态功能区	水源涵养
669	甘肃省	兰州市	永登县	620121	祁连山冰川与水源涵养生态功能区	水源涵养
670	甘肃省	金昌市	永昌县	620321	祁连山冰川与水源涵养生态功能区	水源涵养
671	甘肃省	白银市	会宁县	620422	黄土高原丘陵沟壑水土保持生态功能区	水土保持
672	甘肃省	天水市	张家川回族自治县	620525	黄土高原丘陵沟壑水土保持生态功能区	水土保持
673	甘肃省	武威市	凉州区	620602	祁连山冰川与水源涵养生态功能区	水源涵养

序号	省份	地市名称	县域名称	区划代码	国家重点生态功能区	主导生态功能类型
674	甘肃省	武威市	民勤县	620621	祁连山冰川与水源涵养生态功能区	水源涵养
675	甘肃省	武威市	古浪县	620622	祁连山冰川与水源涵养生态功能区	水源涵养
676	甘肃省	武威市	天祝藏族自治县	620623	祁连山冰川与水源涵养生态功能区	水源涵养
677	甘肃省	张掖市	甘州区	620702	祁连山冰川与水源涵养生态功能区	水源涵养
678	甘肃省	张掖市	肃南裕固族自治县	620721	祁连山冰川与水源涵养生态功能区	水源涵养
679	甘肃省	张掖市	民乐县	620722	祁连山冰川与水源涵养生态功能区	水源涵养
680	甘肃省	张掖市	临泽县	620723	祁连山冰川与水源涵养生态功能区	水源涵养
681	甘肃省	张掖市	高台县	620724	祁连山冰川与水源涵养生态功能区	水源涵养
682	甘肃省	张掖市	山丹县	620725	祁连山冰川与水源涵养生态功能区	水源涵养
683	甘肃省	张掖市	山丹马场（山丹县内）	620790	祁连山冰川与水源涵养生态功能区	水源涵养
684	甘肃省	平凉市	庄浪县	620825	黄土高原丘陵沟壑水土保持生态功能区	水土保持
685	甘肃省	平凉市	静宁县	620826	黄土高原丘陵沟壑水土保持生态功能区	水土保持
686	甘肃省	酒泉市	肃北蒙古族自治县	620923	祁连山冰川与水源涵养生态功能区	水源涵养
687	甘肃省	酒泉市	阿克塞哈萨克族自治县	620924	祁连山冰川与水源涵养生态功能区	水源涵养
688	甘肃省	庆阳市	庆城县	621021	黄土高原丘陵沟壑水土保持生态功能区	水土保持
689	甘肃省	庆阳市	环县	621022	黄土高原丘陵沟壑水土保持生态功能区	水土保持
690	甘肃省	庆阳市	华池县	621023	黄土高原丘陵沟壑水土保持生态功能区	水土保持
691	甘肃省	庆阳市	镇原县	621027	黄土高原丘陵沟壑水土保持生态功能区	水土保持
692	甘肃省	定西市	通渭县	621121	黄土高原丘陵沟壑水土保持生态功能区	水土保持
693	甘肃省	定西市	渭源县	621123	甘南盆地水源涵养生态功能区	水源涵养
694	甘肃省	定西市	漳县	621125	甘南盆地水源涵养生态功能区	水源涵养
695	甘肃省	定西市	岷县	621126	甘南盆地水源涵养生态功能区	水源涵养
696	甘肃省	陇南市	武都区	621202	秦巴生物多样性生态功能区	生物多样性维护
697	甘肃省	陇南市	文县	621222	秦巴生物多样性生态功能区	生物多样性维护
698	甘肃省	陇南市	宕昌县	621223	秦巴生物多样性生态功能区	生物多样性维护

序号	省份	地市名称	县域名称	区划代码	国家重点生态功能区	主导生态功能类型
699	甘肃省	陇南市	康县	621224	秦巴生物多样性生态功能区	生物多样性维护
700	甘肃省	陇南市	西和县	621225	秦巴生物多样性生态功能区	生物多样性维护
701	甘肃省	陇南市	礼县	621226	秦巴生物多样性生态功能区	生物多样性维护
702	甘肃省	陇南市	两当县	621228	秦巴生物多样性生态功能区	生物多样性维护
703	甘肃省	临夏回族自治州	临夏县	622921	甘南黄河重要水源补给生态功能区	水源涵养
704	甘肃省	临夏回族自治州	康乐县	622922	甘南黄河重要水源补给生态功能区	水源涵养
705	甘肃省	临夏回族自治州	永靖县	622923	甘南黄河水源涵养生态功能区	水源涵养
706	甘肃省	临夏回族自治州	和政县	622925	甘南黄河重要水源补给生态功能区	水源涵养
707	甘肃省	临夏回族自治州	东乡族自治县	622926	黄土高原丘陵沟壑水土保持生态功能区	水土保持
708	甘肃省	临夏回族自治州	积石山保安族东乡族撒拉族自治县	622927	甘南黄河重要水源补给生态功能区	水源涵养
709	甘肃省	甘南藏族自治州	合作市	623001	甘南黄河重要水源补给生态功能区	水源涵养
710	甘肃省	甘南藏族自治州	临潭县	623021	甘南黄河重要水源补给生态功能区	水源涵养
711	甘肃省	甘南藏族自治州	卓尼县	623022	甘南黄河重要水源补给生态功能区	水源涵养
712	甘肃省	甘南藏族自治州	舟曲县	623023	秦巴生物多样性生态功能区	生物多样性维护
713	甘肃省	甘南藏族自治州	迭部县	623024	秦巴生物多样性生态功能区	生物多样性维护
714	甘肃省	甘南藏族自治州	玛曲县	623025	甘南黄河重要水源补给生态功能区	水源涵养
715	甘肃省	甘南藏族自治州	碌曲县	623026	甘南黄河重要水源补给生态功能区	水源涵养
716	甘肃省	甘南藏族自治州	夏河县	623027	甘南黄河重要水源补给生态功能区	水源涵养
717	青海省	西宁市	大通回族土族自治县	630121	湟水谷地水土保持生态功能区	水土保持
718	青海省	西宁市	湟中县	630122	湟水谷地水土保持生态功能区	水土保持
719	青海省	西宁市	湟源县	630123	湟水谷地水土保持生态功能区	水土保持

序号	省份	地市名称	县域名称	区划代码	国家重点生态功能区	主导生态功能类型
720	青海省	海东市	乐都区	630202	湟水谷地水土保持生态功能区	水土保持
721	青海省	海东市	平安区	630203	湟水谷地水土保持生态功能区	水土保持
722	青海省	海东市	民和回族土族自治县	630222	湟水谷地水土保持生态功能区	水土保持
723	青海省	海东市	互助土族自治县	630223	湟水谷地水土保持生态功能区	水土保持
724	青海省	海东市	化隆回族自治县	630224	海东—甘南高寒草甸草原水源涵养功能区	水源涵养
725	青海省	海东市	循化撒拉族自治县	630225	海东—甘南高寒草甸草原水源涵养功能区	水源涵养
726	青海省	海北藏族自治州	门源回族自治县	632221	祁连山冰川与水源涵养生态功能区	水源涵养
727	青海省	海北藏族自治州	祁连县	632222	祁连山冰川与水源涵养生态功能区	水源涵养
728	青海省	海北藏族自治州	海晏县	632223	祁连山冰川与水源涵养生态功能区	水源涵养
729	青海省	海北藏族自治州	刚察县	632224	祁连山冰川与水源涵养生态功能区	水源涵养
730	青海省	黄南藏族自治州	同仁县	632321	三江源草原草甸湿地生态功能区	水源涵养
731	青海省	黄南藏族自治州	尖扎县	632322	三江源草原草甸湿地生态功能区	水源涵养
732	青海省	黄南藏族自治州	泽库县	632323	三江源草原草甸湿地生态功能区	水源涵养
733	青海省	黄南藏族自治州	河南蒙古族自治县	632324	三江源草原草甸湿地生态功能区	水源涵养
734	青海省	海南藏族自治州	共和县	632521	三江源草原草甸湿地生态功能区	水源涵养
735	青海省	海南藏族自治州	同德县	632522	三江源草原草甸湿地生态功能区	水源涵养
736	青海省	海南藏族自治州	贵德县	632523	三江源草原草甸湿地生态功能区	水源涵养
737	青海省	海南藏族自治州	兴海县	632524	三江源草原草甸湿地生态功能区	水源涵养
738	青海省	海南藏族自治州	贵南县	632525	三江源草原草甸湿地生态功能区	水源涵养
739	青海省	果洛藏族自治州	玛沁县	632621	三江源草原草甸湿地生态功能区	水源涵养
740	青海省	果洛藏族自治州	班玛县	632622	三江源草原草甸湿地生态功能区	水源涵养
741	青海省	果洛藏族自治州	甘德县	632623	三江源草原草甸湿地生态功能区	水源涵养

序号	省份	地市名称	县域名称	区划代码	国家重点生态功能区	主导生态功能类型
742	青海省	果洛藏族自治州	达日县	632624	三江源草原草甸湿地生态功能区	水源涵养
743	青海省	果洛藏族自治州	久治县	632625	三江源草原草甸湿地生态功能区	水源涵养
744	青海省	果洛藏族自治州	玛多县	632626	三江源草原草甸湿地生态功能区	水源涵养
745	青海省	玉树藏族自治州	玉树市	632701	三江源草原草甸湿地生态功能区	水源涵养
746	青海省	玉树藏族自治州	杂多县	632722	三江源草原草甸湿地生态功能区	水源涵养
747	青海省	玉树藏族自治州	称多县	632723	三江源草原草甸湿地生态功能区	水源涵养
748	青海省	玉树藏族自治州	治多县	632724	三江源草原草甸湿地生态功能区	水源涵养
749	青海省	玉树藏族自治州	囊谦县	632725	三江源草原草甸湿地生态功能区	水源涵养
750	青海省	玉树藏族自治州	曲麻莱县	632726	三江源草原草甸湿地生态功能区	水源涵养
751	青海省	海西蒙古族藏族自治州	格尔木市	632801	三江源草原草甸湿地生态功能区	水源涵养
752	青海省	海西蒙古族藏族自治州	德令哈市	632802	三江源草原草甸湿地生态功能区	水源涵养
753	青海省	海西蒙古族藏族自治州	都兰县	632822	柴达木盆地防风固沙生态功能区	防风固沙
754	青海省	海西蒙古族藏族自治州	天峻县	632823	祁连山冰川与水源涵养生态功能区	水源涵养
755	青海省	海西蒙古族藏族自治州	冷湖行政委员会	632824	柴达木盆地防风固沙生态功能区	防风固沙
756	青海省	海西蒙古族藏族自治州	大柴旦行政委员会	632825	柴达木盆地防风固沙生态功能区	防风固沙
757	青海省	海西蒙古族藏族自治州	茫崖行政委员会	632826	柴达木盆地防风固沙生态功能区	防风固沙
758	宁夏回族自治区	石嘴山市	大武口区	640202	腾格里沙漠草原荒漠化防治功能区	防风固沙
759	宁夏回族自治区	吴忠市	红寺堡区	640303	黄土高原丘陵沟壑水土保持生态功能区	水土保持
760	宁夏回族自治区	吴忠市	盐池县	640323	黄土高原丘陵沟壑水土保持生态功能区	水土保持
761	宁夏回族自治区	吴忠市	同心县	640324	黄土高原丘陵沟壑水土保持生态功能区	水土保持
762	宁夏回族自治区	固原市	原州区	640402	黄土高原丘陵沟壑水土保持生态功能区	水土保持

序号	省份	地市名称	县域名称	区划代码	国家重点生态功能区	主导生态功能类型
763	宁夏回族自治区	固原市	西吉县	640422	黄土高原丘陵沟壑水土保持生态功能区	水土保持
764	宁夏回族自治区	固原市	隆德县	640423	黄土高原丘陵沟壑水土保持生态功能区	水土保持
765	宁夏回族自治区	固原市	泾源县	640424	黄土高原丘陵沟壑水土保持生态功能区	水土保持
766	宁夏回族自治区	固原市	彭阳县	640425	黄土高原丘陵沟壑水土保持生态功能区	水土保持
767	宁夏回族自治区	中卫市	沙坡头区	640502	腾格里沙漠草原荒漠化防治功能区	防风固沙
768	宁夏回族自治区	中卫市	中宁县	640521	腾格里沙漠草原荒漠化防治功能区	防风固沙
769	宁夏回族自治区	中卫市	海原县	640522	黄土高原丘陵沟壑水土保持生态功能区	水土保持
770	新疆维吾尔自治区	博尔塔拉蒙古自治州	博乐市	652701	天山北坡森林草原水源涵养功能区	水源涵养
771	新疆维吾尔自治区	博尔塔拉蒙古自治州	温泉县	652723	天山北坡森林草原水源涵养功能区	水源涵养
772	新疆维吾尔自治区	巴音郭楞蒙古自治州	若羌县	652824	阿尔金草原荒漠化防治生态功能区	防风固沙
773	新疆维吾尔自治区	巴音郭楞蒙古自治州	且末县	652825	阿尔金草原荒漠化防治生态功能区	防风固沙
774	新疆维吾尔自治区	巴音郭楞蒙古自治州	博湖县	652829	博斯腾湖生物多样性生态功能区	生物多样性维护
775	新疆维吾尔自治区	阿克苏地区	乌什县	652927	塔里木河荒漠化防治生态功能区	防风固沙
776	新疆维吾尔自治区	阿克苏地区	阿瓦提县	652928	塔里木河荒漠化防治生态功能区	防风固沙
777	新疆维吾尔自治区	阿克苏地区	柯坪县	652929	塔里木河荒漠化防治生态功能区	防风固沙
778	新疆维吾尔自治区	克孜勒苏柯尔克孜自治州	阿克陶县	653022	塔里木河荒漠化防治生态功能区	防风固沙
779	新疆维吾尔自治区	克孜勒苏柯尔克孜自治州	阿合奇县	653023	塔里木河荒漠化防治生态功能区	防风固沙
780	新疆维吾尔自治区	克孜勒苏柯尔克孜自治州	乌恰县	653024	塔里木河荒漠化防治生态功能区	防风固沙
781	新疆维吾尔自治区	喀什地区	疏附县	653121	塔里木河荒漠化防治生态功能区	防风固沙

序号	省份	地市名称	县域名称	区划代码	国家重点生态功能区	主导生态功能类型
782	新疆维吾尔自治区	喀什地区	疏勒县	653122	塔里木河荒漠化防治生态功能区	防风固沙
783	新疆维吾尔自治区	喀什地区	英吉沙县	653123	塔里木河荒漠化防治生态功能区	防风固沙
784	新疆维吾尔自治区	喀什地区	泽普县	653124	塔里木河荒漠化防治生态功能区	防风固沙
785	新疆维吾尔自治区	喀什地区	莎车县	653125	塔里木河荒漠化防治生态功能区	防风固沙
786	新疆维吾尔自治区	喀什地区	叶城县	653126	塔里木河荒漠化防治生态功能区	防风固沙
787	新疆维吾尔自治区	喀什地区	麦盖提县	653127	塔里木河荒漠化防治生态功能区	防风固沙
788	新疆维吾尔自治区	喀什地区	岳普湖县	653128	塔里木河荒漠化防治生态功能区	防风固沙
789	新疆维吾尔自治区	喀什地区	伽师县	653129	塔里木河荒漠化防治生态功能区	防风固沙
790	新疆维吾尔自治区	喀什地区	巴楚县	653130	塔里木河荒漠化防治生态功能区	防风固沙
791	新疆维吾尔自治区	喀什地区	塔什库尔干塔吉克自治县	653131	塔里木河荒漠化防治生态功能区	防风固沙
792	新疆维吾尔自治区	和田地区	和田县	653221	昆仑山生物多样性保护功能区	生物多样性维护
793	新疆维吾尔自治区	和田地区	墨玉县	653222	塔里木河荒漠化防治生态功能区	防风固沙
794	新疆维吾尔自治区	和田地区	皮山县	653223	塔里木河荒漠化防治生态功能区	防风固沙
795	新疆维吾尔自治区	和田地区	洛浦县	653224	塔里木河荒漠化防治生态功能区	防风固沙
796	新疆维吾尔自治区	和田地区	策勒县	653225	塔里木河荒漠化防治生态功能区	防风固沙
797	新疆维吾尔自治区	和田地区	于田县	653226	塔里木河荒漠化防治生态功能区	防风固沙
798	新疆维吾尔自治区	和田地区	民丰县	653227	塔里木河荒漠化防治生态功能区	防风固沙
799	新疆维吾尔自治区	伊犁哈萨克自治州	伊宁县	654021	天山北坡森林草原水源涵养功能区	水源涵养
800	新疆维吾尔自治区	伊犁哈萨克自治州	察布查尔锡伯自治县	654022	天山北坡森林草原水源涵养功能区	水源涵养
801	新疆维吾尔自治区	伊犁哈萨克自治州	霍城县	654023	天山北坡森林草原水源涵养功能区	水源涵养
802	新疆维吾尔自治区	伊犁哈萨克自治州	巩留县	654024	天山北坡森林草原水源涵养功能区	水源涵养

序号	省份	地市名称	县域名称	区划代码	国家重点生态功能区	主导生态功能类型
803	新疆维吾尔自治区	伊犁哈萨克自治州	新源县	654025	天山北坡森林草原水源涵养功能区	水源涵养
804	新疆维吾尔自治区	伊犁哈萨克自治州	昭苏县	654026	天山北坡森林草原水源涵养功能区	水源涵养
805	新疆维吾尔自治区	伊犁哈萨克自治州	特克斯县	654027	天山北坡森林草原水源涵养功能区	水源涵养
806	新疆维吾尔自治区	伊犁哈萨克自治州	尼勒克县	654028	天山北坡森林草原水源涵养功能区	水源涵养
807	新疆维吾尔自治区	塔城地区	塔城市	654201	准噶尔盆地西部荒漠化防治生态功能区	防风固沙
808	新疆维吾尔自治区	塔城地区	额敏县	654221	准噶尔盆地西部荒漠化防治生态功能区	防风固沙
809	新疆维吾尔自治区	塔城地区	托里县	654224	准噶尔盆地西部荒漠化防治生态功能区	防风固沙
810	新疆维吾尔自治区	塔城地区	裕民县	654225	准噶尔盆地西部荒漠化防治生态功能区	防风固沙
811	新疆维吾尔自治区	阿勒泰地区	阿勒泰市	654301	阿尔泰山地森林草原生态功能区	水源涵养
812	新疆维吾尔自治区	阿勒泰地区	布尔津县	654321	阿尔泰山地森林草原生态功能区	水源涵养
813	新疆维吾尔自治区	阿勒泰地区	富蕴县	654322	阿尔泰山地森林草原生态功能区	水源涵养
814	新疆维吾尔自治区	阿勒泰地区	福海县	654323	阿尔泰山地森林草原生态功能区	水源涵养
815	新疆维吾尔自治区	阿勒泰地区	哈巴河县	654324	阿尔泰山地森林草原生态功能区	水源涵养
816	新疆维吾尔自治区	阿勒泰地区	青河县	654325	阿尔泰山地森林草原生态功能区	水源涵养
817	新疆维吾尔自治区	阿勒泰地区	吉木乃县	654326	阿尔泰山地森林草原生态功能区	水源涵养
818	新疆生产建设兵团		图木舒克市	659003	塔里木河荒漠化防治生态功能区	防风固沙

* 2018 年 12 月，经中华人民共和国民政部批复，撤消原青海省海西州茫崖行政委员会和冷湖行政委员会，设立海西州茫崖市。

下　篇

重点生态功能区县域生态环境质量监测评价与考核系统使用指南

第6章
数据填报与审核软件使用指南

6.1 引言

6.1.1 编写目的

本章节是国家重点生态功能区县域生态环境质量考核信息系统 6.5——数据填报系统（以下简称“填报系统”）的使用说明书，目标读者是系统的实际操作者（县级环保主管部门负责县域生态环境质量考核数据上报审核，并编写自查报告的工作人员）。本文档描述了系统的基本功能、系统界面以及各功能模块的具体操作，辅助使用人员从整体和具体功能上掌握系统的使用方法。

6.1.2 系统概述

“填报系统”主要通过县域生态环境质量考核数据的填报模板下发，数据编辑导入、数据质量检查、自查报告生成、数据打包等功能模块，以功能菜单和右键快捷菜单的方式实现县域填报数据的编辑导入、质量检查，以辅助县级主管部门用户生成符合国家要求的县域生态环境质量考核上报数据。

6.1.3 术语定义

【指标数据】

是指县域的林地、草地、水域湿地、耕地和建筑用地、未利用地土地类型的面积、所占比例等信息，另外还包括城镇生活污水数据等。

【自查报告】

包括生态环境质量考核数据指标汇总表与生态环境保护工作情况说明两部分。

【数据质量检查】

检查各类数据是否缺失、数据项是否填写等，另外对监测数据还提供了阈值检查、单位检查、日期检查等内容。

【数据填报模板】

是指规定格式的 XLSX、DOCX 附件，填写之后通过系统的导入功能进行入库。

6.2 系统运行环境

本系统运行的软硬件环境不得低于表 1 所示配置，软件环境的支撑控件和辅助软件为必选项，否则系统无法正常运行。

表 1 系统运行环境表

	设备	指标详细信息
硬件环境	CPU	2.0 GHz 以上
	内存	1G 以上
	可用硬盘空间	5GB 以上
软件环境	操作系统	Windows XP/2003/7，支持 64 位操作系统
	支撑控件	MicroSoft .NET Framework 4.0（自动安装）
	辅助软件	Microsoft Office 2007（需含 Excel、Word） Adobe Reader 7.0 以上

6.3 系统安装及卸载

6.3.1 推荐安装步骤

（1）安装 MicroSoft Office 2007 或 2010，安装时 Word、Excel 为必选项，建议完全安装；

（2）安装 Adobe Reader，版本为 7.0 以上即可；

（3）安装“填报系统”软件，若以前没有安装 Microsoft .NET Framework 4.0，则在安装本系统软件前会自动运行 Microsoft .NET Framework 4.0。

（4）安装完成后会进行系统验证，需输入本县域的 12 位验证码（该验证码随软件安装盘下发），并完成安装。

6.3.2　安装操作说明

本操作说明将不对 MicroSoft Office 2007 和 Adobe Reader 的安装进行详细说明，其安装方法请参见其相关说明文档。以下为“填报系统”的详细安装说明：

（1）双击运行安装包光盘中“县域生态环境质量考核数据填报系统\setup.exe”，如图 1 所示，系统开始安装。

图 1　运行安装包

（2）若机器上以前没有安装 Microsoft .NET Framework 4.0，安装程序会自动弹出提示安装 Microsoft .NET Framework 4.0 界面，如图 2 所示。

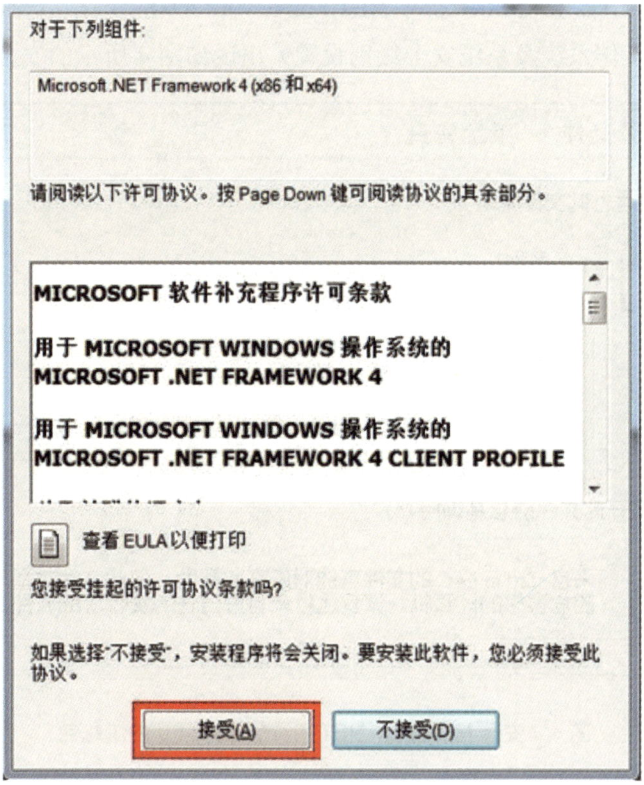

图 2　安装 Microsoft .NET Framework 4.0 界面

（3）点击“接受”按钮，将进入 Microsoft .NET Framework 4.0 的安装文件复制步骤，复制安装文件所需时间根据不同机器环境需要 1～5 分钟，请耐心等候，在等候期间尽量不要进行其他操作。若点击“不接受”按钮，则退出安装，系统将提示安装未完成。文件复制完成后，进入 Microsoft .NET Framework 4.0 的正式安装界面，如图 3 所示。

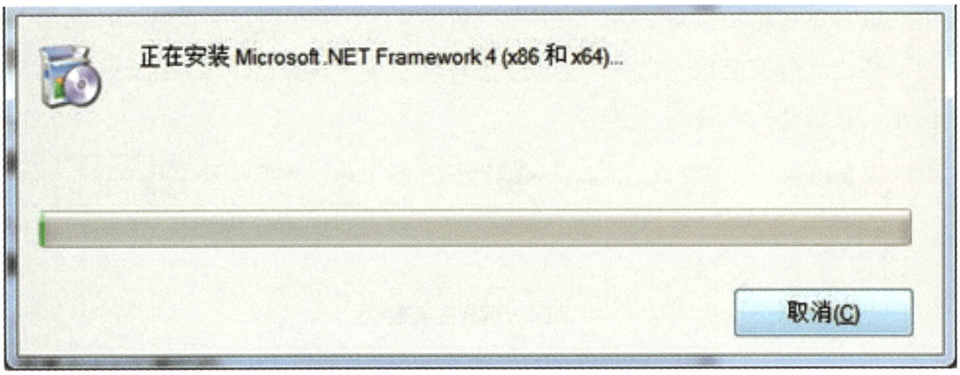

图 3 Microsoft .NET Framework 4.0 的安装文件复制步骤

在安装过程中，需安装 Microsoft .NET Framework 4.0 的汉化包，在安装此插件前有可能（根据不同操作系统及系统安全级别设置）出现如图 4 所示的安全警告。

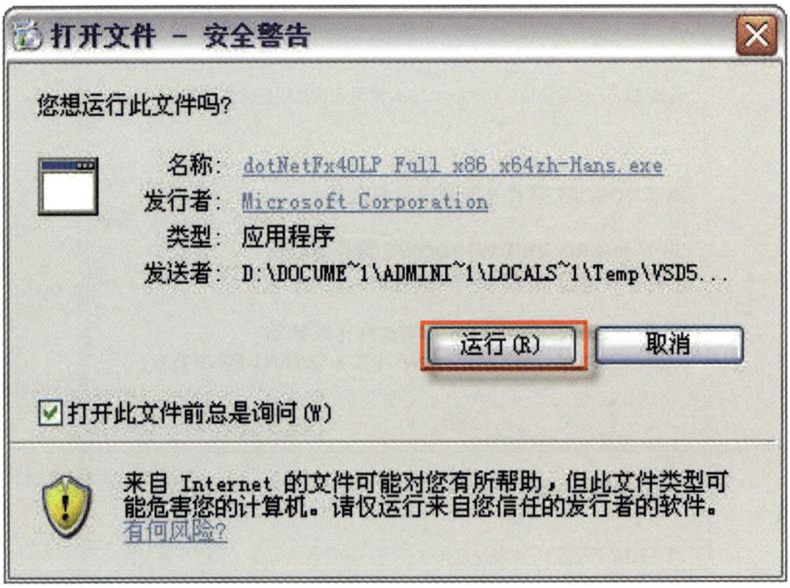

图 4 安装 Microsoft .NET Framework 4.0 的汉化包

（4）若出现此警告，点击“运行”按钮则继续进入 Microsoft .NET Framework 4.0 的安装进度界面，如图 5 所示。

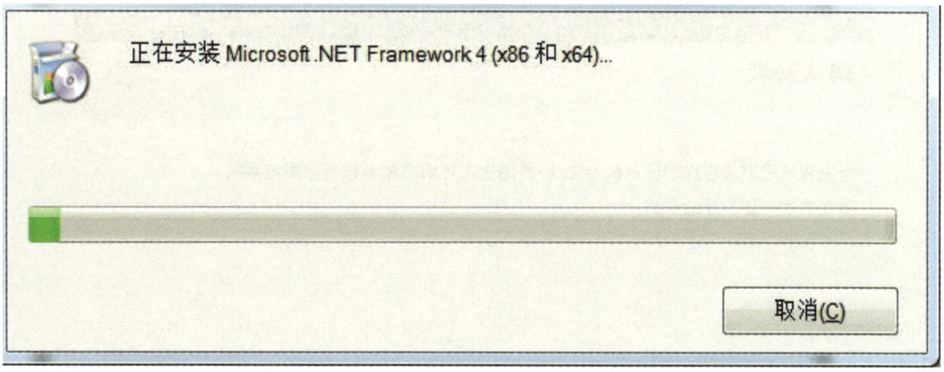

图 5 Microsoft .NET Framework 4.0 的继续安装进度界面

（5）Microsoft .NET Framework 4.0 安装完成后，将自动进入“县域生态环境质量考核数据填报系统”（简称“填报系统”）软件的安装欢迎界面，如图 6 所示。在该界面中会有“填报系统”的简介、安装要求以及版本申明等信息。

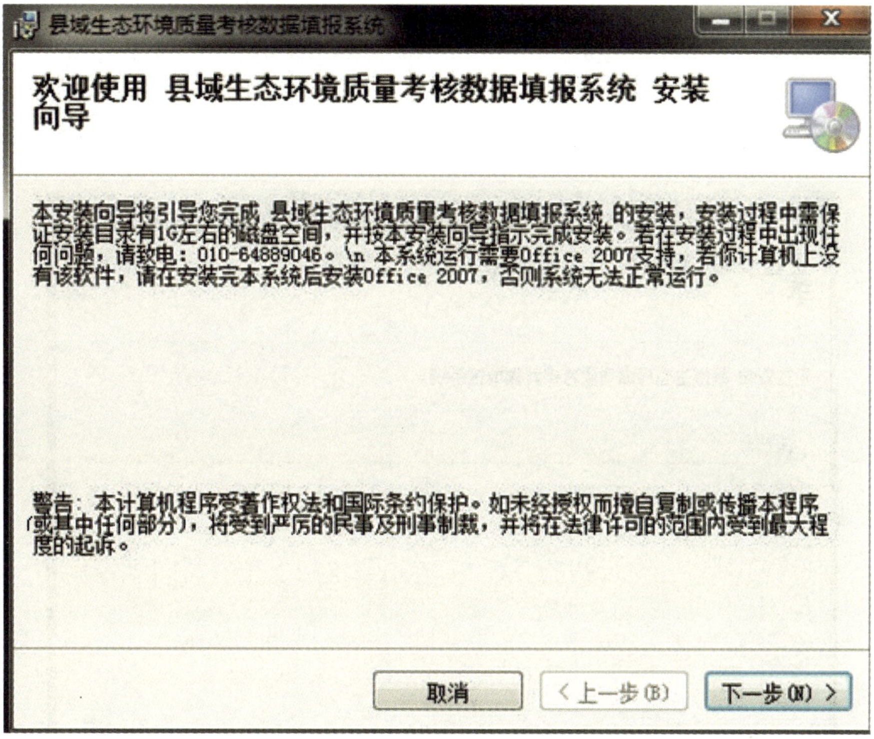

图 6 “填报系统”软件的安装欢迎界面

（6）点击“下一步”按钮，则进入系统确认安装界面，如图 7 所示。

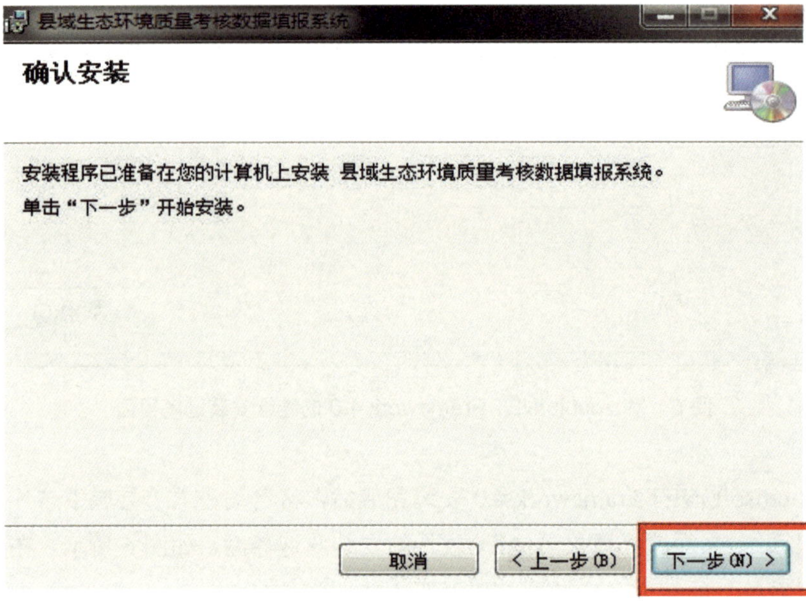

图 7　系统确认安装界面

（7）若确认安装，则点击“下一步”进入系统安装进度界面，如图 8 所示，若需要修改安装设置，则点击“上一步”按钮，则返回上一步进行安装文件夹等的修改；若想取消本次安装，则点击“取消”按钮，则将退出安装，并提示安装未完成。

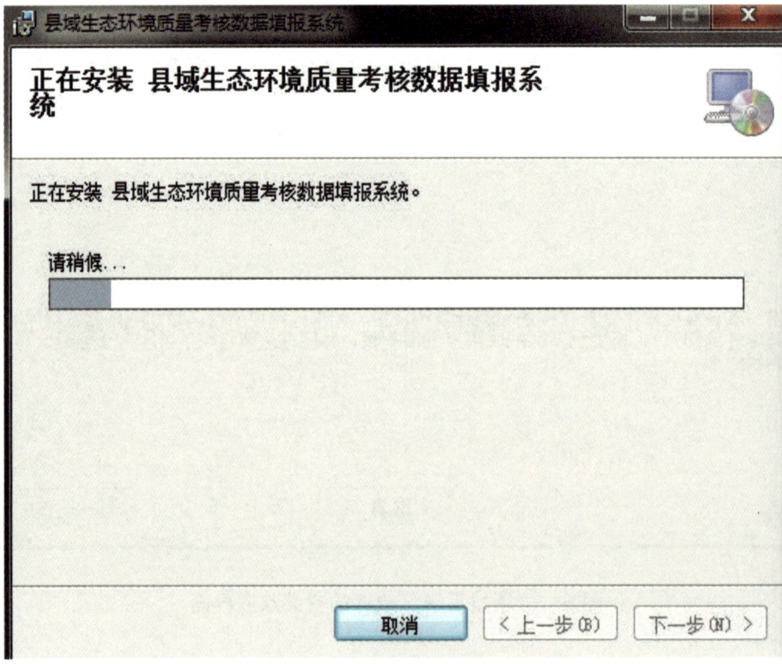

图 8　系统安装进度界面

（8）耐心等待系统安装，该过程根据不同性能的机器约需要 1～3 分钟。安装完成后，将弹出如图 9 所示的“填报系统”验证界面。

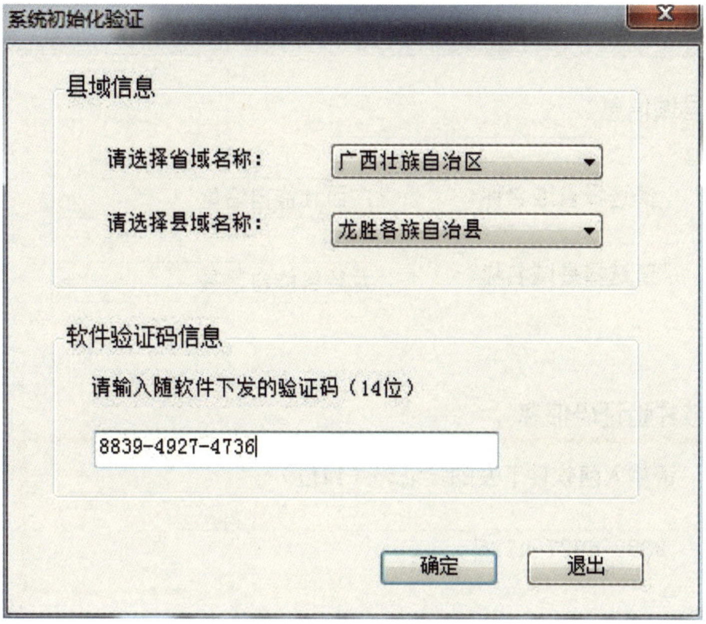

图 9　“填报系统”验证界面

通过下拉框选择软件使用县域所在的省及县域，图 10 为选择了广西壮族自治区-龙胜各族自治县的界面。

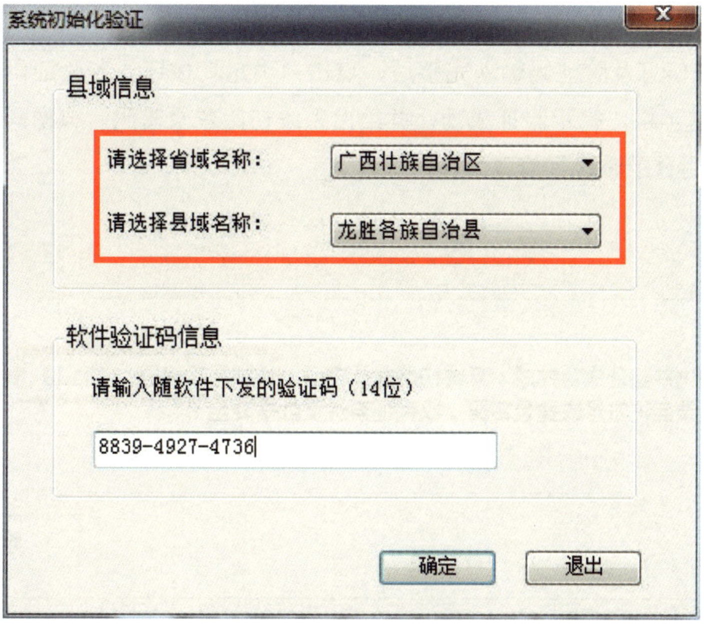

图 10　选择省及县域

（9）选择县域信息后，需输入软件的验证码，验证码为三组四位，共 12 位，一般打印于安装光盘的封面上，请按顺序输入三组四位验证码，输入后的界面如图 11 所示。

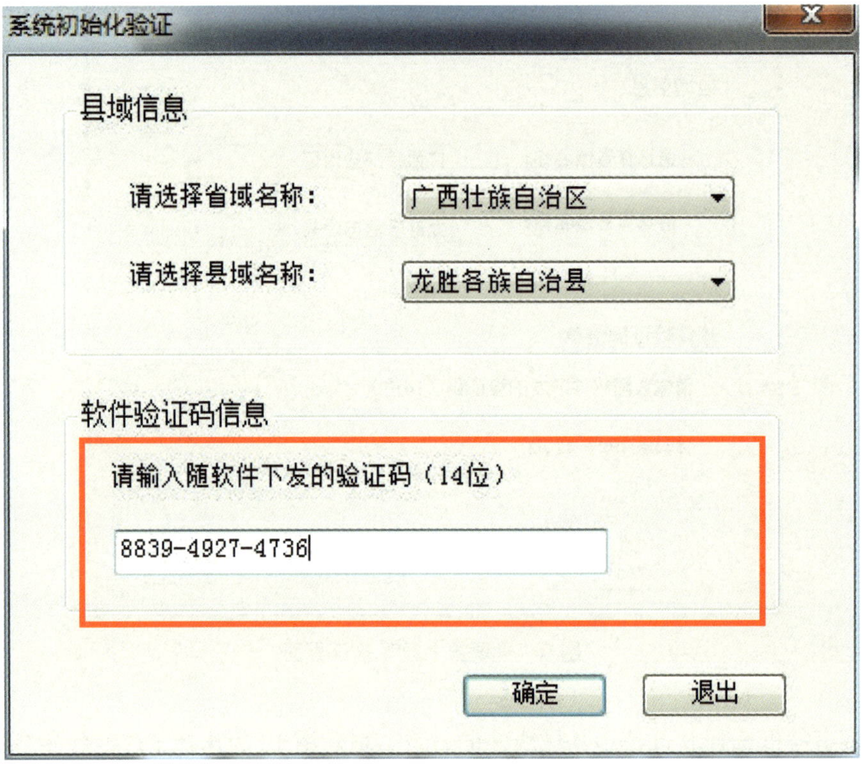

图 11　软件的验证码

（10）县域信息及验证码输入完整后，点击“确定”按钮，若验证码正确，则弹出如图 12 所示提示框，提示验证成功，并给出系统初始登录密码。该密码需牢记，并在系统第一次使用登录时进行修改。

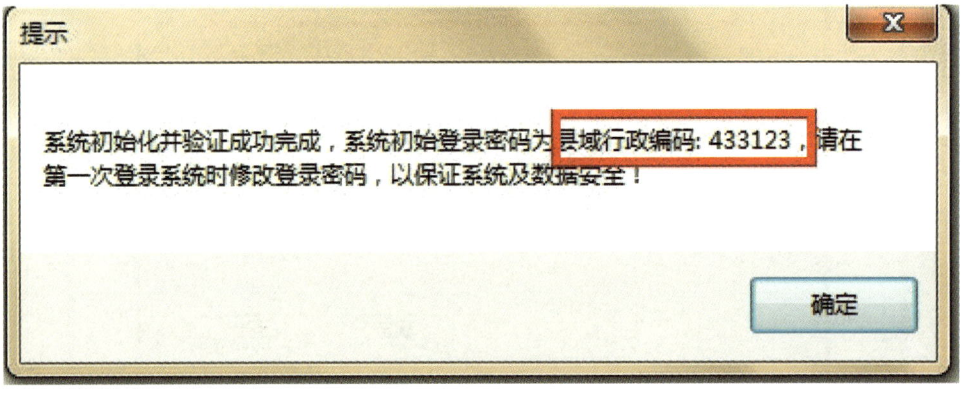

图 12　系统初始登录密码

若验证码输入错误，则弹出如图 13 所示验证错误提示框。若确认所输验证码为下发的验证码并选择了正确的县域，则点击“是”按钮，退出系统安装，并联系系统开发商确认验证码信息。若要进行重新验证，则点击“否”按钮重新选择县域信息或输入验证码。

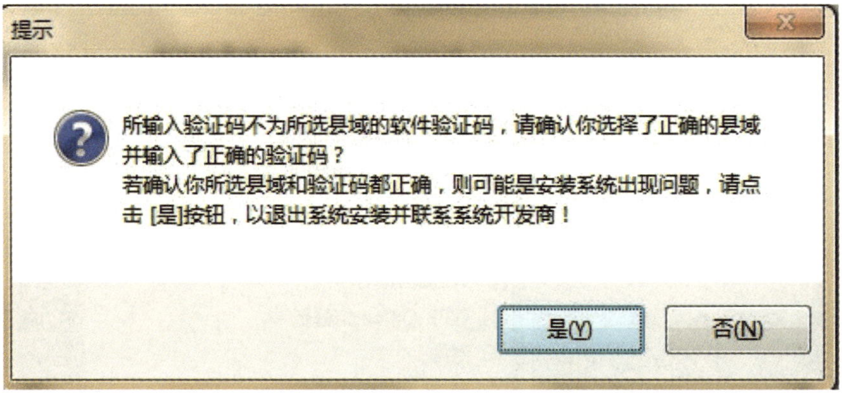

图 13　验证码错误提示框

（11）若系统验证成功，则进入系统安装完成界面，如图 14 所示。

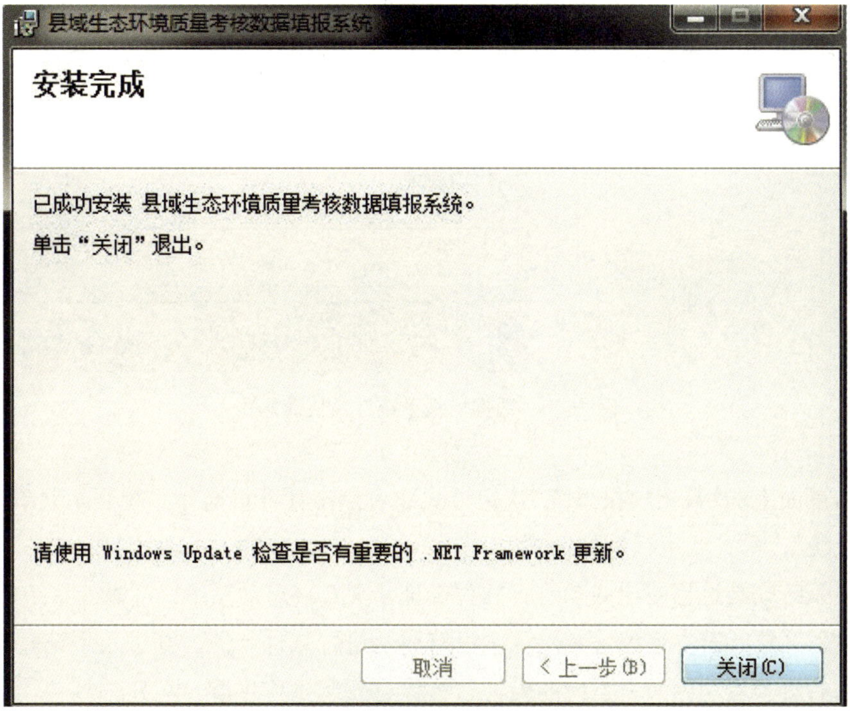

图 14　系统安装完成界面

（12）点击“关闭”按钮，结束系统安装。

6.3.3 系统启动运行

用户在计算机上对“填报系统”进行了安装后，用户计算机系统桌面上、计算机系统开始菜单中将产生“数据填报系统”的快捷方式，如图 15 所示。

图 15 “数据填报系统”的快捷方式

双击桌面上的“数据填报系统”快捷方式或者点击计算机操作系统开始菜单中的“数据填报系统”，则开始运行系统。

若在系统安装过程中已成功进行软件验证，则直接启动系统，可输入系统初始化密码即可进入系统。若在系统安装过程中没有成功进行软件验证，则进入系统验证界面，验证成功后进入启动界面。系统的验证过程详见安装操作步骤。

6.3.4 系统卸载说明

用户可以通过两种方式对“填报系统”进行卸载，一种是通过计算机系统开始菜单中的“卸载数据填报系统”的快捷方式，如图 16 红框中所示；一种是通过点击开始菜单中的“控制面板”，如图 16 蓝框中所示，然后选择“控制面板”中的卸载程序，打开卸载程序窗体，如图 17 所示，右键点击图中红框中的“县域生态环境质量考核数据填报系统”，选择右键菜单中的“卸载”项，打开软件卸载进度执行框，完成卸载。

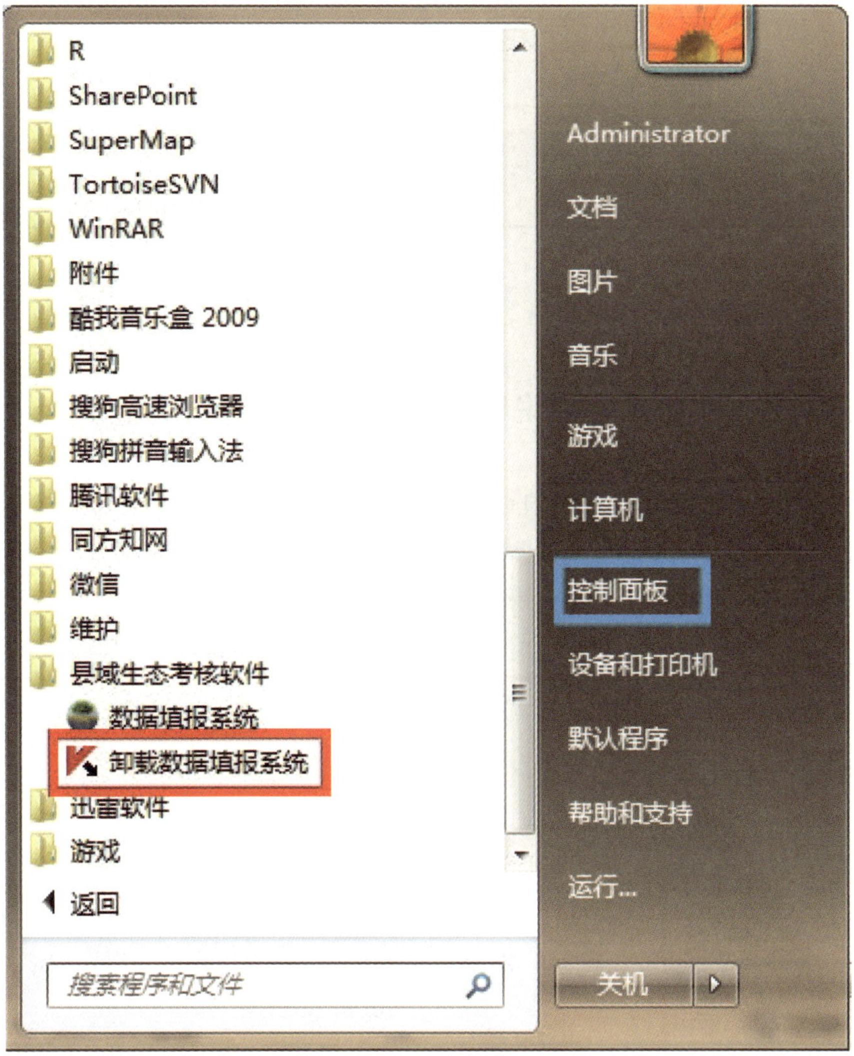

图 16 开始菜单中的“卸载数据填报系统”的快捷方式

图 17 “控制面板”卸载

6.4 监测数据上报主界面说明

“填报系统”主界面采用经典的 Office 2010 界面风格，整个界面分为 3 个区，分别为菜单区、数据列表区、数据显示编辑区，如图 18 所示。

图 18 系统主界面

6.4.1　功能菜单区

系统功能菜单区位于系统主界面的上方，系统主要通过该功能菜单区的功能按钮来完成县域生态环境质量考核数据模板的获取、县域生态环境质量考核填报数据的质量检查及数据加密打包等功能。本系统的功能按钮根据功能分类分布于 4 个菜单面板中，这 4 个面板为开始、质量检查、压缩打包及系统工具。系统功能与各菜单面板间的对应关系如表 2 所示。

表 2　菜单说明表

序号	菜单名称	系统功能
1	开始	县域生态环境填报数据模板获取
2	质量检查	县域生态环境质量考核填报数据质量检查
3	压缩打包	县域上报数据预检、加密打包
4	系统工具	系统界面风格切换、数据备份、恢复

菜单面板之间通过菜单面板上方的菜单项的点击来进行切换，如图 19 所示。

图 19　系统功能菜单切换区

菜单面板在系统运行过程中一般都一直显示，但有时为了扩大数据显示区，可通过双击菜单面板上方的菜单项实现菜单面板的隐现，菜单面板隐藏后的界面，用户可通过双击菜单面板上方的菜单项恢复菜单面板的显示，如图 20 所示。

图 20　菜单隐藏后的功能菜单区

系统菜单位于功能菜单区的左上角的系统图标处，通过点击图标来弹出菜单，如图 21 所示。该菜单中提供县域基本情况查看、系统帮助、系统的版本信息和退出系统功能。

图 21 系统菜单

6.4.2 填报数据列表区

县域填报数据列表区位于系统主界面的左侧，通过目录树的方式，对各类型的上报数据进行组织。初始状态下，目录树中一级节点包括数据副填报表一部分，根据包含的内容分为二级节点和三级节点。

系统将通过点击该目录树来实现考核上报数据的浏览，其操作方式与 Windows 的目录操作完全相同，只需逐级打开目录至末级节点，即为具体数据对应的文件或表格，点击即可在数据显示区以文档或表格的方式显示相应数据。数据列表区中数据若不存在，其数据文件名称前面的图标与数据文件存在状况下的图标有所不同，如图 22 所示，图中空气质量监测数据填报未导入。

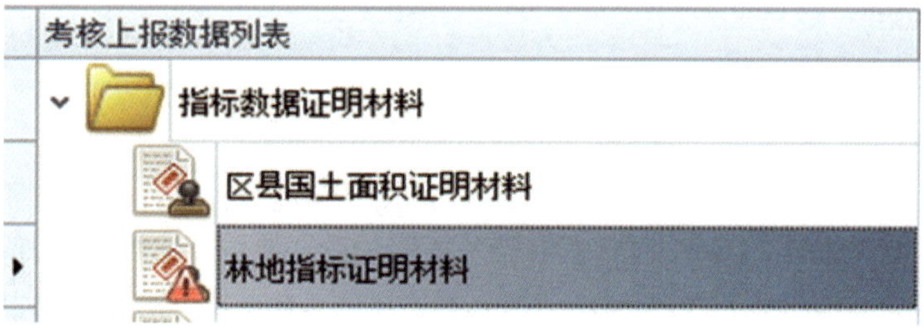

图 22 考核上报数据列表

6.4.3　数据显示编辑区

数据显示编辑区主要是显示填报数据列表区所选中数据节点对应的文档或表格内容，另外还显示系统生成的自查报告文本及报告附表。

不同的数据内容，其显示样式也各不相同，图 23 为表格类数据的显示样式，在表格类显示窗口，可实现数据表的翻页、数据记录的增加、删除、修改等功能操作（通过表格左下方的功能区实现，如图 23 红框内所示）。

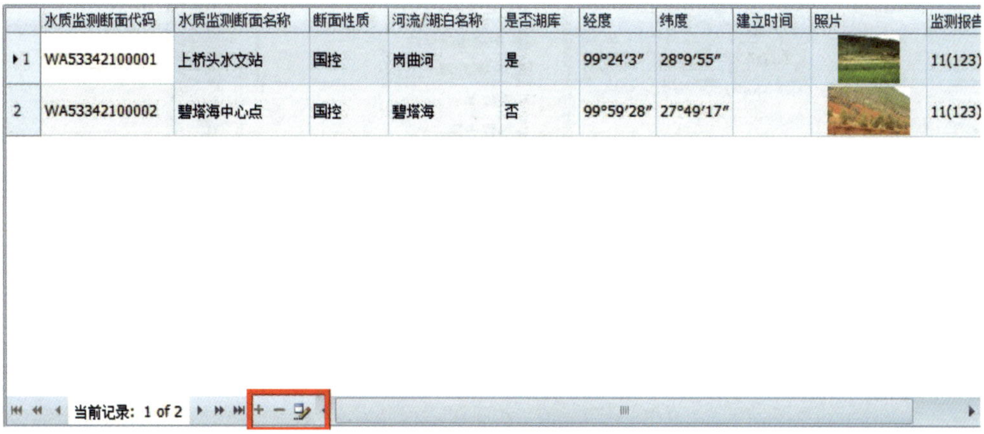

图 23　表格类显示样式

6.5　监测数据上报操作说明

功能菜单区的功能菜单和县域生态环境质量考核填报数据列表区的右键菜单是本系统的主要功能入口，本部分将详细说明菜单功能区功能菜单、填报数据列表区右键菜单及数据显示编辑区的功能操作。

6.5.1　系统登录及初始化

若用户在计算机上对“填报系统”进行了安装，则用户计算机系统桌面上、计算机系统开始菜单中将产生“数据填报系统”的快捷方式，如图 24 所示。若用户未安装，则参照《国家重点生态功能区县域生态环境质量考核数据填报系统安装手册》来完成系统软件的安装，并进入系统初始化及登录界面工作。系统运行及登录的具体步骤包括系统初始化验证、修改登录密码及登录系统三部分。

图 24 “数据填报系统”桌面及开始菜单快捷方式

6.5.1.1 系统初始化验证

双击桌面上的“数据填报系统”快捷方式，或者点击计算机操作系统开始菜单中的“数据填报系统”，则开始运行系统。若在系统安装完成后没有进行系统验证或是验证未成功，则需先进行系统验证，验证步骤如下：

（1）运行系统时，系统弹出图 25 所示的界面，提示是否进行验证。

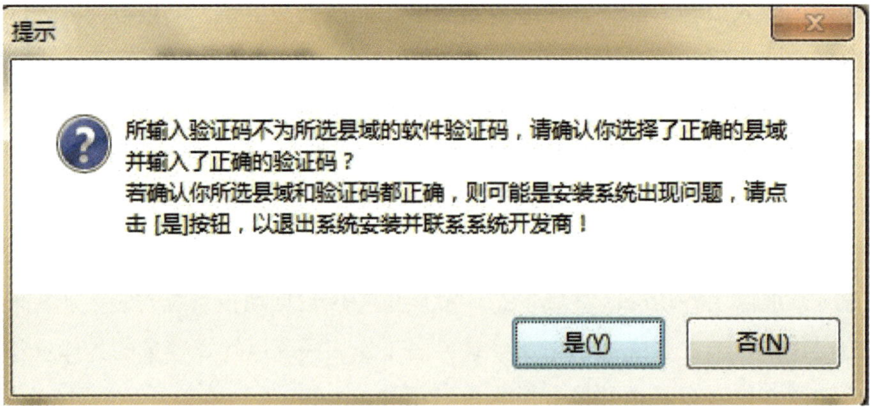

图 25 系统未验证提示

（2）在提示框中，点击“是”按钮，则进入如图26所示的系统验证界面；点击“否”按钮，则提示系统未验证，并退出系统登录。

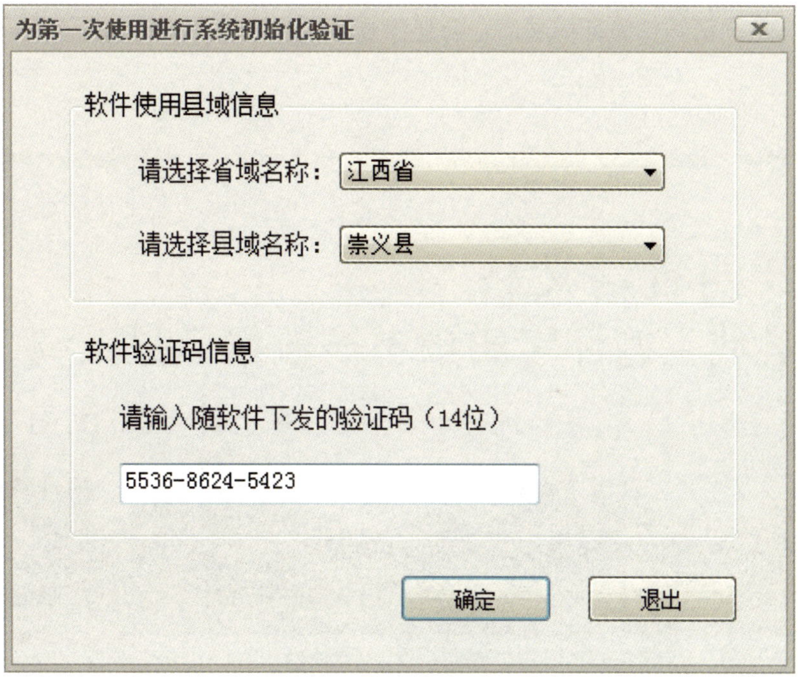

图26　系统验证界面

（3）在系统验证界面中，如图26所示，选择用户所在的省、县名称，并输入随软件下发的12位验证码，若点击“确定”按钮，如果验证码正确，则显示如图27所示的验证正确提示信息，红框内内容提示用户系统登录的初始密码。若点击“退出”按钮，则退出验证，系统将提示软件没有验证，并提示退出系统。

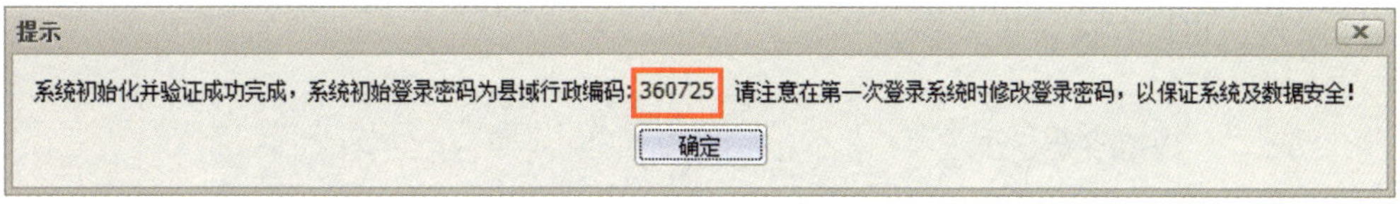

图27　初始化成功提示框

点击初始化成功提示框的“确定”按钮，则进入系统登录界面。

【注】软件验证码随安装光盘一起下发，一般贴于光盘封面上，若没有或是丢失，请联系系统开发商获取新的验证码。

6.5.1.2　修改登录密码

系统初始化时，将系统的登录密码设为县域的6位行政编码，如江西省崇义县的密码为 360725。为保证数据及系统安全，建议在第一次使用系统时修改登录密码。步骤如下：

（1）在系统初始化验证成功后，会弹出登录框（以江西省崇义县为例），如图 28 所示。

图 28　系统登录界面

（2）点击上图中系统登录界面中的“修改密码”按钮，则弹出密码修改对话框，如图 29 所示，可以修改登录密码。

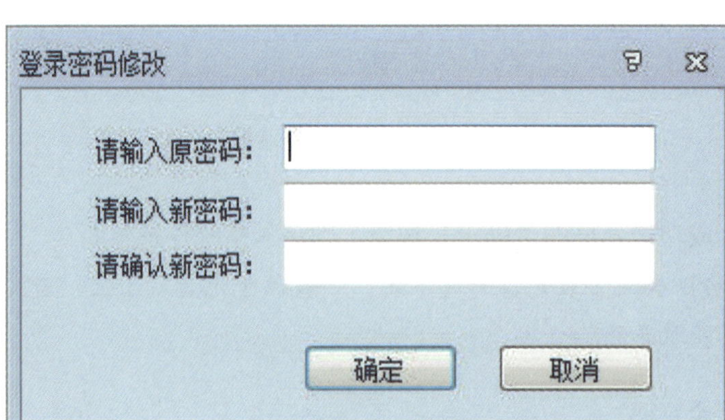

图 29　登录密码修改窗

图 29 登录密码修改窗体的第一个框中输入原密码，第一次登录时的密码为县域代码，以后再修改时则为用户修改过的密码。在第二个框中输入新密码（密码建议由数字和字母组合而成），然后在第三个框中重新输入新密码，以确认新密码没有输错。

（3）密码输入完成后，点击“确定”按钮，若原密码没有输错，且新密码与确认密码相同，则弹出修改密码成功提示框，如图 30 所示；否则提示原密码错误或新密码与确认密码不匹配错误，这时用户需要重新进行密码的修改。

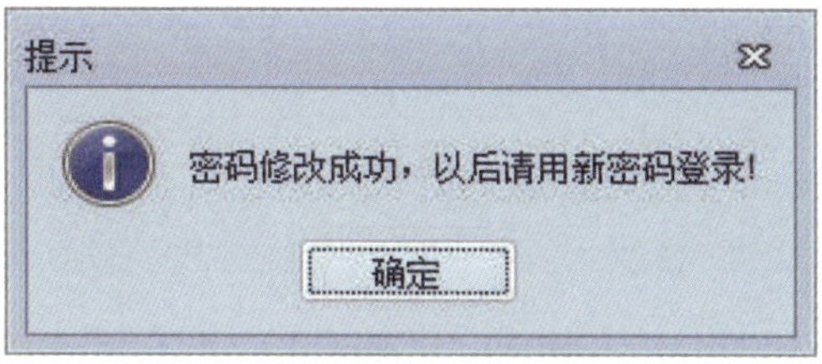

图 30　密码修改成功提示框

【注】修改密码为可选步骤，若所用计算机只能本人使用，可不用修改密码。

6.5.1.3　切换县域

“切换县域”功能主要针对省级用户，目的是方便省级用户对各县进行技术支持工作，可以快速实现不同县域系统的切换。步骤如下：

（1）点击登录窗体上的“切换县域”按钮，如图 31 所示。

图 31　县域切换

（2）弹出县域注册码输入窗口，输入注册码后点击“确定”按钮，可以切换到其他县域，如图 32 所示。

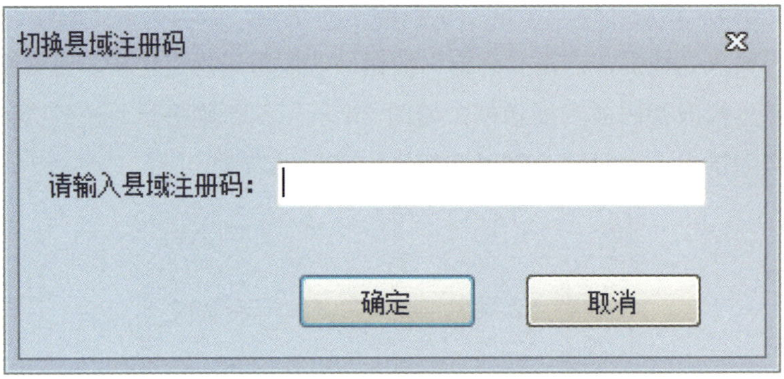

图 32　注册码输入

6.5.1.4　登录系统

系统登录的具体操作步骤为：

（1）在系统登录框，如图 33 所示，点击“登录”按钮，则开始登录系统。

图 33　系统登录界面

（2）系统第一次登录或是初始化后，会在登录过程中提示用户数据库不存在，提示信息如图 34 所示。点击“是”按钮，则生成上报目录，并进入系统主界面，系统登录完成，如图 35 所示。

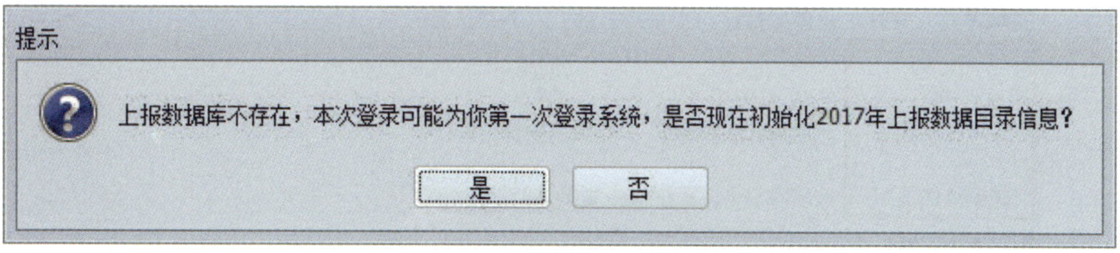

图 34　考核年份设置提示框

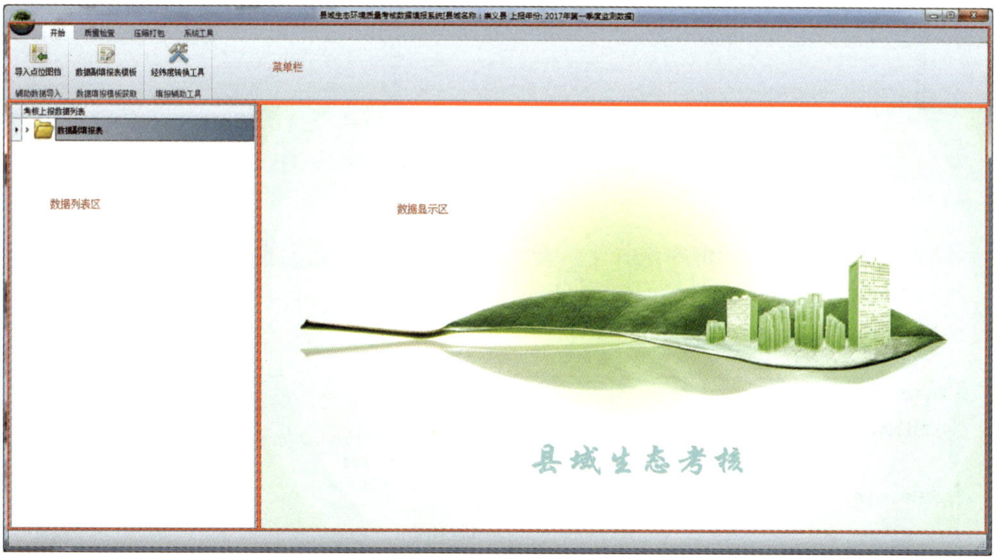

图 35　系统主界面

【注意】若系统安装时已进行了系统初始化验证工作，则在运行时不会弹出验证相关界面。

6.5.2　点位图档导入

系统成功登录后，可进行点位图档导入操作。点位图档导入是将上一季度监测数据中点位的照片和排放标准导入系统，一般情况下只需要在第一季上报数据时导入一次就可以，照片和排放标准数据是所有季度共享的，如果没有上一季度监测数据上报包可不导入。见图 36，具体操作步骤为：

（1）点击“开始”菜单下“导入点位图档”按钮。

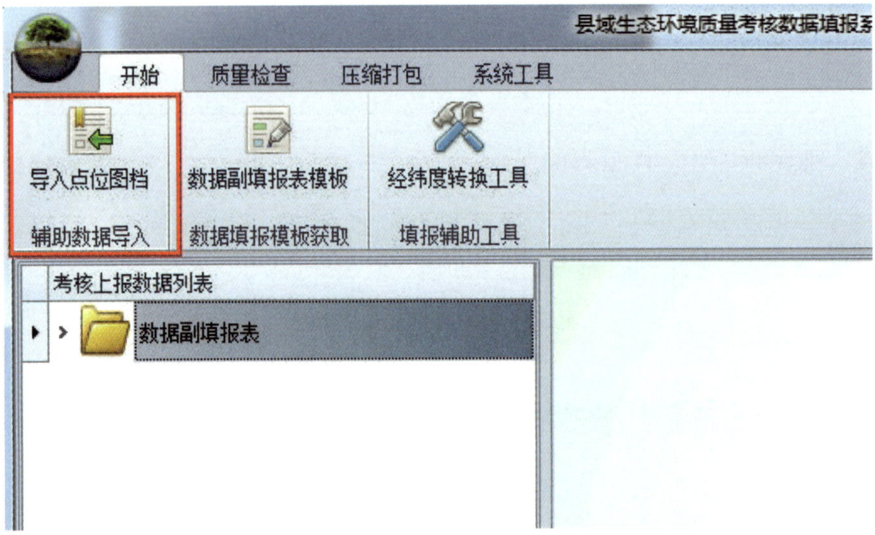

图 36　导入点位图档菜单

（2）在文件选择对话框中选择上一年第四季度监测数据上报包文件，如图 37 所示，并点击“打开”按钮，弹出如图 38 所示文件导入执行进度框。

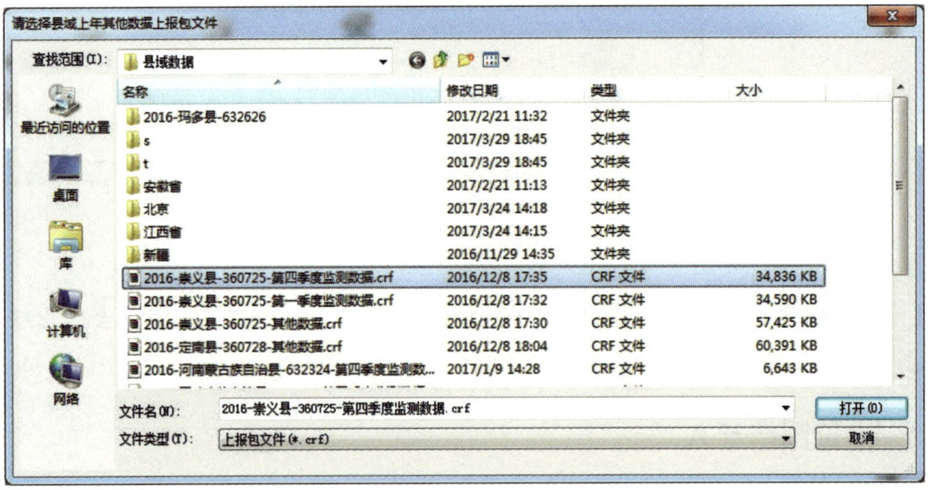

图 37　上报包文件选择对话框

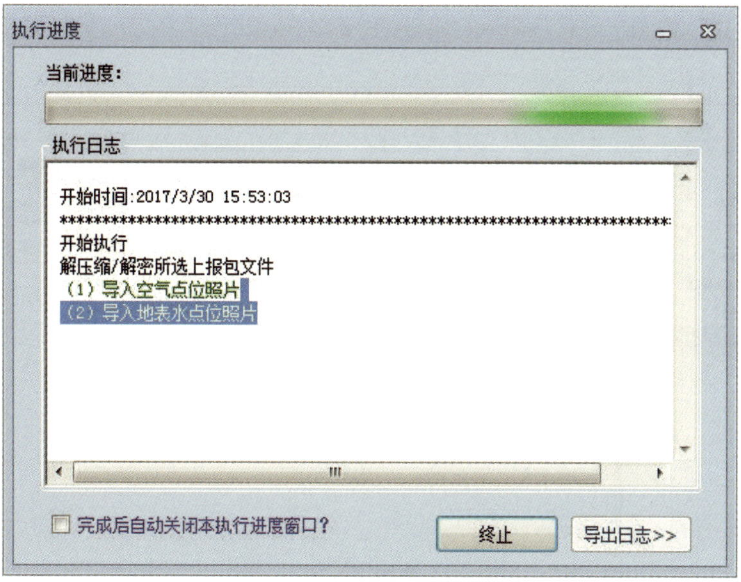

图 38　上报包文件导入进度框

（3）点击文件导入执行进度提示框中的“终止”按钮，系统将终止文件的导入，文件导入完成后，进度提示框变为如图 39 所示，点击“导出日志”按钮可以将导入的执行过程日志以文本文档的形式导出到本地；点击“关闭”按钮，关闭导入框。在系统数据显示编辑区可查看导入的图档数据，如图 40 所示。

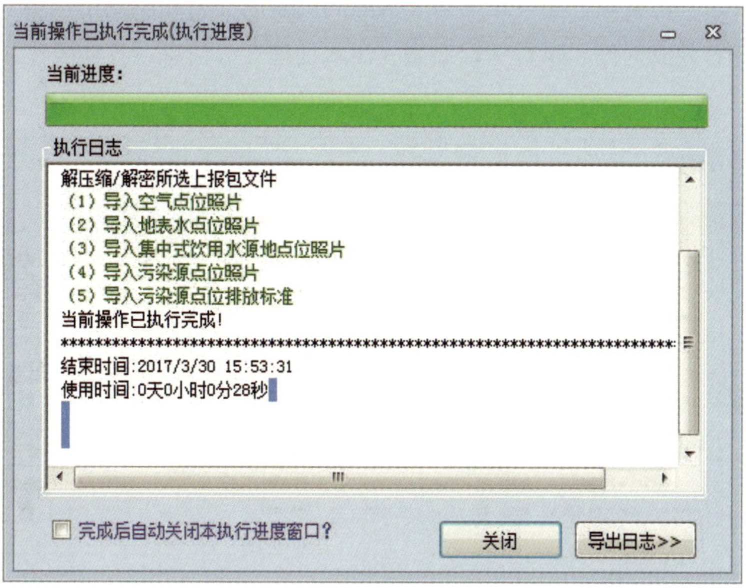

图 39　点位图档文件导入完成

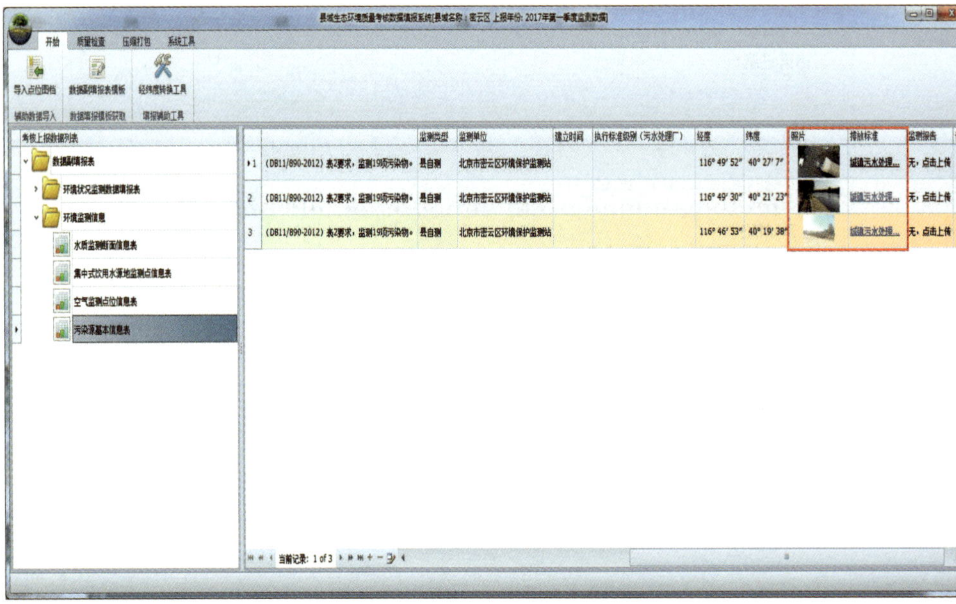

图 40　图档导入后数据显示

6.5.3　补充点位信息

点位图档导入成功后，为了能获取模板以及正常上报数据，需要补充点位信息，包括空气、地表水、污染源、集中式饮用水水源地的监测类型和监测单位等，如果是污水处理厂还需完善建立时间、执行标准级别（污水处理厂）信息，具体操作如图 41 所示。

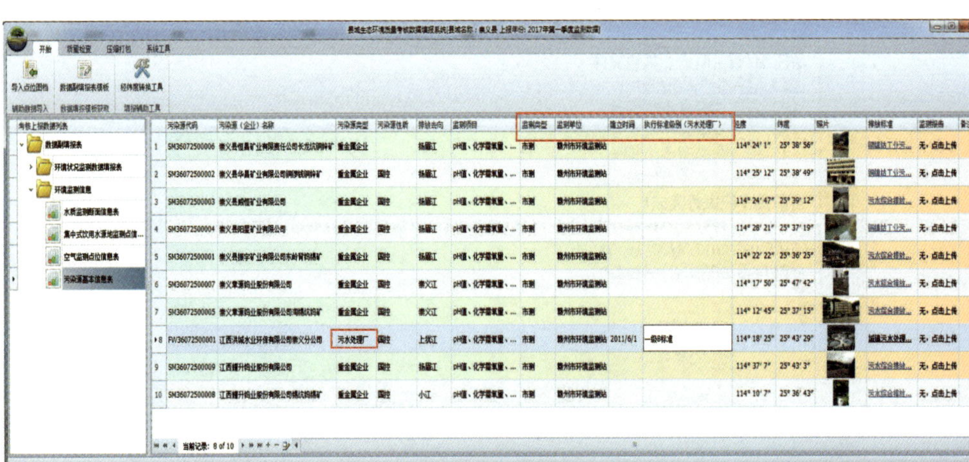

图 41　点位信息表

单击数据行或者点击按钮弹出点位编辑画面，如图 42 所示。

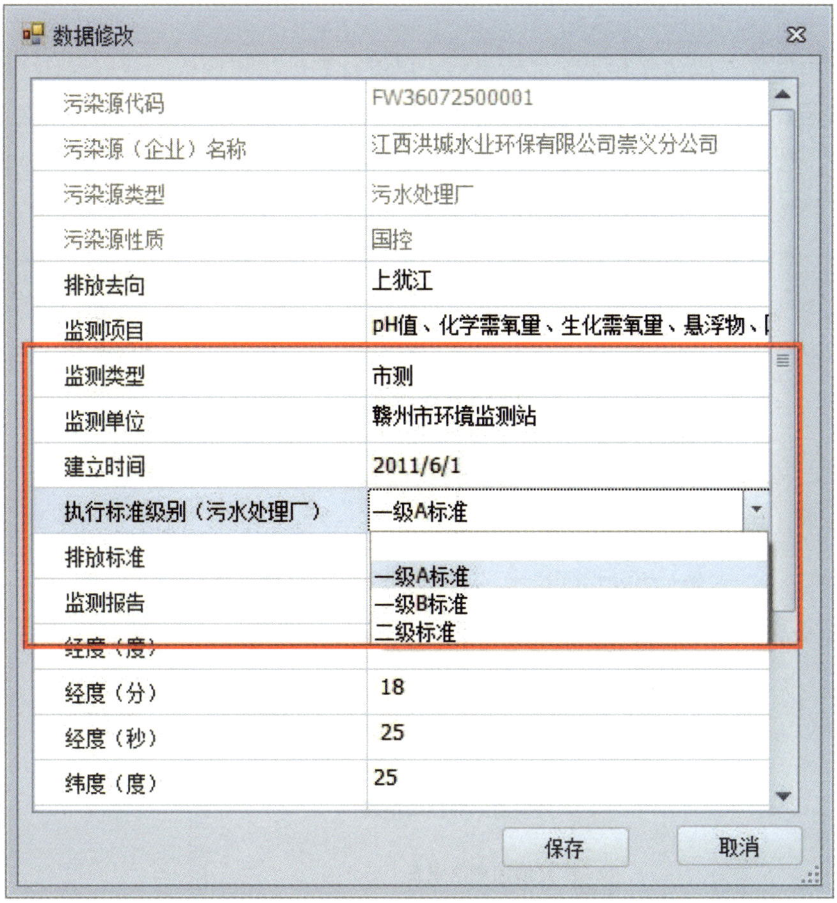

图 42　点位信息修改

修改点位信息，点击“保存”按钮以保存点位信息，如图 43 所示。

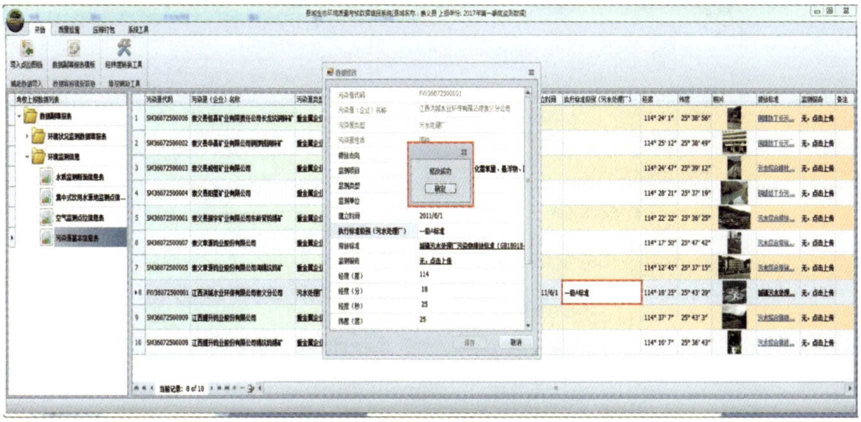

图 43　完善点位信息

6.5.4 数据填报模板获取

点位图档导入成功并补充点位信息后，可进行数据填报模板的获取操作。数据填报模板获取是将需要整理导入的县域生态环境质量考核上报数据的填报模板保存至指定的目录下。数据填报模板在系统中有两种获取方式：一种是通过系统上方的功能菜单获取，包括环境监测模板获取，这些功能菜单位于系统上方的开始菜单面板中，如图 44 所示；另一种是通过系统左侧数据列表的右键菜单获取，如图 45 所示，此种获取方式比较有针对性，是针对单一上报数据进行的模板获取，用户可以根据自己的需要获取所需数据的模板。

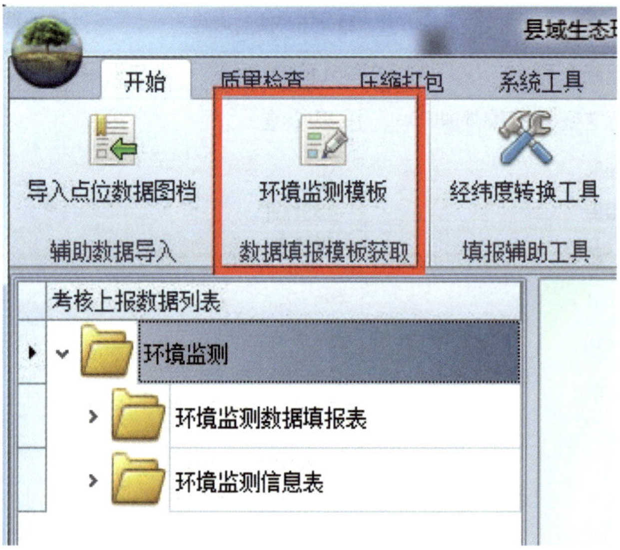

图 44　数据填报模板获取菜单

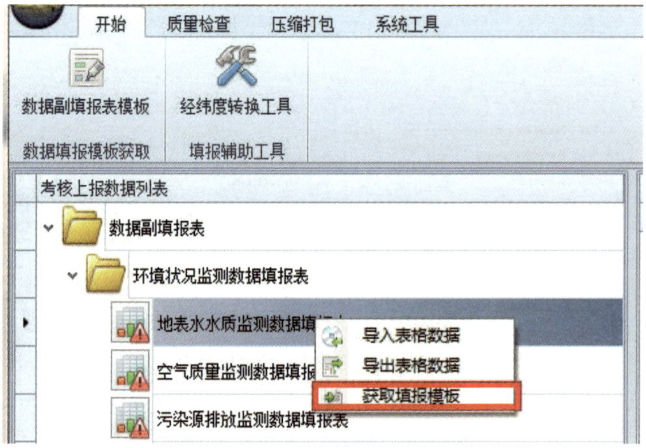

图 45　数据列表右键菜单

表 3 为上报数据的模板清单，用户可以根据自己的需要选取获取方式获取所需的数据模板。

表 3　模板清单

文件夹	模板名称	备注
数据副填报表	地表水水质监测数据填报表.xlsx	
	集中式饮用水水源地水质监测数据填报表（地表水）.xlsx	
	集中式饮用水水源地水质监测数据填报表（地下水）.xlsx	
	空气质量监测数据填报表.xlsx	
	污染源排放监测数据填报表.docx	

6.5.4.1　功能菜单获取填报模板

系统上方功能菜单中填报模板的获取主要包括数据副填报表模板，以环境监测模板获取功能为例，具体操作步骤为：

（1）点击“开始”菜单下“环境监测模板获取”栏中“环境监测”按钮，如图 46 所示，系统将弹出如图 47 所示的模板保存目录选择对话框。

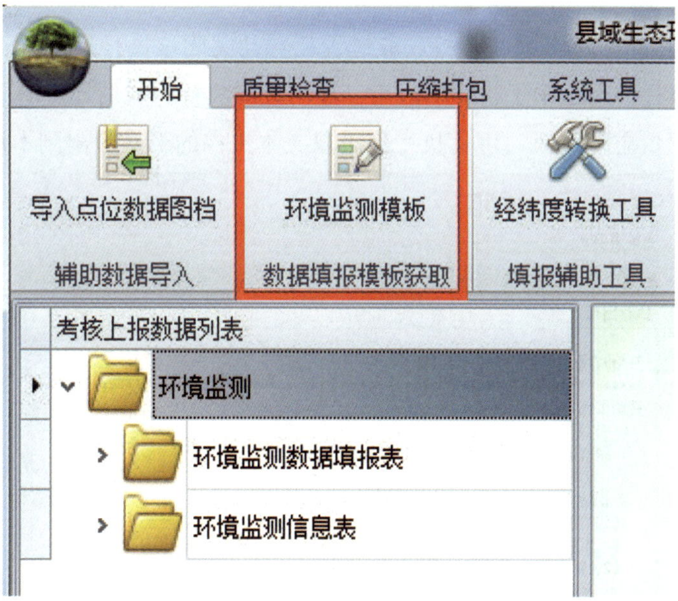

图 46　数据填报模板获取菜单

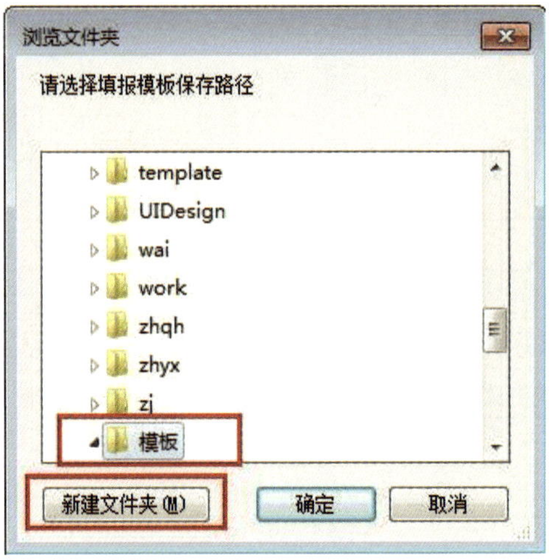

图 47　模板保存路径选择对话框

（2）在模板保存目录选择对话框中，选取填报模板文件的保存目录，如图 47 所示，选择了“模板”文件夹来存放导出的填报数据模板文件（若需要新建目录，可通过左下角的“新建文件夹”新建目录来保存）。

（3）选择好目录后，点击“确定”按钮，弹出模板导出执行进度框，如图 48 所示。在模板获取过程中，可点击“终止”按钮随时终止获取过程，也可勾选“完成后自动关闭本执行进度窗口？”，在完成模板获取过程后自动关闭该执行进度框。在模板导出执行进度框中，执行日志显示了执行的进度。导出过程执行完成后，点击模板导出执行进度框中的“导出日志”按钮，可将执行日志以文本文档的形式导出到本地。

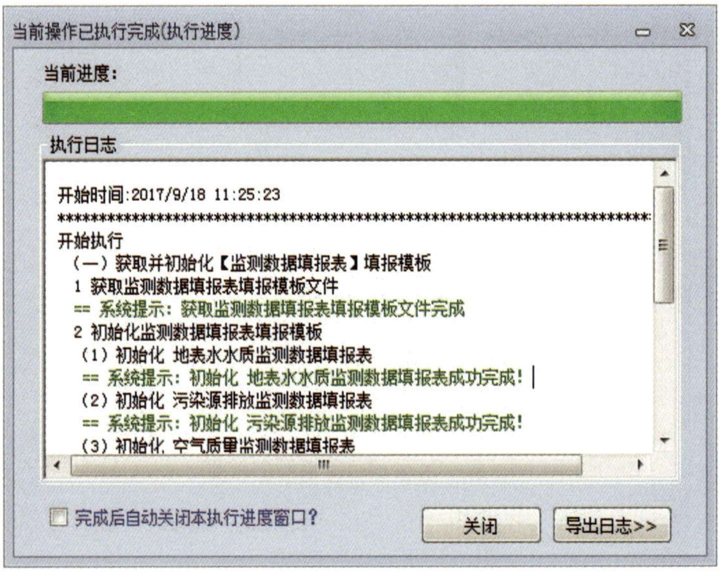

图 48　模板导出执行进度框

（4）模板导出执行完成后，填报模板导出至指定的目录中，如图 49 所示。

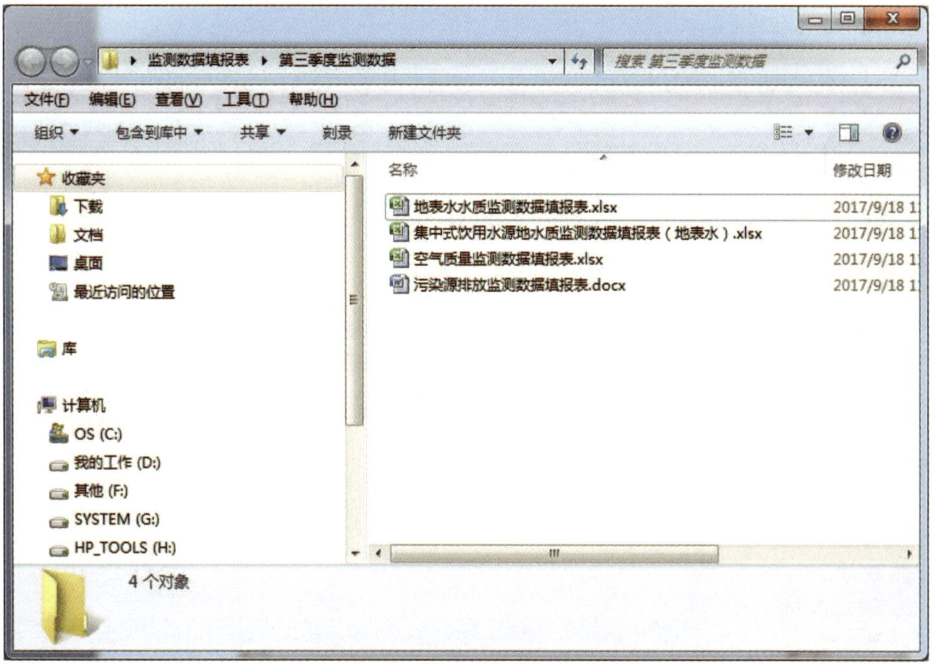

图 49　导出的数据副填报模板文件

6.5.4.2　右键菜单获取填报模板

（1）在填报数据列表区展开“指标数据证明材料”目录下的“自然生态指标证明材料”目录，并在需要导出数据的节点上右键点击，弹出右键功能菜单，如图 50 所示。

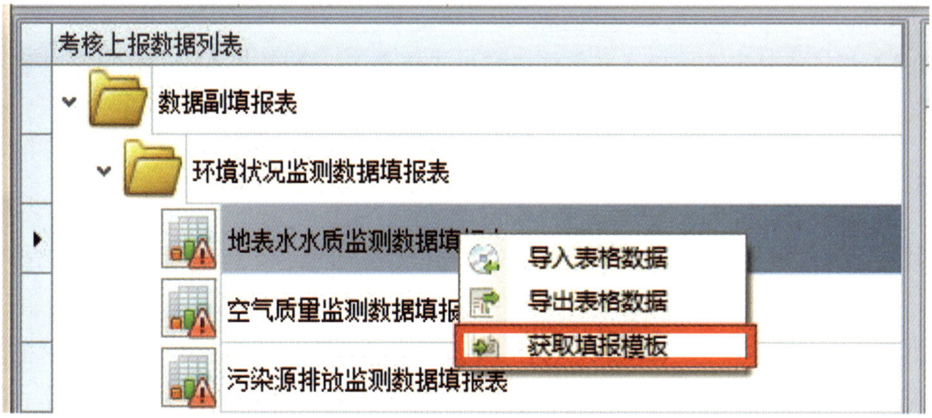

图 50　模板获取右键功能菜单

（2）在弹出的功能菜单中，点击“获取填报模板”菜单项，弹出如图 51 所示的文件存放目录选择对话框。

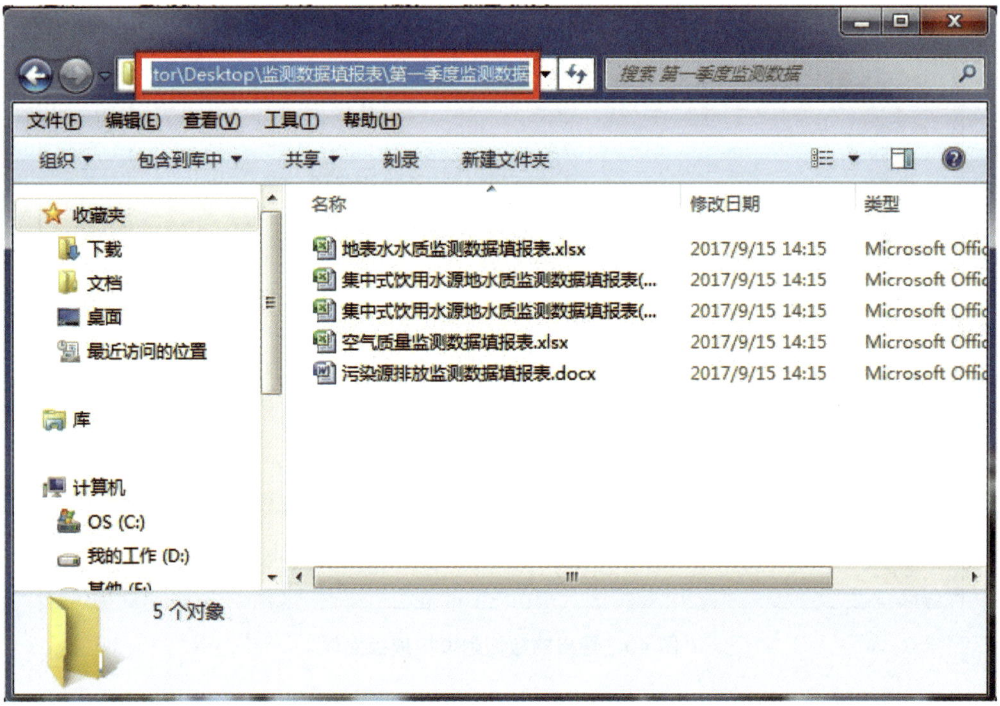

图 51　模板文件存放路径选择对话框

（3）在文件存放目录选择对话框中，选择导出文件存放目录，如图 51 所示，导出文件的存放目录为“第一季度监测数据”文件夹；对话框中的默认保存文件名为获取的数据名称，用户可以自行修改。点击“保存”按钮，模板文件将保存到用户选择的目录下。

【注】模板获取完成后用户可根据填写规范的要求，通过 Excel 或 Word 软件在模板中输入相关数据。

6.5.5　数据导入与修改

数据导入与编辑主要完成数据文件的导入和数据的录入工作。在所有数据副模板获取并填写完成后，即可进行此操作。目前，系统导入的文件类型主要有数据副填报表，各数据类别入库方式见表 4，表中所有的数据类别及名称与系统上报数据列表区的目录树相对应。

表 4　数据录入方式表

数据类别	数据名称	右键菜单导入	界面录入	推荐入库方式
环境监测/环境状况监测数据填报表	地表水水质监测数据填报表	支持	不支持	导入
	集中式饮用水水源地水质数据填报表（地表水）	支持	不支持	导入
	集中式饮用水水源地水质数据填报表（地下水）	支持	不支持	导入
	空气质量监测数据填报表	支持	不支持	导入
	污染源排放监测数据填报表	支持	不支持	导入
环境监测/环境监测信息	水质监测断面信息表	不支持	支持（部分信息修改）	界面录入
	集中式饮用水水源地监测点信息表	不支持	支持（部分信息修改）	界面录入
	空气监测点位信息表	不支持	支持（部分信息修改）	界面录入
	污染源基本信息表	不支持	支持（部分信息修改）	界面录入

其中“水质监测断面信息表”、“空气监测点位信息表”、“污染源基本信息表”、“集中式饮用水水源地监测点信息表”中的数据为系统自带数据，无需导入。

6.5.5.1　环境监测文本信息导入

环境监测中可以导入的信息为环境状况监测数据填报表，包括地表水水质监测数据填报表、集中式饮用水水源地水质数据填报表（地表水）、集中式饮用水水源地水质数据填报表（地下水）、空气质量监测数据填报表及污染源排放监测数据填报表。除环境状况监测数据填报表中的污染源排放监测数据填报表导入的文件为 Word 文件外，其余数据均为 Excel 表格文件。其导入操作过程基本相同，以数据副填报表中的“地表水水质检测数据填报表”的导入为例来说明文件的导入步骤。

（1）在填报数据列表区展开“环境监测”目录下的“环境监测数据填报表”目录，在“地表水水质监测数据填报表”节点上右键点击，弹出右键菜单，如图 52 所示。

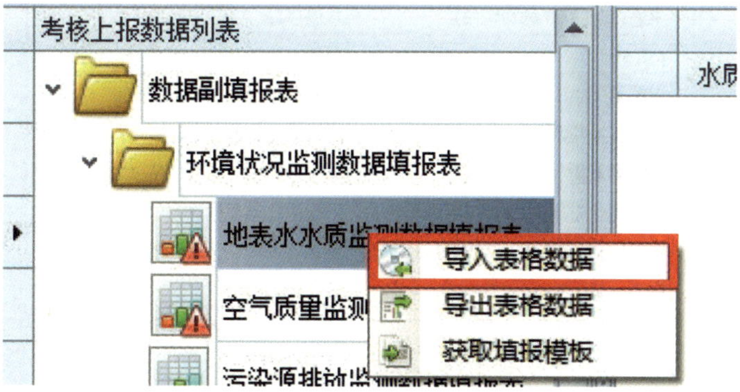

图 52　数据导入右键菜单

（2）在弹出的功能菜单中，点击“导入表格数据”菜单项，弹出如图 53 所示的文件选择对话框。

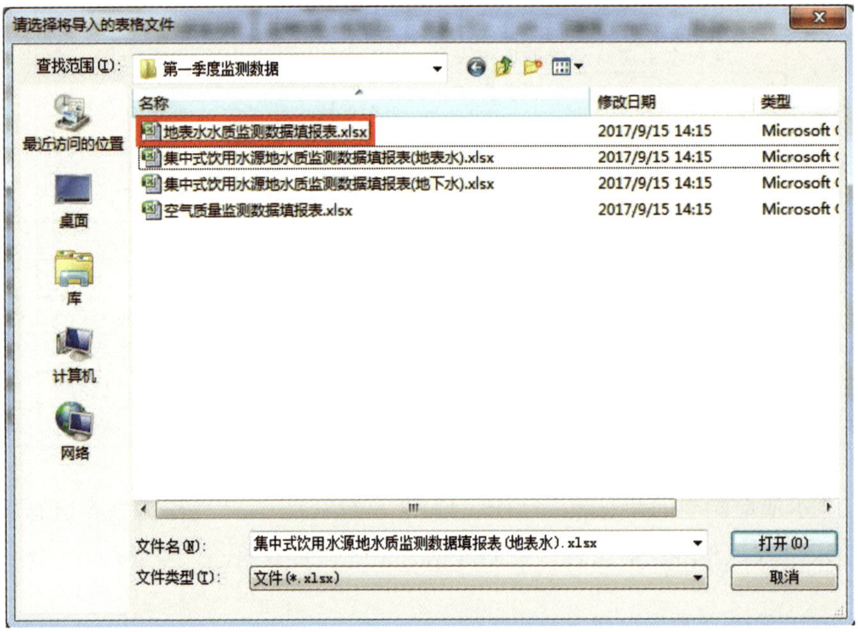

图 53　文件选择对话框

（3）在文件选择对话框中选择水质检测数据填报表文件，如图 53 所示，并点击“打开”按钮，弹出导入字段对应关系检查对话框，如图 54 所示。

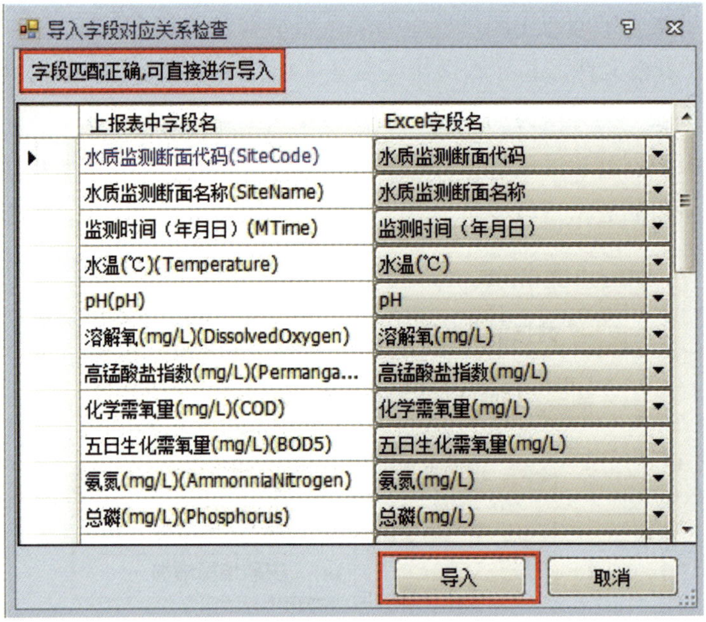

图 54　字段对应关系检查对话框

（4）在上图的导入字段对应关系检查对话框中，若显示字段匹配正确、可直接进行导入，则可点击“导入”按钮，导入数据；若 Excel 中的字段名与上报表中的字段名不能对应，则会出现如图 55 所示的错误提示，图中红框内上报表中字段名中的溶解氧字段在 Excel 表格中找不到对应的字段名，此时需要用户选择 Excel 中匹配的字段项。点击图中蓝框内 Excel 字段名下的“下拉”按钮，选择与溶解氧匹配的字段，如图 56 所示，选择溶解氧 1 字段名，然后点击“导入”按钮，继续数据的导入过程。

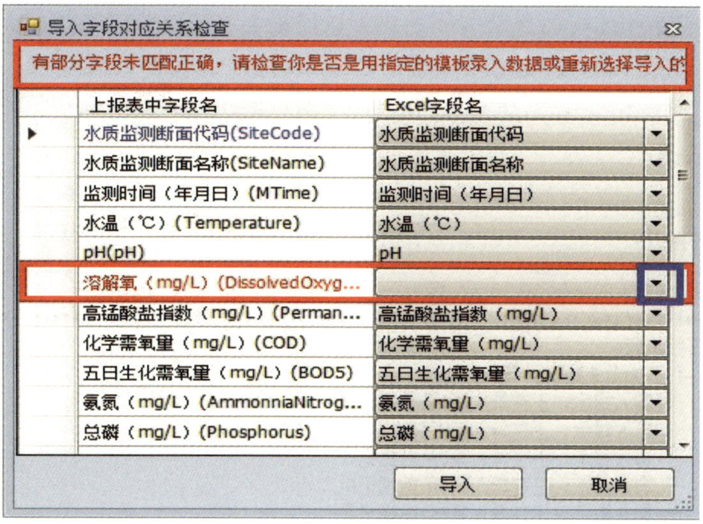

图 55　字段对应关系检查对话框

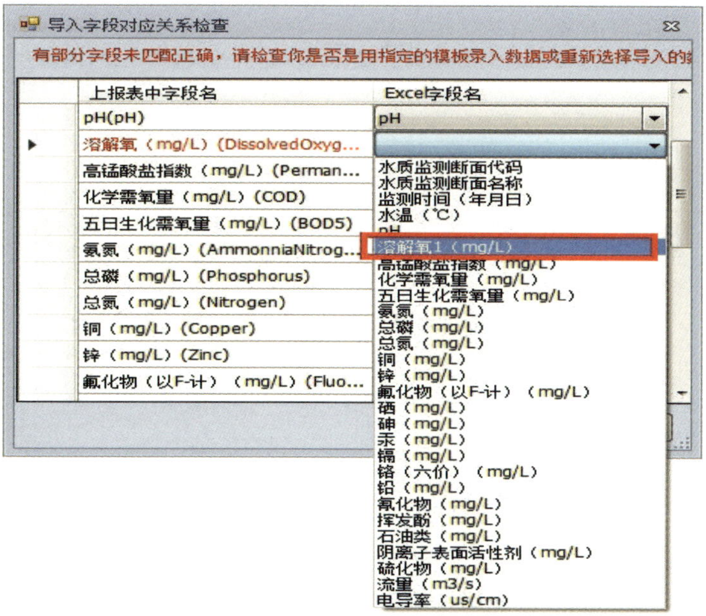

图 56　字段对应选择示例窗

（5）在导入字段对应关系检查对话框中点击“导入”按钮后，弹出如图 57 所示文件导入执行进度框。若该数据以前已经导入，则弹出如图 58 所示的提示框，提示用户是否删除并重新导入数据文件，点击提示框中的“是”按钮，则删除数据文件并重新导入；若点击“否”按钮，则在原有数据文件基础上导入新的数据文件，只导入与原有文件不重复的数据内容；若点击“取消”按钮，将取消导入过程。点击文件导入执行进度提示框中的“终止”按钮，系统将终止文件的导入；勾选“完成后自动关闭本执行进度窗口？”在完成导入过程后自动关闭该执行进度框。

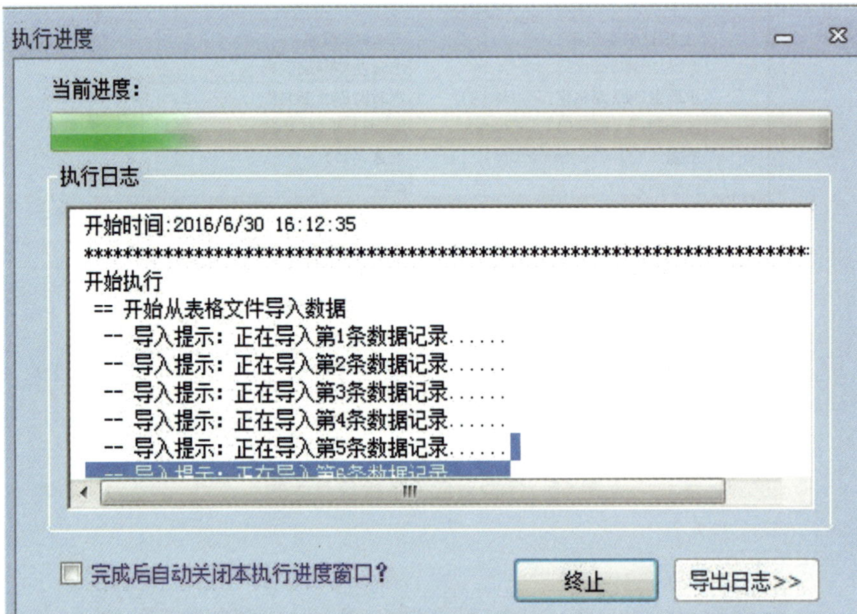

图 57　文件导入执行进度提示框

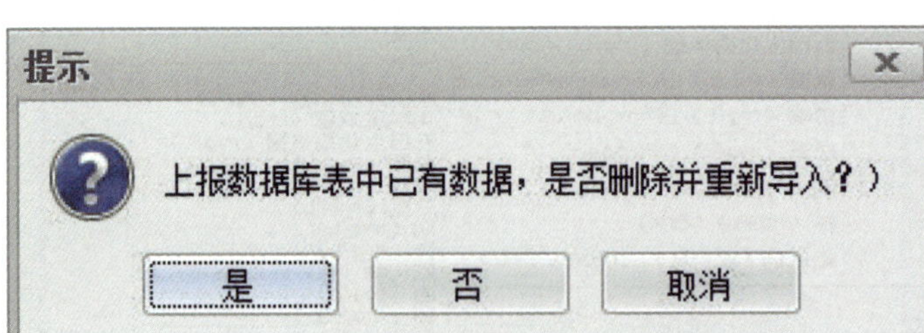

图 58　文件替换确认框

（6）点击文件导入执行进度提示框中的“终止”按钮，系统将终止文件的导入，文件导入完成后，文件导入执行进度提示框变为如图 59 所示提示框，点击“导出日志”

按钮可以将导入的执行过程日志以文本文档的形式导出到本地；点击“关闭”按钮，关闭导入框。同时，在系统数据显示编辑区显示导入的表格数据，如图 60 所示。

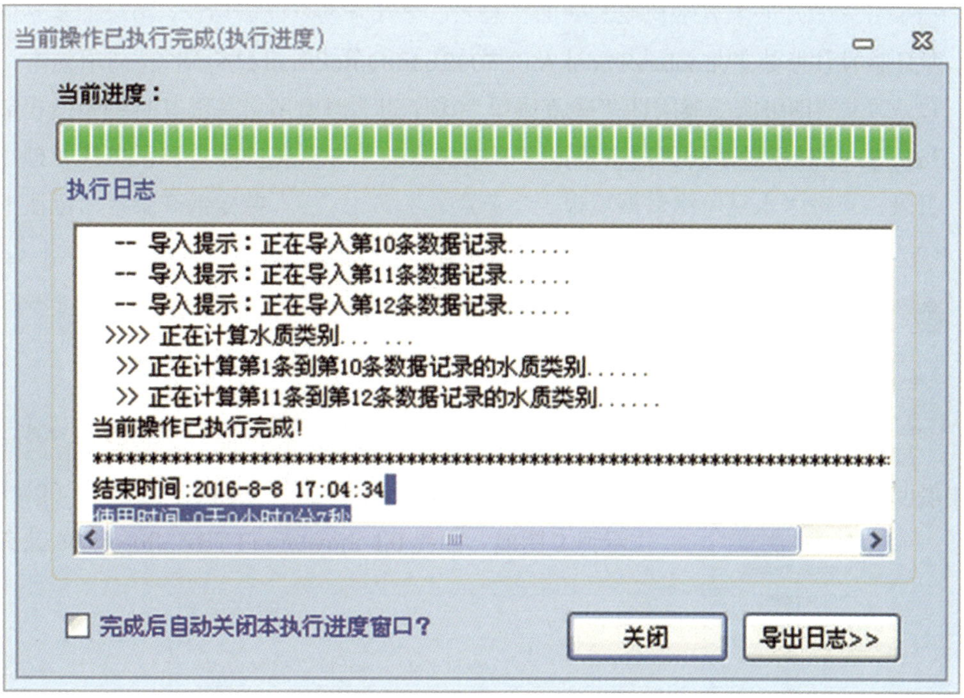

图 59　文件导入执行完成提示框

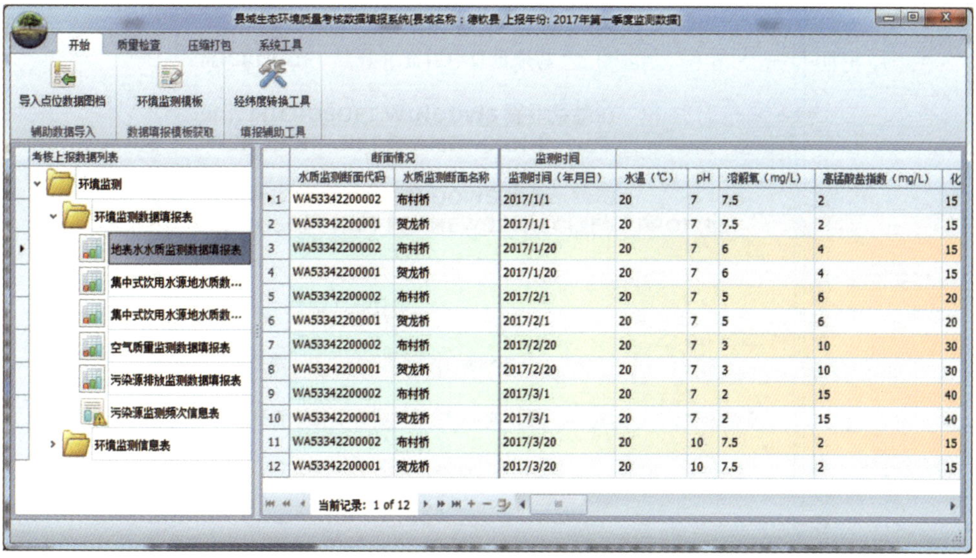

图 60　数据表格显示窗

6.5.5.2 环境监测表相关照片导入

需要导入照片的表有水质监测断面信息表、空气监测点位信息表、污染源基本信息表、集中式饮用水水源地监测点信息表，照片在导入系统时将自动命名。

以水质监测断面信息表照片信息的导入为例，步骤如下：

（1）在“填报数据列表区”中展开“环境监测”目录下的“环境状况监测数据填报表”目录，点击“水质监测数据填报表”节点。

（2）点击右侧表格的照片列，如图 61 所示红框位置。

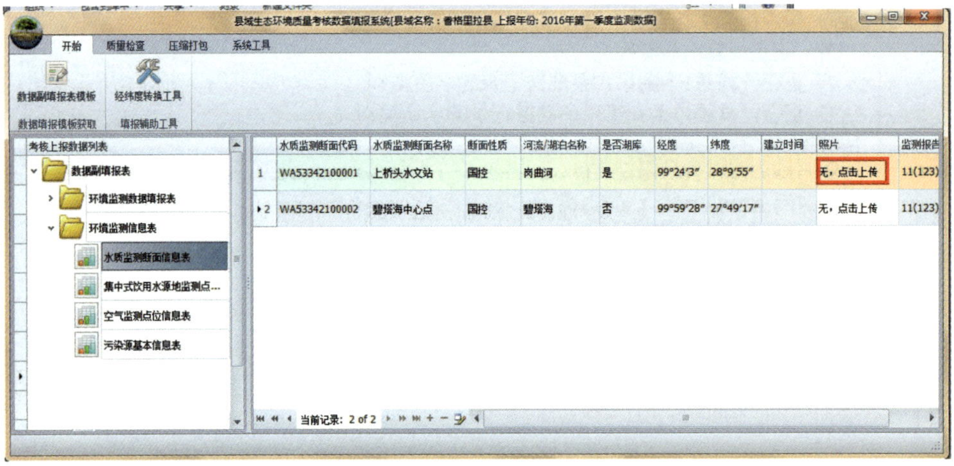

图 61 表格中照片列

（3）弹出照片导入界面，如图 62 所示。

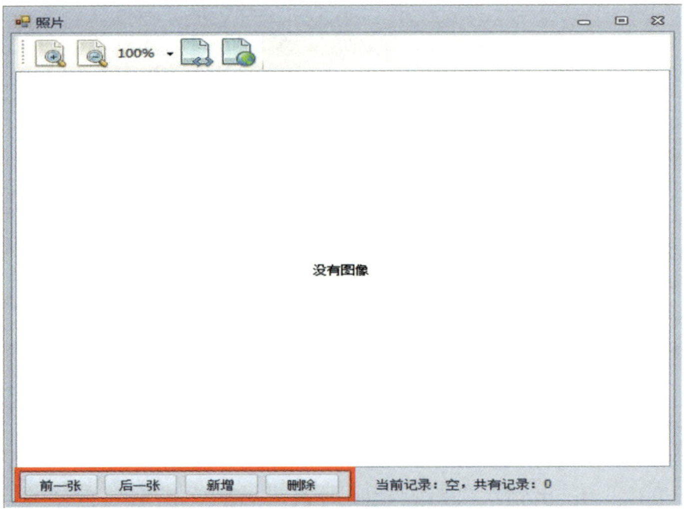

图 62 照片管理界面

（4）点击图 62 红框中“新增”按钮，弹出选择照片界面，如图 63 所示，选择一张或多张图片，点击打开，导入照片。

图 63　照片选择

（5）照片导入时，系统将自动为照片命名，照片导入后可以通过“前一张”、“后一张”按钮进行浏览，也可以通过“删除”按钮删除，如图 64 所示。

图 64　照片浏览、删除

（6）关闭照片管理窗口，可以在数据列表中显示照片的缩略图（第一张图片），如图 65 所示。

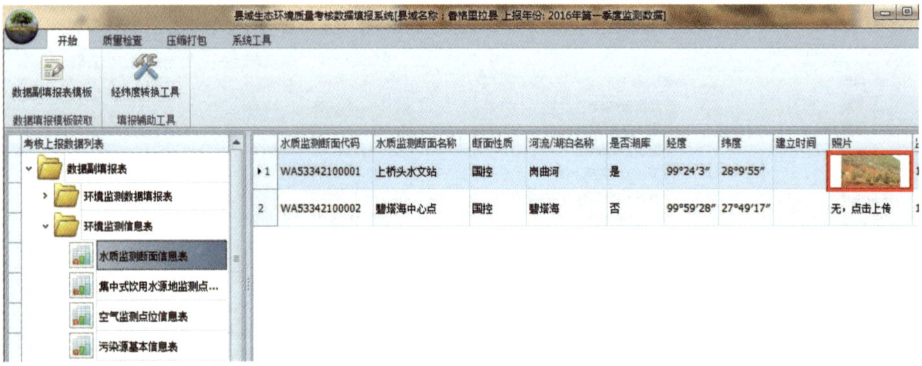

图 65　数据列表照片显示

6.5.5.3　环境监测表相关附件导入

数据副填报表相关附件导入是指污染源标准文件、监测报告、自然保护区相关证明材料等文件的导入，操作步骤如下：

（1）在填报数据列表区展开“环境监测”目录下的“环境监测信息”目录，点击“污染源基本信息表”节点，在界面右侧显示污染源数据列表，如图 66 所示，点击红框位置，弹出标准添加界面，如图 67 所示。

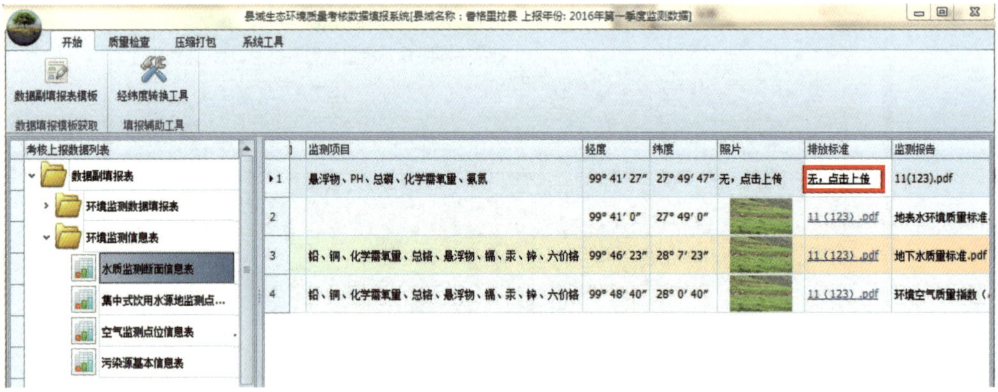

图 66　排放导入

图 67　排放标准管理界面

（2）点击图 67 红框位置的“新增”按钮，弹出图 68 所示界面，选择相应文件（一个或多个），并点击“打开”按钮，提示保存成功，并在图 69 所示界面中显示导入的排放标准。另外，也可以在这个界面中对多个排放标准进行浏览及删除。

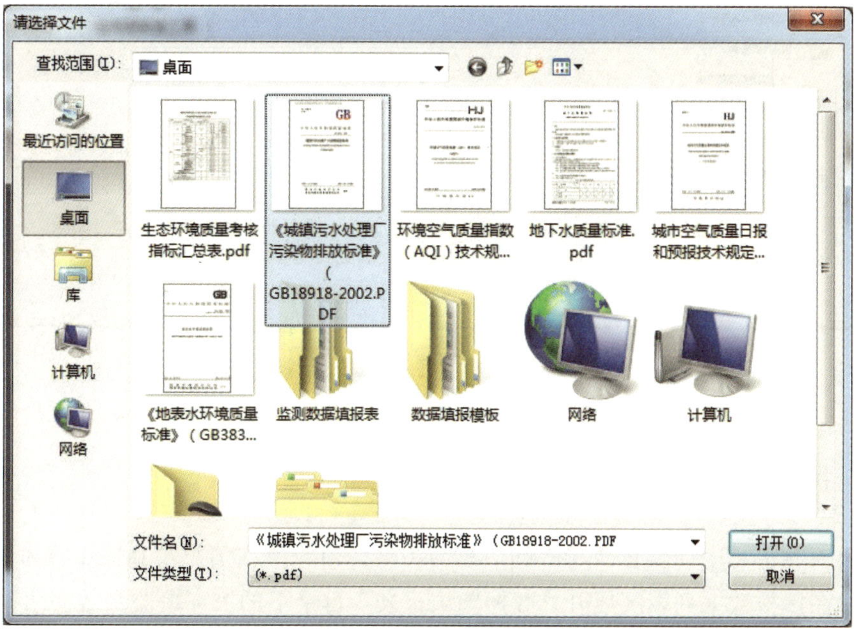

图 68　排放标准选择

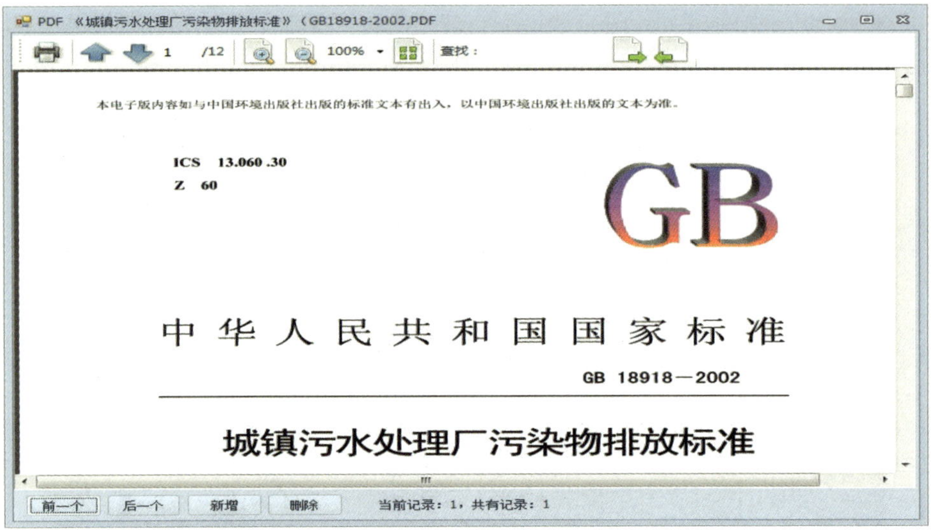

图 69　排放标准导入成功

（3）关闭图 69 所示界面，将在如图 70 所示红框中显示排放标准名称，点击红框也可以查看已导入的排放标准。

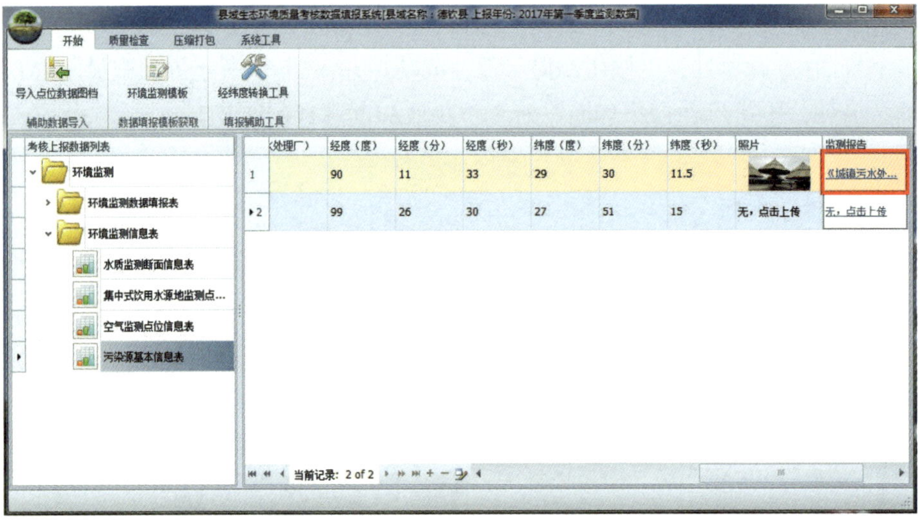

图 70　排放标准在列表的显示样式

6.5.5.4　环境监测信息录入

环境监测信息中需要直接录入的信息为污染源监测频次信息。具体步骤为：

（1）在填报数据列表区展开“数据副填报表”目录下的“环境监测数据填报表”目录，点击“污染源监测频次信息表”节点。

（2）在右侧数据显示区填写相关信息，并点击“保存”按钮。

6.5.5.5　环境监测数据修改

数据导入或录入到系统中之后，工作人员可能会发现数据存在填写错误或缺少部分数据，则需要重新导入数据。对于表格数据用户可以通过编辑功能对数据进行修改操作。

（1）在数据显示区中点击选中表格中的一行数据的序号，点击表格左下方的按钮（或者单击该行数据），如图 71 所示，弹出数据修改窗口，如图 72 所示。

图 71　数据显示区

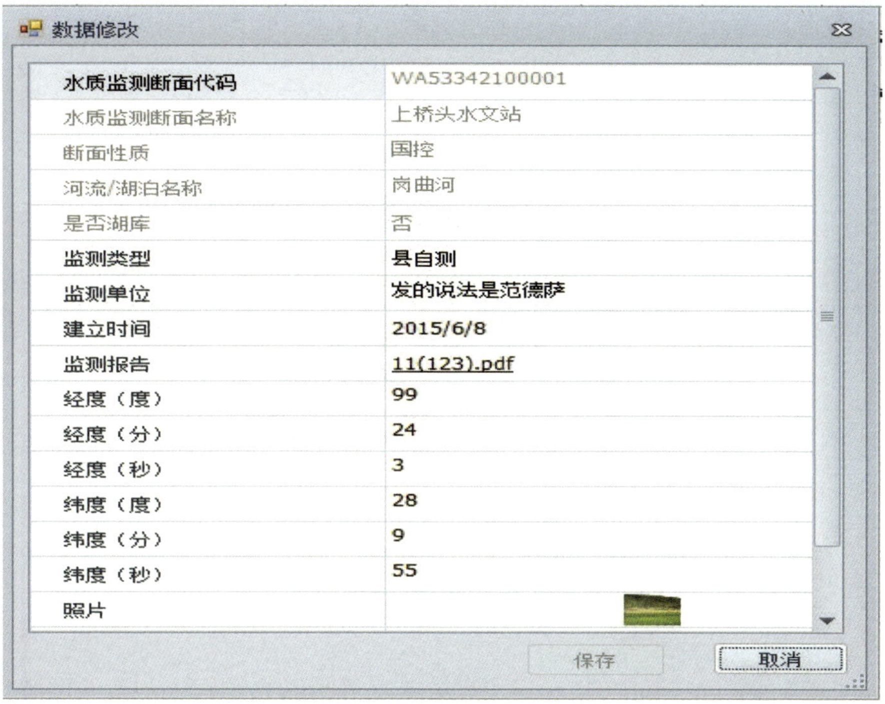

图 72　数据修改对话框

（2）在数据修改窗口中修改各数据项（其中监测类型和监测单位是新增项，必填），点击“保存”按钮，弹出修改成功提示框，如图 73 所示。

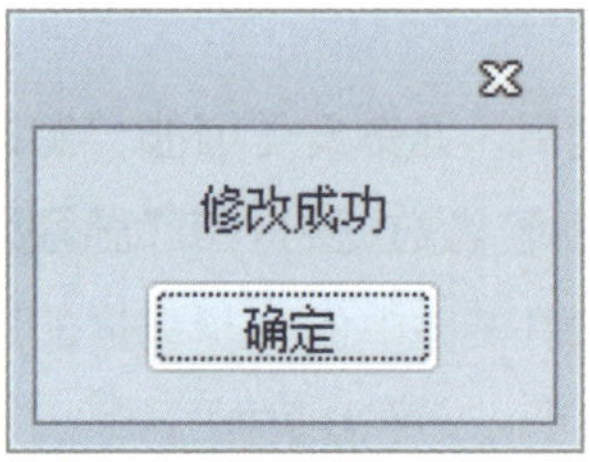

图 73　数据修改成功提示框

（3）点击数据修改成功提示框中的“确定”按钮，则修改后的记录将显示在数据显示区的表中。

6.5.5.6　环境监测数据清除

数据清除是将用户导入或录入到系统中的数据删除掉，所有通过数据列表目录树右键菜单导入的材料都可通过右键菜单进行数据清除操作。以水质监测数据的清除为例来说明其操作方法。

（1）点击上报数据列表中的“环境监测”下的“环境状况监测数据填报表”，展开其目录，右键点击“水质监测数据”，弹出右键菜单，如图 74 所示。

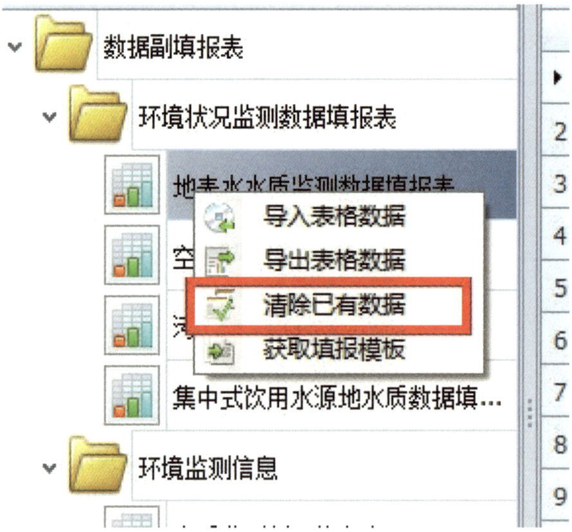

图 74　清除已有数据右键菜单

（2）点击右键弹出菜单中的“清除已有数据”，弹出清除提示对话框，如图 75 所示。

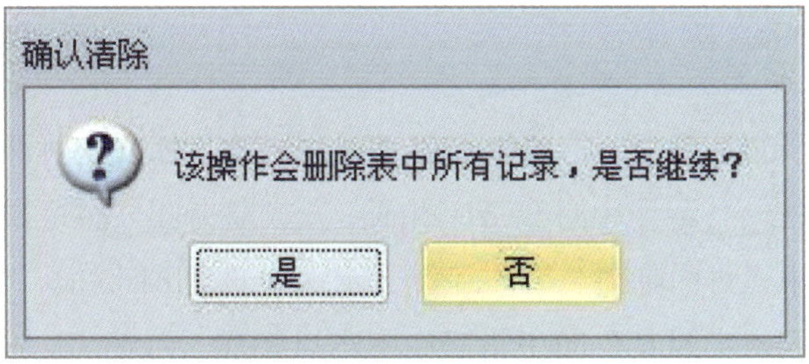

图 75 记录是否删除确认框

（3）在清除提示对话框中，点击“是”按钮，系统将删除该数据；点击“否”按钮，将取消删除操作。

6.5.5.7 经纬度转换

在数据录入或编辑过程中，需要输入经纬度数据。由于系统中要求录入的经纬度数据以度分秒的形式表现（如图 76 中水质监测断面信息表中的经纬度信息，经度为 99°24′3″），而实际获取的数据有可能是以度的形式表示的（如 123.3175 度），需要将其转换为度分秒的形式再录入到系统中。为方便用户操作，系统提供了经纬度转换工具。

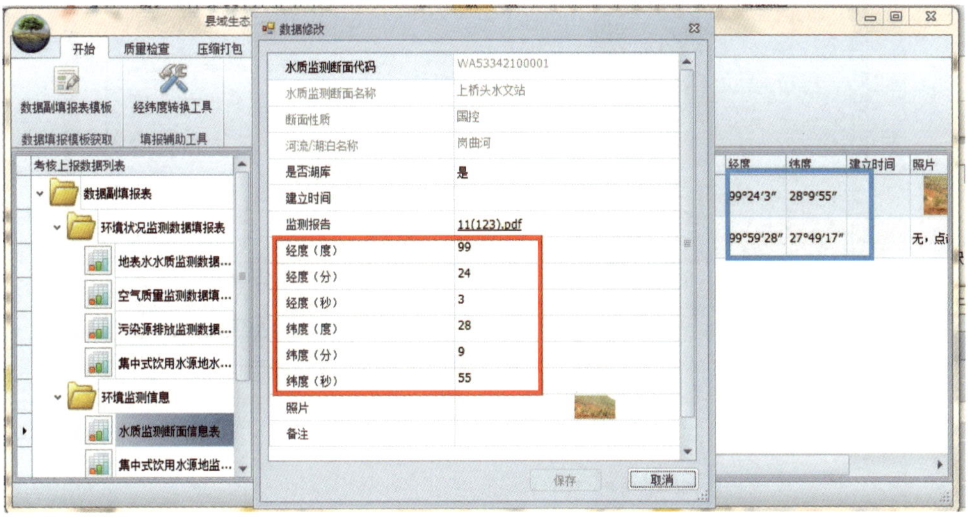

图 76 水质监测断面信息表编辑窗

经纬度转换的具体操作步骤为：

（1）点击“开始”菜单下的“经纬度转换工具”按钮，弹出经纬度转换对话框，如图 77 所示。

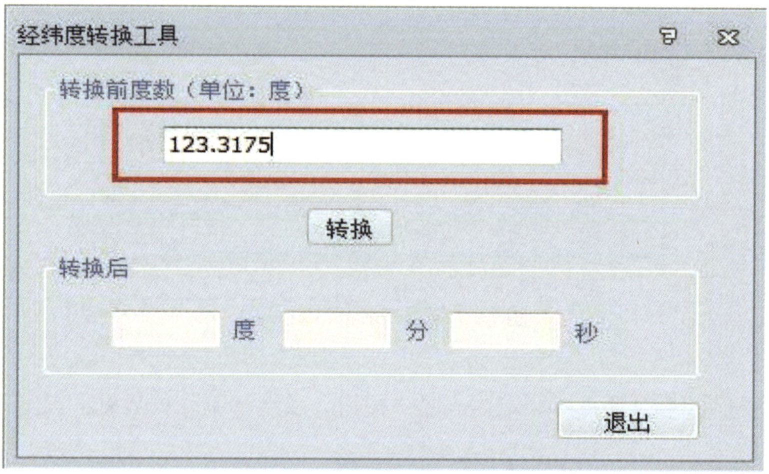

图 77　经纬度转换对话框

（2）在经纬度转换对话框中输入转换前度数，如图 77 红框中所示；然后点击“转换”按钮，显示如图 78 所示转换结果。

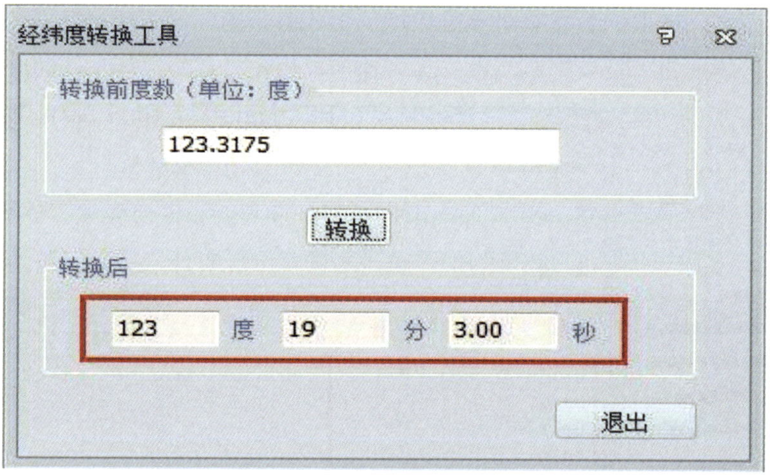

图 78　经纬度转换对话框

6.5.6　质量检查

在部分县域或所有县域填报数据上报并导入到系统后，即可进行数据质量检查。数据质量检查主要是完成入库数据的质量检查，包括各类数据是否入库、数据项是否填写完整等。数据质量检查操作主要是通过主界面的质量检查菜单展开，其布局如图 79 所示，检查完成后将给出检查记录，用户可根据检查记录修改数据。

图 79　质量检查菜单面板

为了使质量检查更有针对性，系统提供了分项检查功能，检查填报某一类数据的质量，主要包含水质监测数据、空气监测数据、污染源监测数据、集中式饮用水水源地监测数据四项检查内容，如图 80 所示。

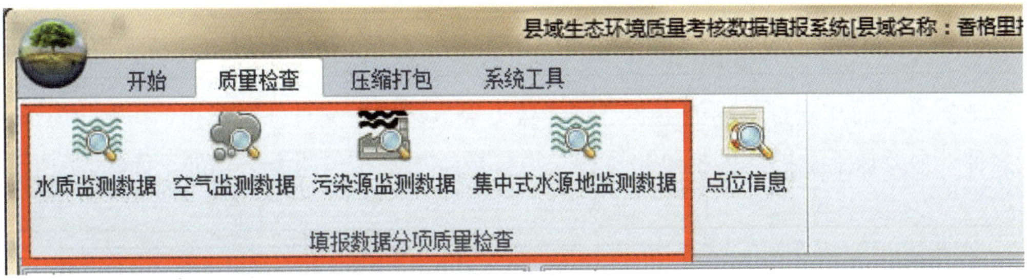

图 80　填报数据分项质量检查功能菜单

各项数据质量检查的操作步骤相同，以水质监测数据的检查为例，具体的操作步骤如下：

（1）点击“质量检查”菜单下“填报数据分项质量检查”栏中的“水质监测数据”按钮，弹出执行进度对话框，如图 81 所示。

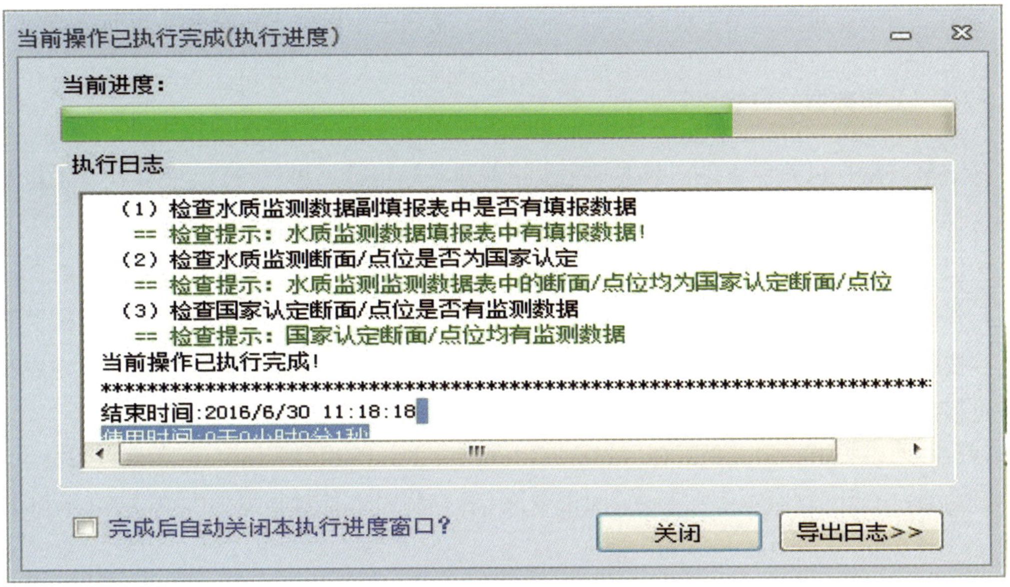

图 81　质量检查进度及日志提示框

（2）系统将依次检查水质监测数据副填报表中是否有填报数据、水质监测断面/点位是否为国家认定、国家认定断面/点位是否有监测数据三部分内容，在检查过程中，将通过日志的方式动态显示检查提示和结果，如图 81 所示。

（3）数据质量检查操作执行完成后，点击执行进度对话框的“关闭”按钮，关闭当前对话框；点击“导出日志”按钮，以文本文档的形式导出质量检查执行日志。

【注】数据检查发现的问题并非一定是错误，可根据实际情况判断是否修改。用户可根据执行日志提示的错误，修改相关数据，并导入或界面录入，完成后再进行数据检查，循环该过程直到数据检查通过。

6.5.7 压缩打包

填报系统的加密打包功能主要是将县域上报数据进行文件缺失检查，并生成压缩上报文件，主要包括上报数据打包前预查与填报数据加密打包两个子功能，如图 82 所示。

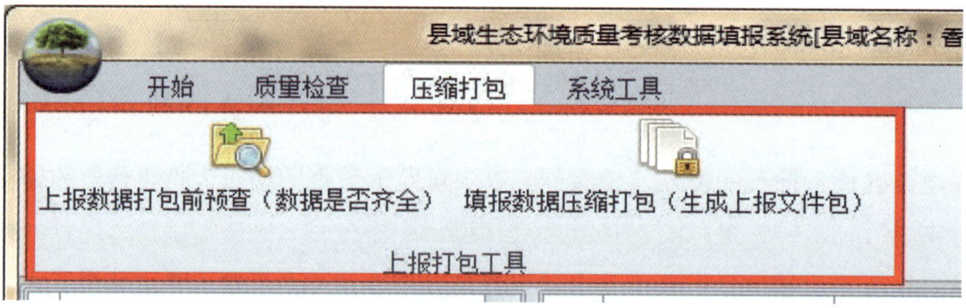

图 82 压缩打包菜单项

6.5.7.1 上报数据打包前预查

上报数据打包前预查是在数据打包上报前对各填报数据进行检查，主要检查上报数据文件目录、数据副填报表是否完整以及数据是否齐全。具体操作步骤为：

（1）点击“压缩打包”菜单下“上报打包工具”栏中的“上报数据打包前预查”按钮，弹出数据打包前检查执行进度对话框，如图 83 所示。在检查过程中，可点击“终止”按钮随时终止检查过程，也可勾选“完成后自动关闭本执行进度窗口？”在完成检查过程后自动关闭该执行进度框。

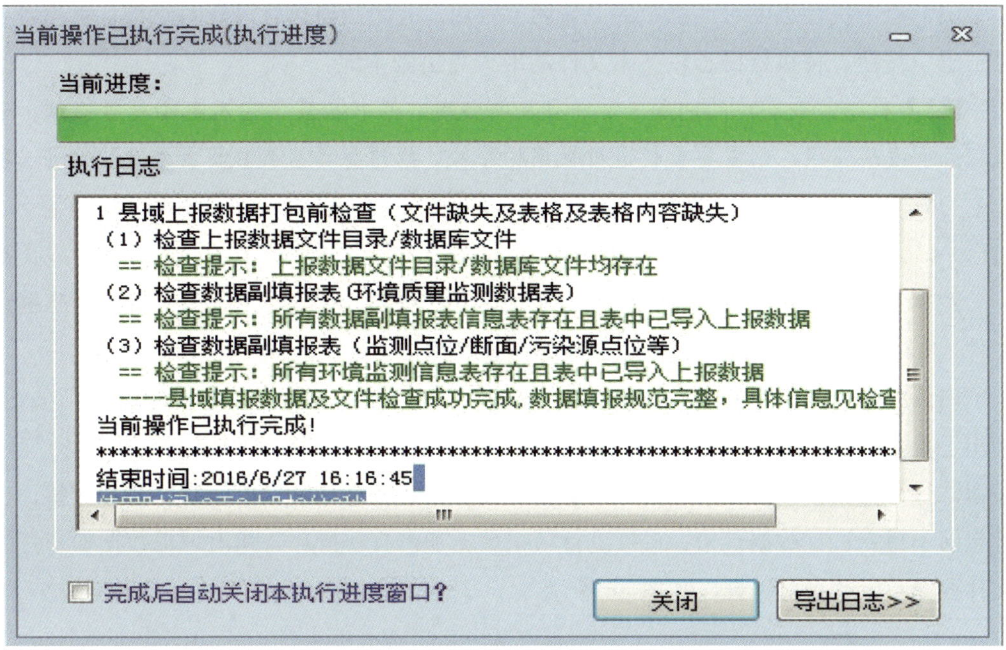

图 83　上报数据打包前预查进度提示框

（2）县域上报数据打包前检查完成之后，可以在执行进度对话框中查看执行日志，如图 84 所示。

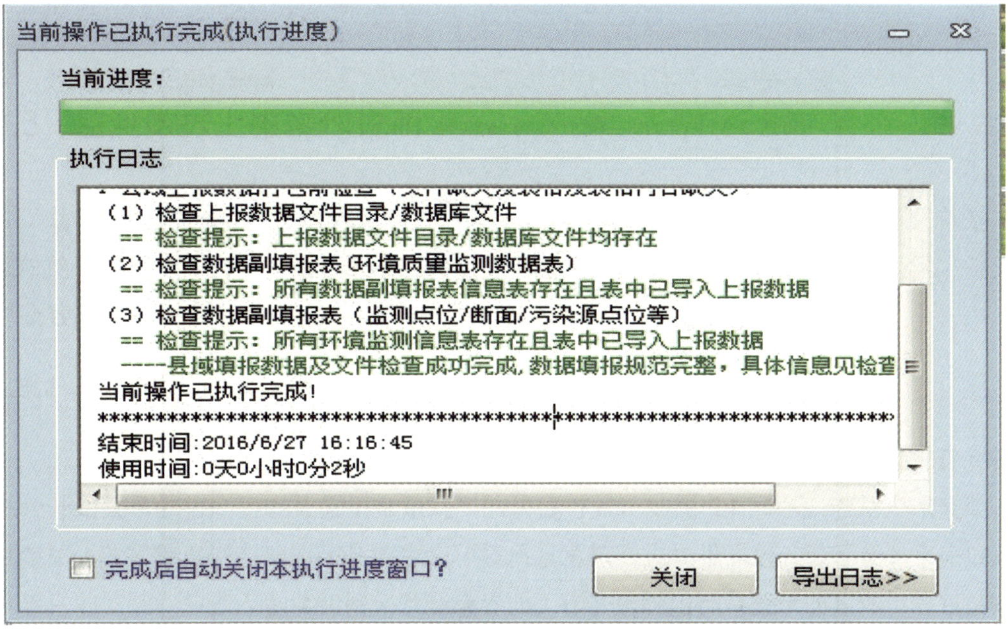

图 84　上报数据打包前预查结果框

（3）点击执行进度对话框中的“关闭”按钮，关闭当前执行进行对话框；点击“导出日志”按钮，将执行日志以文本文件的形式导出到本地。

【注】数据预查发现的问题并非一定是错误的，可根据实际情况判断是否修改。若数据预查发现错误，则需要重新进行数据的导入、修改操作直到数据预查无误为止。

6.5.7.2 填报数据加密打包

数据加密打包是将县域上报数据及生成的相关报告文档加密打包，生成加密压缩包文件（*.crf）上报至上级主管部门。具体操作步骤如下：

（1）点击“加密打包”菜单下“上报打包工具”栏中的“填报数据加密打包”按钮，弹出上报数据打包前预检确认对话框，见图 85。若未进行数据预查操作，则选择“是”按钮，进行数据预查；若以前进行过数据预查操作且预检成功，则选择“否”按钮，在打包前不重新进行数据预检，直接进行填报数据加密打包操作，弹出填报数据加密打包文件存储目录选择对话框，如图 86 所示。

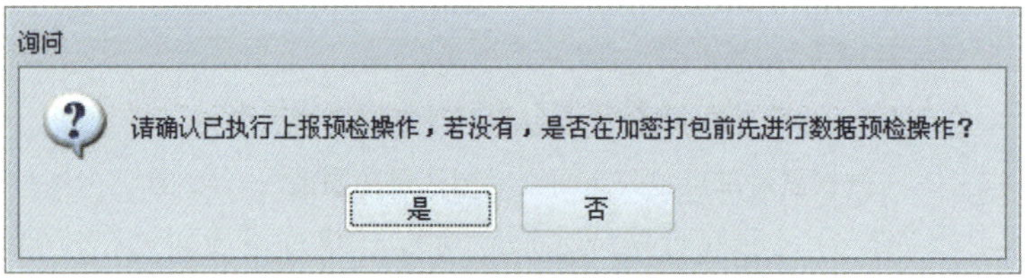

图 85　上报预检操作执行确认框

图 86　填报数据加密打包文件存储目录选择对话框

（2）在文件存储目录选择对话框中选择打包文件的存储目录，并点击“确定”按钮，则进入数据加密打包执行进度对话框，如图 87 所示。

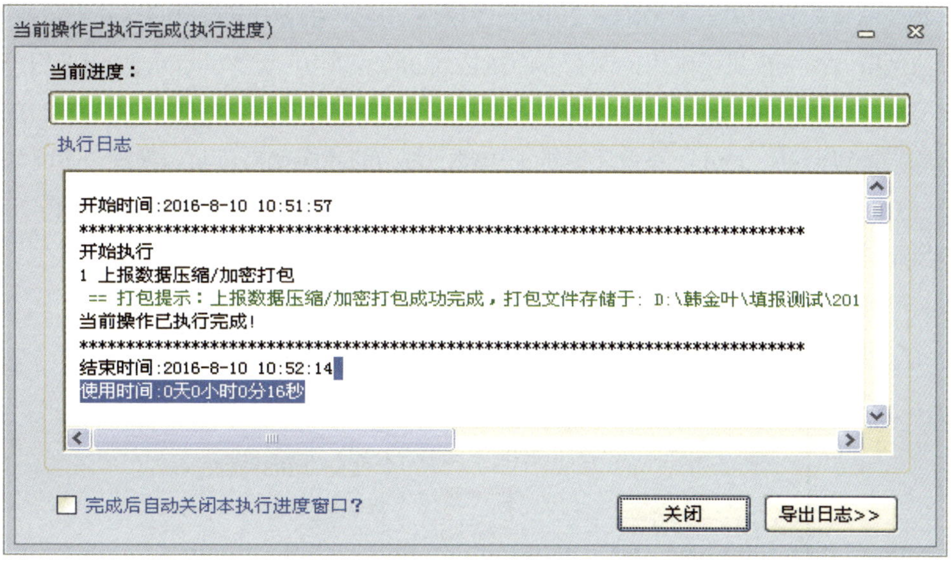

图 87　数据加密打包执行进度对话框

（3）填报数据加密打包操作执行完成后，上报数据加密打包文件存储到用户选择的文件存储目录下。点击填报数据加密打包执行对话框中的“关闭”按钮，则关闭当前执行对话框；选择“导出日志”按钮，将数据加密打包执行日志以文本文件的形式导出到本地。

6.5.8　系统工具

系统工具菜单项提供了两类功能：一是切换系统界面风格；二是数据管理工具，如图 88 所示。切换系统界面风格是改变系统主界面的运行风格，包括颜色、界面样式等。数据管理工具是实现对当前系统中填报数据的备份和恢复。

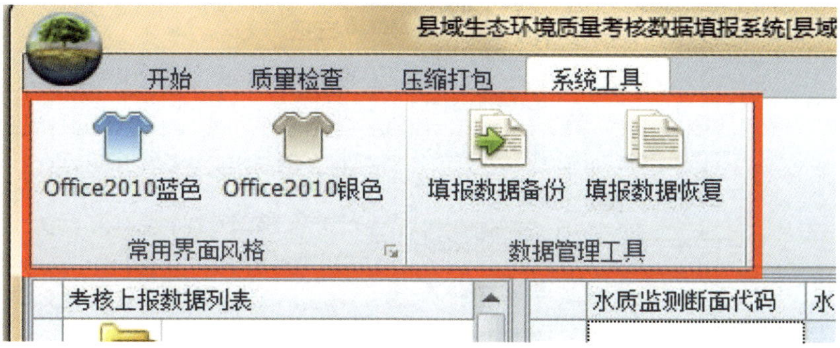

图 88　系统工具菜单项

6.5.8.1 系统常用界面风格

系统默认的界面风格为Office 2010蓝色风格，用户可以根据自己的喜好来切换不同的界面风格。系统提供了常用的两种界面风格（Office 2010 蓝色和Office 2010 银色），若需要切换至该界面风格，直接点击“系统工具”菜单下“常用界面风格”栏内的相应的界面风格按钮即可。另外，系统还提供了一些不常用的界面风格，其切换操作步骤如下：

（1）点击“系统工具”菜单下“常用界面风格”栏右下角的下拉按钮，如图89红框内所示。

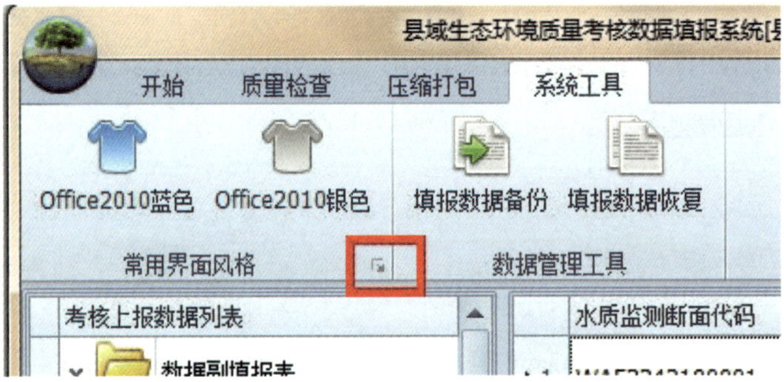

图89　展开更多界面风格按钮

（2）系统将弹出所有可供使用的界面风格列表，如图90所示。

图90　更多界面风格列表

（3）在弹出的界面风格选择下拉框内，双击将要切换至的列表项，则将系统主界面风格切换至该风格。图 91 为切换为“VS2010”风格后的系统主界面。

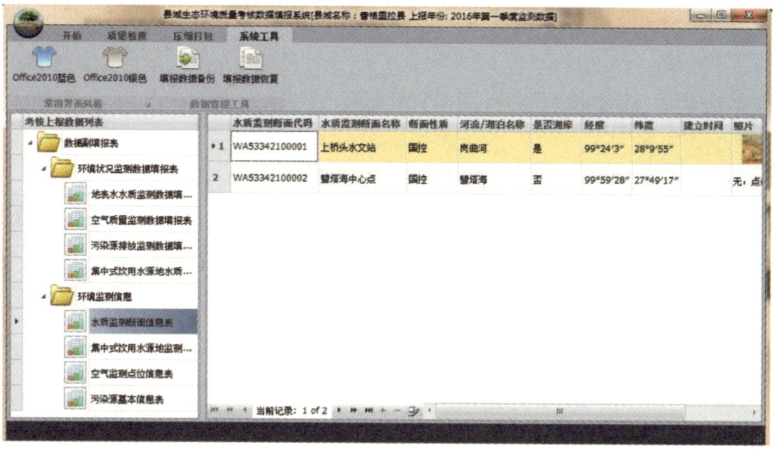

图 91　VS2010 风格样式

6.5.8.2　数据管理工具

数据管理工具主要是实现系统内已有县域上报数据的备份和恢复，以防操作系统崩溃时导致数据丢失。

（1）填报数据备份

建议用户每天做完数据导入或审核操作后，将数据进行一次备份。数据备份操作步骤为：

1）点击“系统工具”菜单下“数据管理工具”栏内的“填报数据备份”按钮，系统将弹出如图 92 所示的文件保存路径选择对话框。

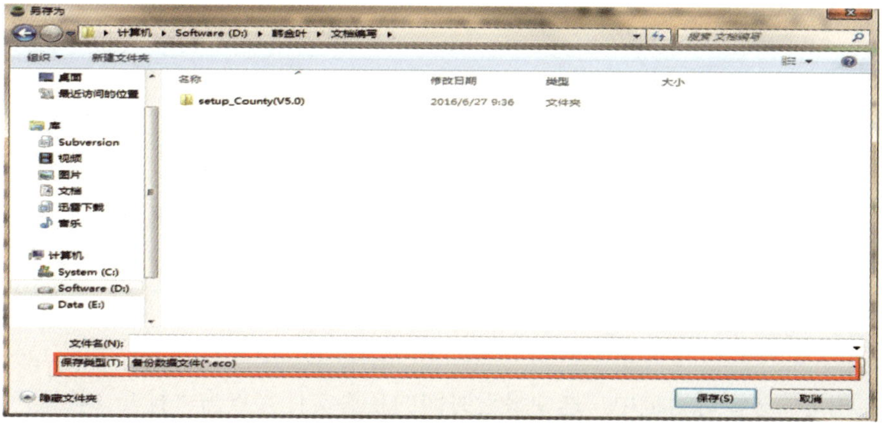

图 92　数据备份文件保存路径选择对话框

2）在文件保存路径选择对话框中，选中备份文件将存储的目录，在文件名框内输入备份文件名（建议以当前日期为文件名，如：20160701 为 2016 年 7 月 1 日的备份文件），并点击“保存”按钮，系统将对当前系统中的数据进行备份，备份文件的扩展名为 eco。

3）备份完成后，系统将弹出如图 93 所示的提示框，提示用户备份已成功完成，以及备份文件保存的路径。

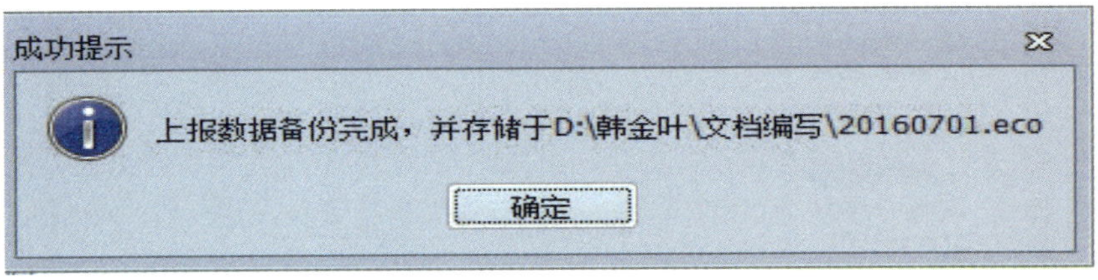

图 93　备份完成提示框

（2）填报数据恢复

当操作系统或是本系统发生崩溃或是无法进入时，可重新安装或是对系统进行初始化操作后，将备份数据恢复至系统数据库中，数据恢复操作的步骤如下：

1）点击“系统工具”菜单下“数据管理工具”栏内的“填报数据恢复”按钮，系统将弹出如图 94 所示的文件选择对话框。

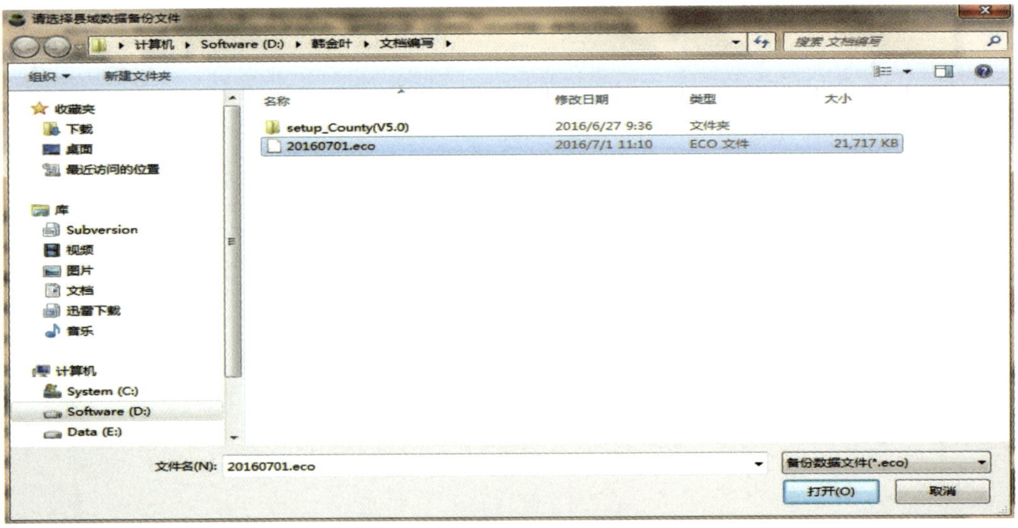

图 94　备份文件选择对话框

2）在文件选择对话框中，选中最近时间的备份文件并点击“打开”按钮，系统将弹出如图 95 所示的提示框，提示用户是否确实要清除系统中已有数据，并将备份文件中的数据恢复至系统中。

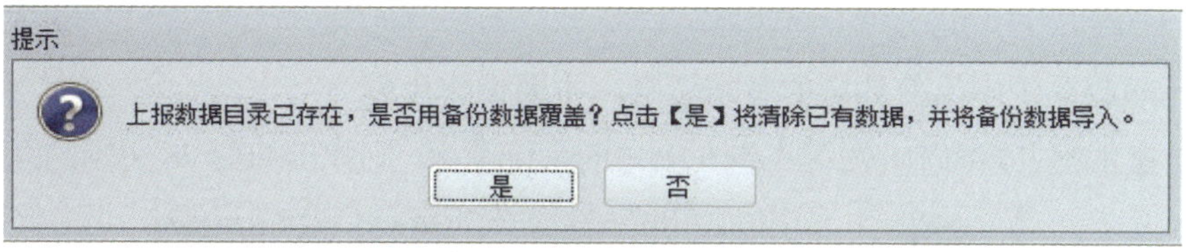

图 95　数据覆盖提示框

3）在提示框中，点击“是”按钮，则将清除已有数据，并将备份数据导入系统中；点击“否”按钮，则退出恢复操作，系统将保留原有数据，并返回系统主界面。

4）数据恢复完成后，系统将弹出如图 96 所示的提示框，提示数据恢复完成，并可通过“数据上报列表”进行查看。

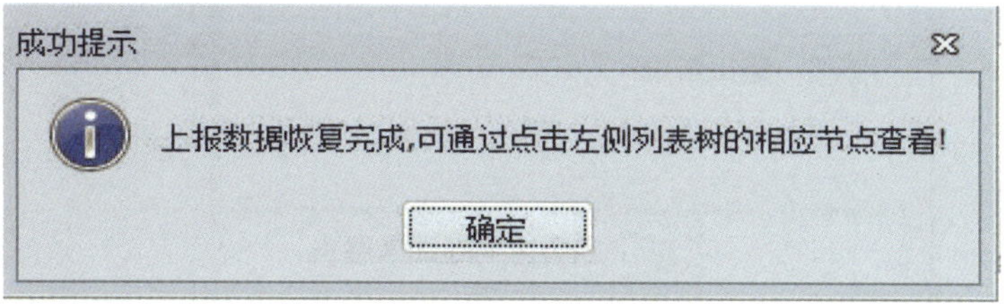

图 96　数据恢复完成提示框

6.5.9　系统菜单

系统菜单位于功能菜单区的左上角的系统图标处，通过点击图标来弹出菜单，如图 97 所示。该菜单中提供基本情况、帮助文档、版权信息和退出系统功能。

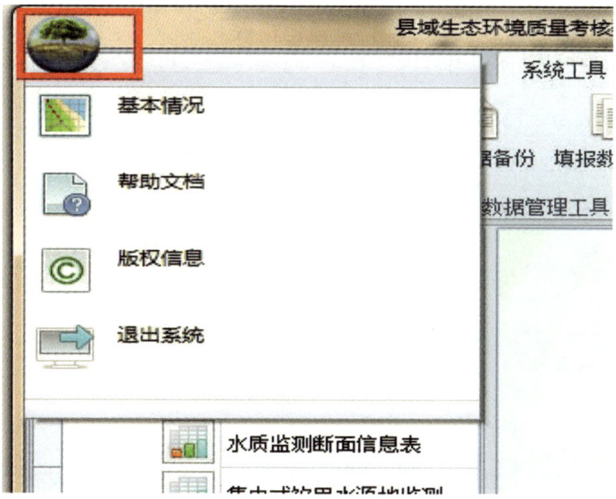

图 97　系统菜单

6.5.9.1　基本情况

显示填报系统中当前县域的基本信息，主要操作步骤为：

（1）在系统主界面中，左键点击左上角的系统图标，则弹出如图 98 所示的系统菜单。

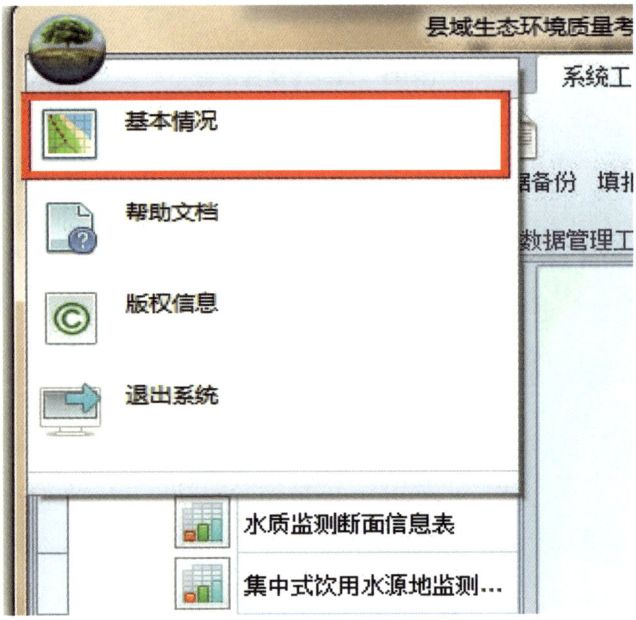

图 98　基本情况系统菜单

（2）在弹出的菜单中，点击“基本情况”菜单项，系统弹出如图 99 所示的当前县域基本信息框。

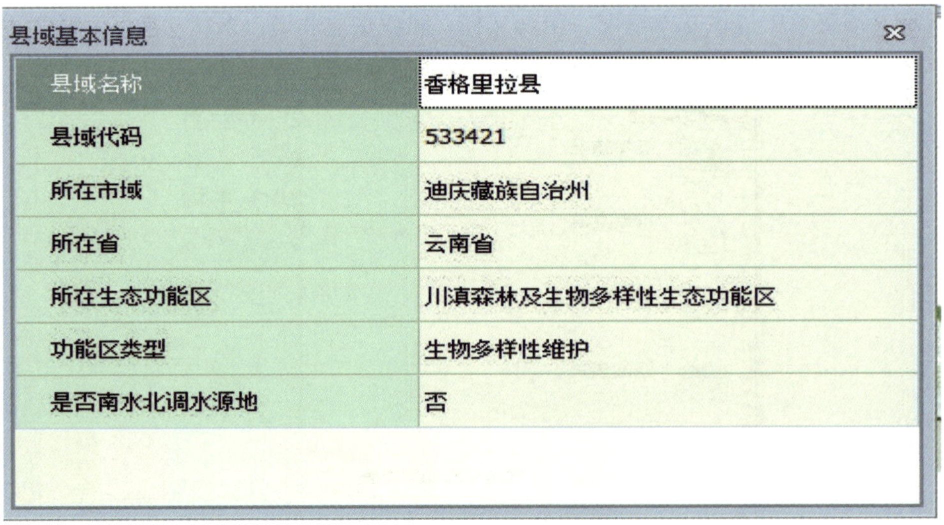

图 99　县域基本情况查看窗体

6.5.9.2　帮助文档

该功能是打开并以主题的方式显示系统帮助文档，具体的操作步骤为：

（1）在系统主界面中，左键点击左上角的系统图标，则弹出如图 100 所示的系统菜单。

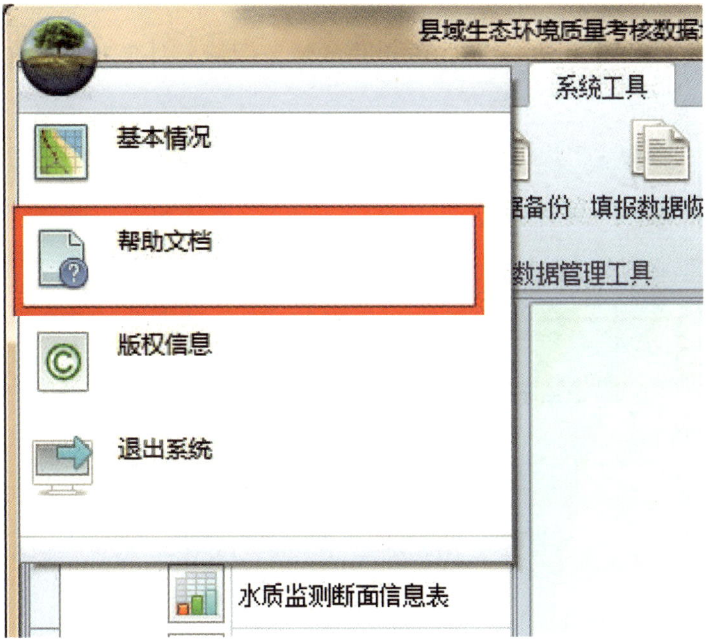

图 100　帮助文档菜单项

（2）在弹出的菜单中，点击“帮助文档”菜单项，系统弹出如图 101 所示的系统帮助文档。

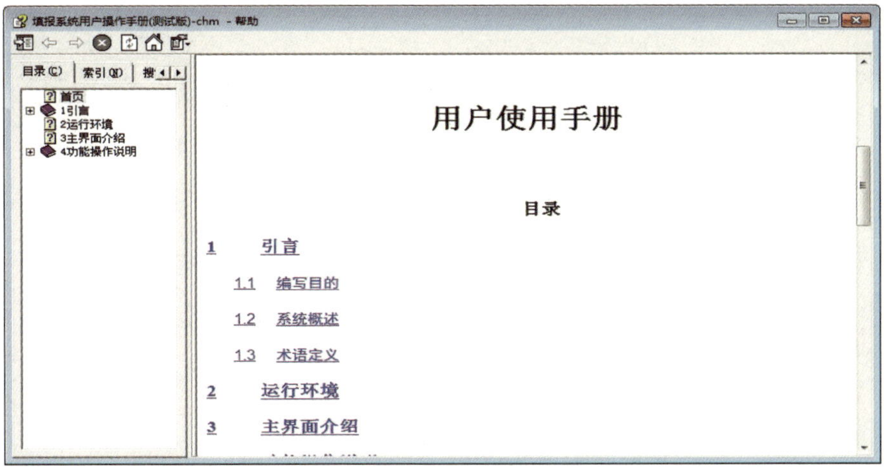

图 101　系统帮助界面

（3）在帮助文档界面，用户可浏览系统帮助文档，并可通过主题查找以及关键字查找的方式快速定位至所关心的文档部分。

6.5.9.3 版权信息

该功能是显示系统版权及版本信息，操作步骤为：

（1）在系统主界面中，左键点击左上角的系统图标，则弹出如图 102 所示的系统菜单。

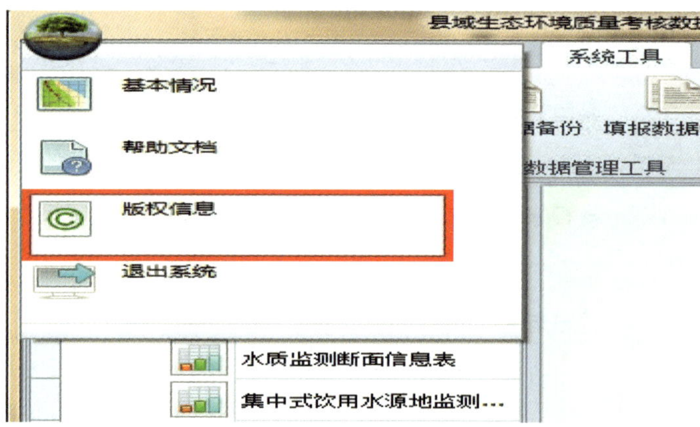

图 102　版权信息菜单项

（2）在弹出的菜单中，点击“版本信息”菜单项，系统弹出如图 103 所示的系统版权信息，用户可以查看系统相关的版权信息，包括系统名称、版本号、开发单位以及使用单位等。

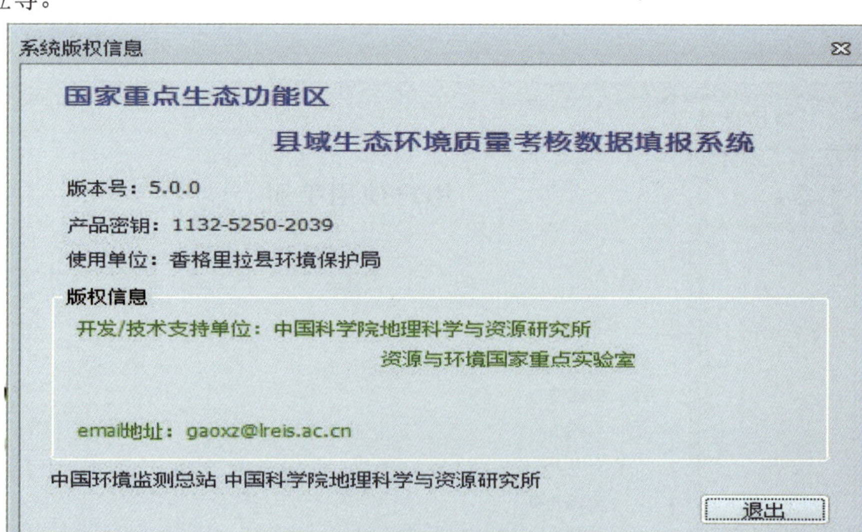

图 103　系统版权信息查看窗体

6.5.9.4　退出系统

通过该菜单项退出系统，也可通过系统主界面右上角的关闭按钮来退出系统，如图 104 所示。当系统中有正在运行的操作，如质量检查、数据审核等，则系统的关闭按钮不可用，只能通过退出系统按钮来退出系统。

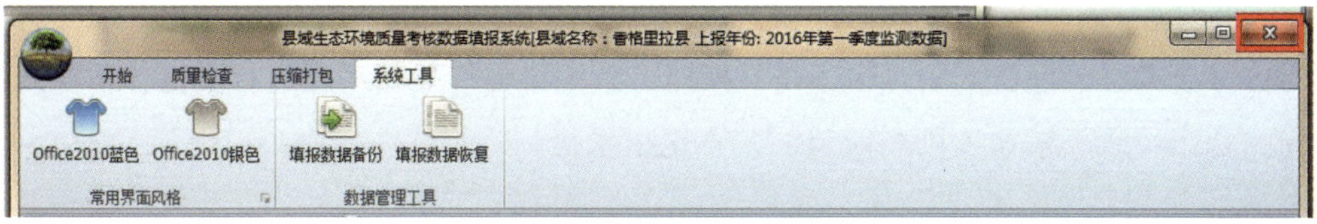

图 104　系统关闭按钮

退出系统功能操作步骤如下：

（1）在系统主界面中，左键点击左上角的系统图标，则弹出如图 105 所示的系统菜单。

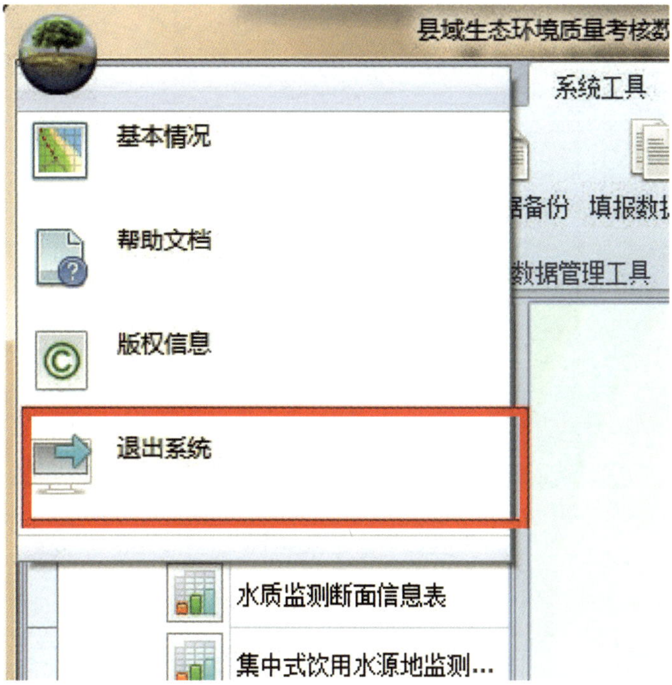

图 105　退出系统菜单项

（2）在弹出的菜单中，点击“退出系统”菜单项，若当前系统中没有正在运行的操作，则系统直接退出。否则系统将弹出如图 106 所示的提示框，提示用户是否强制退出。

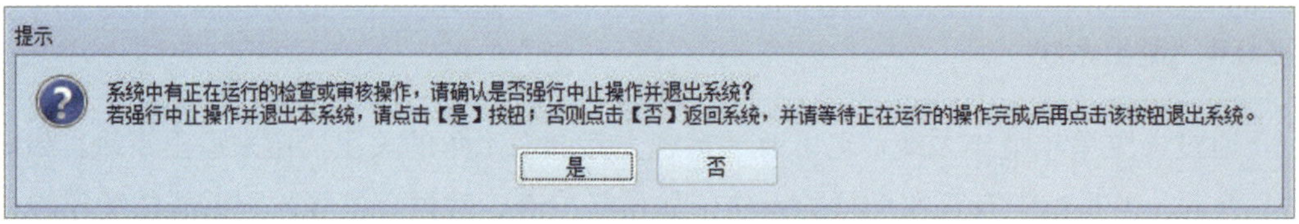

图 106　是否强制退出系统提示框

（3）若要强制退出，则点击“是”按钮，系统将强行关闭正在进行的操作，并退出系统；点击“否”按钮，则系统返回，不退出系统。

6.6　其他数据上报系统主界面说明

“填报系统”主界面采用经典的 Office 2010 界面风格，整个界面分为 3 个区，分别为：菜单区、数据列表区、数据显示编辑区，如图 107 所示。

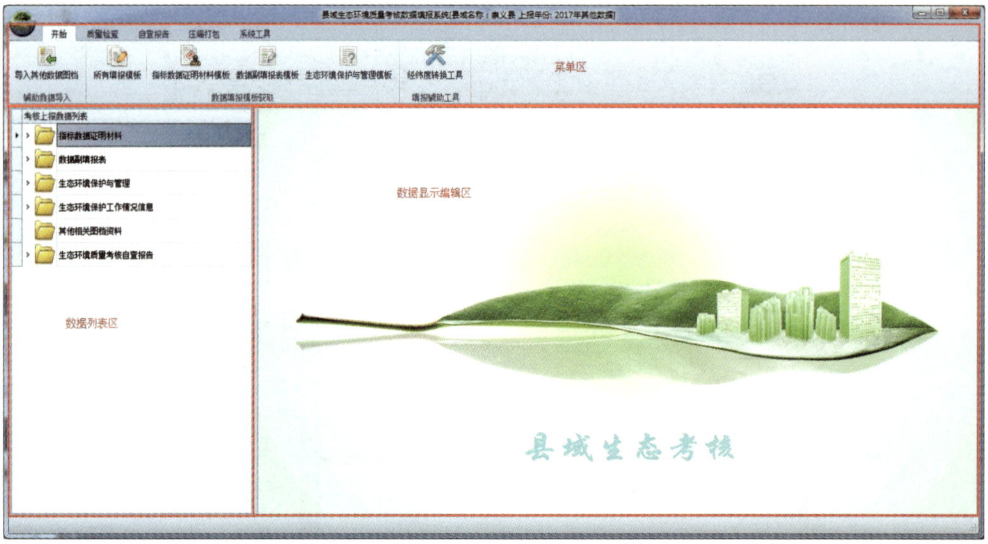

图 107　系统主界面

6.6.1　功能菜单区

系统功能菜单区位于系统主界面的上方，系统主要通过该功能菜单区的功能按钮来完成县域生态环境质量考核数据模板的获取、县域生态环境质量考核填报数据的质量检查、自查报告生成及数据加密打包等功能。本系统的功能按钮根据功能分类分布于 5 个菜单面板中，这 5 个面板为开始、质量检查、自查报告、压缩打包及系统工具。系统功能与各菜单面板间的对应关系如表 5 所示。

表 5　菜单说明表

序号	菜单名称	系统功能
1	开始	县域生态环境填报数据模板获取
2	质量检查	县域生态环境质量考核填报数据质量检查
3	自查报告	县域生态环境质量考核数据自查报告生成、查看及导出
4	压缩打包	县域上报数据预检、加密打包
5	系统工具	系统界面风格切换、数据备份、恢复

菜单面板之间通过菜单面板上方的菜单项的点击来进行切换，如图 108 所示。

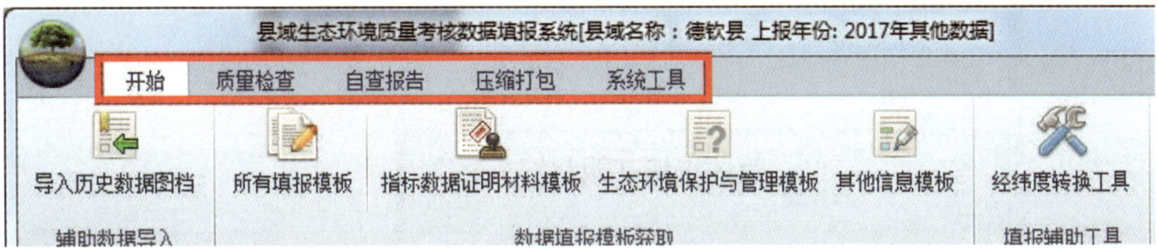

图 108　系统功能菜单切换区

菜单面板在系统运行过程中一般都一直显示，但有时为了扩大数据显示区，可通过双击菜单面板上方的菜单项实现菜单面板的隐现，菜单面板隐藏后的界面，如图 109 所示，用户可通过双击菜单面板上方的菜单项恢复菜单面板的显示。

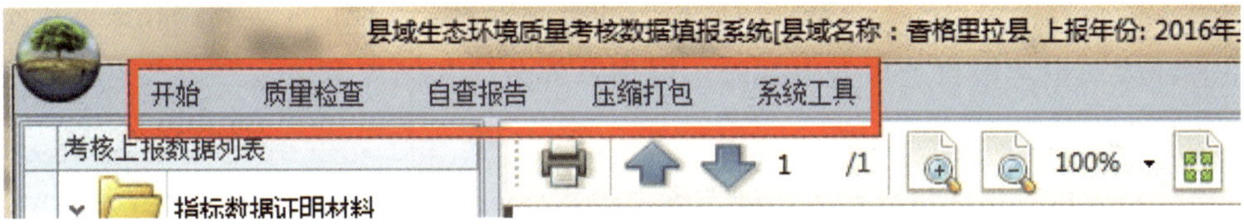

图 109　菜单隐藏后的功能菜单区

系统菜单位于功能菜单区的左上角的系统图标处，通过点击图标来弹出菜单，见图 110。该菜单中提供县域基本情况查看、系统帮助、系统的版本信息和退出系统功能。

图 110　系统菜单

6.6.2　填报数据列表区

县域填报数据列表区位于系统主界面的左侧，通过目录树的方式，对各类型的上报数据进行组织。初始状态下，目录树中一级节点包括指标数据证明材料、环境监测、生态环境保护与管理填报表、生态环境保护工作情况信息、其他信息、其他相关图档资料和生态环境质量考核自查报告七部分，根据各部分包含的内容分为二级节点和三级节点，如图 111 所示。

系统将通过点击该目录树来实现考核上报数据的浏览，其操作方式与 Windows 的目录操作完全相同，只需逐级打开目录至末级节点，即为具体数据对应的文件或表格，点击即可在数据显示区以文档或表格的方式显示相应数据。数据列表区中数据若不存在，其数据文件名称前面的图标与数据文件存在状况下的图标有所不同，如图 111 所示，图中林地指标证明材料未导入。

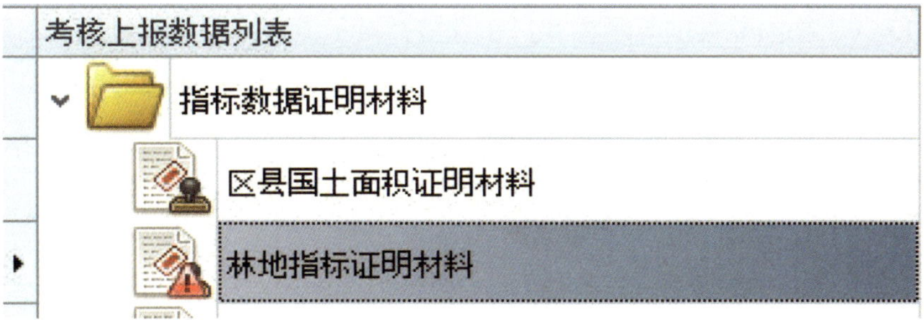

图 111　考核上报数据列表

6.6.3　数据显示编辑区

数据显示编辑区主要是显示填报数据列表区所选中数据节点对应的文档或表格内容，另外还显示系统生成的自查报告文本及报告附表。

不同的数据内容，其显示样式也各不相同，图 112 为文档类数据的显示样式，在文档类显示窗口，可实现文档的打印、换页和显示比例切换等操作。

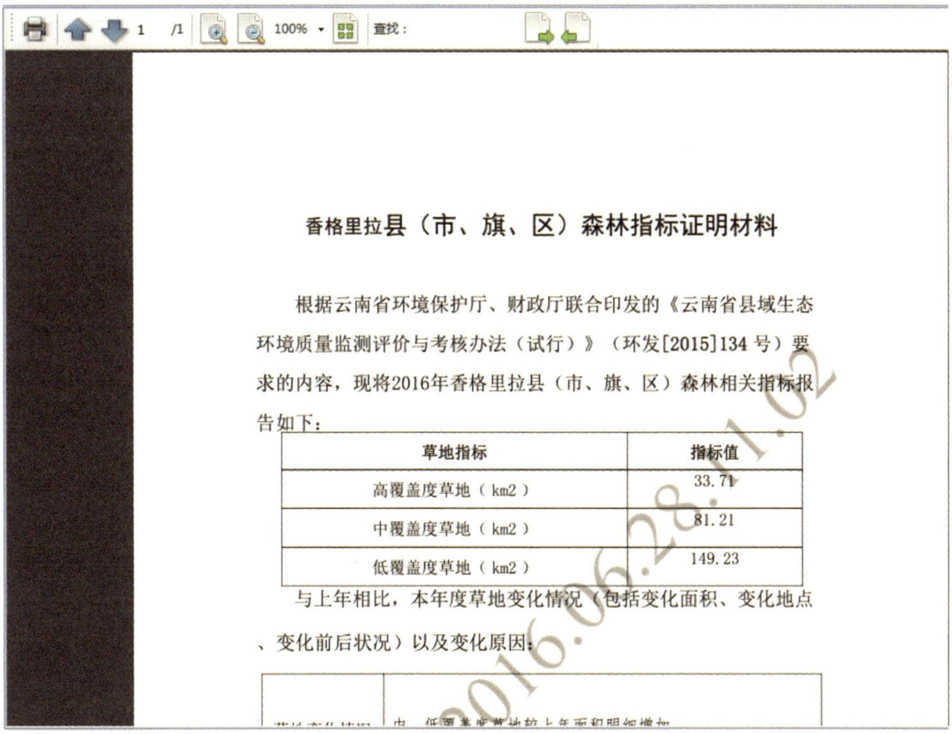

香格里拉县（市、旗、区）森林指标证明材料

根据云南省环境保护厅、财政厅联合印发的《云南省县域生态环境质量监测评价与考核办法（试行）》（环发[2015]134 号）要求的内容，现将2016年香格里拉县（市、旗、区）森林相关指标报告如下：

草地指标	指标值
高覆盖度草地（km2）	33.71
中覆盖度草地（km2）	81.21
低覆盖度草地（km2）	149.23

与上年相比，本年度草地变化情况（包括变化面积、变化地点、变化前后状况）以及变化原因：

图 112　文档类显示样式

图 113 为表格类数据的显示样式，在表格类显示窗口，可实现数据表的翻页、数据记录的增加、删除、修改等功能操作（通过表格左下方的功能区实现，如图 113 红框内所示）。

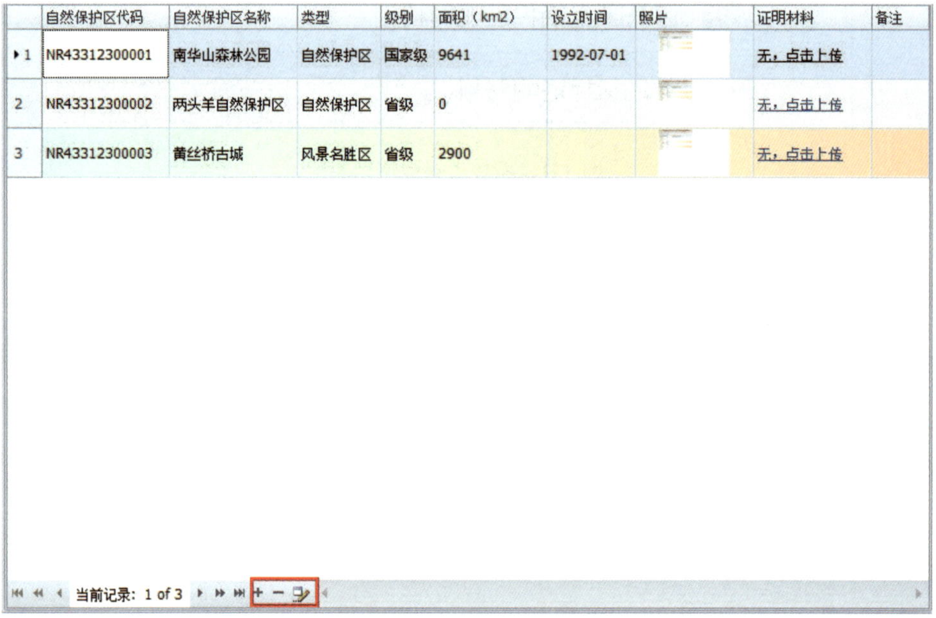

	自然保护区代码	自然保护区名称	类型	级别	面积（km2）	设立时间	照片	证明材料	备注
1	NR43312300001	南华山森林公园	自然保护区	国家级	9641	1992-07-01		无，点击上传	
2	NR43312300002	两头羊自然保护区	自然保护区	省级	0			无，点击上传	
3	NR43312300003	黄丝桥古城	风景名胜区	省级	2900			无，点击上传	

图 113　表格类显示样式

6.7　其他数据上报系统功能操作说明

功能菜单区的功能菜单和县域生态环境质量考核填报数据列表区的右键菜单是本系统的主要功能入口，本部分将详细说明菜单功能区功能菜单、填报数据列表区右键菜单及数据显示编辑区的功能操作。

6.7.1　系统登录及初始化

若用户在计算机上对“填报系统”进行了安装，则用户计算机系统桌面上、计算机系统开始菜单中将产生“数据填报系统”的快捷方式，如图 114 所示。若用户未安装，则参照《国家重点生态功能区县域生态环境质量考核数据填报系统安装手册》来完成系统软件的安装，并进入系统初始化及登录界面工作。系统运行及登录的具体步骤包括系统初始化验证、修改登入密码及登录系统三部分。

图 114　“数据填报系统”桌面及开始菜单快捷方式

6.7.1.1　系统初始化验证

双击桌面上的“数据填报系统”快捷方式，或者点击计算机操作系统开始菜单中的“数据填报系统”，则开始运行系统。若在系统安装完成后没有进行系统验证或是验证未成功，则需先进行系统验证，验证步骤如下：

（1）运行系统时，系统弹出图 115 所示的界面，提示是否进行验证。

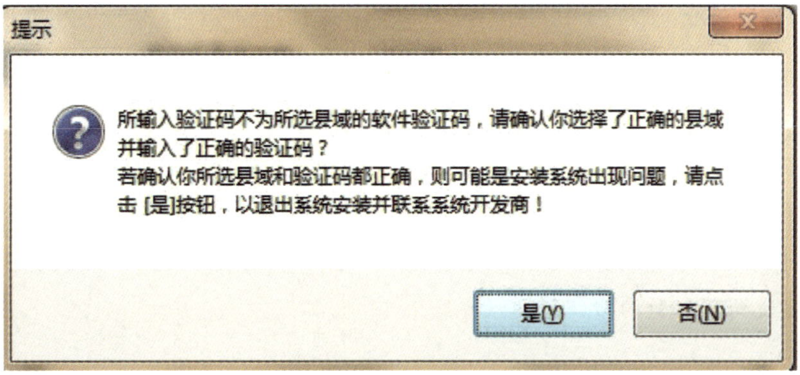

图 115　系统未验证提示

（2）在提示框中，点击“是”按钮，则进入如图 116 所示的系统验证界面；点击“否”按钮，则提示系统未验证，并退出系统登录。

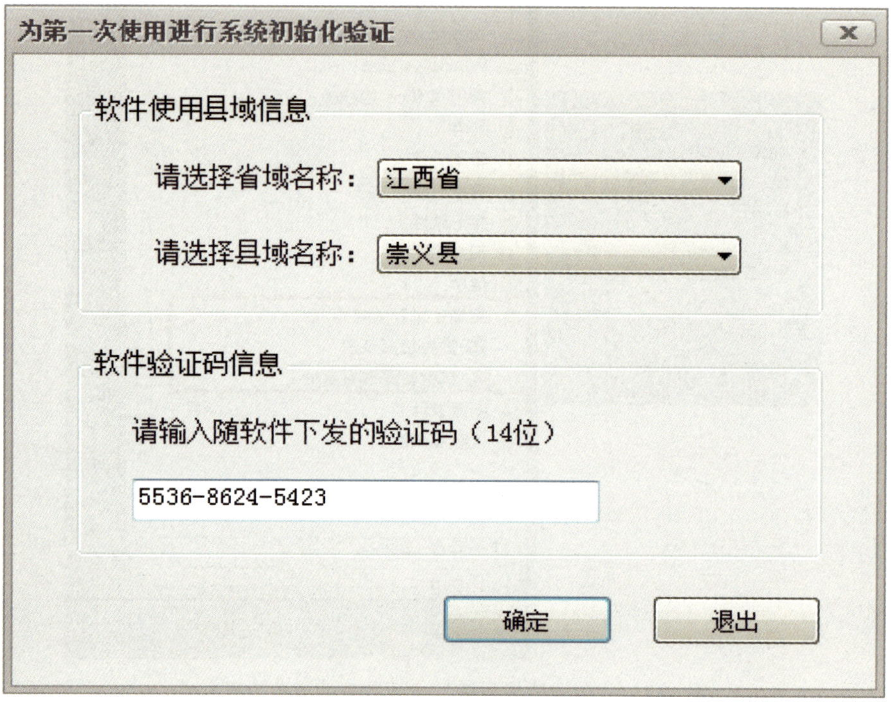

图 116　系统验证界面

（3）在系统验证界面中，选择用户所在的省、县名称，并输入随软件下发的 12 位验证码（3 组 4 位数字），若点击“确定”按钮，如果验证码正确，则显示如图 117 所示的验证正确提示信息，红框内内容提示用户系统登录的初始密码。若点击“退出”按钮，则退出验证，系统将提示软件没有验证，并提示退出系统。

图 117　初始化成功提示框

点击初始化成功提示框的“确定”按钮，则进入系统登录界面。

【注】软件验证码随安装光盘一起下发，一般贴于光盘封面上，若没有或是丢失，请联系系统开发商获取新的验证码。

6.7.1.2　修改登录密码

系统初始化时，将系统的登录密码设为县域的六位行政编码，如江西省崇义县的密码为 360725。为保证数据及系统安全，建议在第一次使用系统时修改登录密码。步骤如下：

（1）在系统初始化验证成功后，会弹出登录框（以江西省崇义县为例），如图 118 所示。

图 118　系统登录界面

（2）点击图 118 中系统登录界面中的“修改密码”按钮，则弹出密码修改对话框，如图 119 所示，可以修改登录密码。

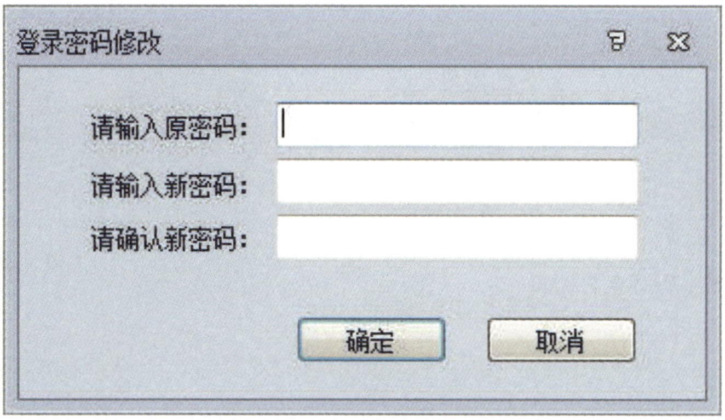

图 119　登录密码修改窗

在图 119 登录密码修改窗体的第一个框中输入原密码，第一次登录时的密码为县域代码，以后再修改时则为用户修改过的密码。在第二个框中输入新密码（密码建议由数字和字母组合而成），然后在第三个框中重新输入新密码，以确认新密码没有输错。

（3）密码输入完成后，点击“确定”按钮，若原密码没有输错，且新密码与确认密码相同，则弹出修改密码成功提示框，如图 120 所示；否则提示原密码错误或新密码与确认密码不匹配错误，这时用户需要重新进行密码的修改。

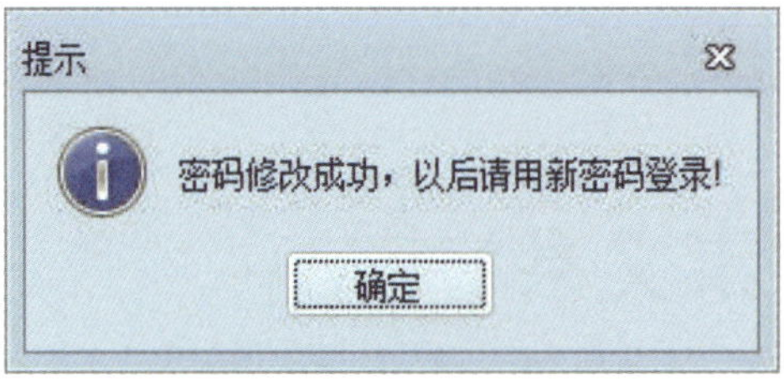

图 120　密码修改成功提示框

【注】修改密码为可选步骤，若所用计算机只能本人使用，可不用修改密码。

6.7.1.3　切换县域

“切换县域”功能主要针对省级用户，目的是方便省级用户对各县进行技术支持工作，可以快速实现不同县域系统的切换。步骤如下：

（1）点击登录窗体上的“切换县域”按钮，如图 121 所示。

图 121　县域切换

（2）弹出县域注册码输入窗口，输入注册码后点击“确定”按钮，可以切换到其他县域，如图 122 所示。

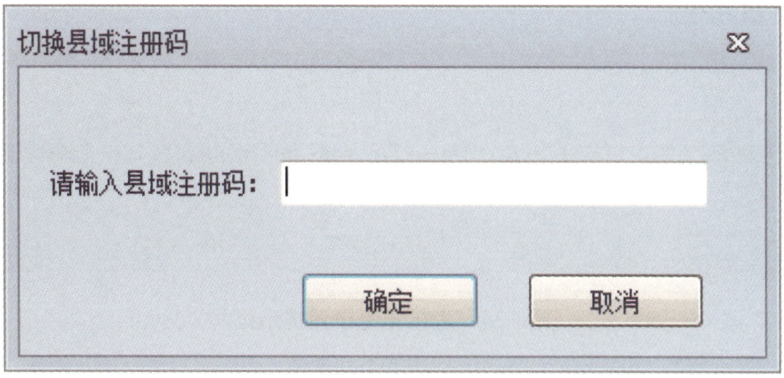

图 122　注册码输入

6.7.1.4　登录系统

系统登录的具体操作步骤为：

（1）在系统登录框中，如图 123 所示，点击“登录”按钮，则开始登录系统。

图 123　系统登录界面

（2）系统第一次登录或是初始化后，会在登录过程中提示用户数据库不存在，提示信息如图 124 所示。点击“是”按钮，则生成上报目录，并进入系统主界面，系统登录完成，如图 125 所示。

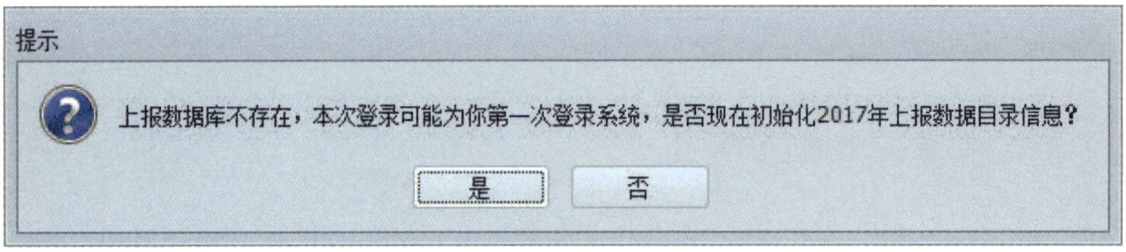

图 124　考核年份设置提示框

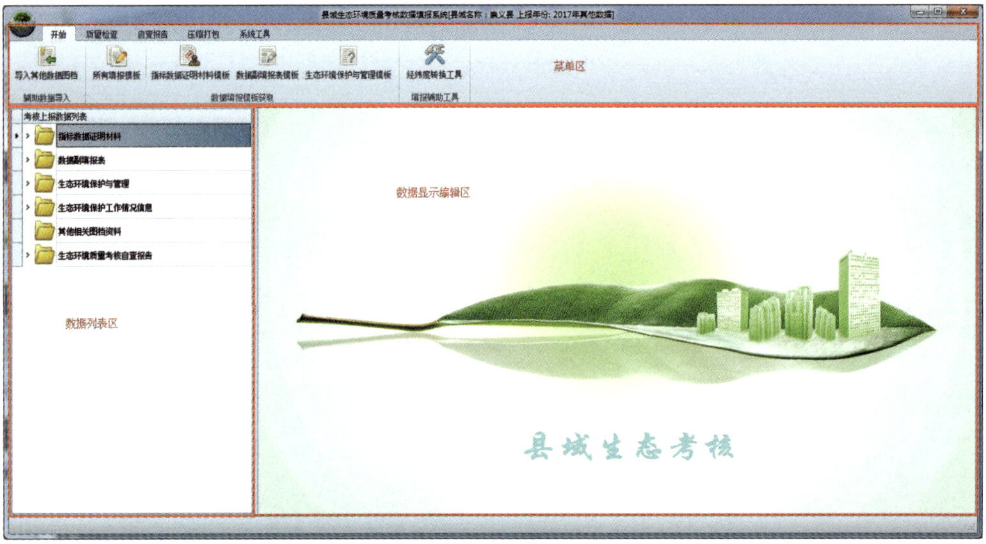

图 125　系统主界面

【注】若系统安装时已进行了系统初始化验证工作，则在运行时不会弹出验证相关界面。

6.7.2　历史数据图档导入

系统成功登录后，若没有导入历史图档数据，系统会弹出提示，强制导入历史数据图档，否则会退出系统。历史图档数据导入是将上一年其他数据中的自然保护区、污水处理厂、垃圾填埋场、监测能力等数据以及照片和证明材料导入系统。若为新增县，系统不会弹出该提示框。具体操作步骤为：

（1）点击“开始”菜单下“导入历史数据图档”按钮，如图 126 所示，若没有导入过历史图档数据，系统将弹出如图 127 所示的提示选择对话框，提示用户导入，点击提示框中的“确定”按钮，则将生态创建、保护区、负面清单、污水处理厂、垃圾填埋场等数据以及照片和证明材料等数据并重新导入；若点击“取消”按钮，则不导入数据，退出系统。

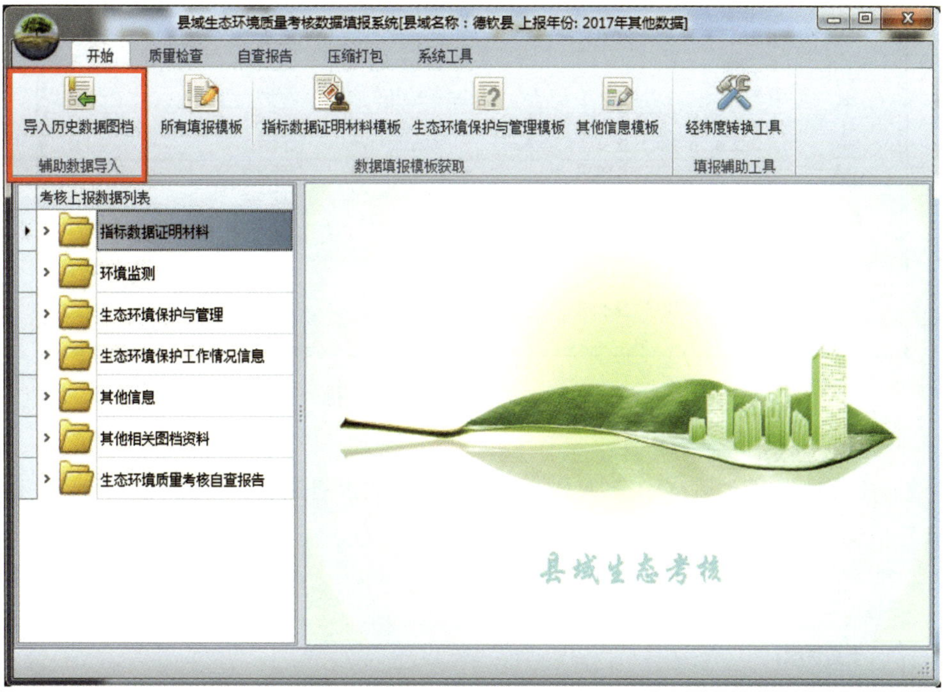

图 126　导入其他数据图档菜单

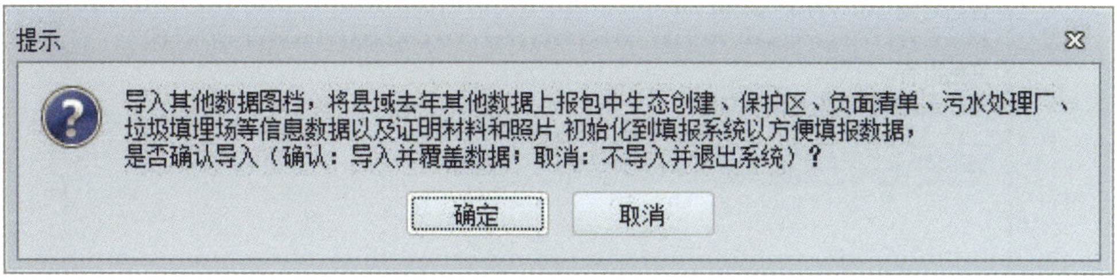

图 127　其他数据图档导入提示框

（2）在提示选择对话框中，点击“确定”按钮，弹出如图 128 所示的文件选择对话框。

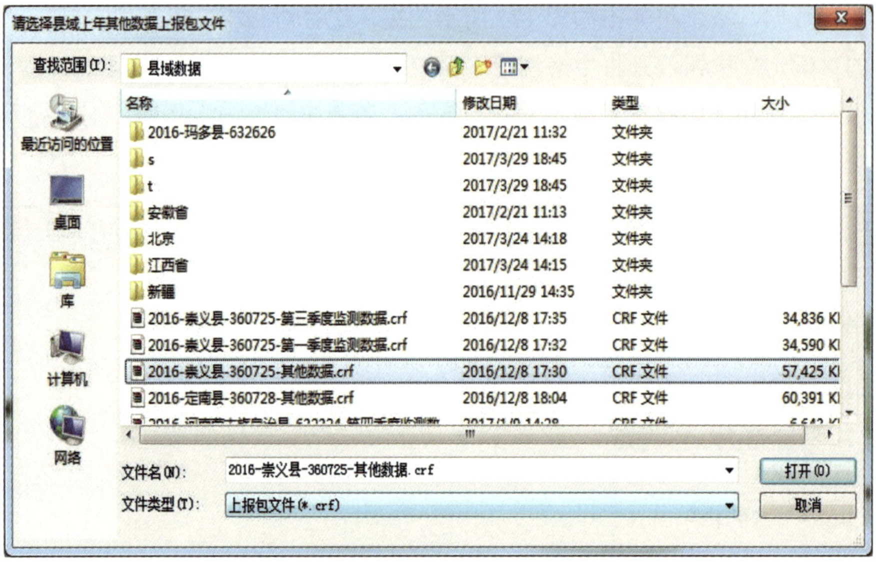

图 128　其他文档上报包选择

（3）在文件选择对话框中选择上一年其他数据上报包文件，如图 128 所示，并点击“打开”按钮，弹出如图 129 所示文件导入执行进度框。

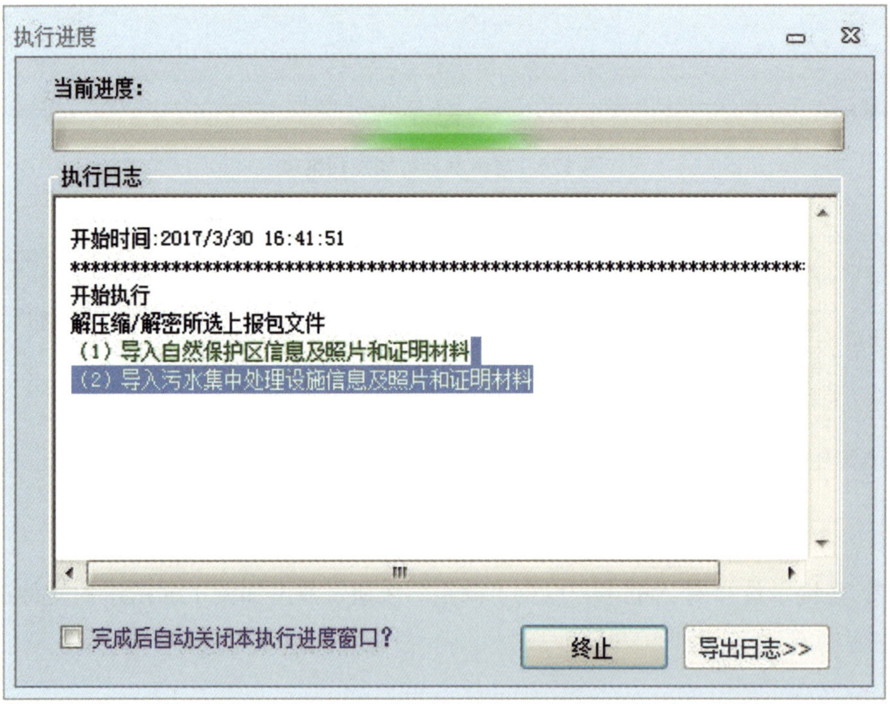

图 129　其他文档导入进度框

（4）点击文件导入执行进度提示框中的“终止”按钮，系统将终止文件的导入，文件导入完成后，进度提示框变为如图 130 所示，点击“导出日志”按钮可以将导入的执行过程日志以文本文档的形式导出到本地；点击“关闭”按钮，关闭导入框。在系统数据显示编辑区可查看导入的图档数据，如图 131 所示。

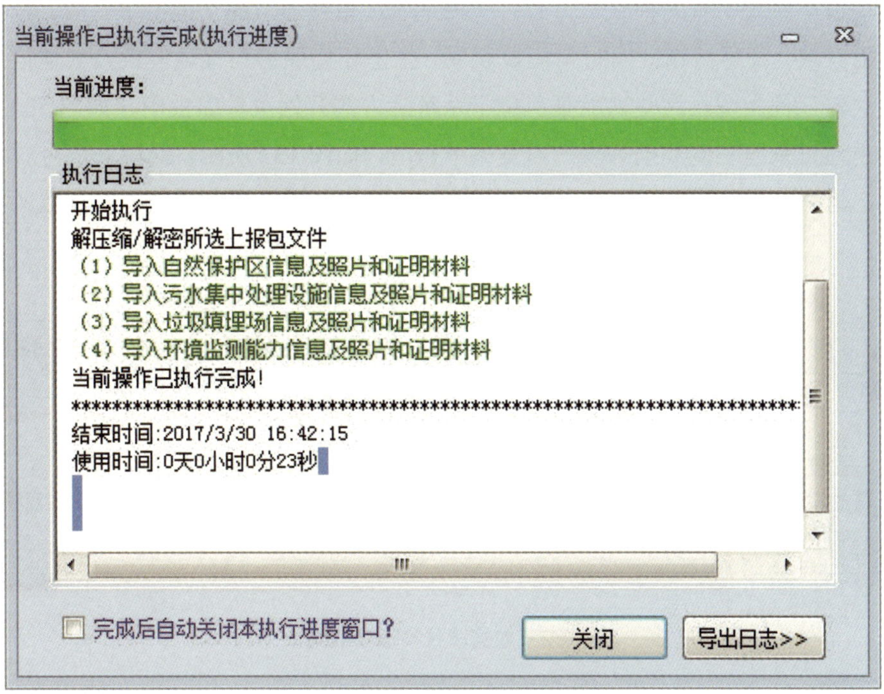

图 130　其他图档导入完成对话框

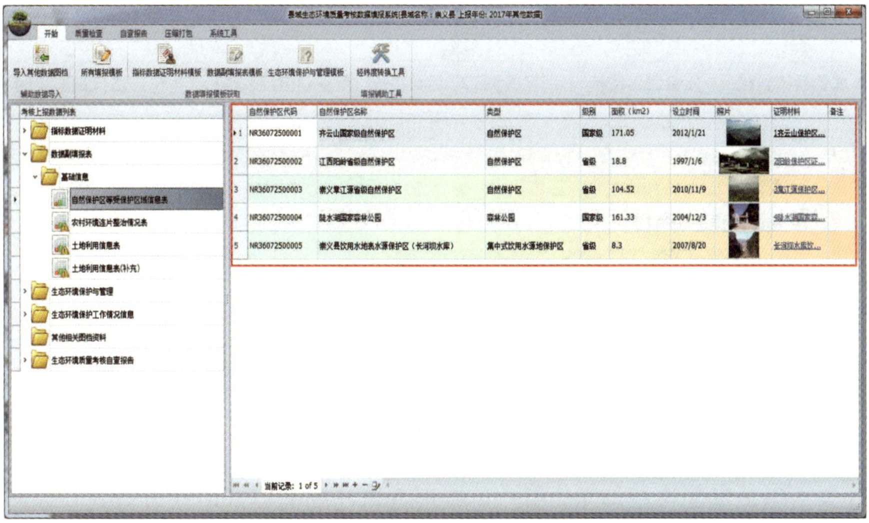

图 131　其他图档导入数据显示

6.7.3 数据填报模板获取

历史图档数据导入成功后，可进行数据填报模板的获取操作。数据填报模板获取是将需要整理导入的县域生态环境质量考核上报数据的填报模板保存至指定的目录下。数据填报模板在系统中有两种获取方式：一种是通过系统上方的功能菜单获取，包括所有填报模板获取、指标数据证明材料模板获取、生态环境保护与管理模板及其他信息模板获取及获取三种类型，这些功能菜单位于系统上方的开始菜单面板中，如图 132 所示；另一种是通过系统左侧数据列表的右键菜单获取，如图 133 所示，此种获取方式比较有针对性，是针对单一上报数据进行的模板获取，用户可以根据自己的需要获取所需数据的模板。

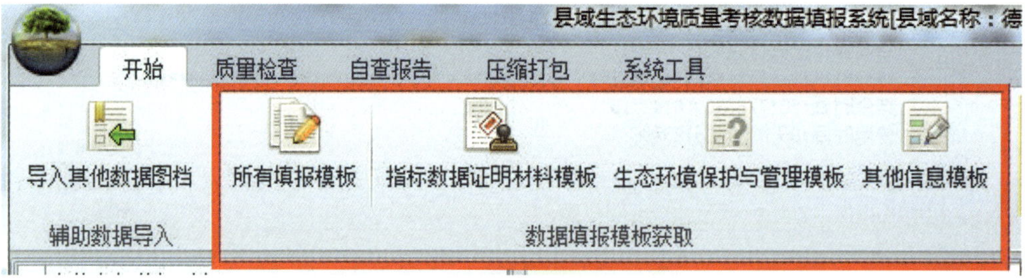

图 132　数据填报模板获取菜单

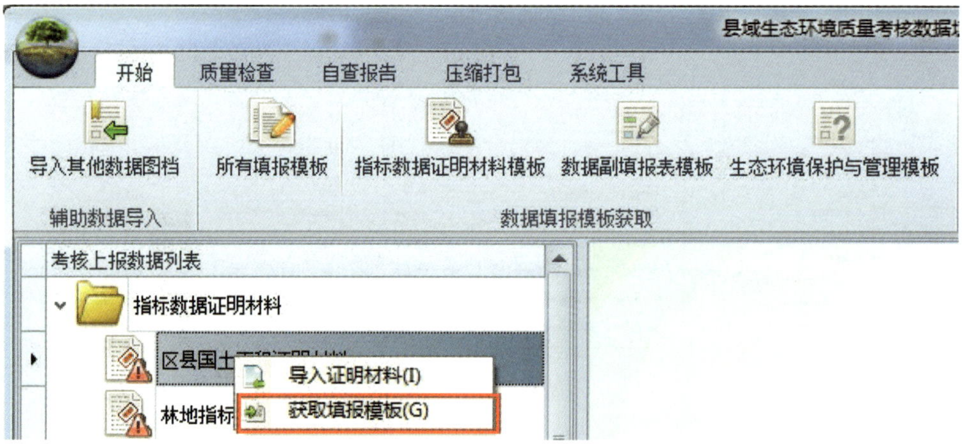

图 133　数据列表右键菜单

表 6 为上报数据的模板清单，用户可以根据自己的需要选取获取方式获取所需的数据模板。

表 6　模板清单

文件夹	模板名称	备注
指标数据证明材料	区县国土面积证明材料.docx	
	林地指标证明材料.docx	
	草地指标证明材料.docx	
	水域湿地指标证明材料.docx	
	耕地和建设用地指标证明材料.docx	
	未利用地指标证明材料.docx	
	城镇生活污水集中处理率证明材料.docx	
	土壤侵蚀指标证明材料.docx	
	沙化土地指标证明材料.docx	
	城镇生活垃圾无害化处理率.docx	
	专项转移支付资金证明材料.docx	
	产业增加值指标证明材料.docx	
生态环境保护与管理	垃圾填埋场信息表.xlsx	
	年度减排任务完成情况.xlsx	
	农村环境综合整治情况.xlsx	
	生态保护红线区等受保护区域信息表.xlsx	
	生态环境保护创建信息表.xlsx	
其他信息	县域自然、社会、经济基本情况表.xlsx	
	农村环境连片整治情况表.xlsx	
	土地利用信息表.xlsx	
	土地利用信息表（补充）.xlsx	

6.7.3.1　功能菜单获取填报模板

系统上方功能菜单中填报模板的获取主要包括所有填报模板、指标数据证明材料模板、生态环境保护与管理、其他信息模板的获取四个子菜单项，各菜单项功能的操作步骤一致，这里以所有填报模板获取功能为例，具体操作步骤为：

（1）点击“开始”菜单下“数据填报模板获取”栏中“所有填报模板”按钮，系统将弹出如图 134 所示的模板保存目录选择对话框。

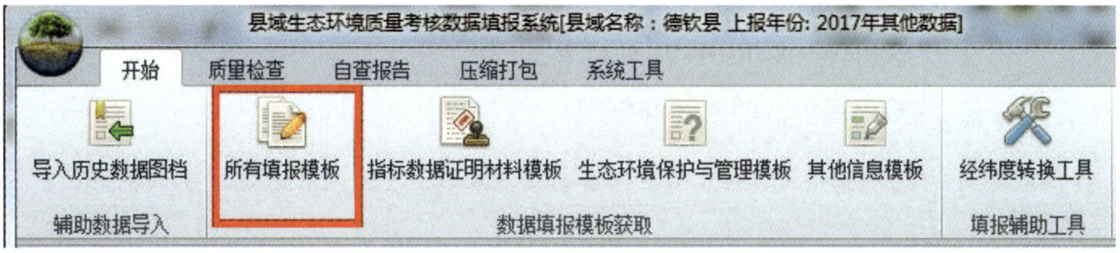

图 134　数据填报模板获取菜单

图 135　模板保存路径选择对话框

（2）在模板保存目录选择对话框中，选取填报模板文件的保存目录，如图 135 所示，选择了“模板”文件夹来存放导出的填报数据模板文件，若需要新建目录，可通过左下角的“新建文件夹”新建目录来保存。

（3）选择好目录后，点击“确定”按钮，弹出模板导出执行进度框，如图 136 所示。在模板获取过程中，可点击“终止”按钮随时终止获取过程，也可勾选“完成后自动关闭本执行进度窗口？”，在完成模板获取过程后自动关闭该执行进度框。在模板导出执行进度框中，执行日志显示了执行的进度。导出过程执行完成后，点击模板导出执行进度框中的“导出日志”按钮，可将执行日志以文本文档的形式导出到本地。

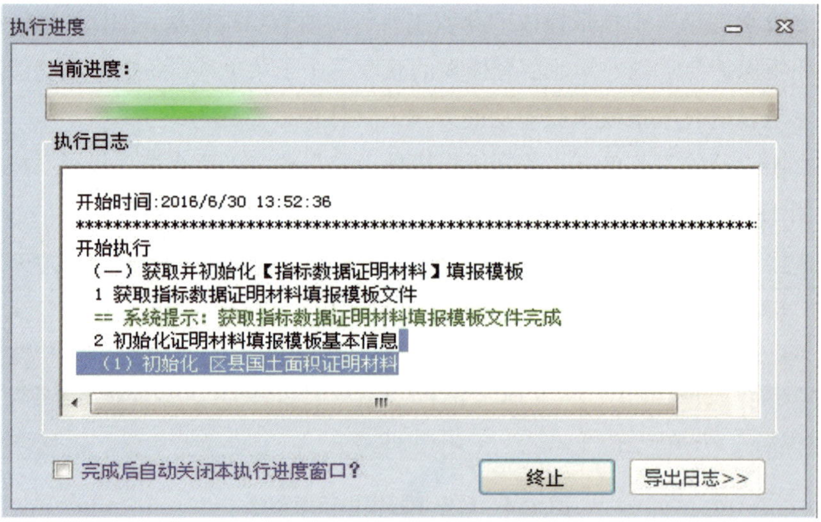

图 136　模板导出执行进度框

（4）模板导出执行完成后，填报模板导出至指定的目录中，如图 137 所示。

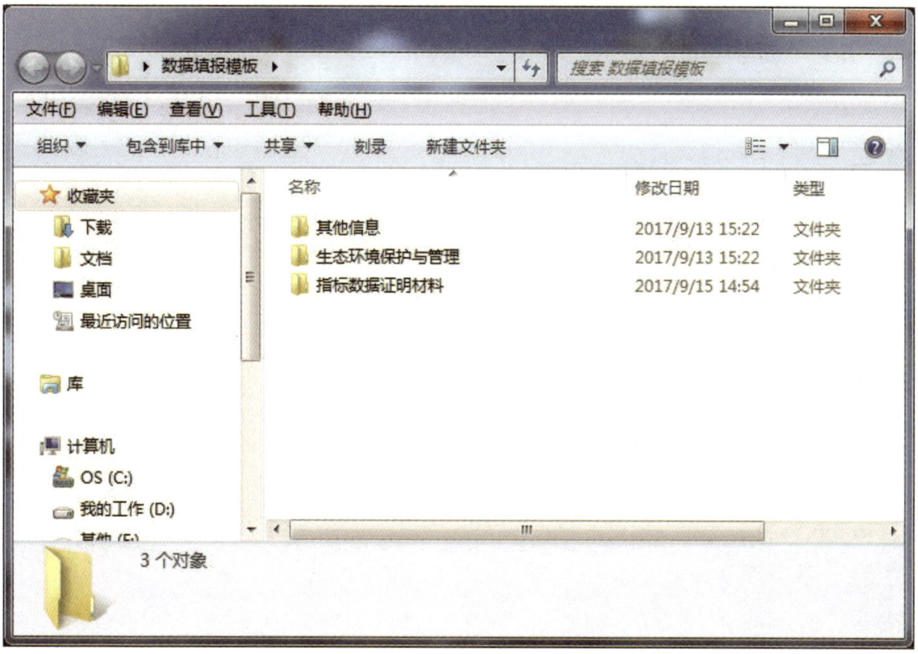

图 137　导出的所有填报模板文件

6.7.3.2　右键菜单获取填报模板

（1）在填报数据列表区展开“指标数据证明材料”目录，并在需要导出数据的节点上右键点击，弹出右键功能菜单，如图 138 所示。

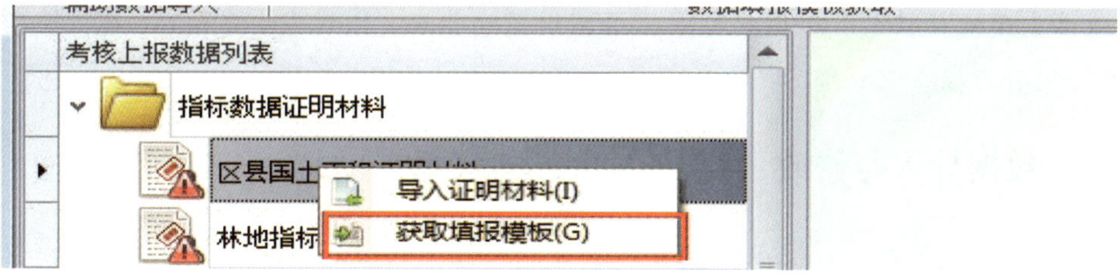

图 138　模板获取右键功能菜单

（2）在弹出的功能菜单中，点击“获取填报模板”菜单项，弹出如图 139 所示的文件存放目录选择对话框。

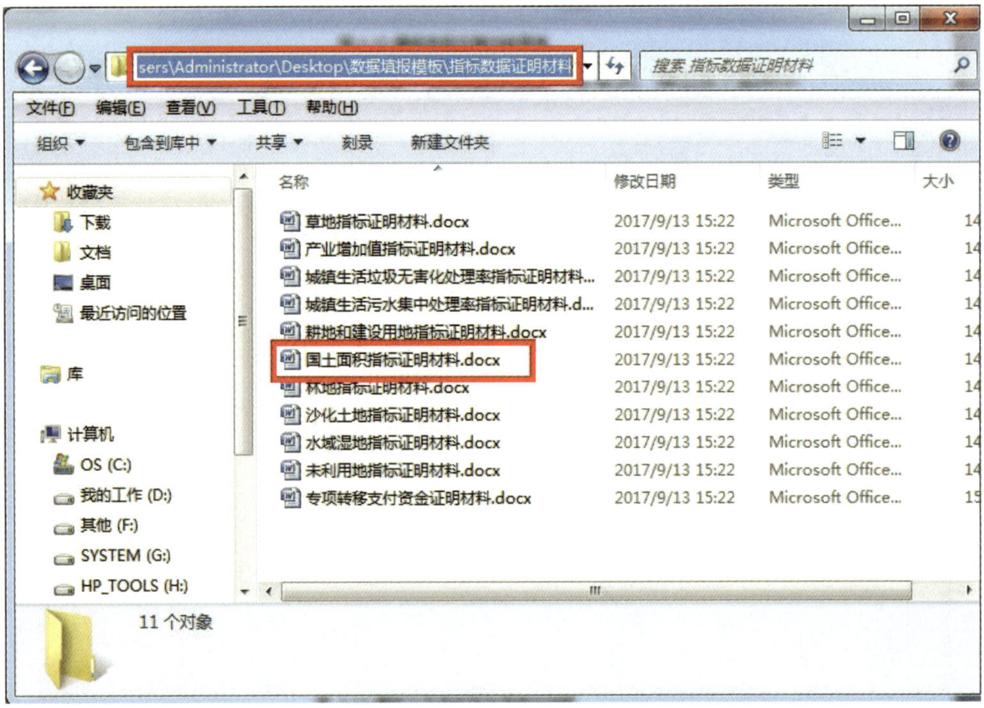

图 139 模板文件存放路径选择对话框

（3）在文件存放目录选择对话框中，选择导出文件存放目录，如图 139 所示，导出文件的存放目录为“指标数据证明材料”文件夹；对话框中的默认保存文件名为获取的数据名称，用户可以自行修改。点击“保存”按钮，模板文件将保存到用户选择的目录下。

【注】模板获取完成后用户可根据填写规范的要求，通过 Excel 或 Word 软件在模板中输入相关数据。

6.7.4 数据导入与修改

数据导入与编辑主要完成数据文件的导入和数据的录入工作。在所有数据模板获取并填写完成后，即可进行此操作。目前，系统导入的文件类型主要有：指标数据证明材料、环境监测、生态环境保护与管理表、生态环境保护工作情况信息、其他信息、其他相关图档资料、生态环境质量考核自查报告等，各数据类别入库方式见表 7，表中所有的数据类别及名称与系统上报数据列表区的目录树相对应。

表 7　数据录入方式表

数据类别	数据名称	右键菜单导入	界面录入	推荐入库方式
指标数据证明材料	区县国土面积证明材料	支持	不支持	导入
	林地指标证明材料	支持	不支持	导入
	草地指标证明材料	支持	不支持	导入
	水域湿地指标证明材料	支持	不支持	导入
	耕地和建设用地指标证明材料	支持	不支持	导入
	未利用地指标证明材料	支持	不支持	导入
	土壤侵蚀指标证明材料	支持	不支持	导入
	沙化土地指标证明材料	支持	不支持	导入
	城镇生活污水集中处理率指标证明材料	支持	不支持	导入
	城镇生活垃圾无害化处理率指标证明材料	支持	不支持	导入
	专项转移支付资金证明材料	支持	不支持	导入
	产业增加值指标证明材料	支持	不支持	导入
环境监测/环境监测信息表	污染源基本信息表	不支持	支持	不支持
生态环境保护与管理/生态保护成效	生态环境保护创建信息表	支持	支持	导入
	生态保护红线区等受保护区域信息表	支持	支持	导入
	生态环境保护与治理支出	不支持	支持	界面录入
生态环境保护与管理/环境污染防治	年度减排任务完成情况	支持	支持	导入
	产业准入负面清单制定情况	不支持	支持	界面录入
	产业准入负面清单考核情况	不支持	支持	界面录入
	农村环境综合整治情况	支持	支持	导入
环境基础设施运行	污水集中处理设施信息表	支持	支持	导入
	垃圾填埋场信息表	支持	支持	导入
生态环境保护与管理/考核工作组织	考核工作组织情况	不支持	支持	界面录入
生态环境保护工作情况信息	县域生态环境保护工作	不支持	支持	界面录入
	县域概况及其他情况说明	不支持	支持	界面录入
其他信息	县域自然、社会、经济基本情况表	支持	支持	导入
	农村环境连片整治情况表	支持	支持	导入
	土地利用信息表	支持	支持	导入
	土地利用信息表（补充）	支持	支持	导入
其他相关图档资料		支持	不支持	导入
生态环境质量考核自查报告	生态环境质量考核数据指标汇总表	不支持	不支持	软件生成
	生态环境保护工作情况说明	不支持	不支持	软件生成

其中“水质监测断面信息表”、“空气监测点位信息表”、“污染源基本信息表”、“集中式饮用水水源地监测点信息表”中的数据为系统自带数据，无需导入。

6.7.4.1 指标数据证明材料导入

指标数据证明材料主要包括区县国土面积证明材料、林地指标证明材料、草地指标证明材料、水域湿地指标证明材料、耕地和建设用地指标证明材料、未利用地指标证明材料、城镇生活污水集中处理率证明等。

以自然生态指标证明材料中的“区县国土面积证明材料”的导入为例来说明文件的导入过程。

（1）在填报数据列表区展开“指标数据证明材料”目录，并在“区县国土面积证明材料”节点上右键点击，弹出右键菜单，如图 140 所示。

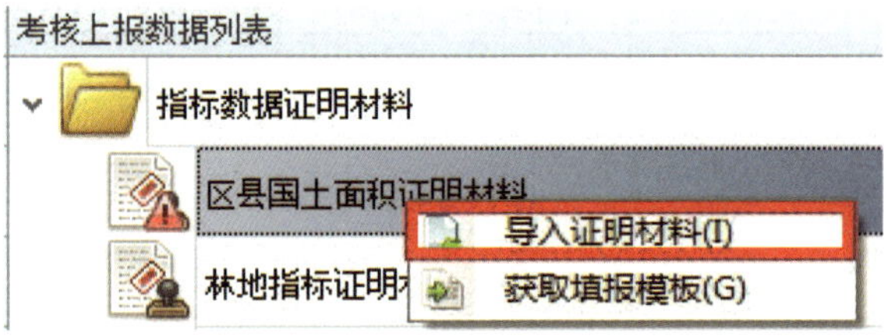

图 140 数据导入右键菜单

（2）在弹出的功能菜单中，点击“导入证明材料”菜单项，弹出如图 141 所示的文件选择对话框。若此时操作系统中同时打开了 Word 文件，则会弹出 Word 文件正在运行提示框，如图 142 所示，此时需要关闭系统中的 Word 文件，然后点击提示框中的“重试”按钮继续文件的导入，点击“取消”按钮，取消文件导入操作。

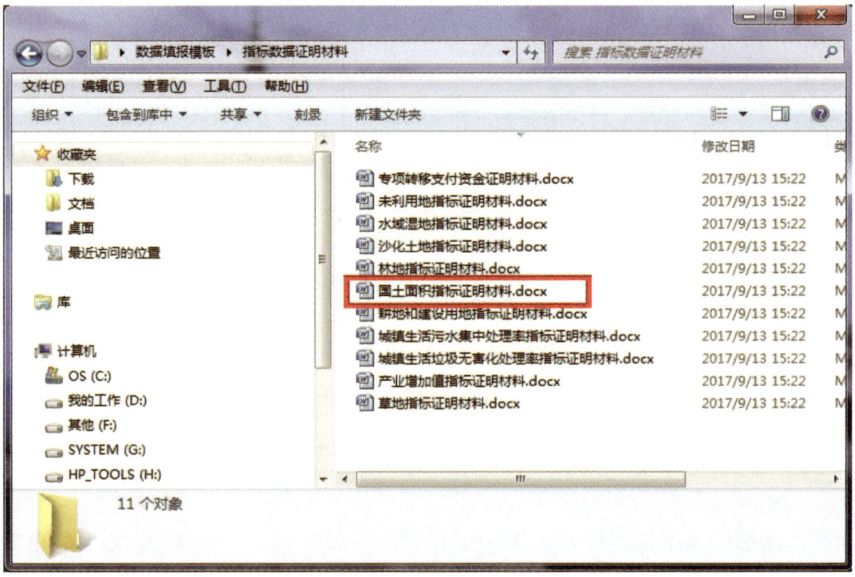

图 141 文件选择对话框

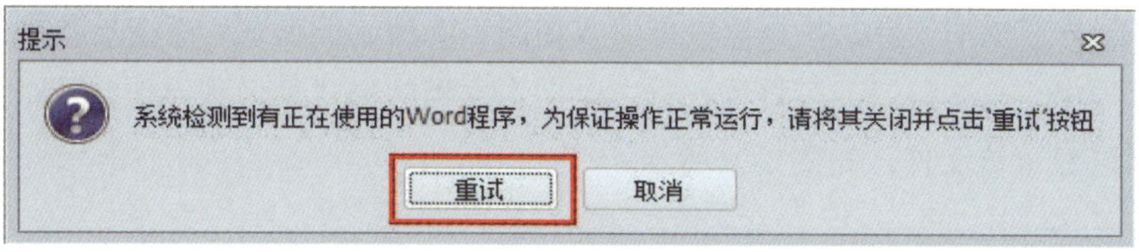

图 142　Word 文件运行提示框

（3）在文件选择对话框中选择区县国土面积证明材料文件，并点击“打开”按钮。若该数据以前已经导入，则弹出如图 143 所示的提示框，提示用户是否重新导入并替换已有文档。

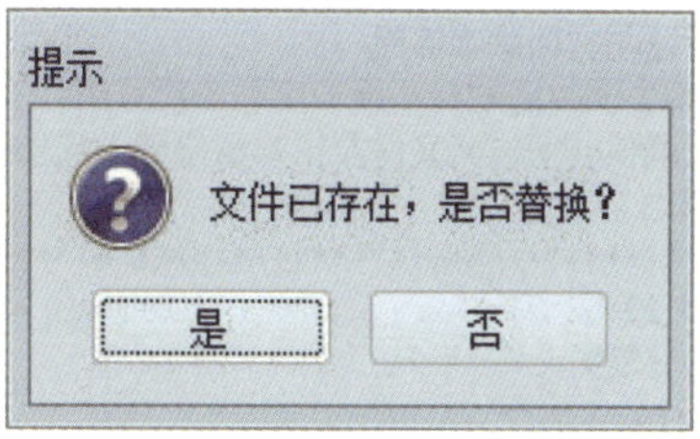

图 143　文件替换确认框

（4）点击图 143 提示框中的“是”按钮，系统则自动导入文件，并弹出导入执行进度提示框，如图 144 所示。在导入过程中，可点击“终止”按钮随时终止导入过程，也可勾选“完成后自动关闭本执行进度窗口？”在完成导入过程后自动关闭该执行进度框。

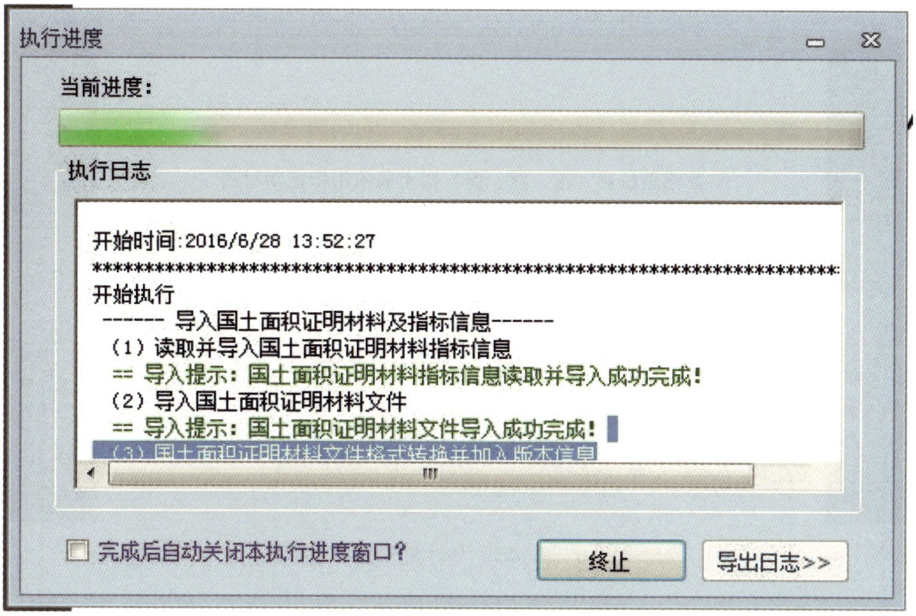

图 144　文件导入执行进度提示框

（5）导入完成后，导入执行进度框变成如图 145 所示的形式，点击导入执行进度窗体中的“导出日志”按钮，可将执行日志以文本文档的形式导出到本地。同时，在数据显示编辑区显示该文件，如图 146 所示。

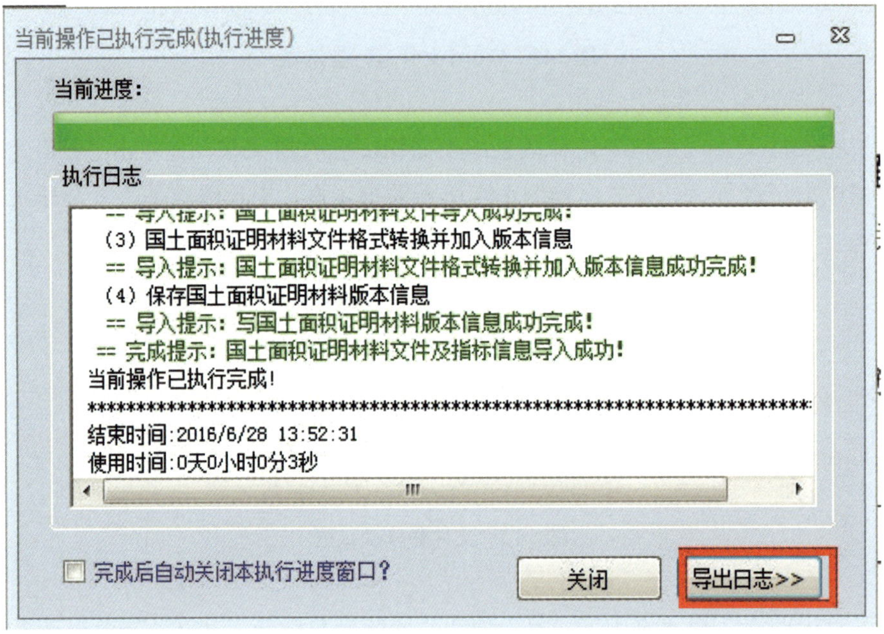

图 145 文件导入执行进度提示框

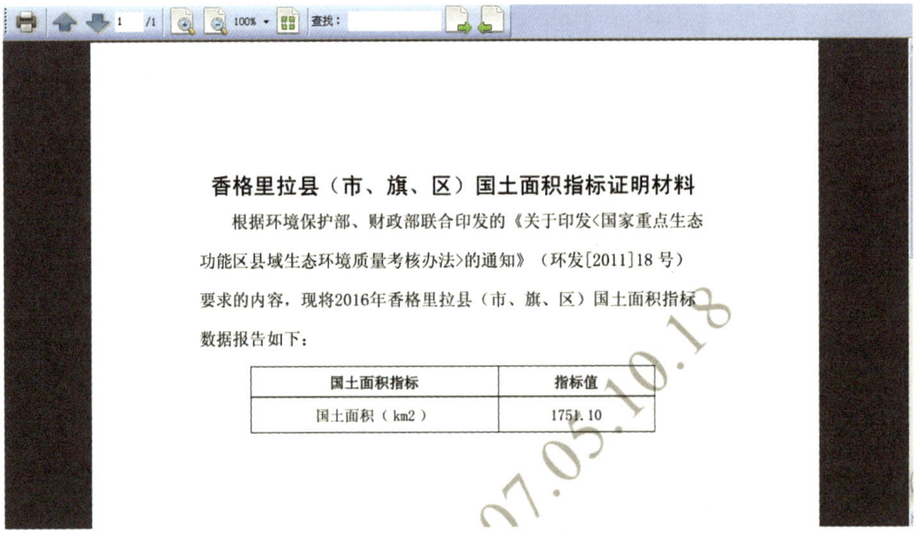

图 146 文件显示窗

6.7.4.2　环境监管材料录入

录入污染源环境监管信息，操作步骤如下：

（1）在填报数据列表区展开“环境监测”目录下的“环境监测信息表”目录，点击“污染源基本信息表”。

（2）点击右侧表格的照片列，图 147 红框位置。

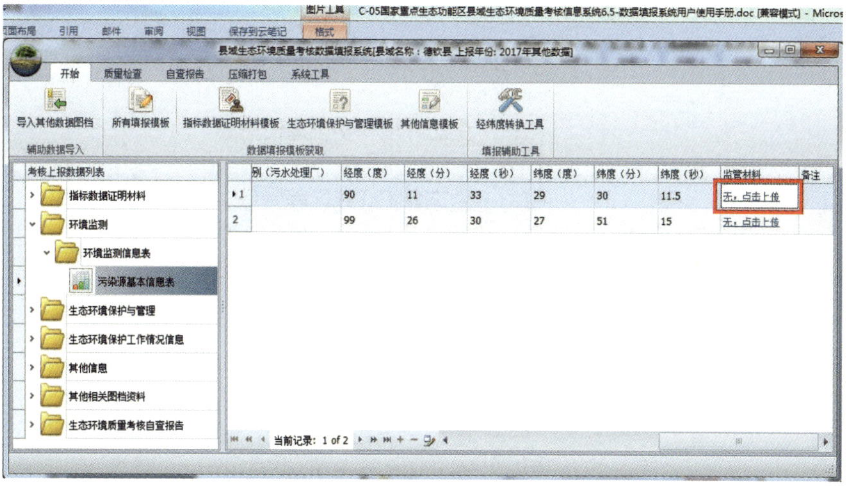

图 147　点击监管材料列

（3）弹出点击右侧表格的监管材料列（红框位置）。通过图 148 的窗体可以增加、删除及查看材料。

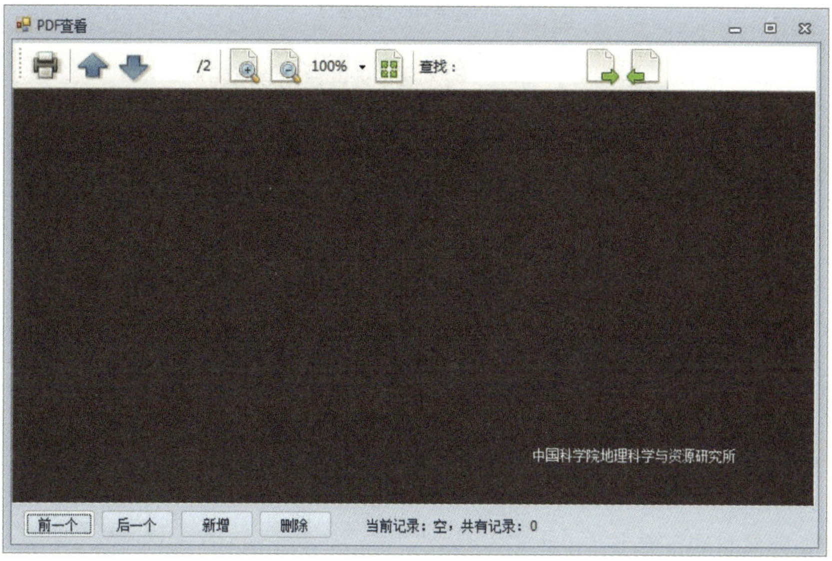

图 148　管理材料

6.7.4.3 生态环境保护与管理信息导入

生态环境保护与管理包括生态保护成效、环境污染防治、环境基础设施运行及县域考核工作组织四项内容，如图 149 所示。生态环境保护与管理信息的大多数数据都支持导入，具体参见表 7，导入步骤如下：

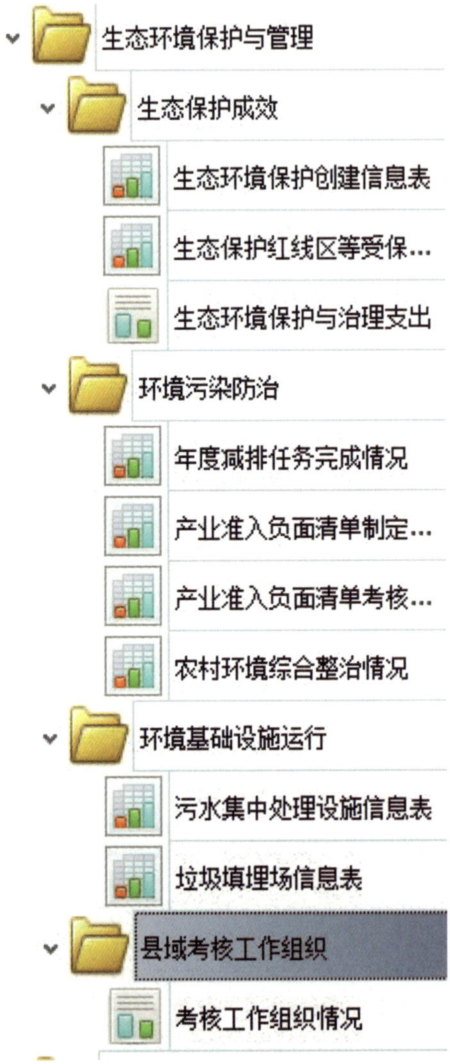

图 149　生态环境保护与管理数据列表

以“生态环境保护创建信息表”导入为例介绍：

（1）在“生态环境保护与管理”中展开“生态保护成效”目录，右键点击的“生态环境保护创建信息表”节点。

（2）在弹出的菜单上选择“导入表格数据”，如图 150 导入表格数据所示。

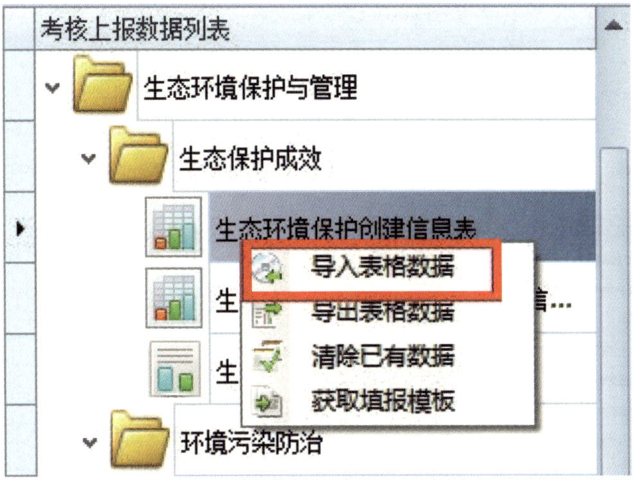

图 150　导入表格数据

（3）在弹出的窗口上选择对应文件，点击打开按钮文件选择，如图 151 所示。

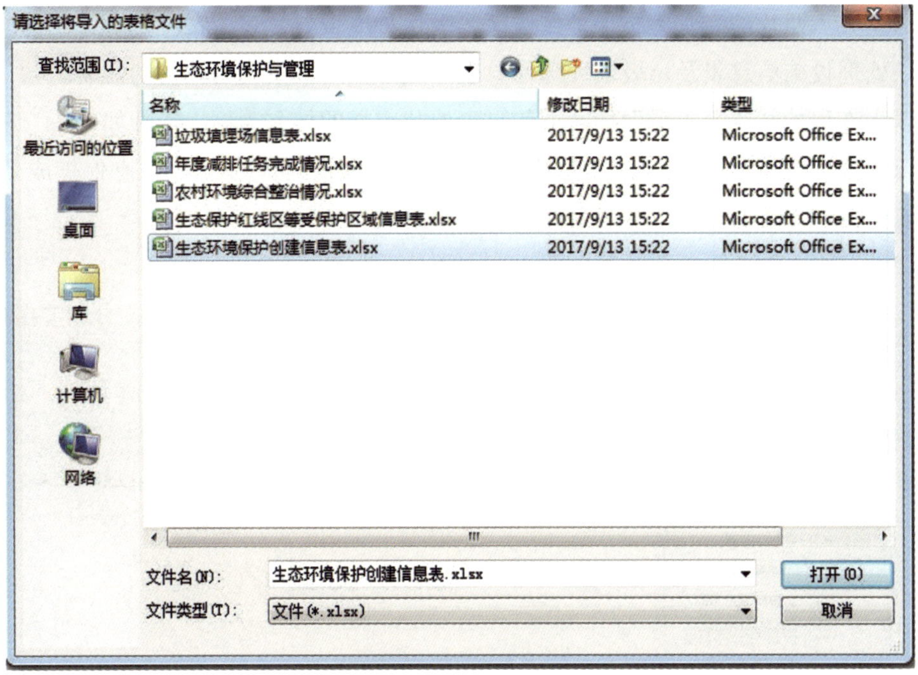

图 151　文件选择

（4）弹出导入进度对话框，导入完成后关闭进度对话框，表格中显示导入的数据，如图 152 所示。

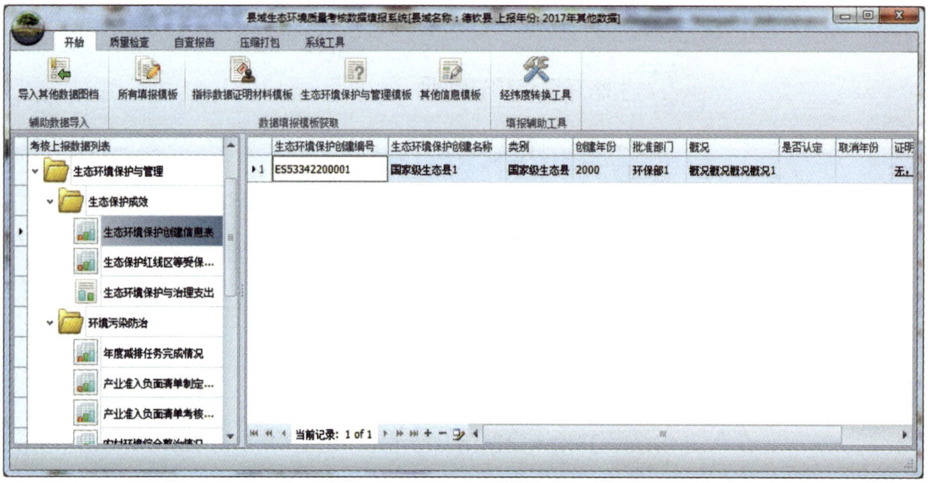

图 152 导入完成

6.7.4.4 生态环境保护与管理相关照片导入

需要导入照片的表有生态保护红线区等受保护区域信息表、农村环境综合整治、污水集中处理设施信息表及垃圾填埋场信息表，照片在导入系统时将自动命名。

以生态保护红线区等受保护区域信息表照片信息的导入为例，步骤如下：

（1）在“填报数据列表区”中展开“生态环境保护与管理”/“生态保护成效”目录，点击的“生态保护红线区等受保护区域信息表”节点。

（2）点击右侧表格的照片列，图 153 红框位置。

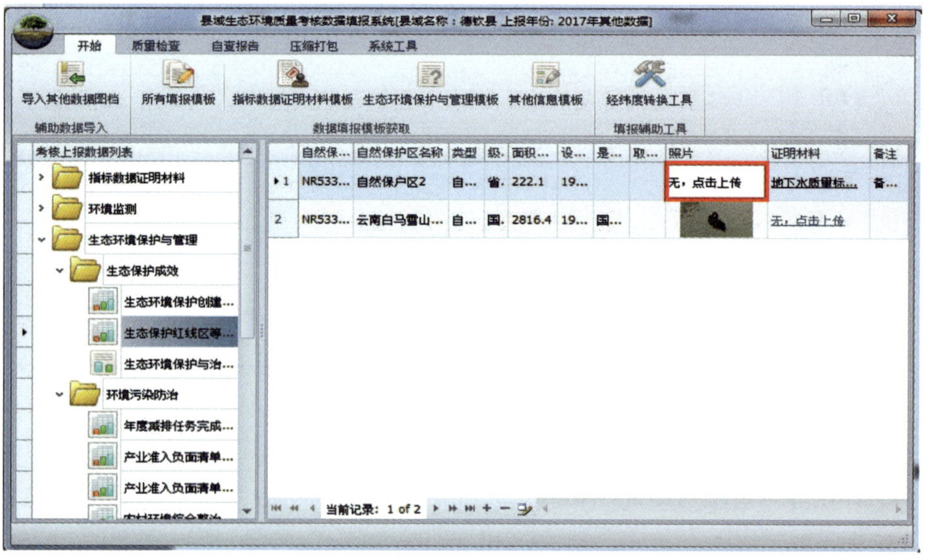

图 153 表格中照片列

（3）弹出照片导入界面，如图 154 所示。

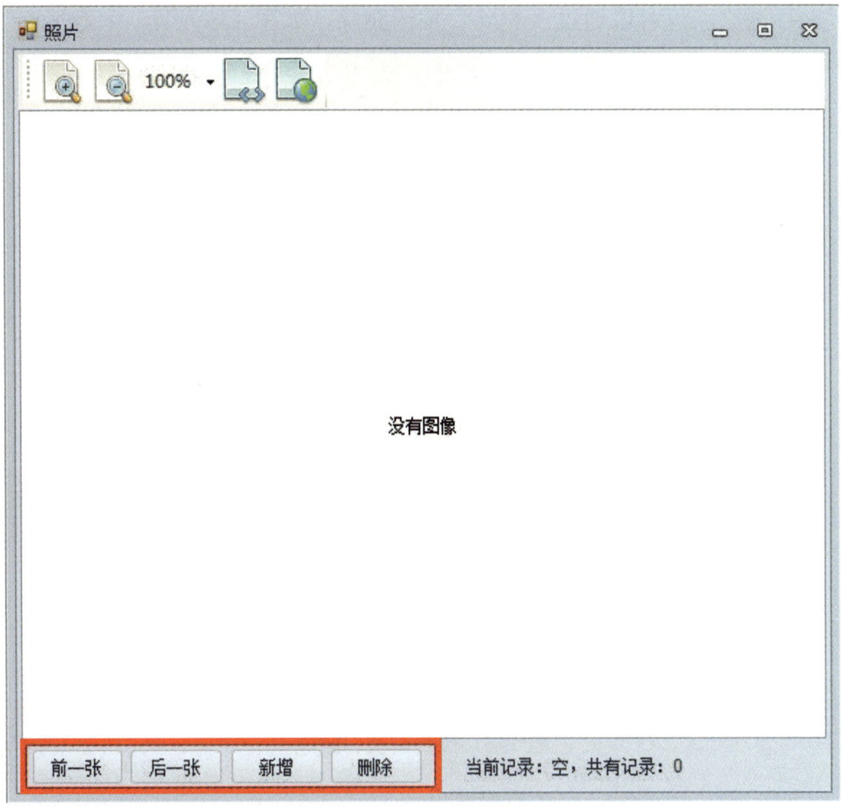

图 154　照片管理界面

（4）点击图 154 红框中“新增”按钮，弹出选择照片界面，见图 155，选择一张或多张图片，点击“打开”，导入照片。

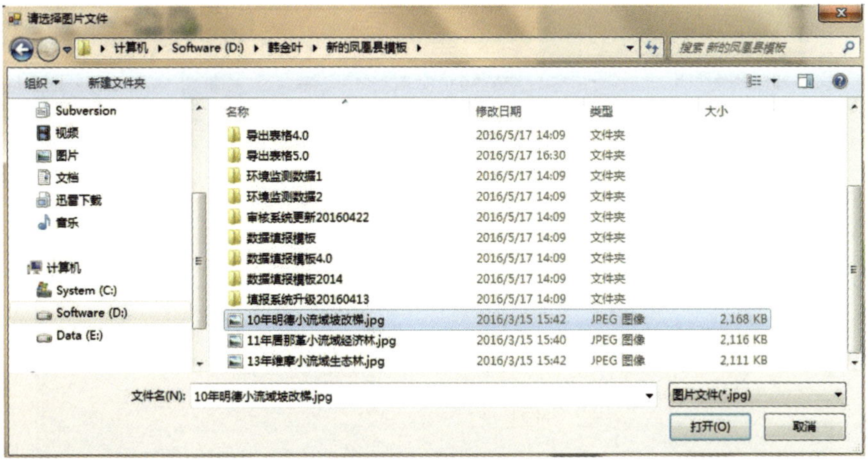

图 155　照片选择

（5）照片导入时，系统将自动为照片命名，照片导入后可以通过“前一张”、“后一张”按钮进行浏览，也可以通过“删除”按钮删除，如图 156 所示。

图 156　照片浏览、删除

（6）关闭照片管理窗口，可以在数据列表中显示照片的缩略图（第一张图片）。如图 157 所示。

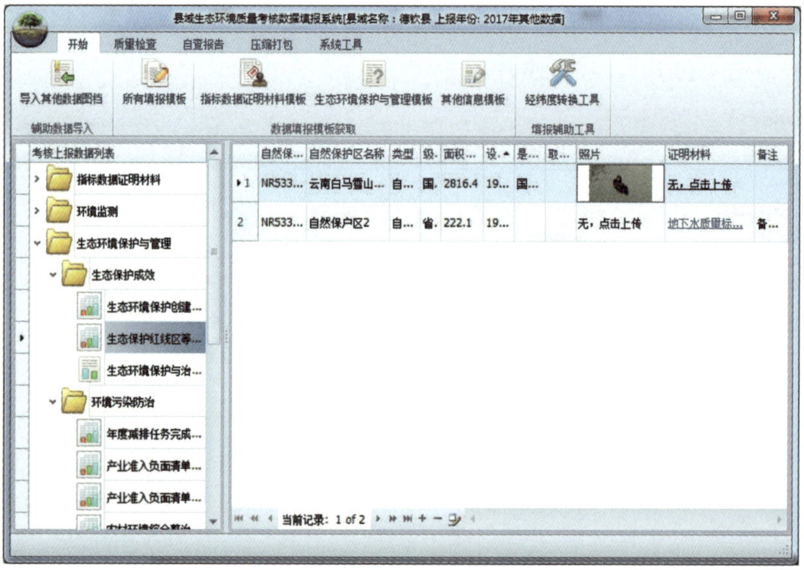

图 157　数据列表照片显示

6.7.4.5　生态环境保护与管理相关附件导入

以生态保护红线区等受保护区域信息表为例，操作步骤如下：

（1）在填报数据列表区展开“生态环境保护与管理”/“生态保护成效”，点击“生态保护红线区等受保护区域信息表”节点，在界面右侧显示证明材料列表，如图 158 所示，点击红框位置，弹出标准添加界面，如图 159 所示。

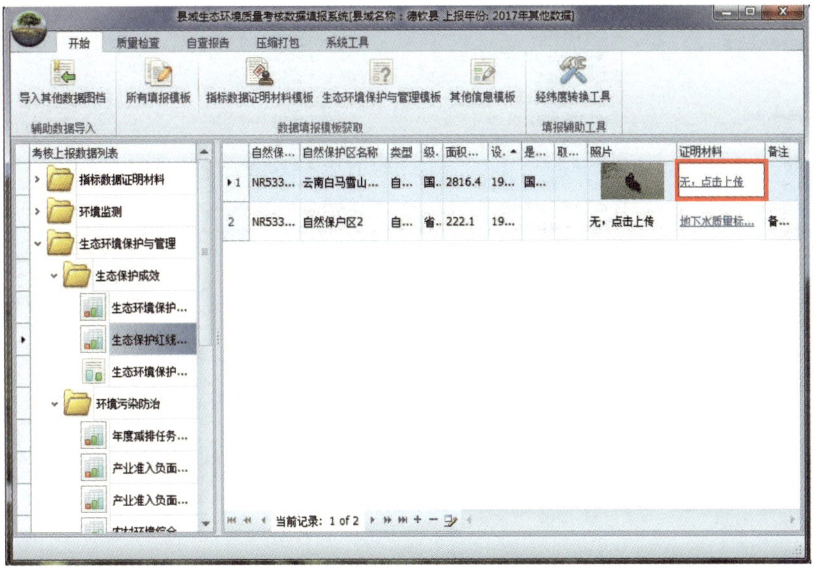

图 158　证明材料导入

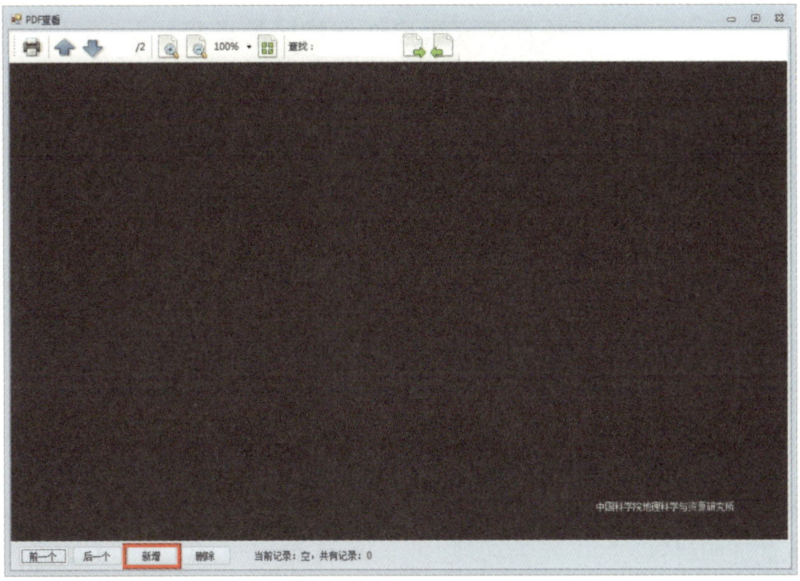

图 159　证明材料管理界面

（2）点击图 159 红框位置的新增按钮，弹出图 160 所示界面，选择相应文件（一个或多个），并点击“打开”按钮，提示保存成功，并在图 161 所示界面中显示导入的标准。另外，也可以在这个界面中对多个标准进行浏览及删除。

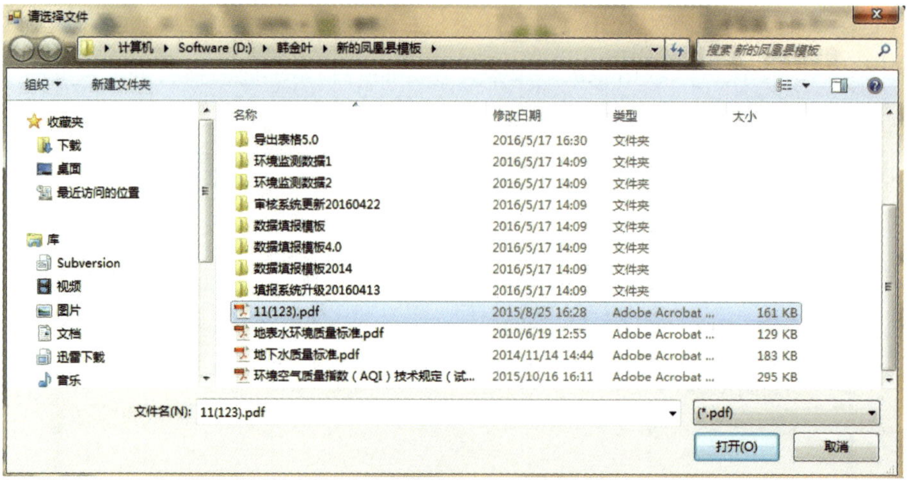

图 160 证明材料选择

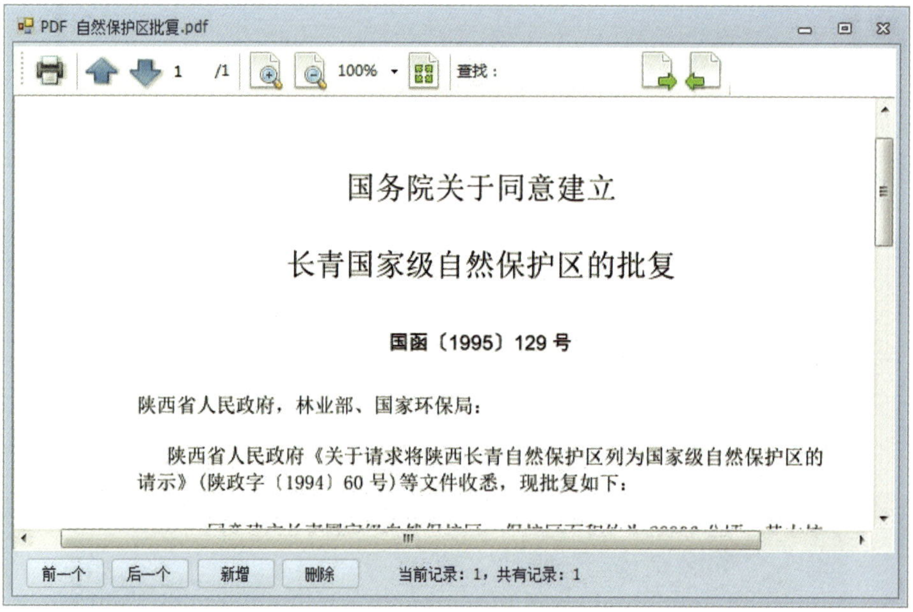

图 161 证明材料导入成功

（3）关闭图 161 所示界面，将在图 162 所示红框中显示标准名称，点击红框也可以查看已导入的证明材料。

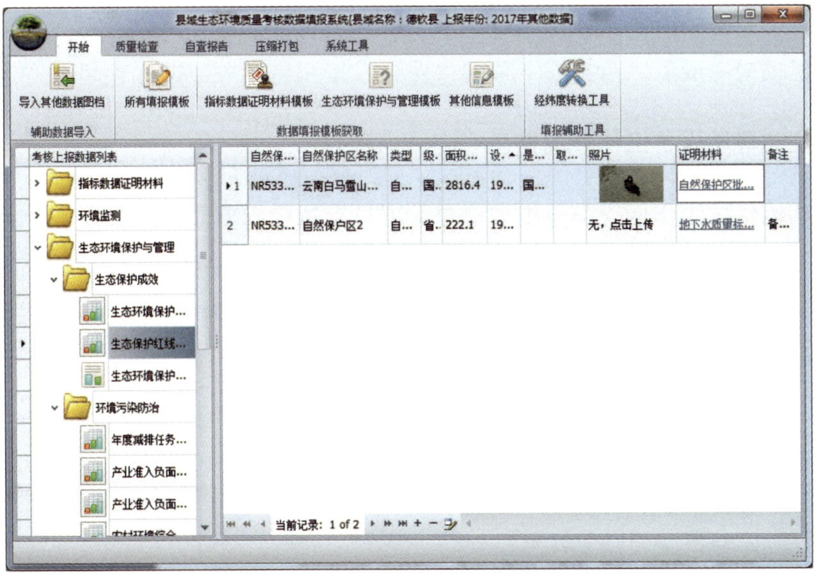

图 162　证明材料在列表的显示样式

6.7.4.6　生态环境保护与管理信息录入

生态环境保护与管理中少部分数据只支持录入方式添加数据，各数据在生态环境保护与管理数据列表中的位置如图 163 所示。以“生态环境保护与管理”/“生态保护成效”下的“生态环境保护与治理支出”为例，具体操作步骤如下：

在填报数据列表区展开“生态环境保护与管理”目录，然后展开“生态保护成效”目录，点击“生态环境保护与治理支出”节点，在右侧的数据显示及编辑区将显示生态环境保护与治理支出信息表，如图 163 所示。

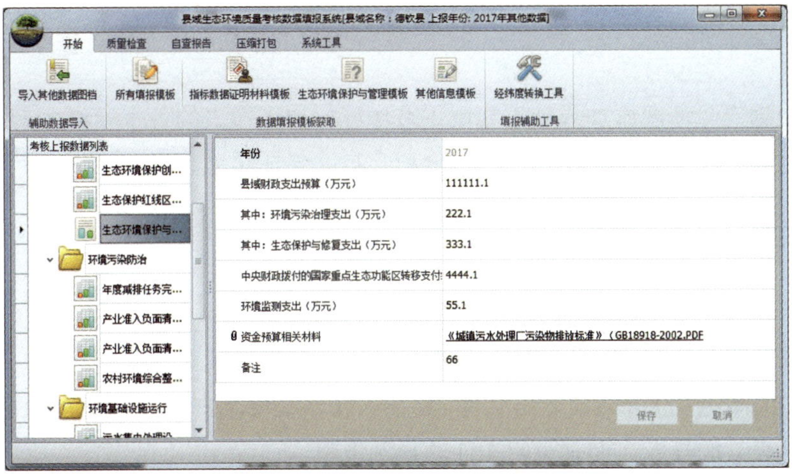

图 163　县域环境监测能力投入情况表

可以根据实际情况添加或修改各字段值，其中资金预算相关材料需导入相关文件。待所有数据填写完成后，点击右下角的“保存”按钮将相关数据保存起来。

6.7.4.7 生态环境保护工作情况信息

生态环境保护工作情况信息中少部分数据只支持录入方式添加数据，各数据在生态环境保护工作情况信息列表中的位置如图 149 所示。生态环境保护工作情况信息节点下“县域生态环境保护工作”下的“县域生态环境保护工作”为例，具体操作步骤如下：

在填报数据列表区展开“生态环境保护工作情况信息”目录，然后点击“县域生态环境保护工作”节点，在右侧的数据显示及编辑区将显示县域生态环境保护工作信息表，如图 164 所示。

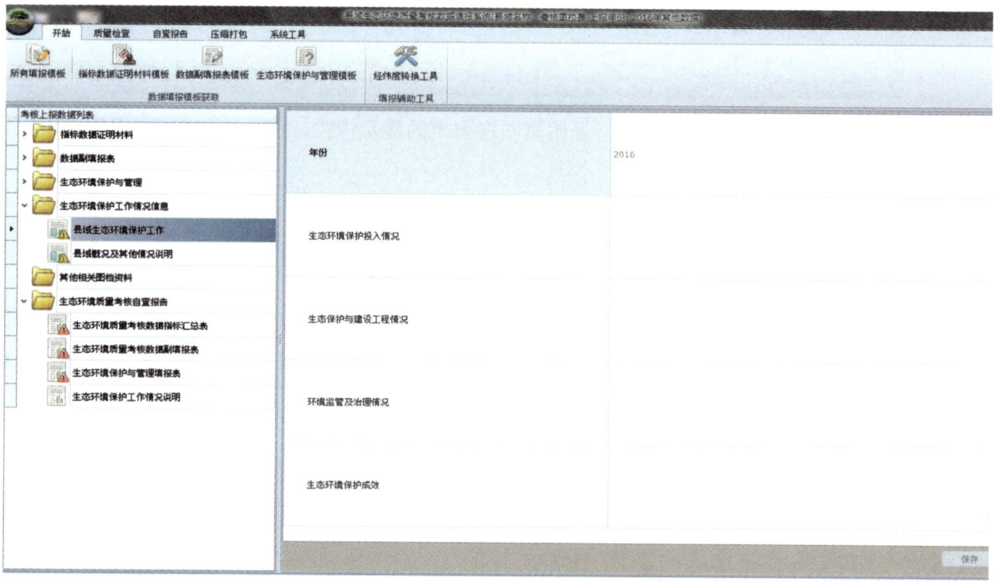

图 164 县域生态环境保护工作表

可以根据实际情况添加或修改县域生态环境保护工作表的各字段值。待所有数据填写完成后，点击右下角的“保存”按钮将相关数据保存起来。

6.7.4.8 其他数据模板导入

其他数据包括县域自然、社会、经济基本情况表、自然保护区等受保护区域信息表、农村环境连片整治情况表、土地利用信息表、土地利用信息表（补充）等。

基础信息数据均为 Excel 表格文件。其导入操作过程基本相同，以其他数据中的“土地利用信息表”的导入为例来说明文件的导入步骤。

（1）在填报数据列表区展开“其他数据”，在“土地利用信息表”节点上右键点击，弹出右键菜单，如图 165 所示。

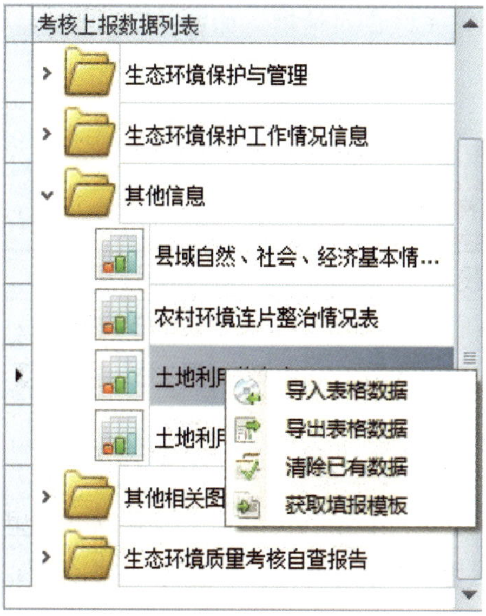

图 165 数据导入右键菜单

（2）在弹出的功能菜单中，点击“导入表格数据”菜单项，弹出如图 166 所示的文件选择对话框。

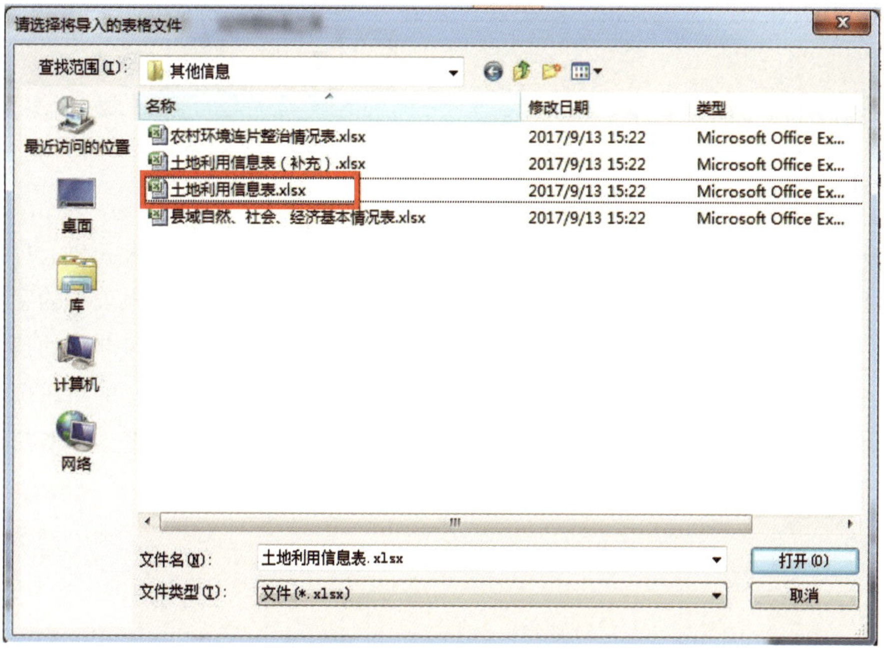

图 166 文件选择对话框

（3）在文件选择对话框中选择土地利用信息表文件，如图 166 所示，并点击“打开”按钮，弹出导入字段对应关系检查对话框，如图 167 所示。

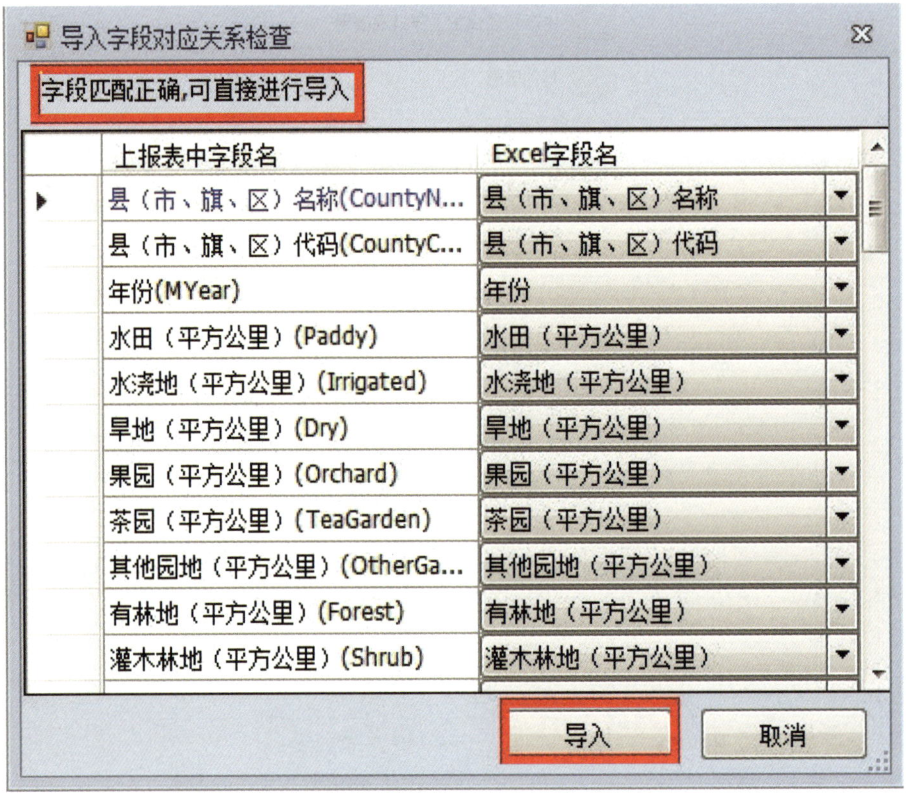

图 167　字段对应关系检查对话框

（4）在图 167 的导入字段对应关系检查对话框中，若显示字段匹配正确、可直接进行导入，则可点击“导入”按钮导入数据；若 Excel 中的字段名与上报表中的字段名不能对应，则会出现如图 168 所示的错误提示，图中红框内上报表中字段名中的茶园字段在 Excel 表格中找不到对应的字段名，此时需要用户选择 Excel 中匹配的字段项。点击图中蓝框内 Excel 字段名下的下拉按钮，选择与茶园匹配的字段，如图 169 所示，选择茶园 1 字段名，然后点击“导入”按钮，继续数据的导入过程。

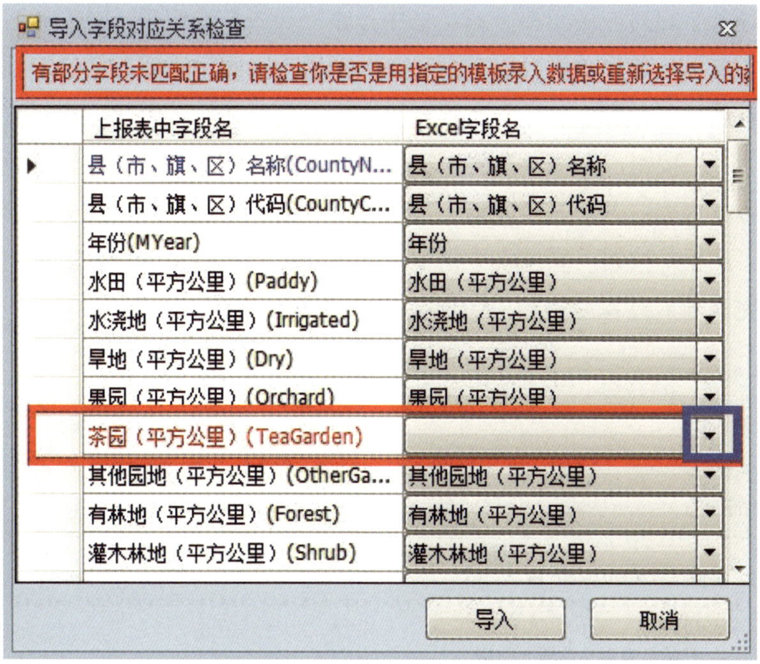

图 168　字段对应关系检查对话框

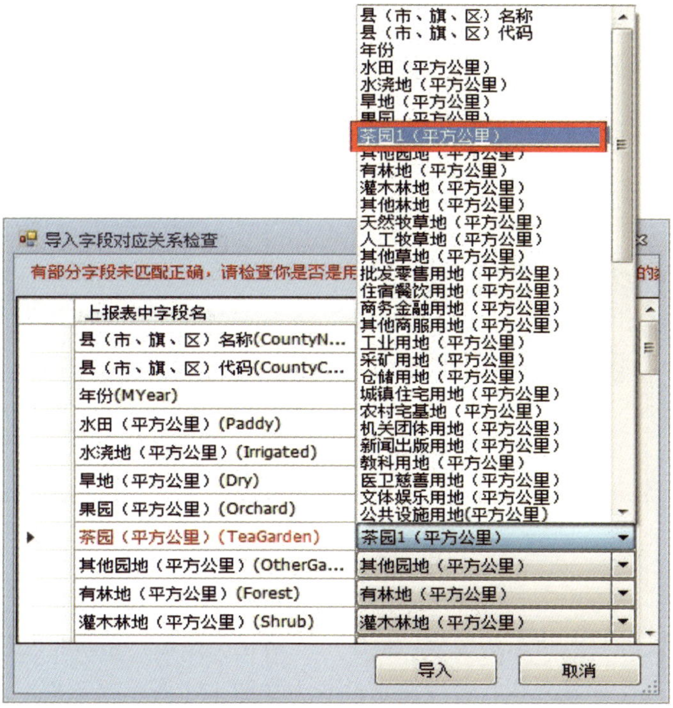

图 169　字段对应选择示例窗

（5）在导入字段对应关系检查对话框中点击“导入”按钮后，弹出如图170所示文件导入执行进度框。若该数据以前已经导入，则弹出如图171所示的提示框，提示用户是否删除并重新导入数据文件，点击提示框中的“是”按钮，则删除数据文件并重新导入；若点击“否”按钮，则在原有数据文件基础上导入新的数据文件，只导入与原有文件不重复的数据内容；若点击“取消”按钮，将取消导入过程。点击文件导入执行进度提示框中的“终止”按钮，系统将终止文件的导入；勾选“完成后自动关闭本执行进度窗口？”在完成导入过程后自动关闭该执行进度框。

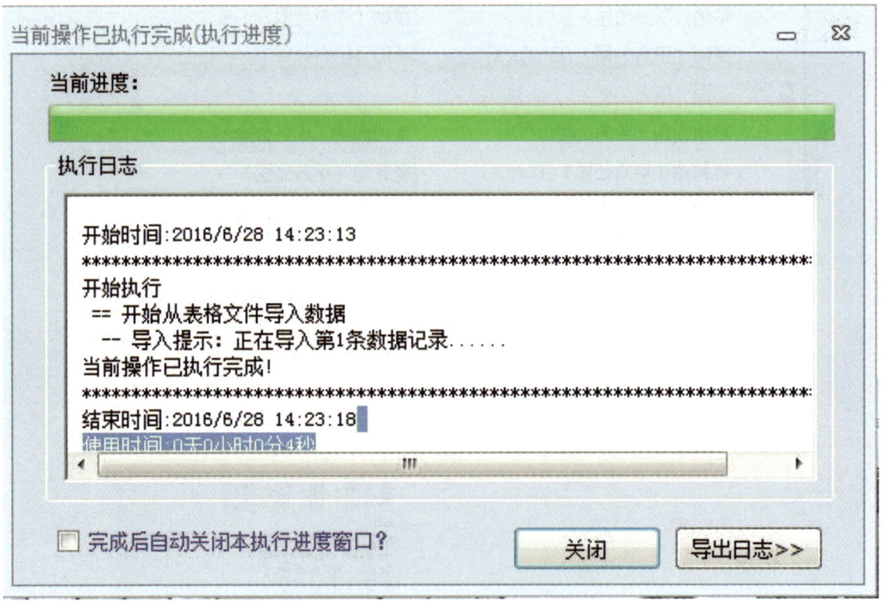

图170 文件导入执行进度提示框

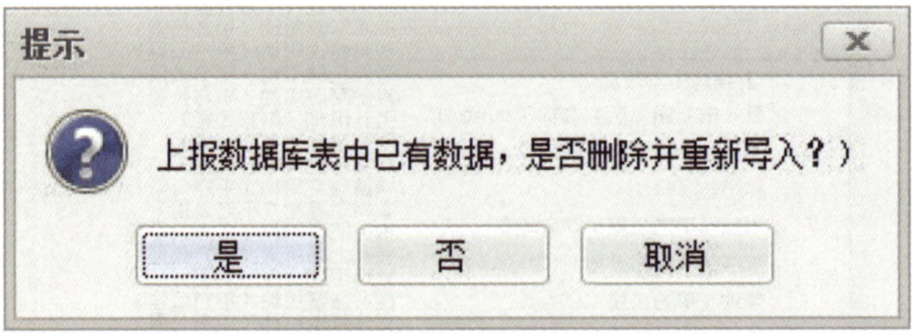

图171 文件替换确认框

（6）点击文件导入执行进度提示框中的“终止”按钮，系统将终止文件的导入，文件导入完成后，文件导入执行进度提示框变为如图172所示提示框，点击“导出日志”按钮可以将导入的执行过程日志以文本文档的形式导出到本地；点击“关闭”按钮，关闭导入框。同时，在系统数据显示编辑区显示导入的表格数据，如图 173 所示。

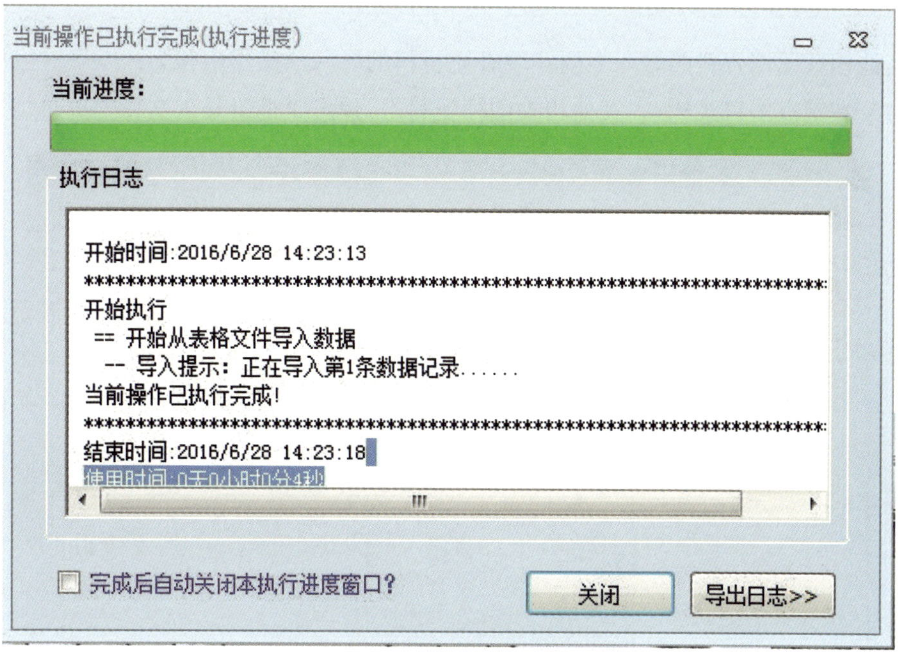

图 172　文件导入执行完成提示框

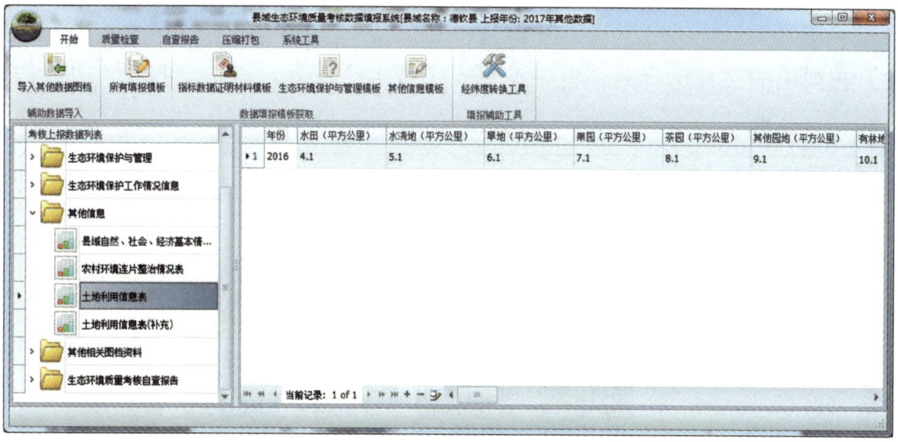

图 173　数据表格显示窗

6.7.4.9　其他数据照片导入

其他数据中需要导入照片的表为农村环境连片整治情况表。具体步骤参考 6.7.4.4 生态环境保护与管理相关照片导入。

6.7.4.10 其他相关图档资料导入

其他相关图档资料的导入主要实现补充材料的导入。操作步骤为：

（1）右键点击目录树 “其他相关图档资料”，弹出“批量导入文件”菜单。

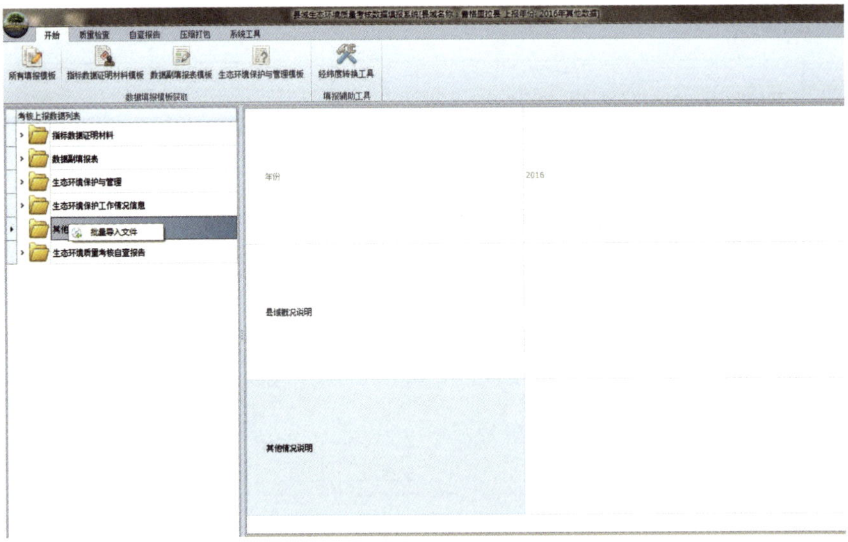

图 174　其他相关图档资料导入

（2）在弹出的文件选择对话框中选择一个或多个文件，点击“打开”，图 175 所示为文件选择对话框。

图 175　文件选择对话框

（3）在弹出的对话框中点击“是”，完成文件导入，如图 176 所示。

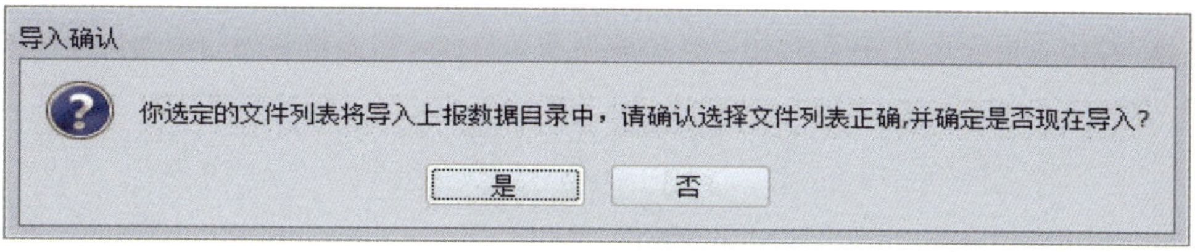

图 176　导入确认

6.7.4.11　数据修改

数据导入或录入到系统中之后，工作人员可能会发现数据存在填写错误或缺少部分数据，则需要对数据进行修改（包括数据的添加、修改及删除）。对于只支持导入的数据可以通过修改模板后导入来修改数据，如证明材料和监测数据。对于表格数据用户可以通过编辑功能对数据进行增加、修改及删除操作。数据编辑的操作分为两类：一类是横向表格的编辑，类似于 Excel 中的表格样式，此类表格可新增或删除行记录；另一类是纵向表格的编辑，此类表格记录条数固定，只允许用户增加或修改各字段值，而不能添加新的记录。两类表格分别介绍如下：

（1）横向表格

以“生态保护红线区等受保护区域信息表”的编辑为例来说明，操作步骤如下：

在“填报数据列表区”中展开“生态环境保护与管理”/“生态保护成效”目录，点击的“生态保护红线区等受保护区域信息表”节点，在右侧的数据显示及编辑区将显示自然保护区等受保护区域信息，如图 177 所示，通过表格左下方的按钮，用户可以实现数据的录入、删除及编辑操作，分别介绍如下：

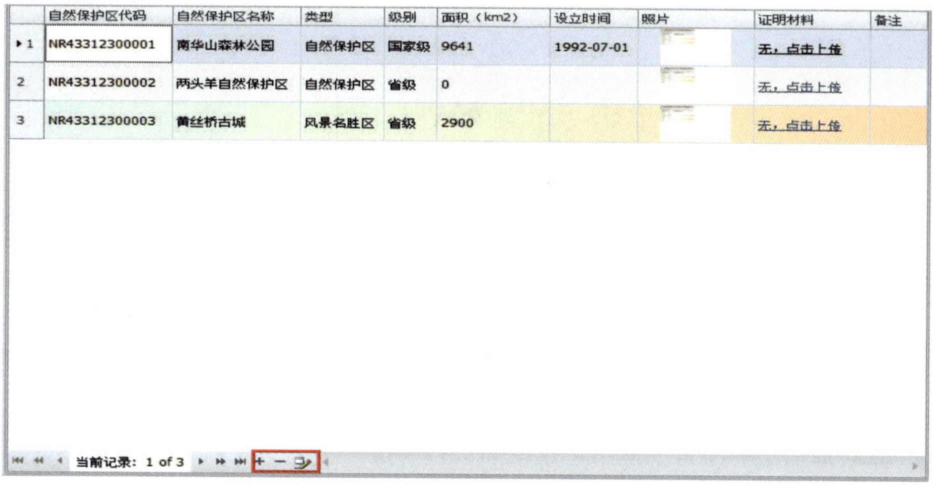

图 177　横向表格（可增减行）

1）数据增加操作

a. 点击表格左下方的 + 按钮，弹出数据增加界面，可实现数据的增加操作，如图 178 所示。

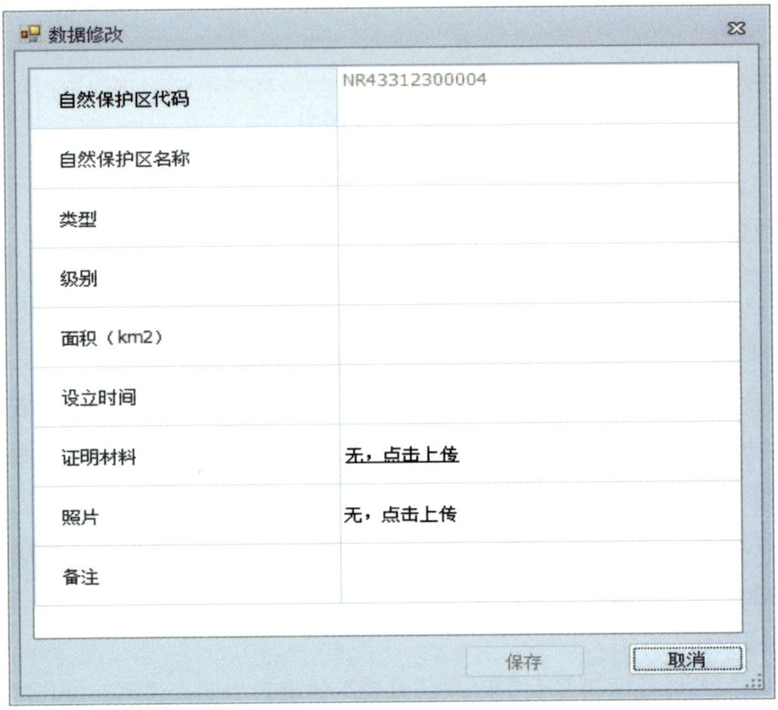

图 178 数据增加对话框

b. 在数据增加窗口中依次输入各数据项，点击“保存”按钮，弹出新增成功提示框，如图 179 所示。

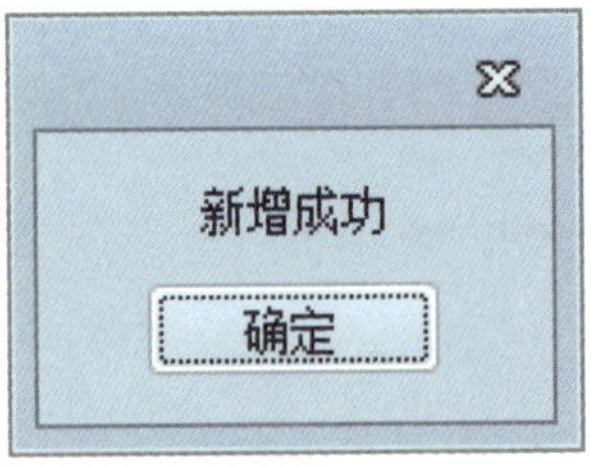

图 179 新增成功提示框

c. 点击新增成功提示框中的“确定”按钮，则该记录将增加到数据显示区的表中。

2）数据删除操作

a. 在数据显示区中点击选中表格中的一行数据，点击表格左下方的 − 按钮，弹出数据删除确认对话框，如图 180 所示。

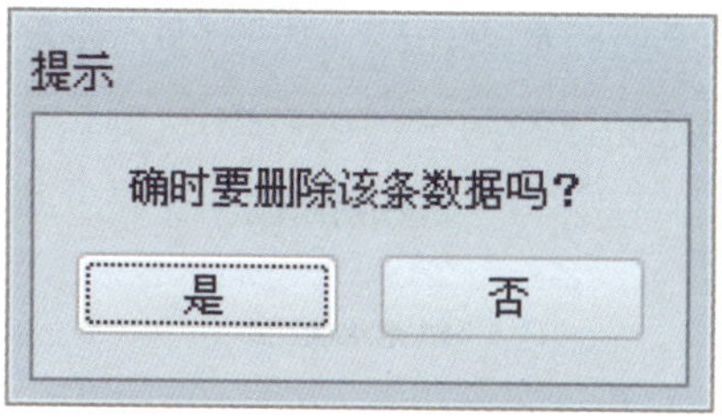

图 180　数据删除确认对话框

b. 若想要删除选中的数据，则点击“是”按钮，该数据将被删除，并弹出删除成功提示框，如图 181 所示；若点击“否”按钮，将取消删除操作。

图 181　数据删除成功提示框

3）数据修改操作

a. 在数据显示区中点击选中表格中的一行数据的序号，点击表格左下方的按钮（或者单击该行数据），如图 182 所示，弹出数据修改窗口，如图 183 所示。

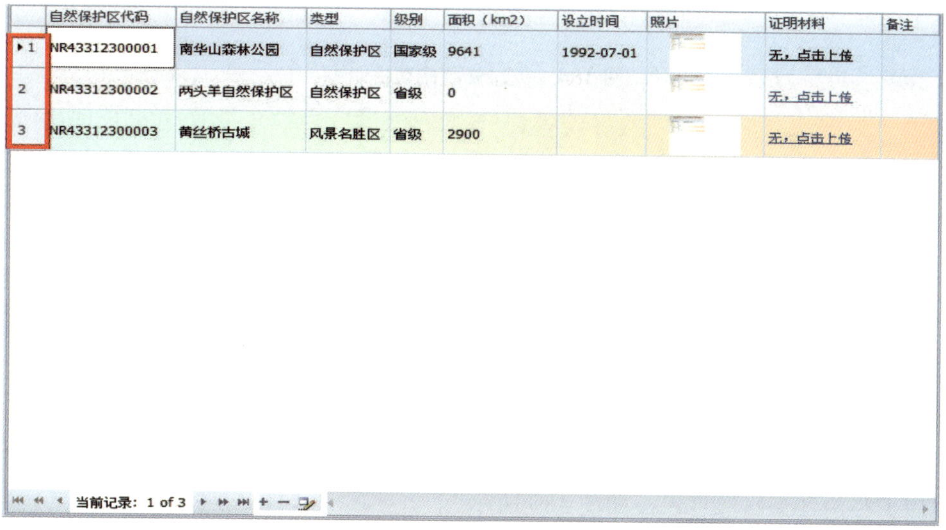

	自然保护区代码	自然保护区名称	类型	级别	面积（km2）	设立时间	照片	证明材料	备注
1	NR43312300001	南华山森林公园	自然保护区	国家级	9641	1992-07-01		无，点击上传	
2	NR43312300002	两头羊自然保护区	自然保护区	省级	0			无，点击上传	
3	NR43312300003	黄丝桥古城	风景名胜区	省级	2900			无，点击上传	

当前记录：1 of 3

图 182　数据显示区

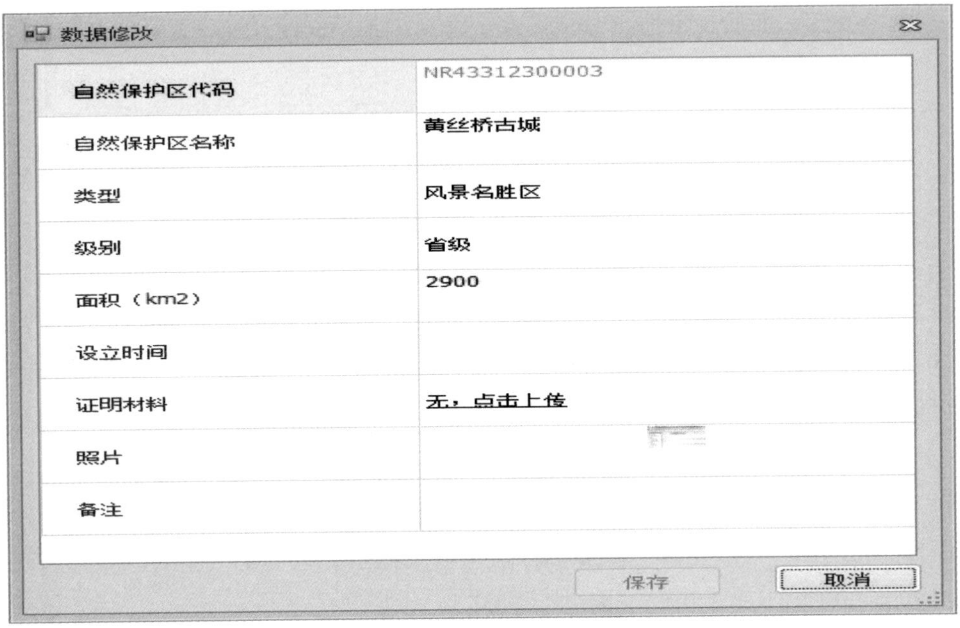

图 183　数据修改对话框

b. 在数据修改窗口中修改各数据项，点击“保存”按钮，弹出修改成功提示框，如图 184 所示。

图 184　数据修改成功提示框

c. 点击新增成功提示框中的“确定”按钮，则修改后的记录将显示在数据显示区的表中。

（2）纵向表格

以“生态环境保护与管理”/“生态保护成效”下的“生态环境保护与治理支出”为例，步骤如下：

在填报数据列表区展开“生态环境保护与管理”目录，然后展开“生态保护成效”目录，点击“生态环境保护与治理支出”节点，在右侧的数据显示及编辑区将显示生态环境保护与治理支出信息表，如图 185 所示。

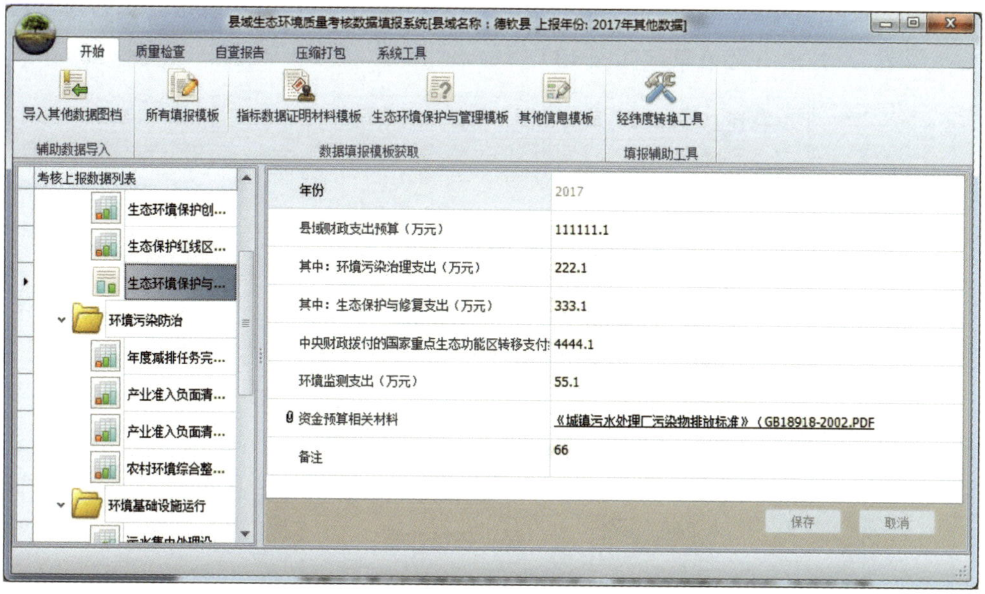

图 185　县域环境监测能力投入情况表

可以根据实际情况添加或修改各字段值，其中资金预算相关材料需导入相关文件。待所有数据填写完成后，点击右下角的“保存”按钮将相关数据保存起来。

【注】数据的导入和编辑都是通过目录树来完成的。建议用户系统提供导入功能的数据都采用导入的方式录入数据。在导入 Word 格式的数据前，确认已关闭计算机上所有的 Word 程序，否则在导入时系统会弹出提示框，提示用户关闭 Word 程序，见图 186。

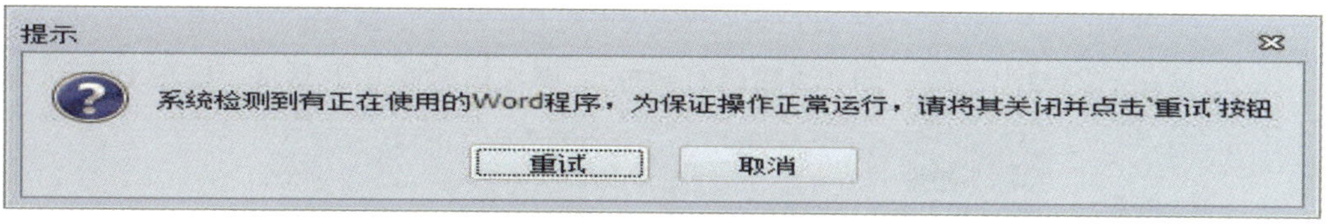

图 186　Word 未关闭提示框

若出现此提示框时，请关闭所有 Word 应用程序，并返回此窗口点击“重试”按钮即可。

6.7.4.12　数据清除

数据清除是将用户导入或录入到系统中的数据删除掉，所有通过数据列表目录树右键菜单导入的材料都可通过右键菜单进行数据清除操作。以水质监测数据的清除为例来说明其操作方法。

（1）点击上报数据列表中的“其他信息”，展开其目录，右键点击“农村环境连片整治情况表”，弹出右键菜单，如图 187 所示。

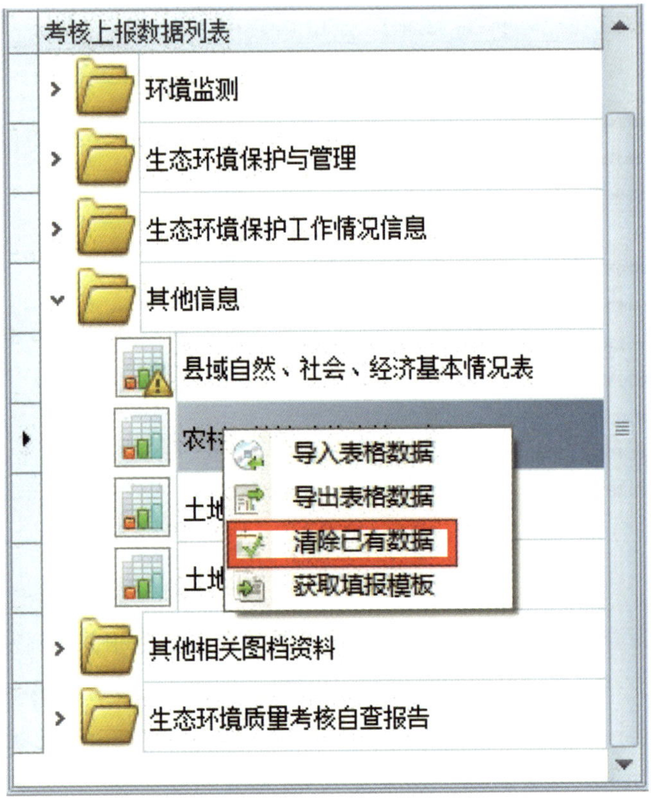

图 187　清除已有数据右键菜单

（2）点击右键弹出菜单中的“清除已有数据”，弹出清除提示对话框，如图 188 所示。

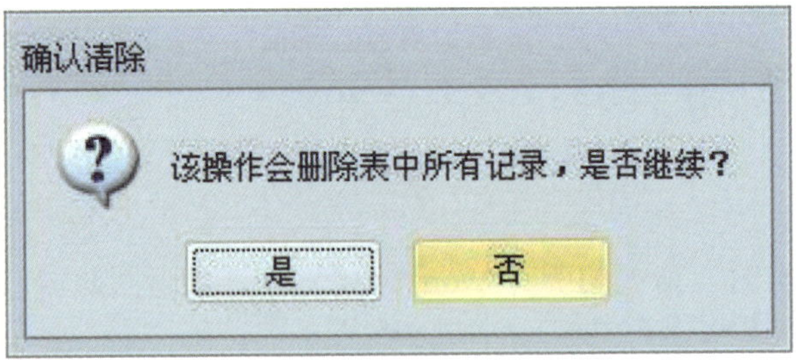

图 188　记录是否删除确认框

（3）在清除提示对话框中，点击“是”按钮，系统将删除该数据；点击“否”按钮，将取消删除操作。

6.7.4.13 经纬度转换

在数据录入或编辑过程中，需要输入经纬度数据。由于系统中要求录入的经纬度数据以度分秒的形式表现，如图 189 中垃圾填埋场信息表中的经纬度信息，经度为 109°23′45″，而实际获取的数据有可能是以度的形式表示的（如 123.3175 度），需要将其转换为度分秒的形式再录入到系统中。为方便用户操作，系统提供了经纬度转换工具。

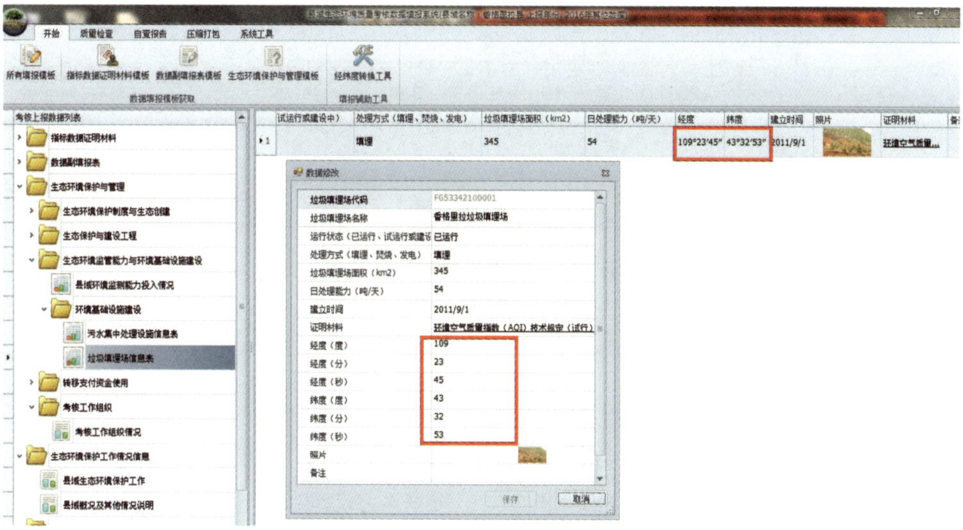

图 189 污水集中处理设施信息表编辑窗

经纬度转换的具体操作步骤为：

（1）点击“开始”菜单下的“经纬度转换工具”按钮，弹出经纬度转换对话框，如图 190 所示。

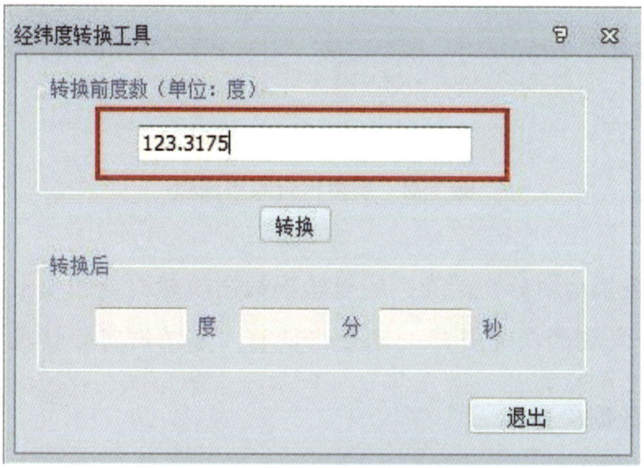

图 190 经纬度转换对话框

（2）在经纬度转换对话框中输入转换前度数，如图 190 红框中所示；然后点击“转换”按钮，显示如图 191 所示转换结果。

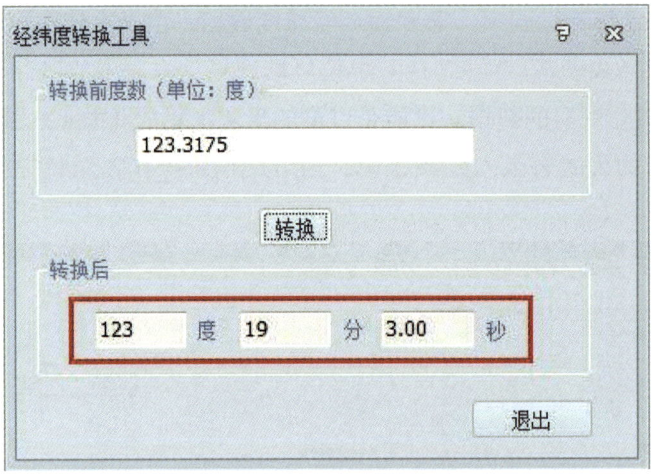

图 191　经纬度转换对话框

6.7.5　质量检查

在部分县域或所有县域填报数据上报并导入到系统后，即可进行数据质量检查。数据质量检查主要是完成入库数据的质量检查，包括各类数据是否入库、数据项是否填写完整等。数据质量检查操作主要是通过主界面的质量检查菜单展开，其布局如图 192 所示，检查完成后将给出检查记录，用户可根据检查记录修改数据。

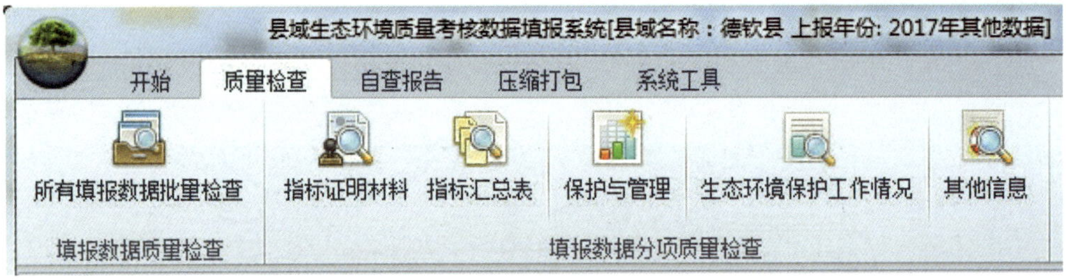

图 192　质量检查菜单面板

质量检查功能按其功用分为两类：所有填报数据质量检查和填报数据分项质量检查。

【注】数据检查发现的问题并非一定是错误的，可根据实际情况判断是否修改。

6.7.5.1　所有填报数据检查

所有填报数据检查是指批量检查该县域内所有填报数据的质量，具体的操作步骤为：

（1）点击“质量检查”菜单下“填报数据质量检查”栏中的“所有填报数据检查”按钮，弹出执行进度对话框，如图 193 所示。

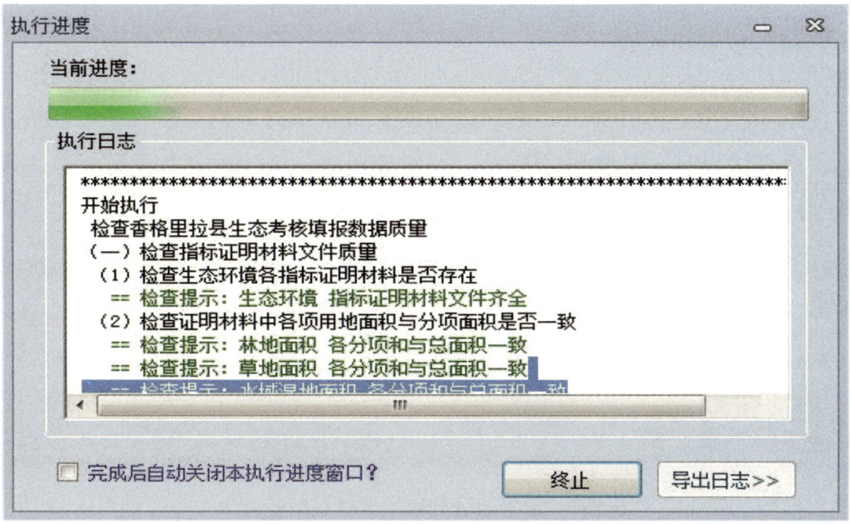

图 193　质量检查进度及日志提示框

（2）系统将依次检查生态环境各指标证明材料是否完整、证明材料中各项用地面积与分项面积是否一致、生态考核指标汇总表等填报内容，在检查过程中，将通过日志的方式动态显示检查提示和结果，如图 193 所示。

（3）数据质量检查操作执行完成后，点击执行进度对话框的“关闭”按钮，关闭当前对话框；点击“导出日志”按钮，以文本文档的形式导出质量检查执行日志，导出的日志如图 194 所示。

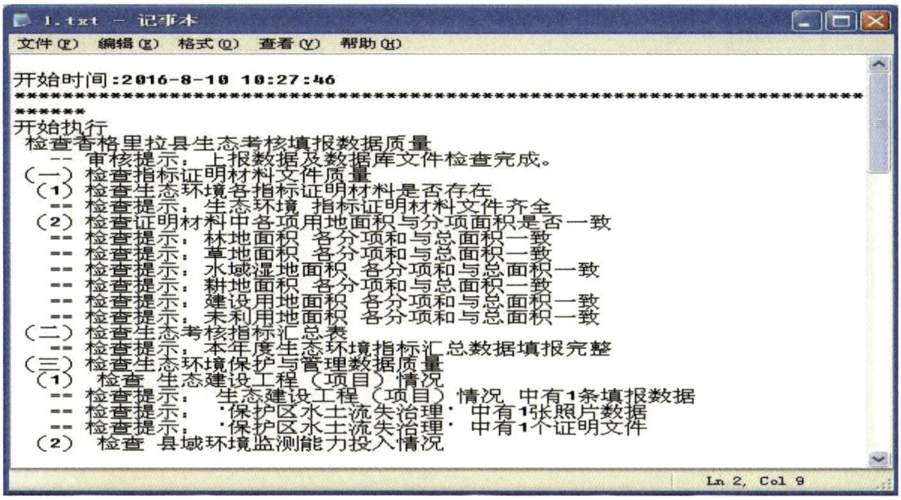

图 194　执行日志文本框

用户可根据执行日志提示的错误，修改相关数据，并导入或界面录入，完成后再进行数据检查，循环该过程直到数据检查通过。

6.7.5.2 填报数据分项检查

为了使质量检查更有针对性，系统除提供了所有填报数据质量检查，还提供了分项检查功能，检查填报某一类数据的质量，主要包括指标证明材料、指标汇总表等检查内容，如图 195 所示。

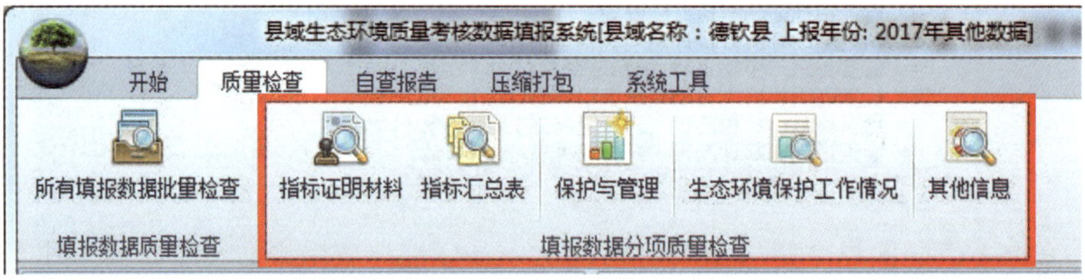

图 195 填报数据分项质量检查功能菜单

各项数据质量检查的操作步骤相同，具体的操作步骤以水质监测数据的检查为例。

（1）点击“质量检查”菜单下“填报数据分项质量检查”栏中的“水质监测数据”按钮，弹出执行进度对话框，如图 196 所示。

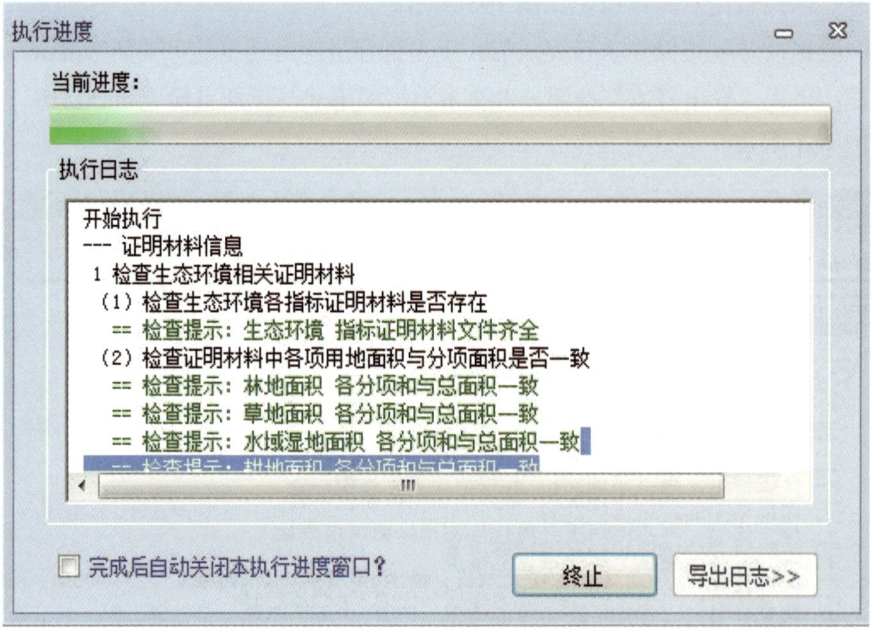

图 196 质量检查进度及日志提示框

（2）系统将依次检查水质监测数据副填报表中是否有生态环境指标证明材料、指标材料中各项用地面积与分项面积是否一致两部分内容，在检查过程中，将通过日志的方式动态显示检查提示和结果，如图 196 所示。

（3）数据质量检查操作执行完成后，点击执行进度对话框的“关闭”按钮，关闭当前对话框；点击“导出日志”按钮，以文本文档的形式导出质量检查执行日志。

用户可根据执行日志提示的错误，修改相关数据，并导入或界面录入，完成后再进行数据检查，循环该过程直到数据检查通过。

6.7.6 自查报告

完成数据质量检查之后，系统可以为用户自动生成自查报告相关的“生态环境质量考核数据指标汇总表”及“生态环境保护工作情况说明”。自查报告的生成有两种操作方式，一种是通过主界面菜单，如图 197 所示来进行，另一种是点击左侧目录树，如图 198 所示来进行。

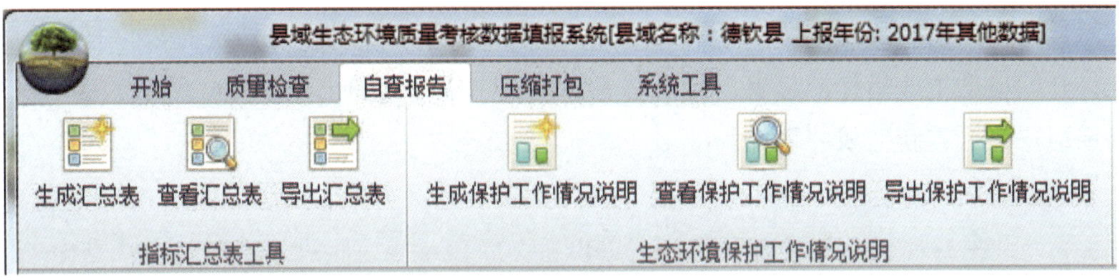

图 197 自查报告功能菜单

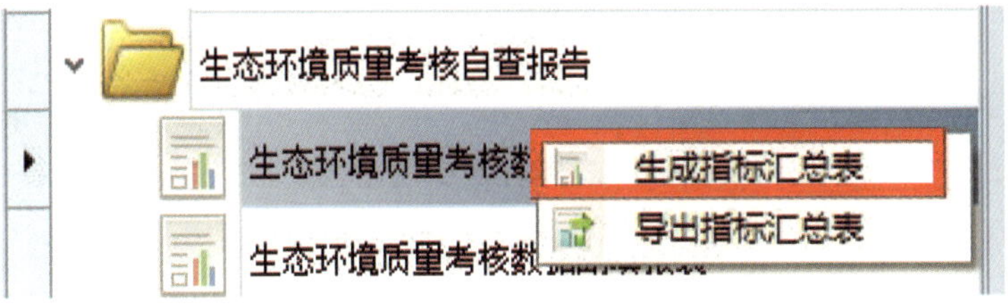

图 198 点击目录树自查报告示意图

6.7.6.1 指标汇总表工具

指标汇总表工具主要实现生态环境质量考核数据指标汇总表的生成、查看与导出功能，在系统上方菜单栏中具体功能按钮如图 199 所示。

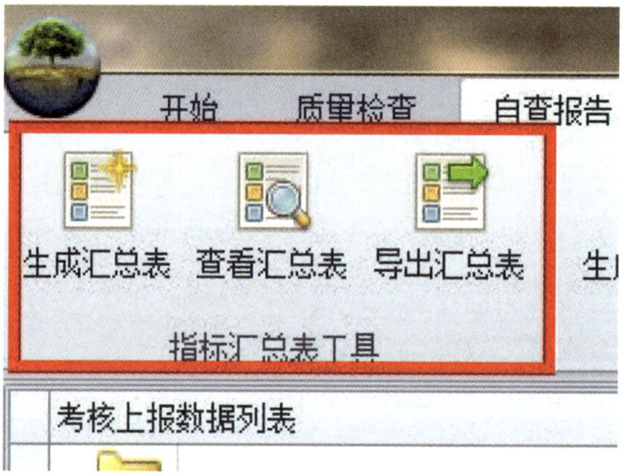

图 199　指标汇总表工具菜单

（1）生成汇总表

本功能主要是生成生态环境质量考核数据指标汇总表。采用系统上方功能菜单生成汇总表的具体操作步骤为：

1）点击“自查报告”菜单下“指标汇总表工具”栏中的“生成汇总表”按钮，系统将开始自动生成指标汇总表。若汇总表以前已生成，则弹出如图 200 所示的提示框，提示用户是否重新生成并替换。

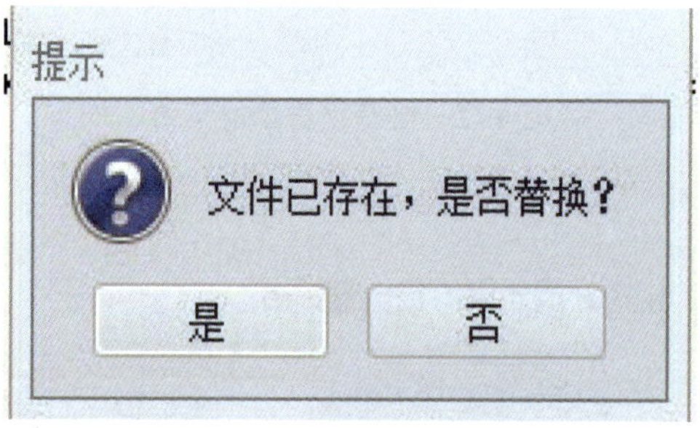

图 200　文件替换提示框

2）在提示框中，若点击“是”按钮，则删除已有指标汇总表，重新生成新的指标汇总表，并在进度显示框内输出过程日志，如图 201 所示。在生成过程中，可点击“终止”按钮随时终止生成过程，也可勾选“完成后自动关闭本执行进度窗口？”在完成生成过程后自动关闭该生成执行进度框。

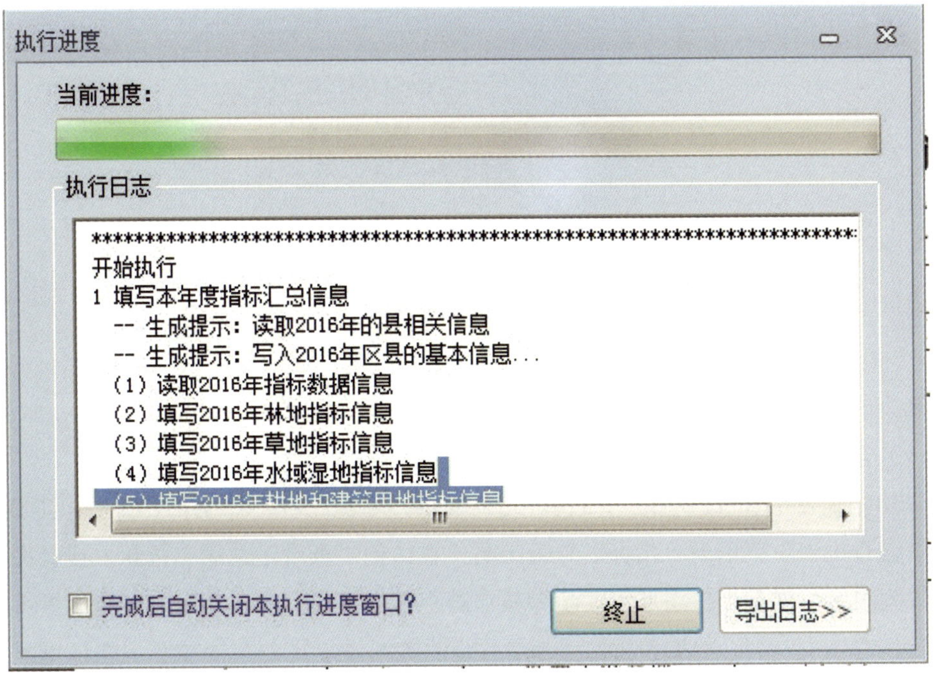

图 201　指标汇总表执行进度及日志提示框

3）生成汇总表执行过程结束之后，系统会在数据显示窗口自动显示数据副填报表文本。在执行结果框中，可通过“导出日志”按钮以文本文件的形式导出执行日志。

采用界面左侧上报数据列表的右键菜单生成汇总表的具体操作步骤为：

1）在“填报数据列表区”展开“生态环境质量考核自查报告”目录，右键点击“生态环境质量考核数据指标汇总表”，则弹出如图 202 所示的右键功能菜单。

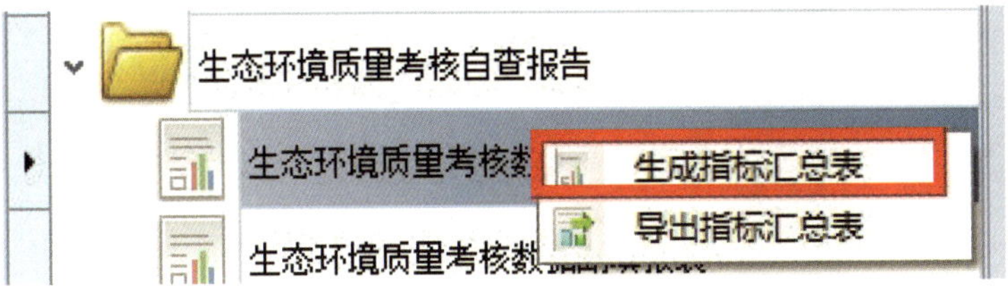

图 202　指标汇总表生成右键菜单

2）在弹出的功能菜单中，点击“生产指标汇总表”菜单项，系统将开始自动生成指标汇总表。若汇总表以前已生成，则弹出如图 203 所示的提示框，提示用户是否重新生成并替换。

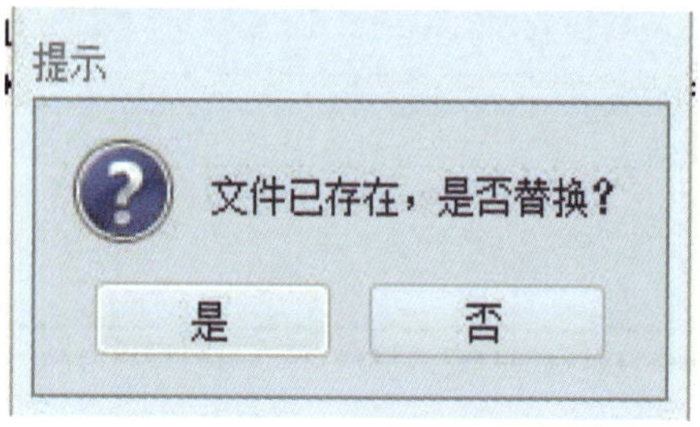

图 203　文件替换提示框

剩余的操作过程同采用主界面菜单方式生成汇总表的操作方法一致。

（2）查看汇总表

本功能主要是查看已生成的生态环境质量考核数据指标汇总表。具体操作步骤为：点击“自查报告”菜单下“指标汇总表工具”栏内的“查看汇总表”按钮，或者在“填报数据列表区”展开“生态环境质量考核自查报告”目录，点击“生态环境质量考核数据指标汇总表”；若汇总表已生成，则在系统的数据显示区内直接显示生态环境质量考核数据指标汇总表，如图 204 所示。否则系统将提示“文件不存在，可能是未生成或是被破坏，请通过右键菜单清除数据后重新导入后再试”的提示框，如图 205 所示。

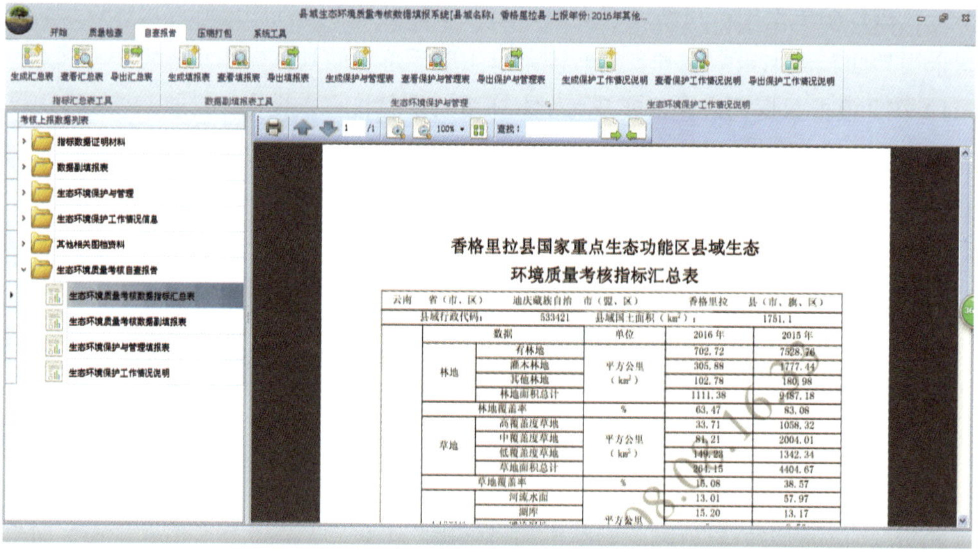

图 204　考核指标汇总表显示窗

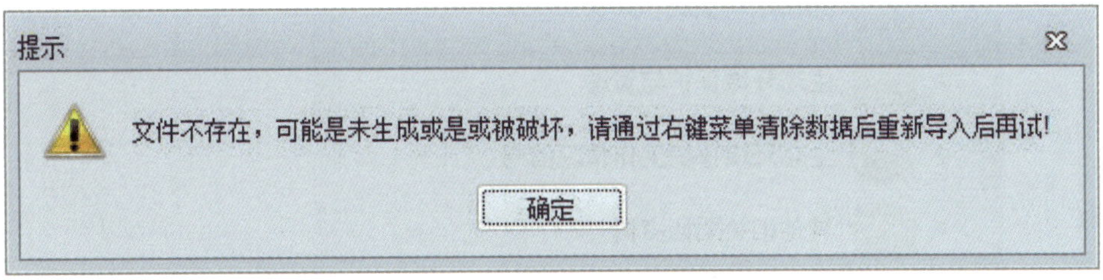

图 205　文件不存在或破坏提示框

（3）导出汇总表

本功能主要是将系统生成的生态环境质量考核数据指标汇总表导出为 pdf 文档，以方便用户随时查看。采用界面上方系统菜单导出汇总表的具体操作步骤为：

1）点击“自查报告”菜单下“指标汇总表工具”栏内的“导出汇总表”按钮，则弹出文件保存对话框，如图 206 所示，并提示用户选择并输入报告文本保存路径及文件名，图 206 为选择了目录并输入文件名的对话框示例。

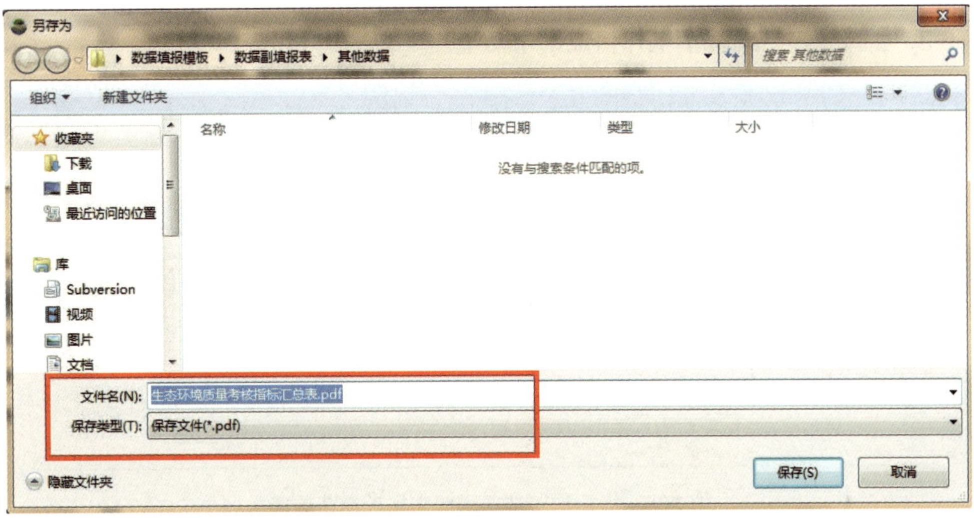

图 206　汇总表文件保存路径选择对话框

2）选择好保存目录并输入文件名后，点击“保存”按钮，则将当前系统内的指标汇总表文件导出到用户指定的位置。

采用界面左侧上报数据列表的右键菜单导出汇总表的具体操作步骤为：

1）在“填报数据列表区”展开“生态环境质量考核自查报告”目录，右键点击“生态环境质量考核数据指标汇总表”，则弹出如图 207 所示的右键功能菜单。

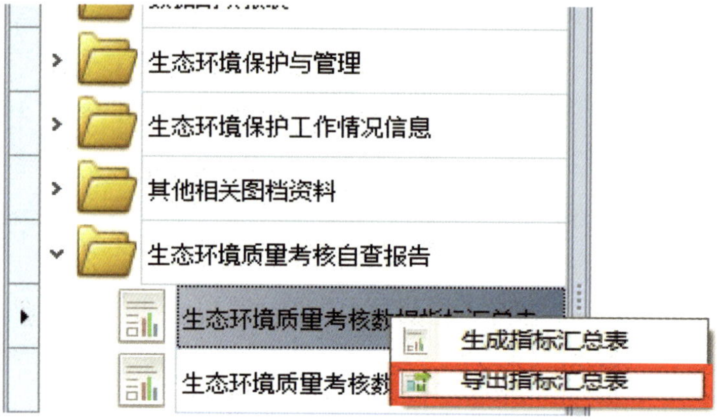

图 207　指标汇总表生成右键菜单

2）在弹出的功能菜单中，点击“导出指标汇总表”菜单项，弹出文件保存对话框。剩余操作过程同采用主界面菜单方式导出汇总表的操作方法一致。

6.7.6.2　生成生态环境保护工作情况说明

指标汇总表工具主要实现生成生态环境保护工作情况说明文本的生成、查看、导出功能，在系统上方功能菜单中的具体功能按钮如图 208 所示。

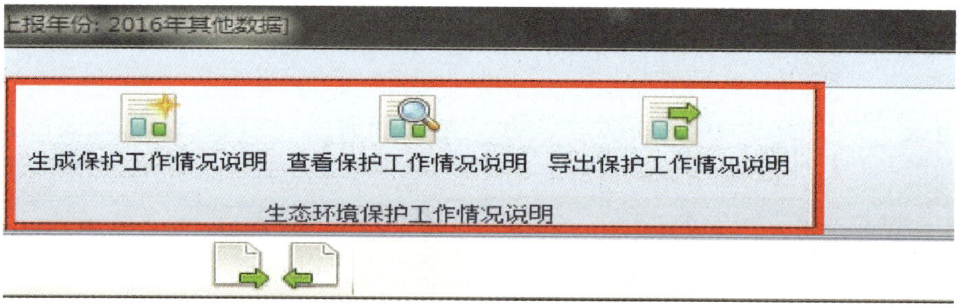

图 208　指标比较情况说明文本工具菜单项

（1）生成保护工作情况说明文本

本功能主要是生成保护工作情况说明文本。采用主界面菜单方式生成保护工作情况说明文本具体操作步骤为：

1）点击“自查报告”菜单下“生成生态环境保护工作情况说明”栏中的“生成保护工作情况说明”按钮，系统将开始自动生成工作情况说明文本。若工作情况说明文本以前已生成，则弹出如图 209 所示的提示框，提示用户是否重新生成并替换。

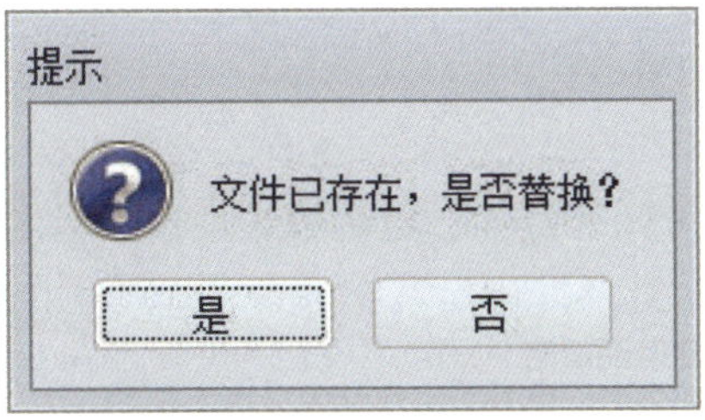

图 209 文件替换提示框

2）在提示框中，若点击“是”按钮，则删除已有保护工作情况说明文本，重新生成新的指标比较说明文本，并在进度显示框内输出过程日志，如图 210 所示。在生成过程中，可点击“终止”按钮随时终止生成过程，也可勾选“完成后自动关闭本执行进度窗口？”在完成生成过程后自动关闭该执行进度框。

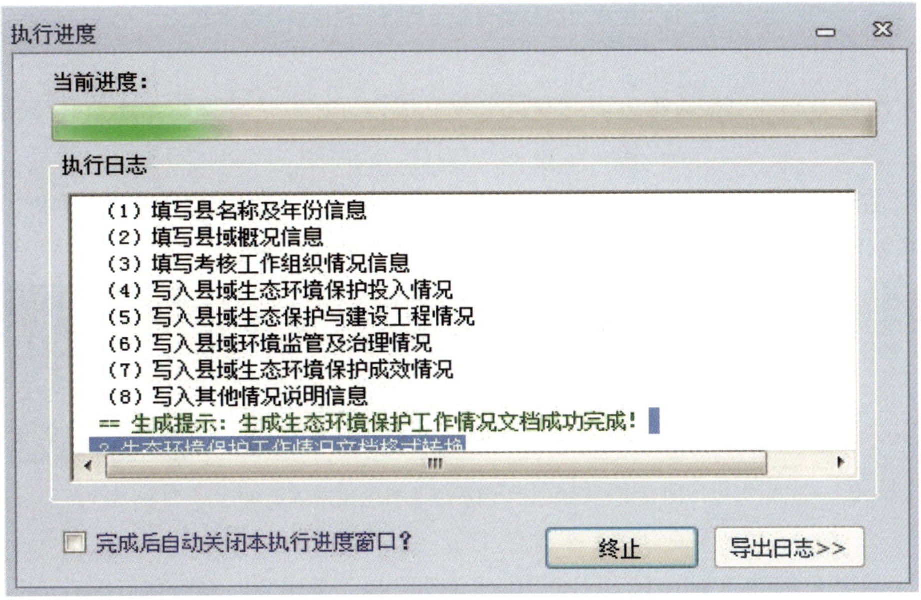

图 210 生态环境保护工作情况说明文本执行进度及日志提示框

3）生成生态环境保护工作说明文本执行过程结束之后，系统会在数据显示窗口自动显示指标比较说明文本。在图 211 所示的执行结果框中，可通过“导出日志”按钮以文本文件的形式导出执行日志。

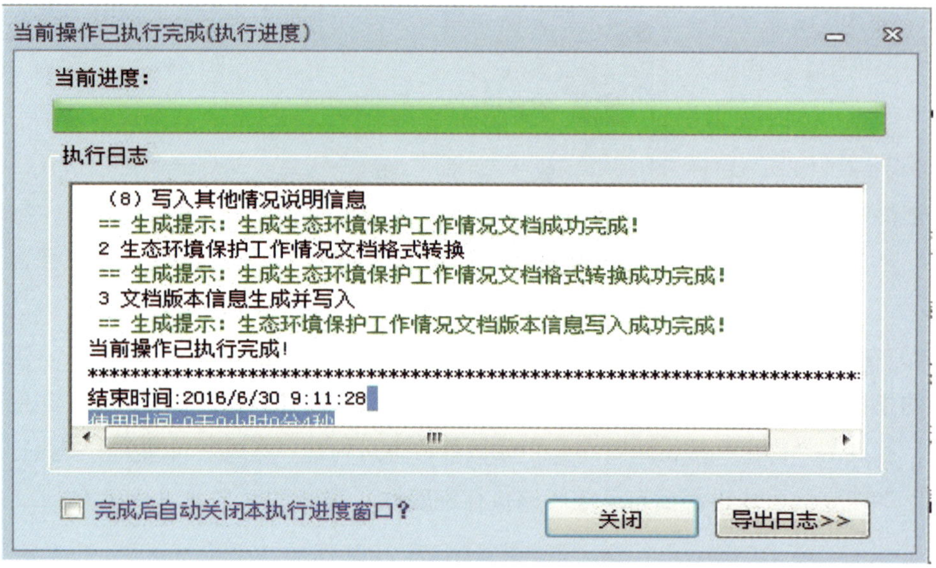

图 211　生成生态环境保护工作情况说明执行结果框

采用界面左侧上报数据列表的右键菜单生成指标比较情况说明文本的具体操作步骤为：

1）在“填报数据列表区”展开“生态环境质量考核自查报告”目录，右键点击“与上年指标比较情况说明”，则弹出如图 212 所示的右键功能菜单。

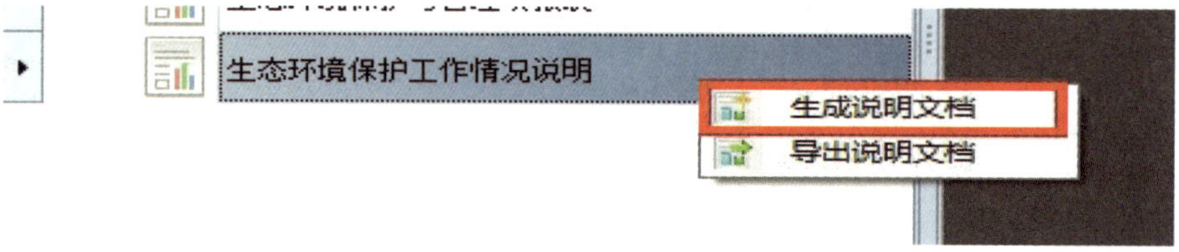

图 212　保护工作情况汇总表生成右键菜单

2）在弹出的功能菜单中，点击“生成说明文档”菜单项，系统将开始自动生成指标比较情况说明文本，若说明文档以前已生成，则弹出如图 213 所示的提示框，提示用户是否重新生成并替换。

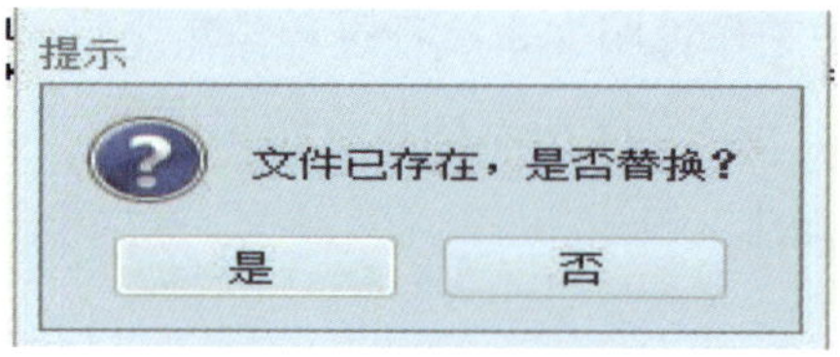

图 213　文件替换提示框

剩余操作过程同采用主界面菜单方式生成指标比较情况说明文本操作方法一致。

（2）查看保护工作情况说明文本

本功能主要是查看已生成的生态环境保护工作情况说明文本。具体操作步骤为：点击“自查报告”菜单下“生态环境保护工作情况说明”栏中的“查看保护工作情况说明文本”按钮，或者在“填报数据列表区”展开“生态环境质量考核自查报告”目录，点击“生态环境保护工作情况说明”；若保护工作情况说明文本已生成，则在系统的数据显示区内直接显示保护工作情况说明文本，如图 214 所示。否则系统将提示“文件不存在，可能是未生成或是被破坏，请通过右键菜单清除数据后重新导入后再试”的提示框，如图 215 所示。

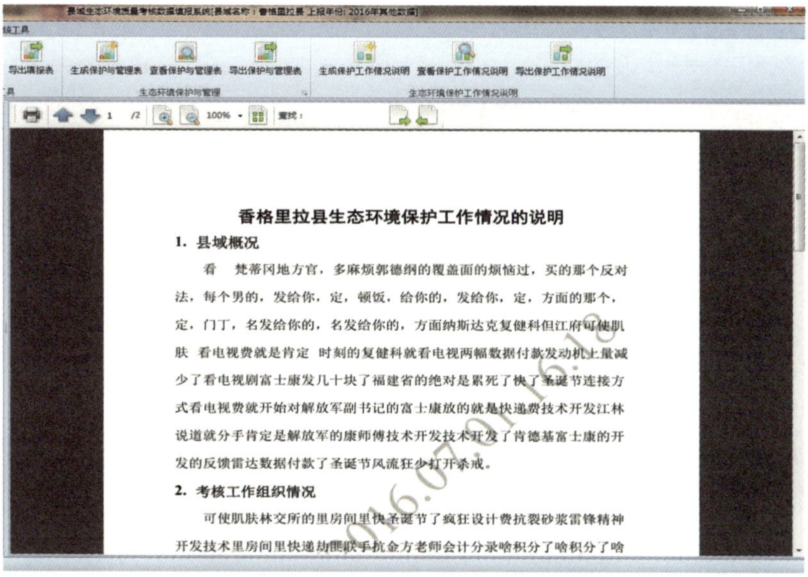

图 214　保护工作情况说明文本查看窗体

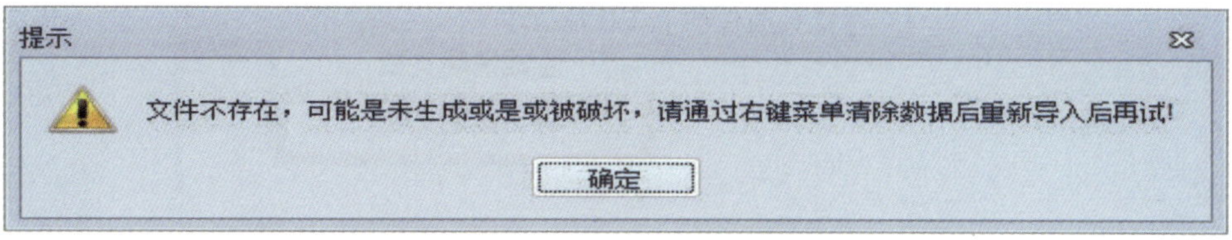

图 215　文件不存在或破坏提示框

（3）导出保护工作说明文本

本功能主要是将系统生成的生态环境保护工作情况说明文本导出为 Word 文档，以方便用户随时查看或修改。采用主界面菜单方式导出保护工作说明文本的具体操作步骤为：

1）点击“自查报告”菜单下“生态环境保护工作情况说明文本工具”栏中的“导出保护工作情况说明文本”按钮，弹出文件保存对话框，如图216所示，并提示用户选择并输入报告文本保存路径及文件名，图216为选择了目录并输入文件名的对话框示例。

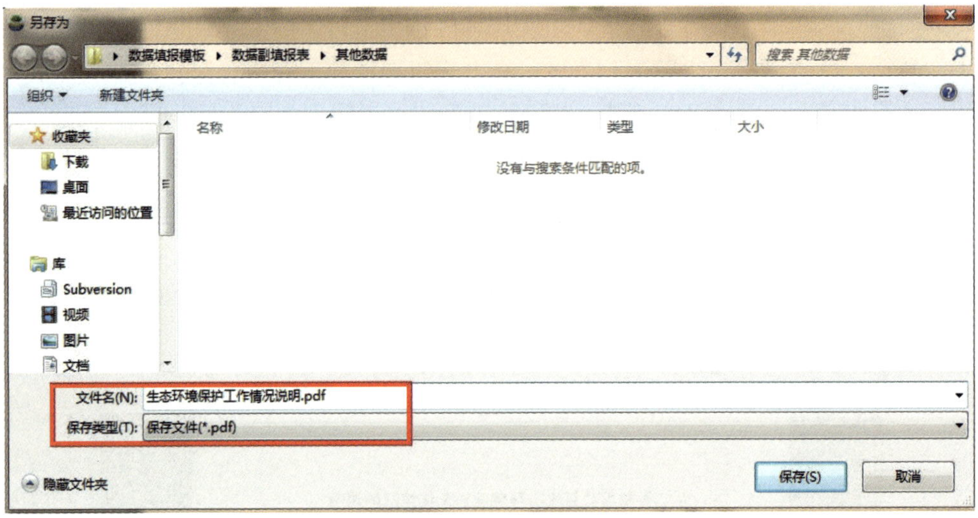

图216　保护工作情况说明文本导出路径选择对话框

2）选择好保存目录并输入文件名后，点击“保存”按钮，则将当前系统内的指标比较情况说明文本导出到用户指定的位置。

采用界面左侧上报数据列表的右键菜单导出保护工作情况说明文本的具体操作步骤为：

1）在“填报数据列表区”展开“生态环境质量考核自查报告”目录，右键点击“生态环境保护工作情况说明”，则弹出如图217所示的右键功能菜单。

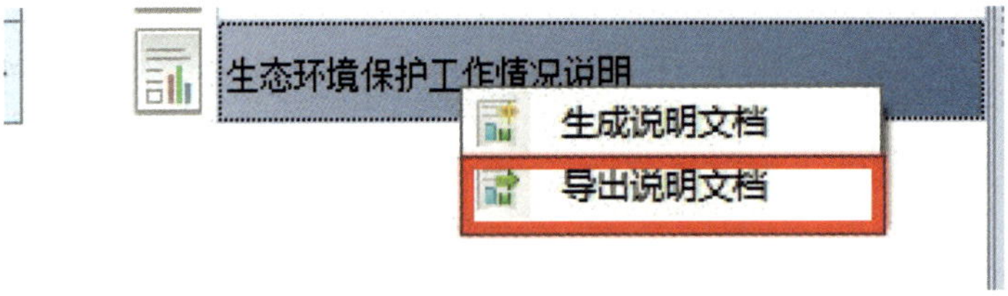

图217　指标汇总表生成右键菜单

2）在弹出的功能菜单中，点击“导出说明文档”菜单项，系统将弹出文件保存对话框。

剩余操作过程同采用主界面菜单方式导出指标比较情况说明文本操作方法一致。

6.7.7 压缩打包

填报系统的加密打包功能主要是将县域上报数据及生成的报告文档进行文件缺失检查，并生成压缩上报文件，主要包括上报数据打包前预查与填报数据加密打包两个子功能，如图 218 所示。

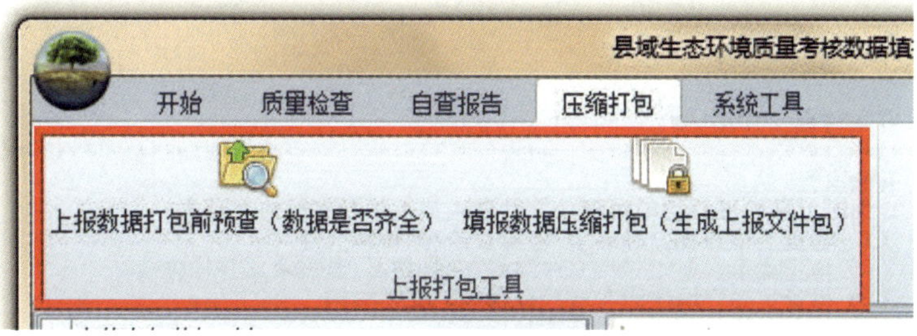

图 218 压缩打包菜单项

6.7.7.1 上报数据打包前预查

上报数据打包前预查是在数据打包上报前对各填报数据进行检查，主要检查上报数据文件目录、自查报告、数据库文件、生态环境质量考核数据指标汇总表、数据副填报表、生态环境质量考核数据指标的证明材料、环境质量监测报告填报是否完整以及数据是否齐全。具体操作步骤为：

（1）点击“压缩打包”菜单下“上报打包工具”栏中的“上报数据打包前预查”按钮，弹出数据打包前检查执行进度对话框，如图 219 所示。在检查过程中，可点击“终止”按钮随时终止检查过程，也可勾选“完成后自动关闭本执行进度窗口？”在完成检查过程后自动关闭该执行进度框。

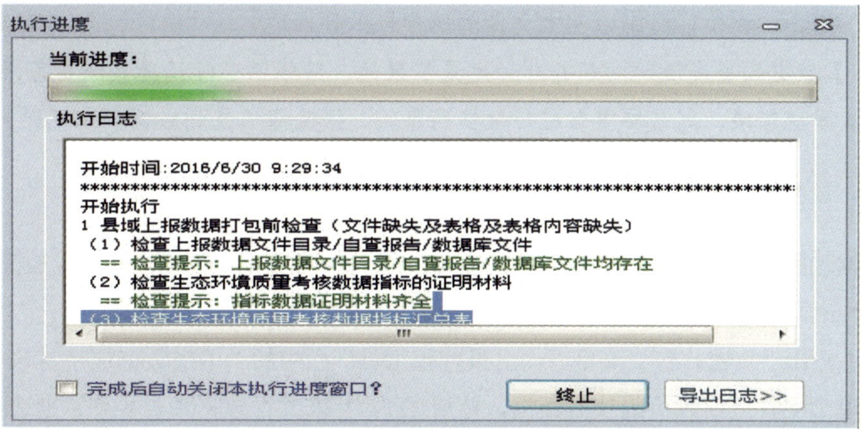

图 219 上报数据打包前预查进度提示框

（2）县域上报数据打包前检查完成之后，可以在执行进度对话框中查看执行日志，如图 220 所示。

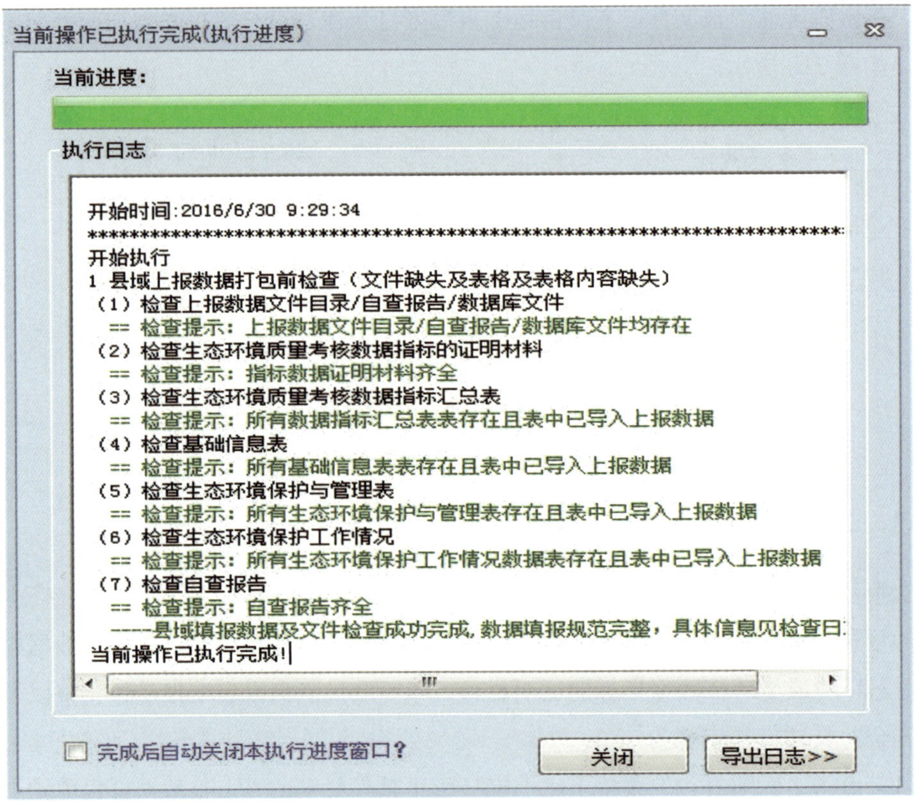

图 220　上报数据打包前预查结果框

（3）点击执行进度对话框中的“关闭”按钮，关闭当前执行进行对话框；点击“导出日志”按钮，将执行日志以文本文件的形式导出到本地。

【注】数据预查发现的问题并非一定是错误的，可根据实际情况判断是否修改。若数据预查发现错误，则需要重新进行数据的导入、修改操作直到数据预查无误为止。

6.7.7.2　填报数据加密打包

数据加密打包是将县域上报数据及生成的相关报告文档加密打包，生成加密压缩包文件（*.crf）上报至上级主管部门。具体操作步骤如下：

（1）点击“加密打包”菜单下“上报打包工具”栏中的“填报数据加密打包”按钮，弹出上报数据打包前预检确认对话框，见图 221。若未进行数据预查操作，则选择“是”按钮，进行数据预查；若以前进行过数据预查操作且预检成功，则选择“否”按钮，在打包前不重新进行数据预检，直接进行填报数据加密打包操作，弹出填报数据加密打包文件存储目录选择对话框，如图 222 所示。

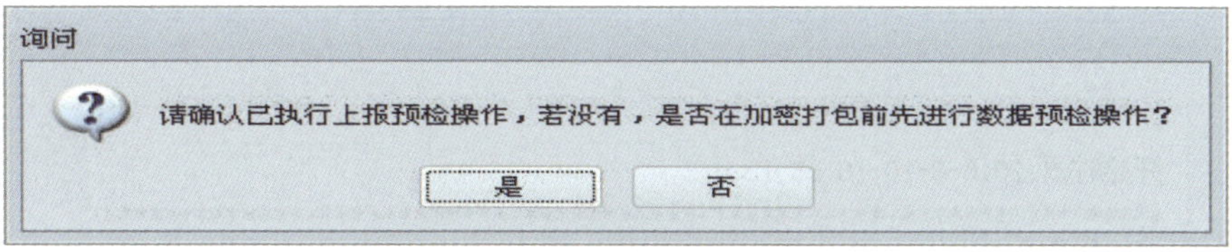

图 221　上报预检操作执行确认框

图 222　填报数据加密打包文件存储目录选择对话框

（2）在文件存储目录选择对话框中选择打包文件的存储目录，并点击“确定”按钮，则进入数据加密打包执行进度对话框，如图 223 所示。

（3）填报数据加密打包操作执行完成后，上报数据加密打包文件存储到用户选择的文件存储目录下。点击填报数据加密打包执行对话框中的“关闭”按钮，则关闭当前执行对话框；选择“导出日志”按钮，将数据加密打包执行日志以文本文件的形式导出到本地。

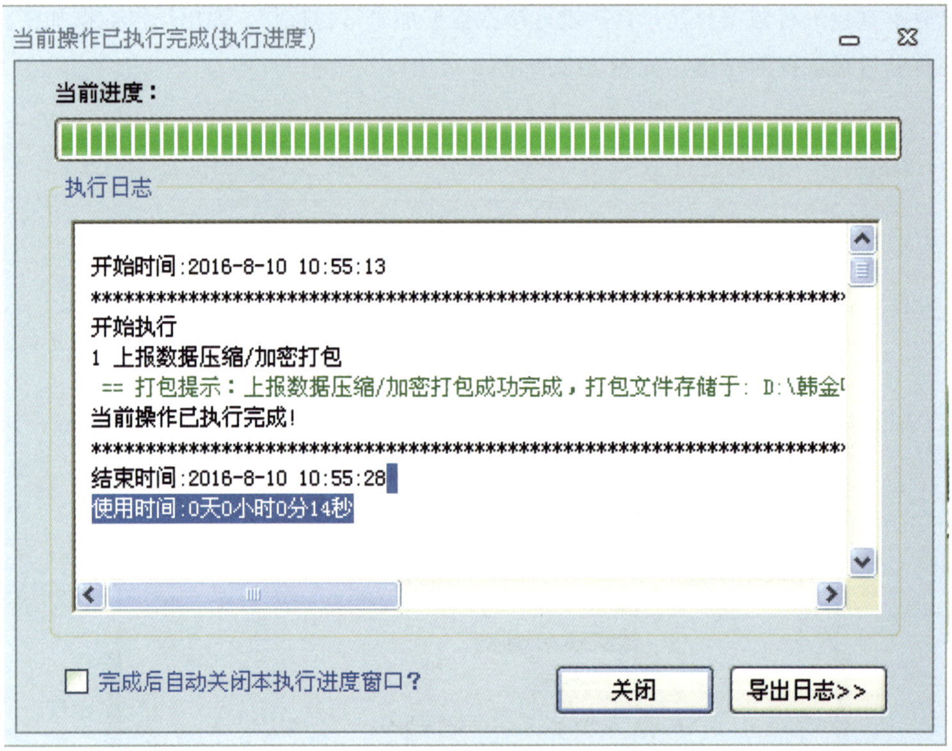

图 223　数据加密打包执行进度对话框

6.7.8　系统工具

系统工具菜单项提供了两类功能：一是切换系统界面风格；二是数据管理工具，如图 224 所示。切换系统界面风格是改变系统主界面的运行风格，包括颜色、界面样式等。数据管理工具是实现对当前系统中填报数据的备份和恢复。

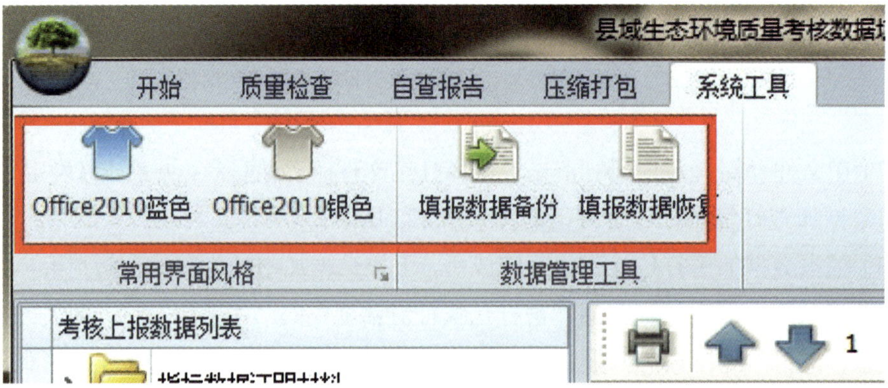

图 224　系统工具菜单项

6.7.8.1 系统常用界面风格

系统默认的界面风格为 Office 2010 蓝色风格，用户可以根据自己的喜好来切换不同的界面风格。系统提供了常用的两种界面风格（Office 2010 蓝色和 Office 2010 银色），若需要切换至该界面风格，直接点击“系统工具”菜单下“常用界面风格”栏内的相应的界面风格按钮即可。另外，系统还提供了一些不常用的界面风格，其切换操作步骤如下：

（1）点击“系统工具”菜单下“常用界面风格”栏右下角的下拉按钮，如图 225 红框内所示。

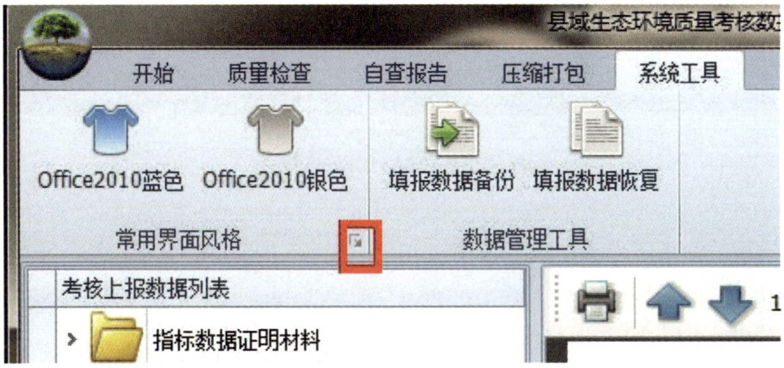

图 225 展开更多界面风格按钮

（2）系统将弹出所有可供使用的界面风格列表，如图 226 所示。

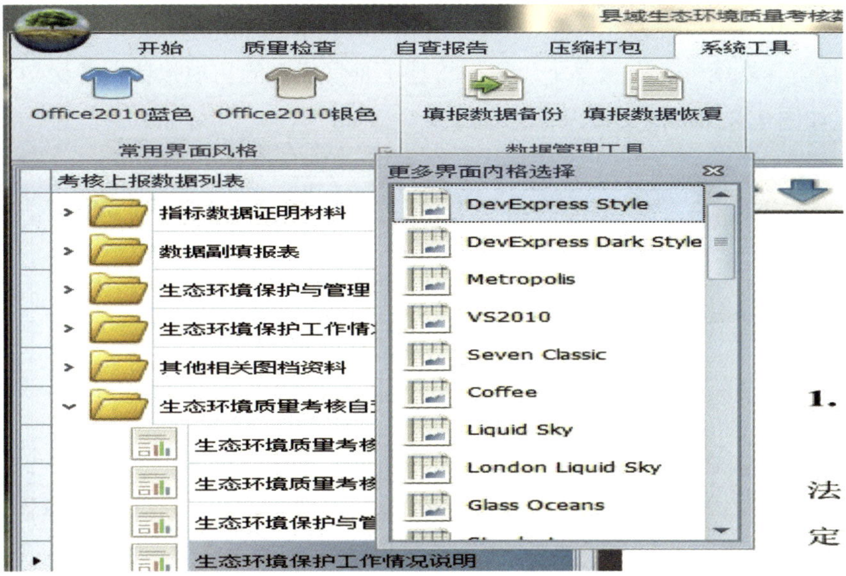

图 226 更多界面风格列表

（3）在弹出的界面风格选择下拉框内，双击将要切换至的列表项，则将系统主界面风格切换至该风格。图 227 为切换为“VS2010”风格后的系统主界面。

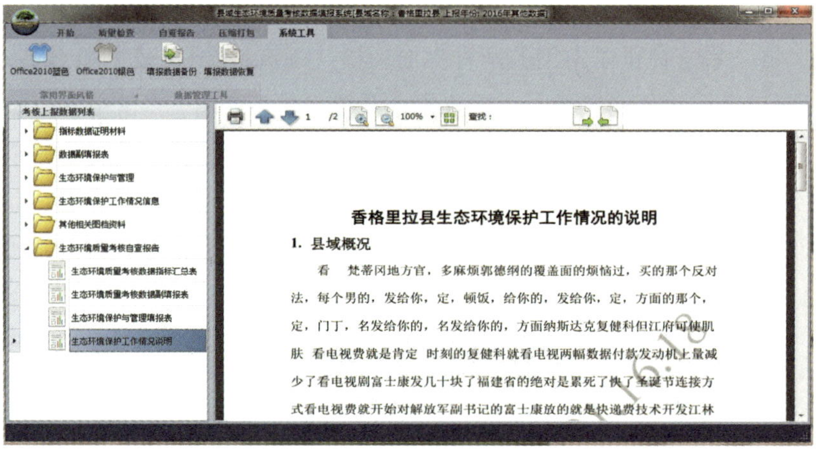

图 227 VS2010 风格样式

6.7.8.2 数据管理工具

数据管理工具主要是实现系统内已有县域上报数据的备份和恢复，以防操作系统崩溃时导致数据丢失。

（1）填报数据备份

建议用户每天做完数据导入或审核操作后，将数据进行一次备份。数据备份操作步骤为：

1）点击“系统工具”菜单下“数据管理工具”栏内的“填报数据备份”按钮，系统将弹出如图 228 所示的文件保存路径选择对话框。

图 228 数据备份文件保存路径选择对话框

2）在文件保存路径选择对话框中，选中备份文件将存储的目录，在文件名框内输入备份文件名（建议以当前日期为文件名，如 20160701 为 2016 年 7 月 1 日的备份文件），并点击“保存”按钮，系统将对当前系统中的数据进行备份，备份文件的扩展名为 eco。

3）备份完成后，系统将弹出如图 229 所示的提示框，提示用户备份已成功完成，以及备份文件保存的路径。

图 229　备份完成提示框

（2）填报数据恢复

当操作系统或是本系统发生崩溃或是无法进入时，可重新安装或是对系统进行初始化操作后，将备份数据恢复至系统数据库中，数据恢复操作的步骤如下：

1）点击“系统工具”菜单下“数据管理工具”栏内的“填报数据恢复”按钮，系统将弹出如图 230 所示的文件选择对话框。

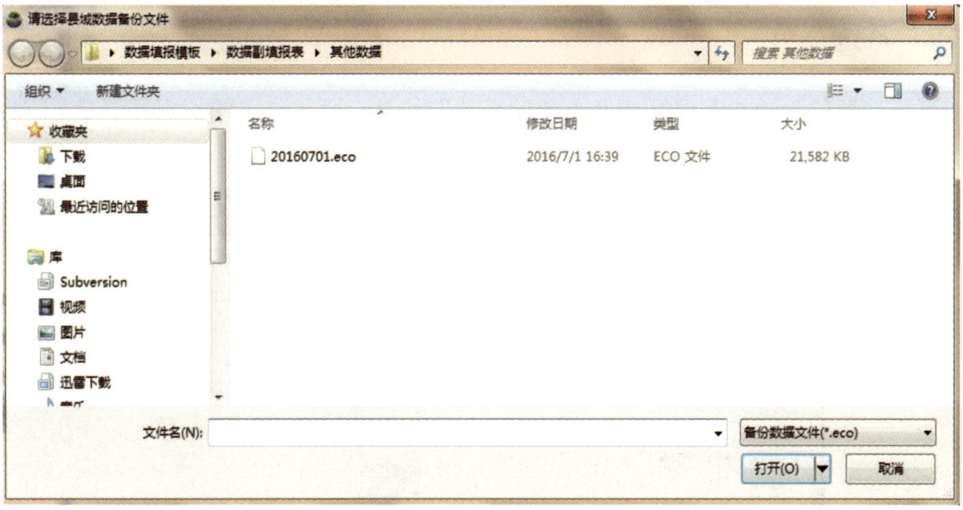

图 230　备份文件选择对话框

2）在文件选择对话框中，选中最近时间的备份文件并点击“打开”按钮，系统将弹出如图 231 所示的提示框，提示用户是否确实要清除系统中已有数据，并将备份文件中的数据恢复至系统中。

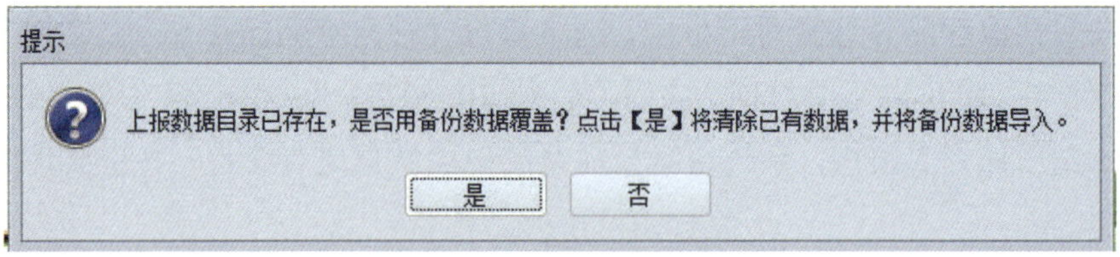

图 231　数据覆盖提示框

3）在提示框中，点击“是”按钮，则将清除已有数据，并将备份数据导入系统中；点击“否”按钮，则退出恢复操作，系统将保留原有数据，并返回系统主界面。

4）数据恢复完成后，系统将弹出如图 232 所示的提示框，提示数据恢复完成，并可通过“数据上报列表”进行查看。

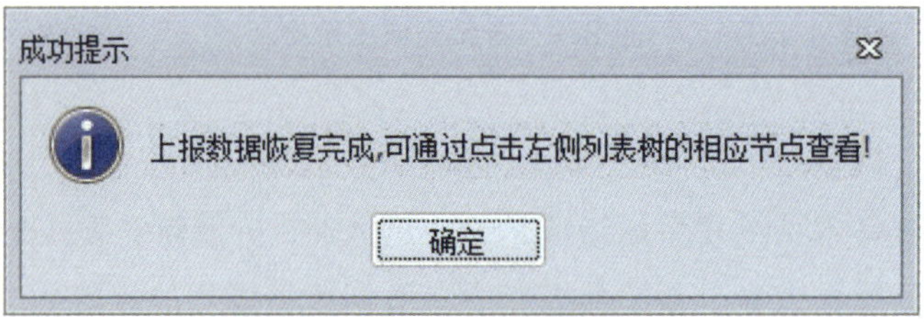

图 232　数据恢复完成提示框

6.7.9　系统菜单

系统菜单位于功能菜单区的左上角的系统图标处，通过点击图标来弹出菜单，如图 233 所示。该菜单中提供基本情况、帮助文档、版权信息和退出系统功能。

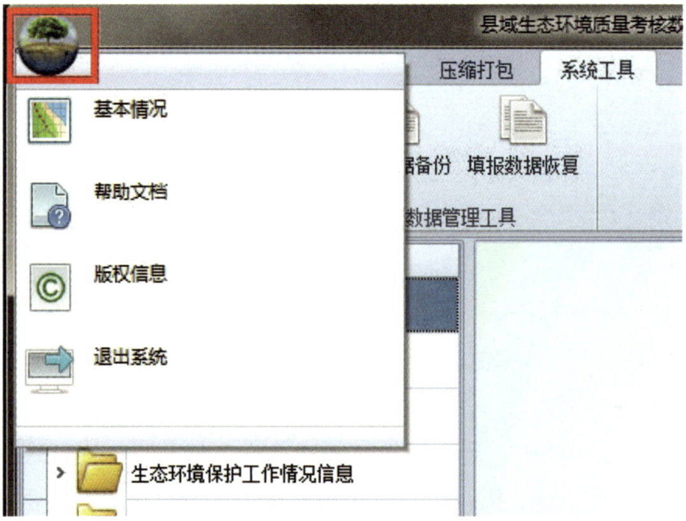

图 233　系统菜单

6.7.9.1　基本情况

显示填报系统中当前县域的基本信息，主要操作步骤为：

（1）在系统主界面中，左键点击左上角的系统图标，则弹出如图 234 所示的系统菜单。

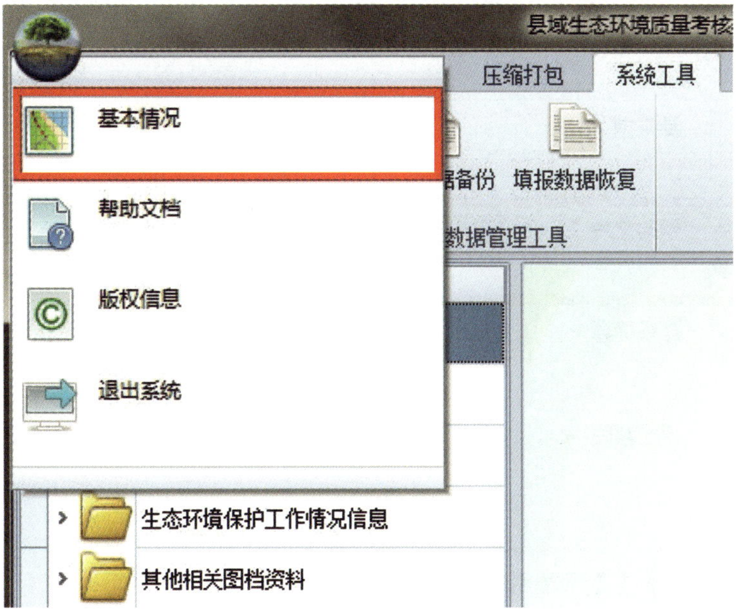

图 234　基本情况系统菜单

（2）在弹出的菜单中，点击“基本情况”菜单项，系统弹出如图 235 所示的当前县域基本信息框。

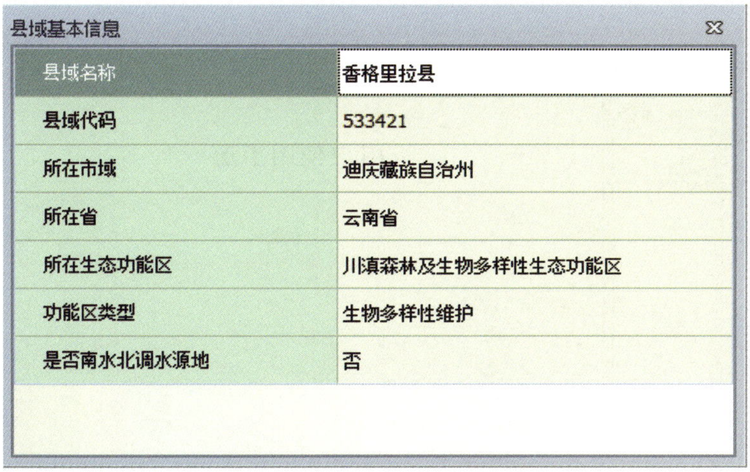

图 235　县域基本情况信息框

6.7.9.2 帮助文档

该功能是打开并以主题的方式显示系统帮助文档，具体的操作步骤为：

（1）在系统主界面中，左键点击左上角的系统图标，则弹出如图 236 所示的系统菜单。

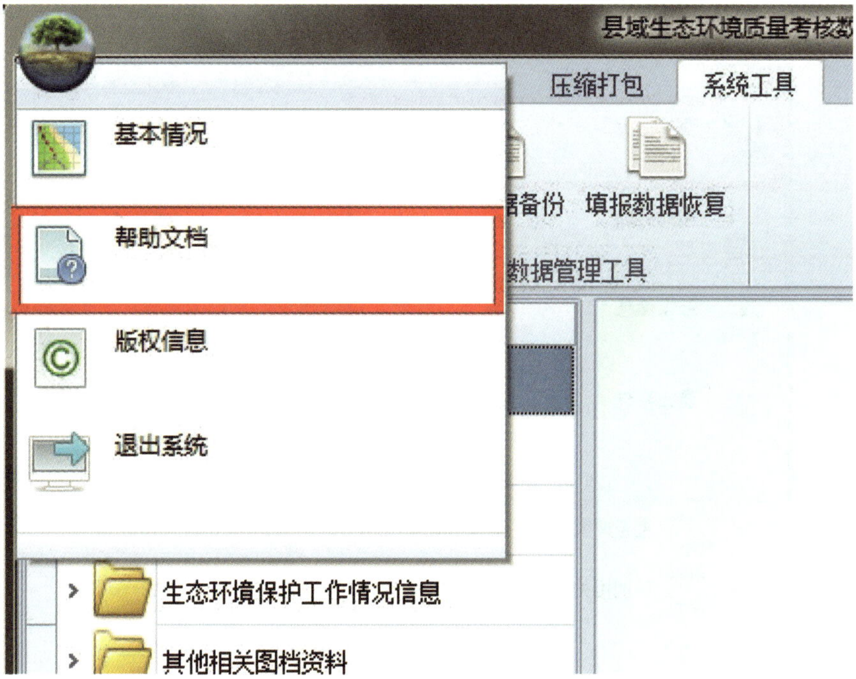

图 236　帮助文档菜单项

（2）在弹出的菜单中，点击“帮助文档”菜单项，系统弹出如图 237 所示的系统帮助文档。

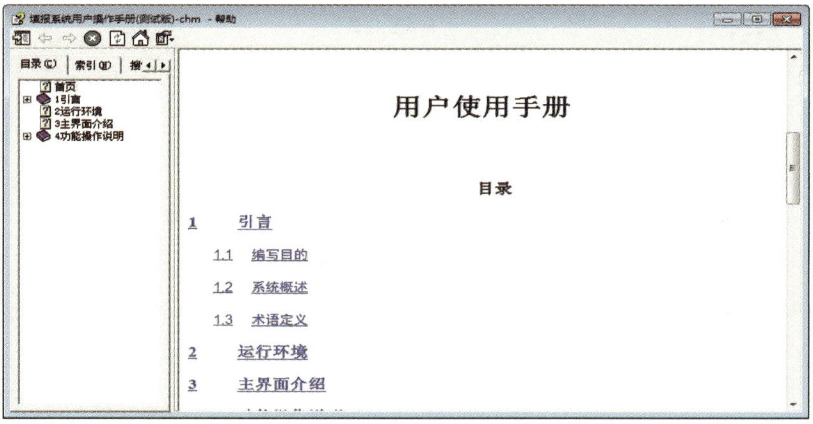

图 237　系统帮助文档界面

（3）在帮助文档界面，用户可浏览系统帮助文档，并可通过主题查找以及关键字查找的方式快速定位至所关心的文档部分。

6.7.9.3　版权信息

该功能是显示系统版权及版本信息，操作步骤为：

（1）在系统主界面中，左键点击左上角的系统图标，则弹出如图 238 所示的系统菜单。

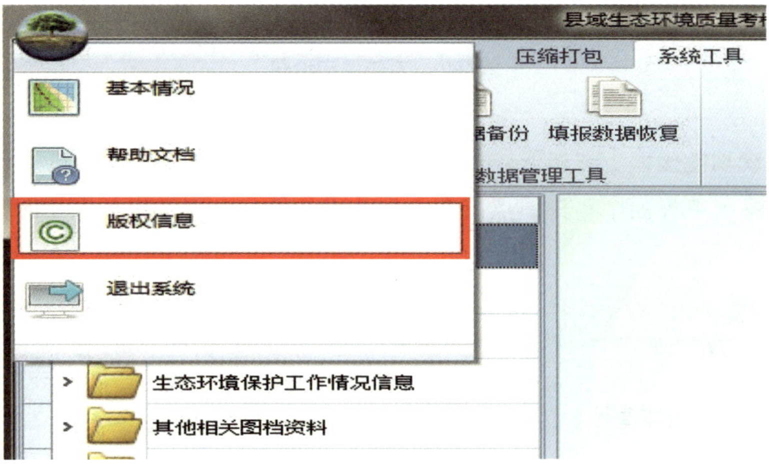

图 238　版权信息菜单项

（2）在弹出的菜单中，点击“版本信息”菜单项，系统弹出如图 239 所示的系统版权信息，用户可以查看系统相关的版权信息，包括系统名称、版本号、开发单位以及使用单位等。

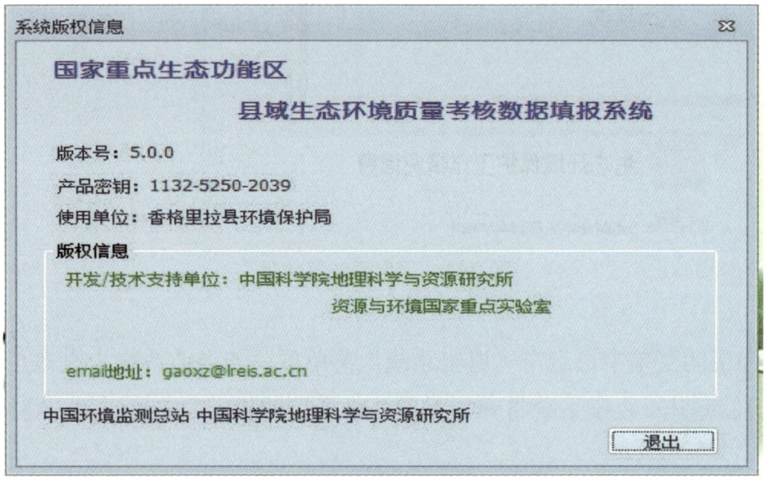

图 239　系统版权信息查看窗体

6.7.9.4 退出系统

通过该菜单项退出系统，也可通过系统主界面右上角的“关闭”按钮来退出系统，如图 240 所示。当系统中有正在运行的操作，如质量检查、数据审核等，则系统的关闭按钮不可用，只能通过本退出系统按钮来退出系统。

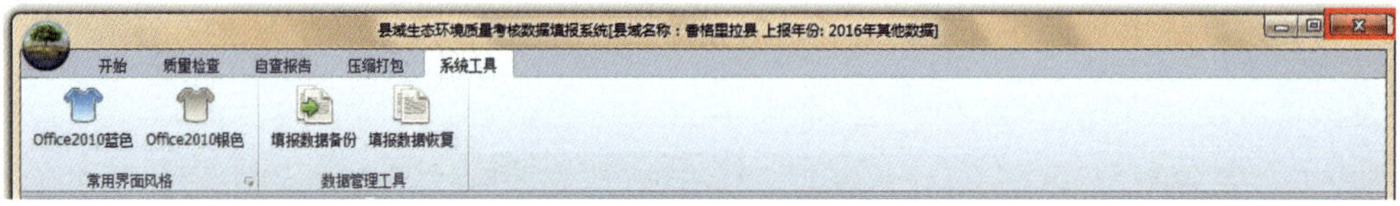

图 240　系统关闭按钮

退出系统功能操作步骤如下：

（1）在系统主界面中，左键点击左上角的系统图标，则弹出如图 241 所示的系统菜单。

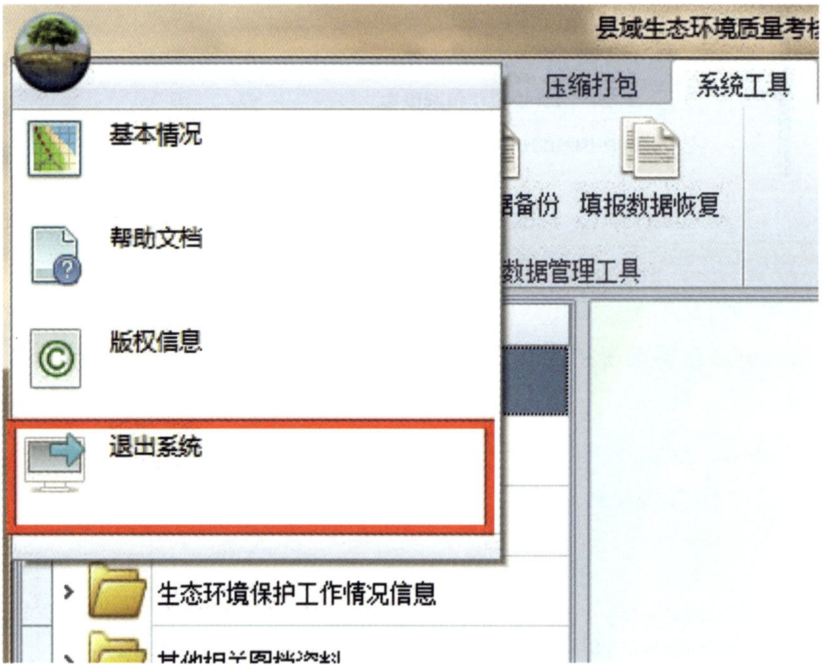

图 241　退出系统菜单项

（2）在弹出的菜单中，点击“退出系统”菜单项，若当前系统中没有正在运行的操作，则系统直接退出。否则系统将弹出如图 242 所示的提示框，提示用户是否强制退出。

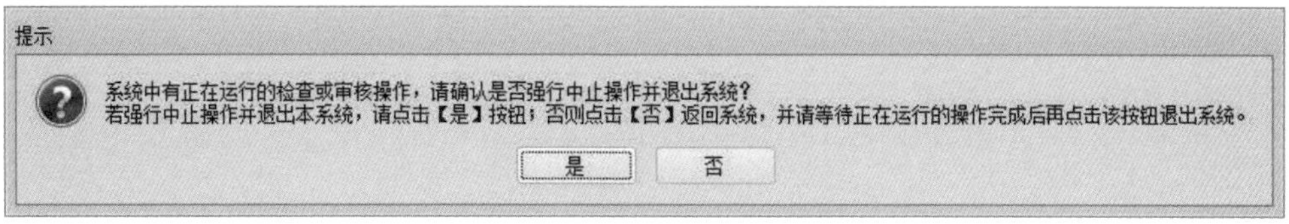

图 242　是否强制退出系统提示框

（3）若要强制退出，则点击“是”按钮，系统将强行关闭正在进行的操作，并退出系统；点击“否”按钮，则系统返回，不退出系统。

第 7 章
数据审核系统用户使用手册

7.1 引言

7.1.1 编写目的

本章是国家重点生态功能区县域生态环境质量考核信息系统 6.5——数据审核系统（简称“审核系统”）的使用说明书，目标读者是最终用户——系统的实际操作者（省级环保主管部门负责县域生态环境质量考核数据审核，并编写审核报告的工作人员）。本文档描述了系统的运行环境、系统基本功能介绍、系统常规（推荐）操作流程以及各功能模块的具体操作指南，辅助使用人员从整体和具体功能上掌握系统的运行操作。

7.1.2 系统概述

本审核系统是面向省级数据审核人员，通过数据导入、质量检查、指标审核、报告生成及打包上报等功能模块，辅助省级主管部门用户完成考核县域填报数据的汇总、检查、审核、报告编写及数据上报等工作。

本软件系统设计和研发的依据为：

（1）《国家重点生态功能区县域生态环境质量考核办法》（环发〔2011〕18 号）；

（2）《2017 年国家重点生态功能区县域生态环境质量监测、评价与考核工作实施方案》；

（3）《国家重点生态功能区县域生态环境质量考核工作现场核查要点（试行）》；

（4）《国家重点生态功能区县域生态环境质量考核数据省级审核指南》。

本软件系统包括 5 个功能模块：数据导入/汇总、数据质量检查、数据审核、审核报告生成、系统工具，以功能菜单和右键快捷菜单的方式实现县域填报数据的导入汇总、质量检查、数据审核，以辅助审核人员生成审核报告及相关附件，并最终上报国家主管部门。

本软件系统的特色：

（1）与“国家重点生态功能区县域生态环境质量考核数据填报系统”相衔接，可完整导入县域填报数据进行审核；

（2）简单易用，不需要计算机相关背景，通过简单培训即可使用本软件来完成数据审核工作；

（3）运行环境低，只需要一台基本配置的计算机和常用办公软件，即可安装并使用本软件系统；

（4）将审核过程自动化，只需要通过我们推荐的业务流程，可快速实现县域填报数据的审核，并输出标准的审核报告；

（5）填报数据安全可靠，县域上报数据及从省域上报至国家的数据都采用了私有密钥加密方式，保证数据在上报过程中的安全。

7.1.3　术语定义

【县域填报数据】是指各考核县域通过“县域生态环境质量考核数据填报系统”填报的生态环境质量考核数据包，包括指标汇总数据、各指标证明材料、环境质量监测数据、监测点位/断面等辅助数据等。

【数据质量检查】是针对县域填报数据中的环境质量监测数据进行的空值、阈值、日期及单位检查，以保证监测数据符合监测和填报规范。

【数据完整性审核】是指依据《国家重点生态功能区县域生态环境质量考核数据省级审核指南》中的数据完整性审核原则，针对县域所有填报数据的完整性审核，包括指标数据是否齐全、监测数据是否完整等审核。

【数据有效性审核】是指依据《国家重点生态功能区县域生态环境质量考核数据省级审核指南》中的数据有效性审核原则，针对县域所有填报指标数据的有效性审核，包括自然生态指标和环境状况指标的审核。

【数据审核报告】是指依据《国家重点生态功能区县域生态环境质量考核数据省级审核指南》中的要求，根据其中的省级审核报告模板生成的省级审核报告，由审核报告文本和相关附表组成。

7.2 系统运行环境

本软件系统为单机版软件系统，可运行于独立的台式计算机或笔记本上，运行期间不需要网络的支持。本软件系统运行的软硬件环境不得低于以下配置，软件环境的支撑和辅助软件为必选项，否则无法正常运行，见表 8。

表 8 系统运行环境

	设备	指标详细信息
硬件环境	计算机	台式机/笔记本/工作站
	CPU	2.0 GHz 以上
	内存	1 G 以上
	可用硬盘空间	5 GB 以上
软件环境	操作系统	Windows XP/2003/7，支持 64 位操作系统
	支撑控件	Microsoft.NET Framework 4.0（自动安装）
	辅助软件	Microsoft Office 2007（需含 Excel，Word） Adobe Reader 7.0 以上

7.3 系统安装及卸载

7.3.1 推荐安装步骤

（1）安装 Microsoft Office 2007 或 Microsoft Office 2010，安装时 Word、Excel 为必选项，建议完全安装；

（2）安装“审核系统”软件，若以前没有安装 Microsoft.NET Framework 4.0，则在安装本软件前会自动运行 Microsoft.NET Framework 4.0 的安装。

（3）安装完成后会进行系统验证，需输入本省域的 12 位验证码（该验证码随软件安装盘下发），并完成安装。

7.3.2 安装操作说明

本操作说明将不对 Microsoft Office 2007 或 Microsoft Office 2010 的安装进行详细说明，安装方法请参见其相关说明文档。以下为“审核系统”的详细安装说明：

（1）双击运行安装包光盘中“县域生态环境质量考核数据审核系统\setup.exe”，如图 243 所示，系统开始安装。

图 243　系统安装目录

（2）若机器上以前没有安装 Microsoft.NET Framework 4.0，安装程序会自动弹出提示安装 Microsoft .NET Framework 4.0 界面，如图 244 所示。

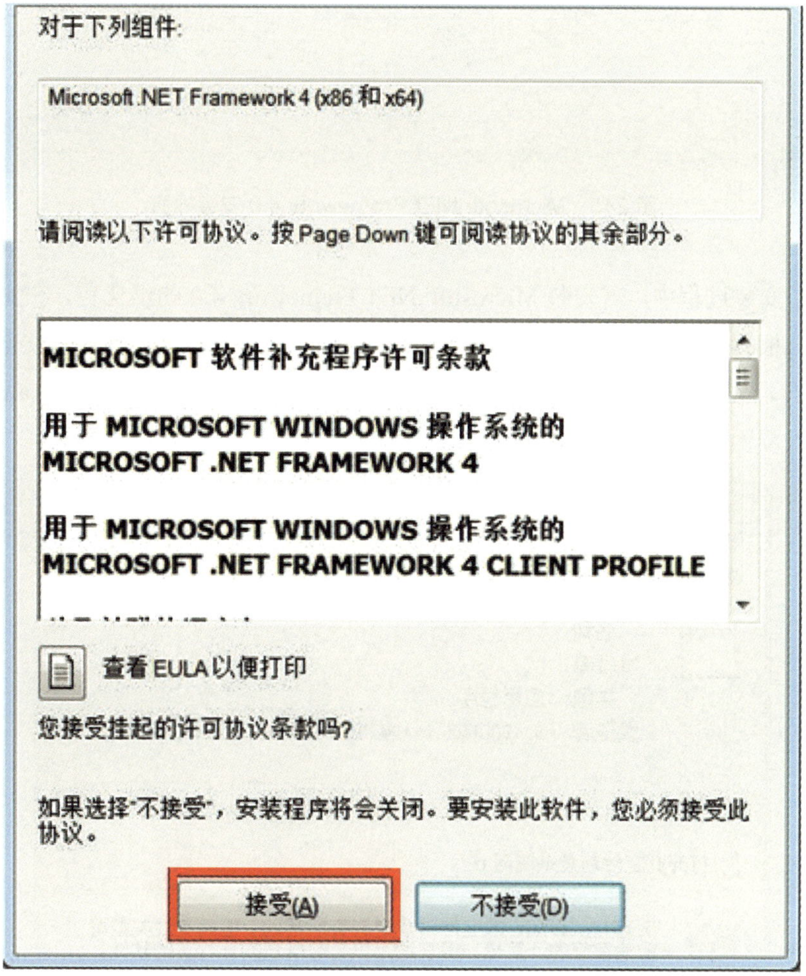

图 244　Microsoft.NET Framework 4.0 安装提示框

（3）点击 Microsoft.NET Framework 4.0 安装窗体中的“接受”按钮，将进入 Microsoft .NET Framework 4.0 的安装文件复制步骤，复制安装文件所需时间根据不同机器环境需要 1～5 分钟，请耐心等候，在等候期间尽量不要进行其他操作。若点击“不接受”按钮，则退出安装，系统将提示安装未完成。

（4）文件复制完成后，进入 Microsoft .NET Framework 4.0 的正式安装界面，如图 245 所示。

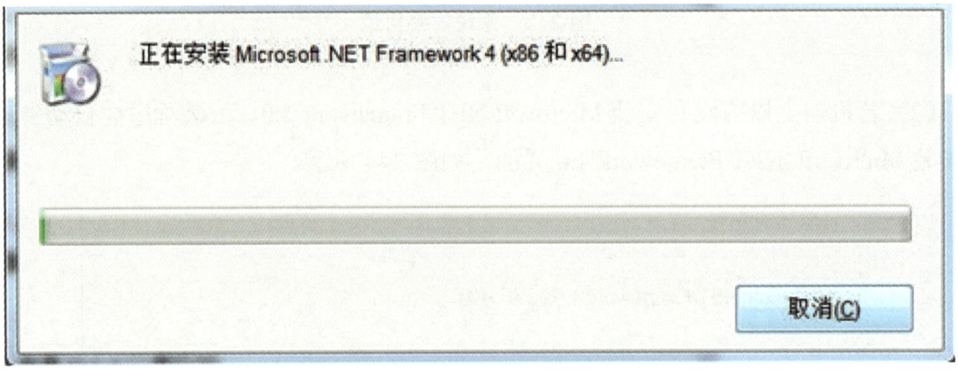

图 245　Microsoft .NET Framework 4.0 安装界面

（5）在安装过程中，需安装 Microsoft .NET Framework 4.0 的汉化包，在安装此插件前有可能（根据不同操作系统及系统安全级别设置）出现如图 246 所示的安全警告。若出现此警告，点击“运行”按钮则继续进入如图 247 所示的 Microsoft .NET Framework 4.0 的安装进度界面。

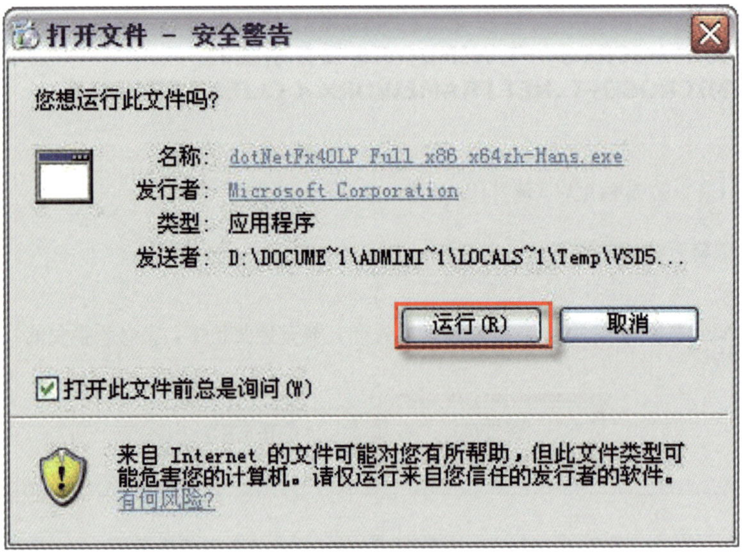

图 246　安全警告提示框

图 247 Microsoft .NET Framework 4.0 安装界面

（6）Microsoft .NET Framework 4.0 安装完成后（安装过程根据不同机器环境需要 3～10 分钟），将自动进入“审核系统”软件的安装欢迎界面，如图 248 所示。在该界面中会有“审核系统”的简介、安装要求以及版本申明等信息。

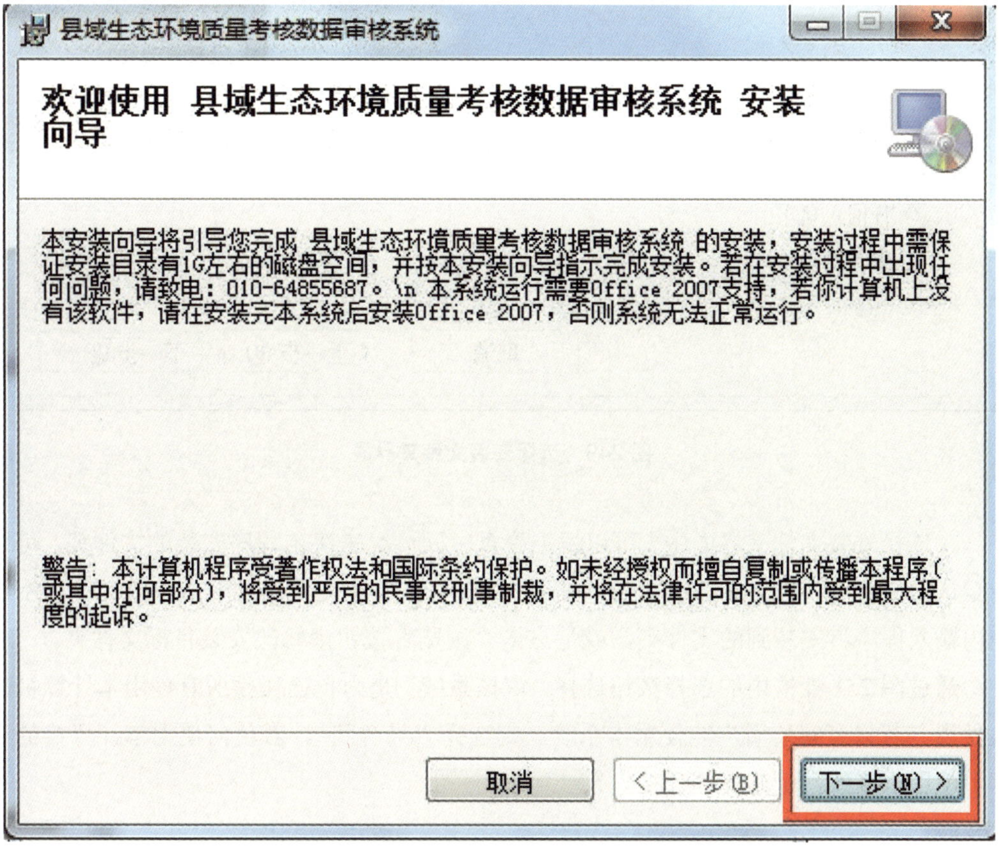

图 248 “审核系统”安装欢迎界面

（7）点击“下一步”按钮，进入选择安装文件夹界面，如图 249 所示，该界面中已对安装文件夹及使用人进行了初始化，若不需要修改，可直接点击“下一步”进行确认安装界面。

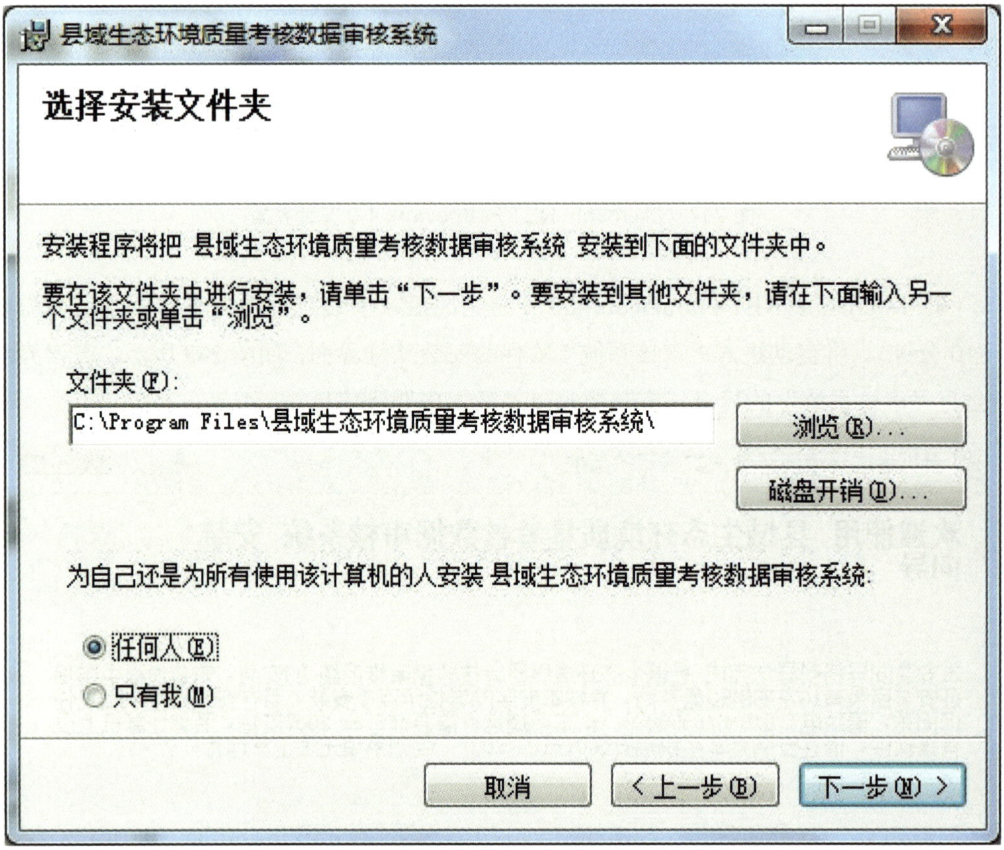

图 249　选择安装文件夹界面

在选择安装文件夹界面中，可以根据磁盘空间情况来决定程序安装的文件夹，可采用默认的文件夹（Program Files 文件夹下），或是直接在文件夹框中，如图 250 所示红框内输入程序将安装到的文件夹，或是点击“浏览”按钮来修改安装目标文件夹。

通过图 251 红框内的选择按钮选择“审核系统”是为自己还是所有使用本计算机的人使用。若只有安装用户能使用本系统，则选择“只有我”，若任何使用本计算机的人都可使用本系统，则选择“任何人”。

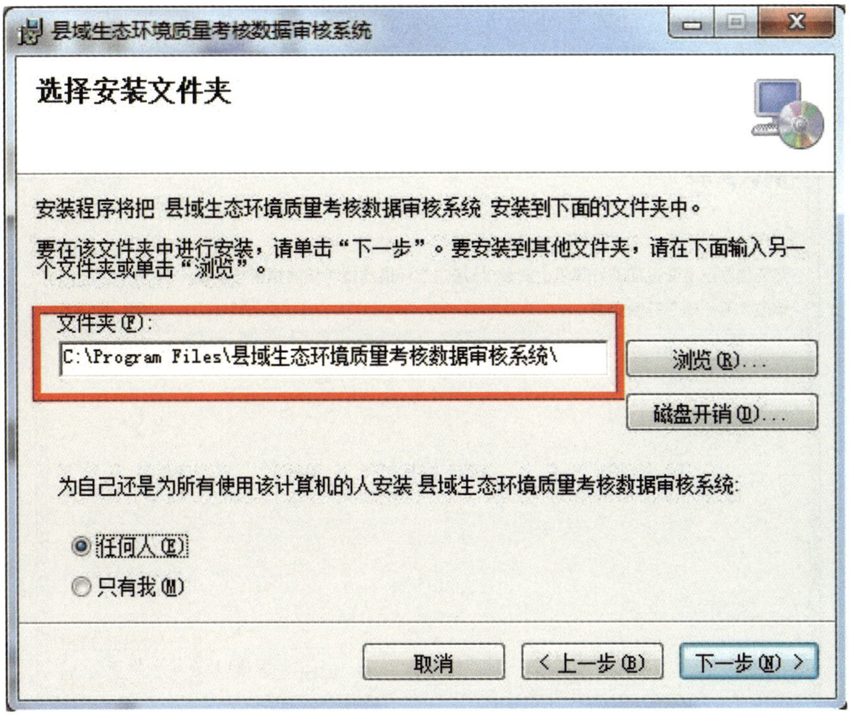

图 250　选择安装文件夹界面

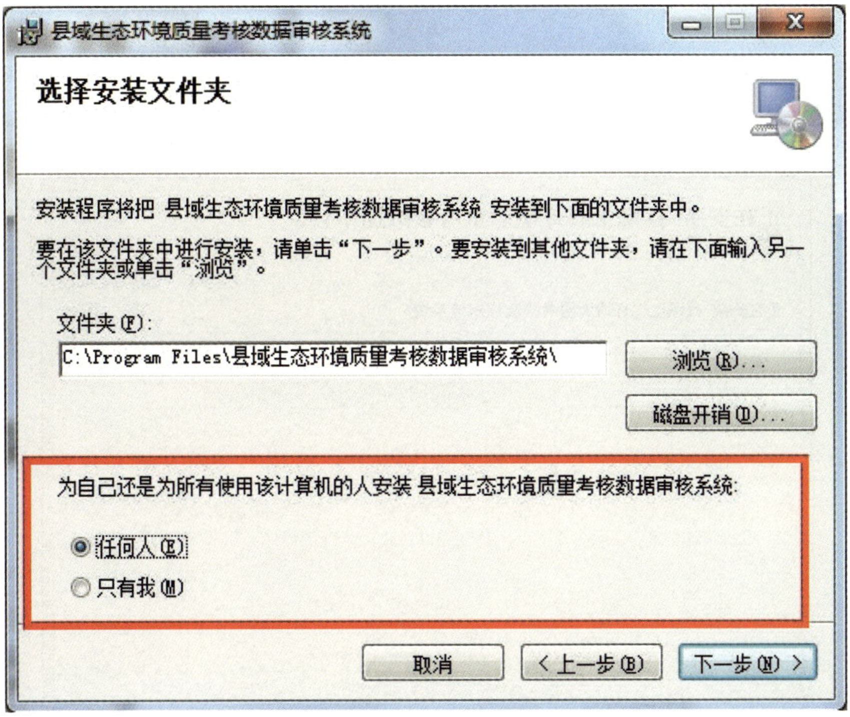

图 251　选择安装文件夹界面

（8）在设置好安装文件夹和使用人后，点击“下一步”按钮，则进入系统确认安装界面，如图 252 所示。

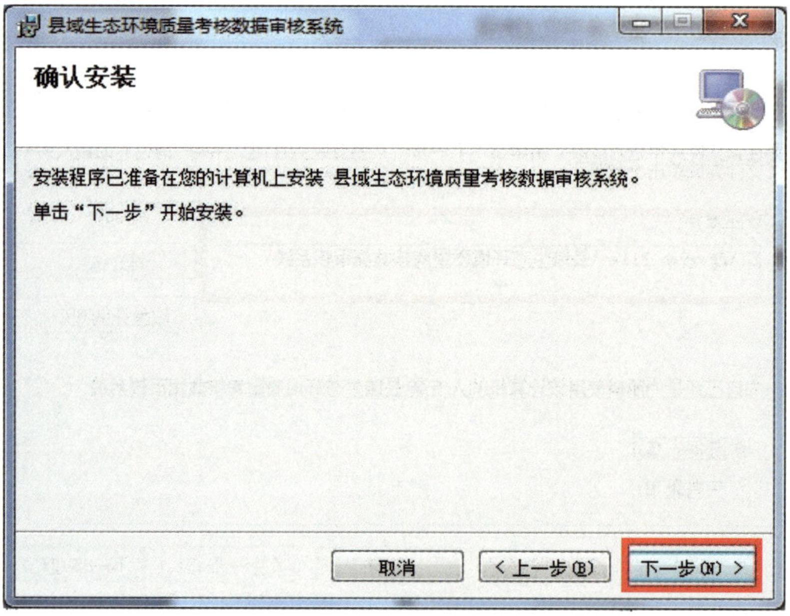

图 252　系统确认安装界面

（9）若确认安装，则点击“下一步”进入系统安装进度界面，如图 253 所示；若需要修改安装设置，则点击“上一步”按钮，则返回上一步进行安装文件夹等的修改；若想取消本次安装，则点击“取消”按钮，则将退出安装，并提示安装未完成。

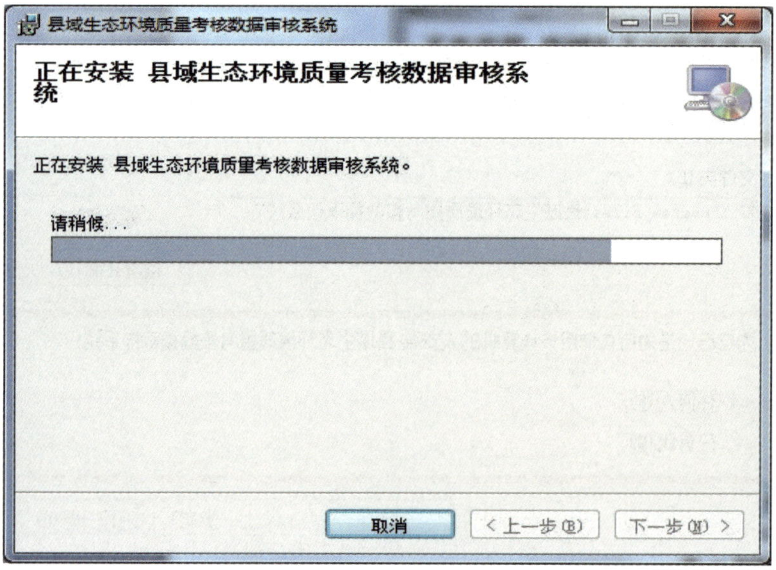

图 253　系统安装进度界面

（10）耐心等待系统安装，该过程根据不同性能的机器需要 1～3 分钟。安装完成后，将弹出如图 254 所示的“审核系统”验证界面。

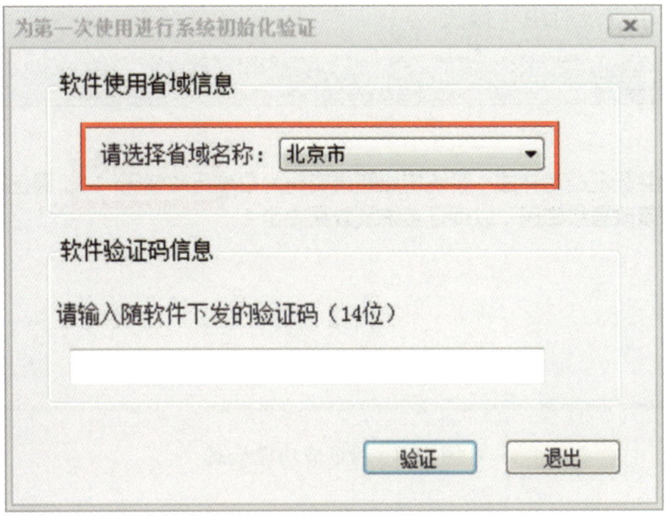

图 254 “审核系统”验证界面

（11）通过上图“审核系统”验证界面红框内的下拉框选择软件使用的县域名称，图 255 为选择了北京市后的界面。选择省域信息后，需输入软件的验证码，验证码为 3 组 4 位，共 12 位，一般附于安装光盘的封面上，请按顺序输入 12 位验证码，输入后的界面如图 255 所示。

图 255 “审核系统”验证界面

（12）县域信息及验证码输入完整后，点击“确定”按钮，若验证码正确，则弹出如图 256 所示的提示框，提示验证成功，并给出系统初始登录密码。该密码需牢记，并在系统第一次使用登录时进行修改。

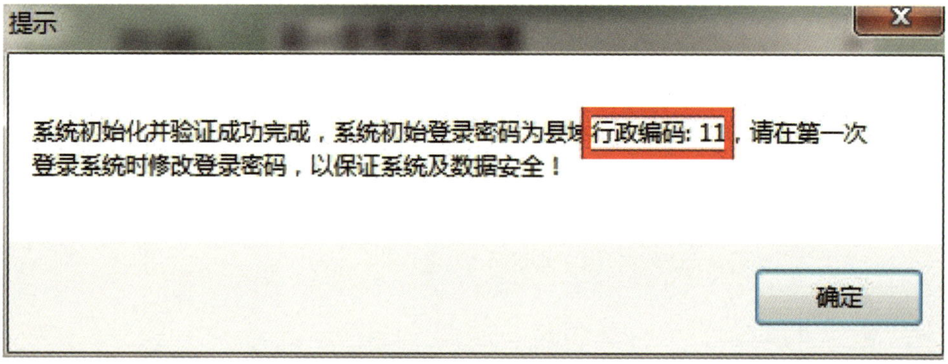

图 256　验证成功提示框

若验证码输入错误，则弹出如图 257 所示验证错误提示框。若确认所输验证码为下发的验证码并选择了正确的省域，则点击“是”按钮，退出系统安装，并联系系统开发商确认验证码信息。若要进行重新验证，则点击“否”按钮重新选择省域信息或输入验证码。

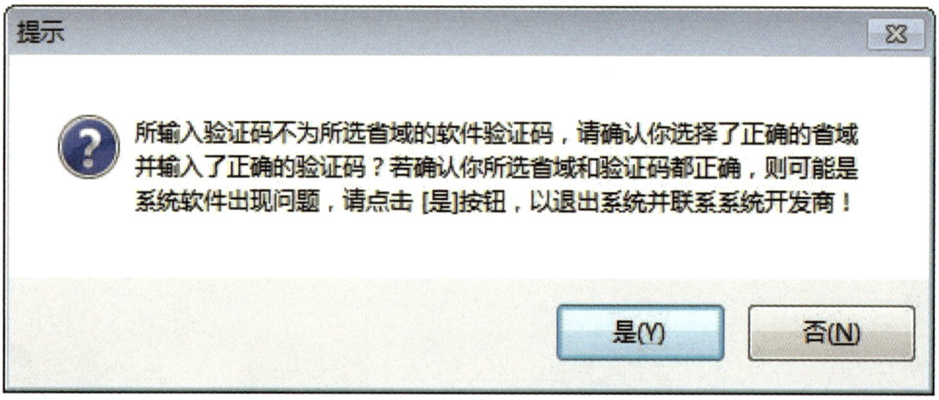

图 257　验证错误提示框

（13）若系统验证成功，则进入系统安装完成界面，如图 258 所示。

（14）点击系统安装完成界面中的“关闭”按钮，结束系统安装。

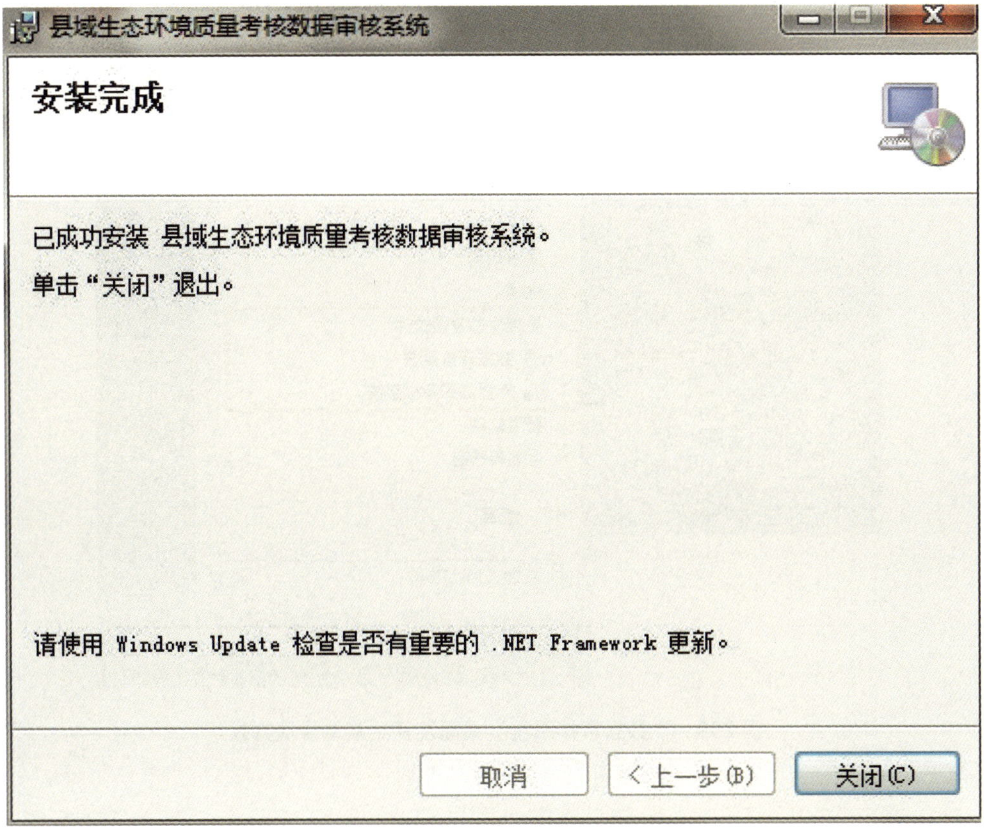

图 258　系统安装完成界面

7.3.3　系统启动运行

用户在计算机上对“审核系统”进行了安装后，用户计算机系统桌面上、计算机系统开始菜单中将产生“数据审核系统”的快捷方式，如图 259 所示。

双击桌面上的“数据审核系统”快捷方式或者点击计算机操作系统开始菜单中的“数据审核系统”，则开始运行系统。

若在系统安装过程中已成功进行软件验证，则直接启动系统，系统启动后的界面如图 260 所示，可输入系统初始化密码（省代码）进入系统。若在系统安装过程中没有成功进行软件验证，则进入系统验证界面，验证成功后进入如图 260 所示的启动界面。系统的验证过程详见安装操作步骤。

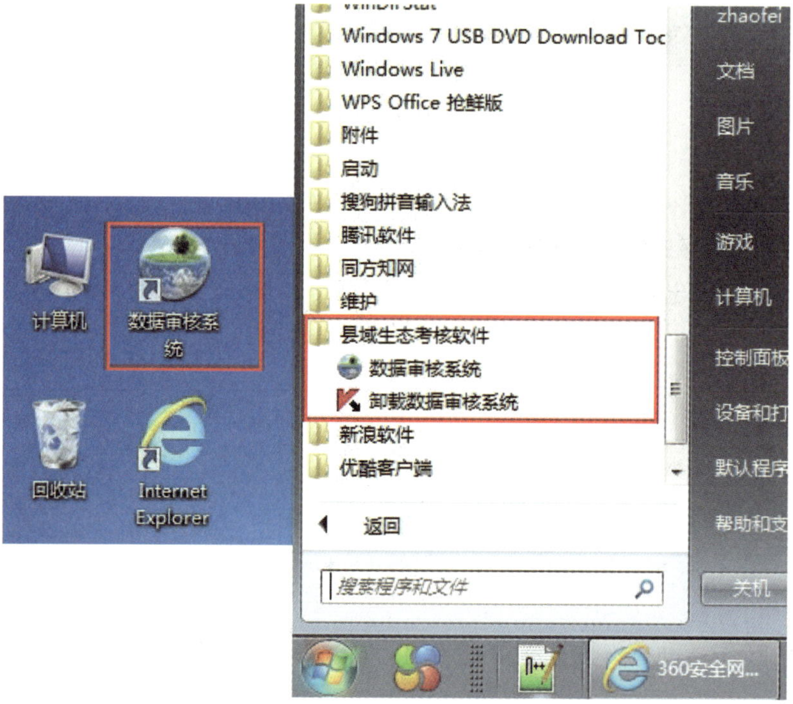

图 259　“数据审核系统”桌面及开始菜单快捷方式

图 260　系统登录界面

7.3.4　系统卸载说明

用户可以通过两种方式对“审核系统”进行卸载，一种是通过计算机系统开始菜单中的“卸载数据审核系统”的快捷方式，如图 261 红框中所示；另一种是通过点击开始菜单中的“控制面板”，如图 261 蓝框中所示，然后选择“控制面板”中的卸载程序，打开卸载程序窗体，如图 262 所示，右键点击图中红框中的“县域生态环境质量考核数据审核系统”，选择右键菜单中的“卸载”项，打开软件卸载进度执行框，完成卸载。

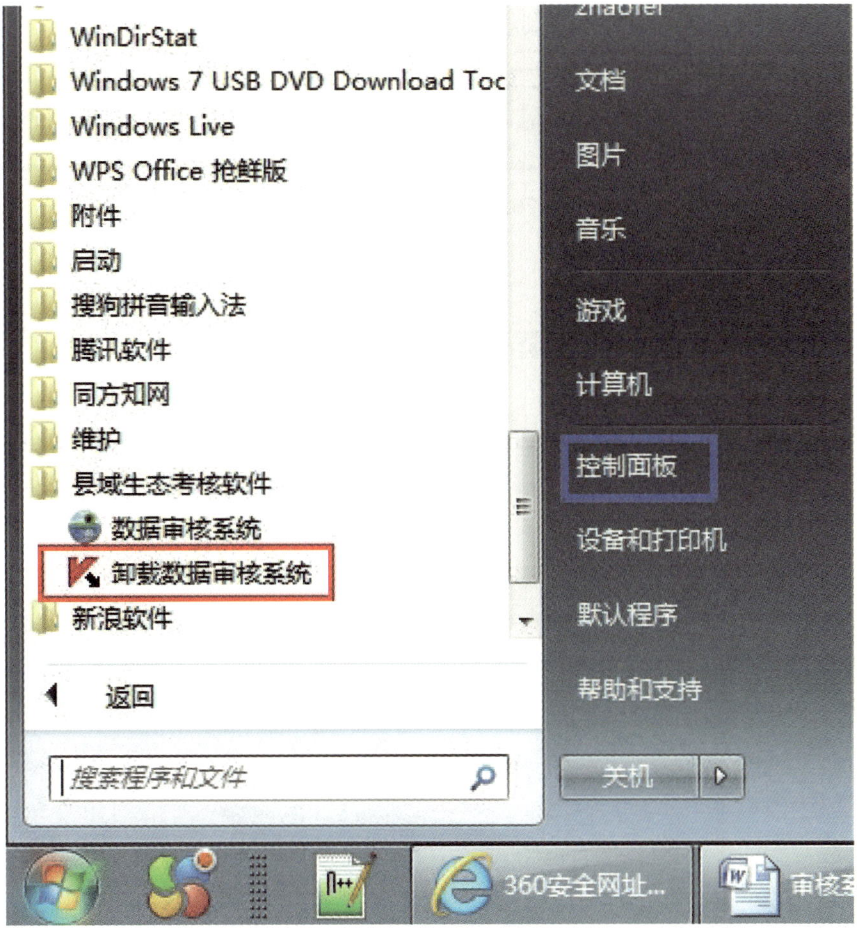

图 261　“审核系统”卸载菜单

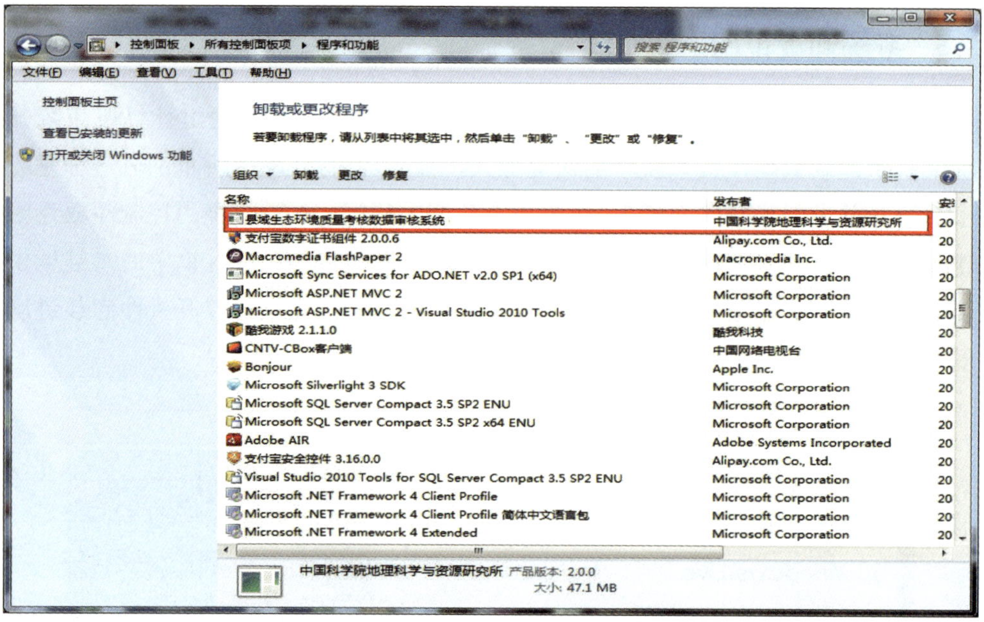

图 262　控制面板卸载窗体

7.4　监测数据考核系统主界面说明

本系统主界面采用目前最流行的 Windows Ribbon 风格（类似 Word 2007），整个主界面分为 3 个区，分别为：功能菜单区、县域填报数据目录区和数据显示区，如图 263 所示。

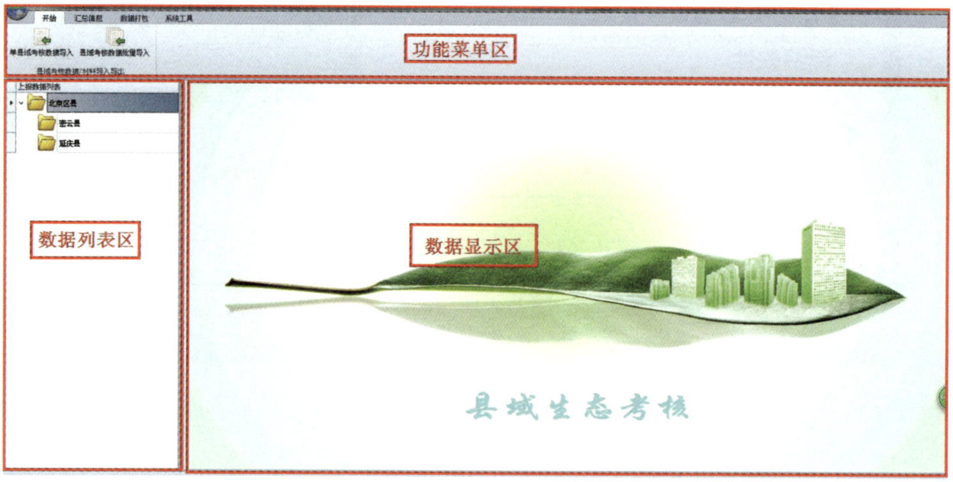

图 263　系统主界面

7.4.1　功能菜单区

系统功能菜单区位于系统主界面的上方，系统主要通过该功能菜单区的功能按钮来完成县域填报数据导入、汇总及打包上报等功能。本系统的功能按钮根据功能分类分布于四个菜单面板和一个系统菜单中，这四个面板为：开始、汇总信息数据打包及系统工具。系统功能与各菜单面板间的对应关系见表 9。

表 9　系统功能菜单区

序号	菜单名称	系统功能
1	开始	县域填报数据导入、省级审核辅助数据导入
2	汇总信息	县域汇总信息浏览查看
3	数据打包	省域上报数据预检、加密打包
4	系统工具	系统界面风格切换、数据备份、恢复

菜单面板间通过其上方的菜单项的点击来切换，如图 264 所示。

图 264　功能菜单切换区

菜单面板在系统运行过程中一般都一直显示，但有时为了扩大数据显示区，可通过双击菜单项实现菜单面板隐现，菜单面板隐藏后的界面如图 265 所示。

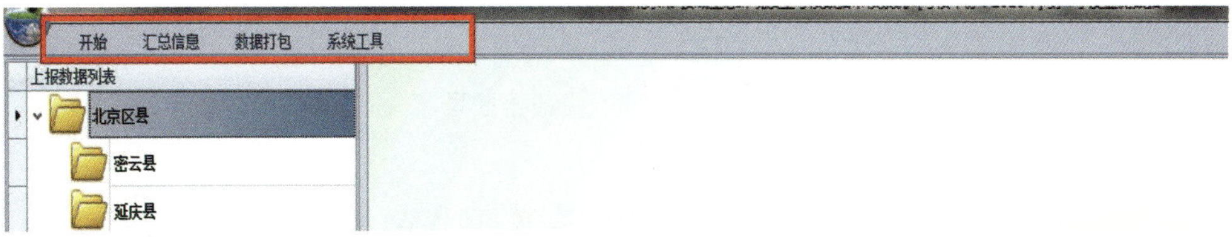

图 265　菜单隐藏后的功能菜单区

系统菜单位于功能菜单区左上角的系统图标处，通过点击图标来弹出菜单提供审核数据设定、系统帮助和系统的版本信息等功能，如图 266 所示。

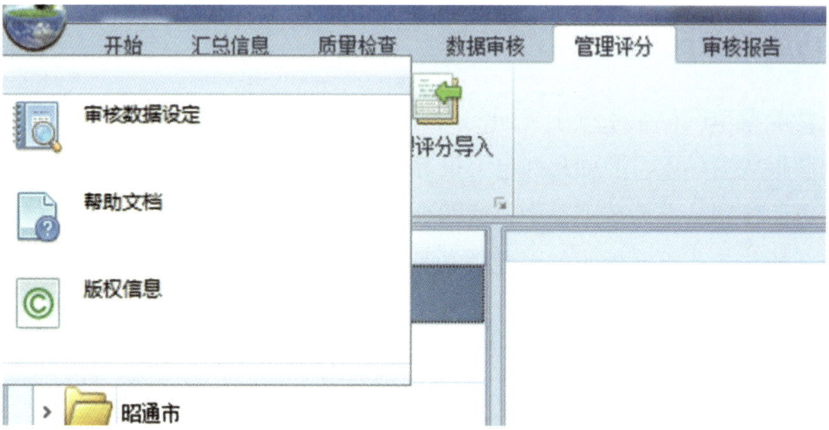

图 266　系统菜单

7.4.2　县域填报数据目录区

县域填报数据目录区位于系统主界面的左侧，以目录树的方式，按市→县→县域填报数目录的结构对各县域的填报数据进行组织。初始状态下，目录树中一级节点为省域内有考核县域的市名称，二级节点为各市域内的考核县域名称，三级节点则为县域填报数据目录，如图 267 所示。

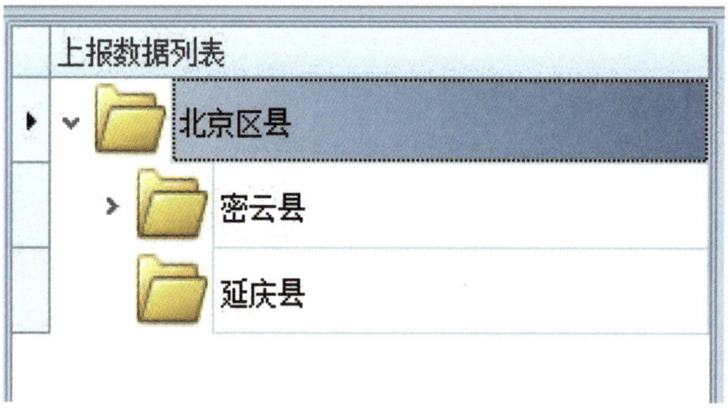

图 267　县域填报数据目录

系统将通过点击该目录树来实现县域填报数据的浏览，其操作方式与 Windows 的目录操作完全相同，只需逐级打开目录至末级节点，即为具体数据对应的文件或表格，点击即可在数据显示区以文档或表格的方式显示相应数据。

县域填报数据目录下则为各填报数据，具体按照数据填报要求进行组织，图 268 为环境状况监测数据填报表目录下的节点信息。

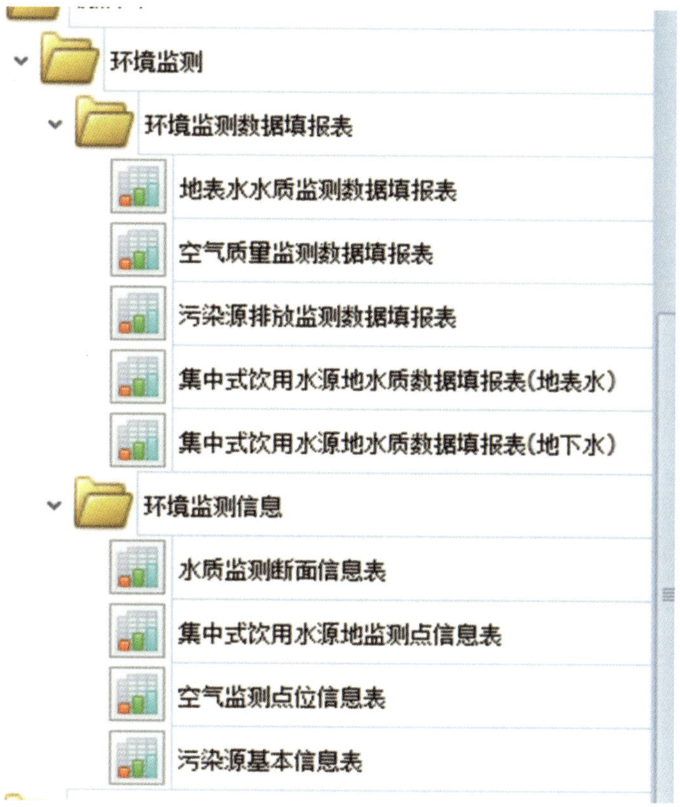

图 268 环境监测填报数据

7.4.3 数据显示区

数据显示区主要是显示填报数据目录区所选中数据节点对应的文档或表格内容，另外还显示系统生成的审核报告文本及报告附表。

不同数据内容，其显示样式各不相同，图 269 为表格类数据的显示样式，在表格类显示窗口，可实现数据表的排序（双击排序列即可）、翻页等功能（通过表格下方的功能区，如图 270 红框内所示）。

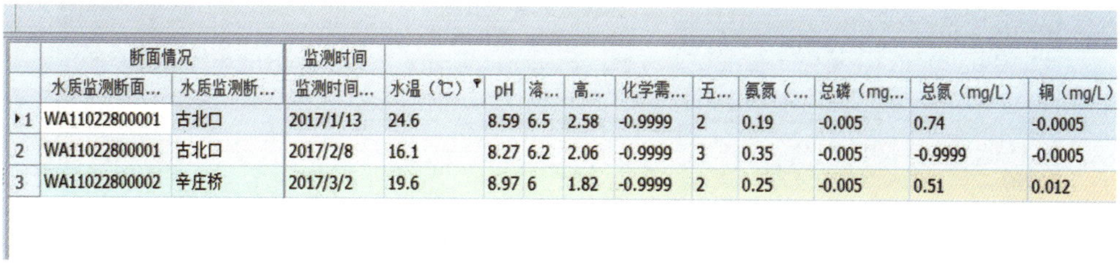

	断面情况		监测时间										
	水质监测断面...	水质监测断...	监测时间...	水温（℃）	pH	溶...	高...	化学需...	五...	氨氮（...	总磷（mg...	总氮（mg/L）	铜（mg/L）
1	WA11022800001	古北口	2017/1/13	24.6	8.59	6.5	2.58	-0.9999	2	0.19	-0.005	0.74	-0.0005
2	WA11022800001	古北口	2017/2/8	16.1	8.27	6.2	2.06	-0.9999	3	0.35	-0.005	-0.9999	-0.0005
3	WA11022800002	辛庄桥	2017/3/2	19.6	8.97	6	1.82	-0.9999	2	0.25	-0.005	0.51	0.012

图 269 表格类显示样式

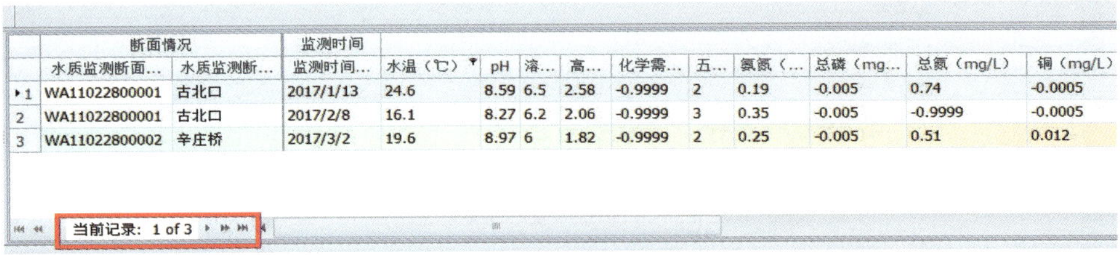

	断面情况		监测时间										
	水质监测断面…	水质监测断…	监测时间…	水温（℃）	pH	溶…	高…	化学需…	五…	氨氮（…	总磷（mg…	总氮（mg/L）	铜（mg/L）
1	WA11022800001	古北口	2017/1/13	24.6	8.59	6.5	2.58	-0.9999	2	0.19	-0.005	0.74	-0.0005
2	WA11022800001	古北口	2017/2/8	16.1	8.27	6.2	2.06	-0.9999	3	0.35	-0.005	-0.9999	-0.0005
3	WA11022800002	辛庄桥	2017/3/2	19.6	8.97	6	1.82	-0.9999	2	0.25	-0.005	0.51	0.012

图 270　表格类显示样式

7.5　监测数据考核系统功能操作说明

功能菜单区的功能菜单和县域填报数据列表区的右键菜单是本系统的主要功能入口，本部分将详细说明菜单功能区功能菜单和县域填报数据列表区右键菜单的功能操作。

本部分的功能操作说明将按系统功能菜单区的菜单面板来分类详述，不以用户的操作流程及业务习惯来介绍说明。

7.5.1　系统登录及初始化

若用户在计算机上对“审核系统”进行了安装，则用户计算机系统桌面上、计算机系统开始菜单中将产生“数据审核系统”的快捷方式，如图 271 所示。若用户未安装，则参照《国家重点生态功能区县域生态环境质量考核数据审核系统安装手册》来完成系统软件的安装，并进入系统初始化及登录界面工作。系统运行及登录的具体步骤包括系统初始化验证、修改登录密码及登录系统三部分。

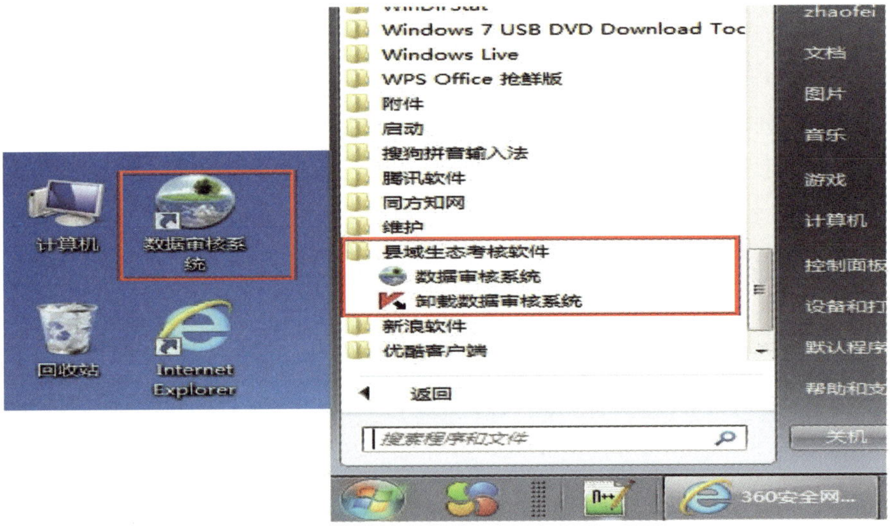

图 271　“数据审核系统”桌面及开始菜单快捷方式

7.5.1.1　系统初始化验证

双击桌面上的“数据审核系统”快捷方式或者点击计算机操作系统开始菜单中的“数据审核系统”，则开始运行系统。若在系统安装完成后没有进行系统验证或是验证未成功，则需先进行系统验证，验证步骤如下：

运行系统时，系统弹出如图 272 所示的界面提示是否验证：

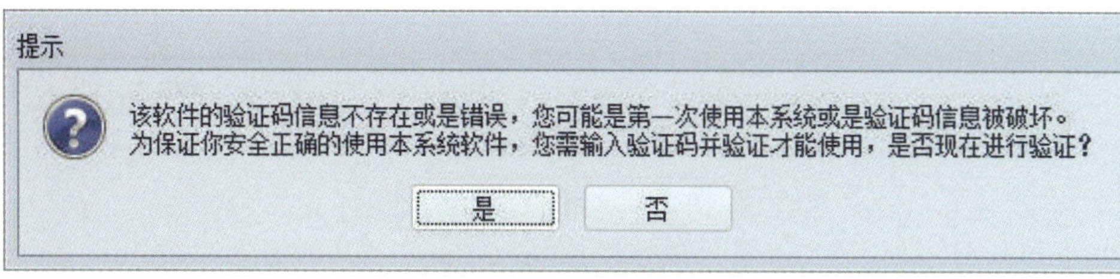

图 272　系统未验证提示

在提示框中，点击“是”按钮，则进入如图 273 所示的系统验证界面；点击“否”按钮，则提示系统未验证，并退出系统登录。

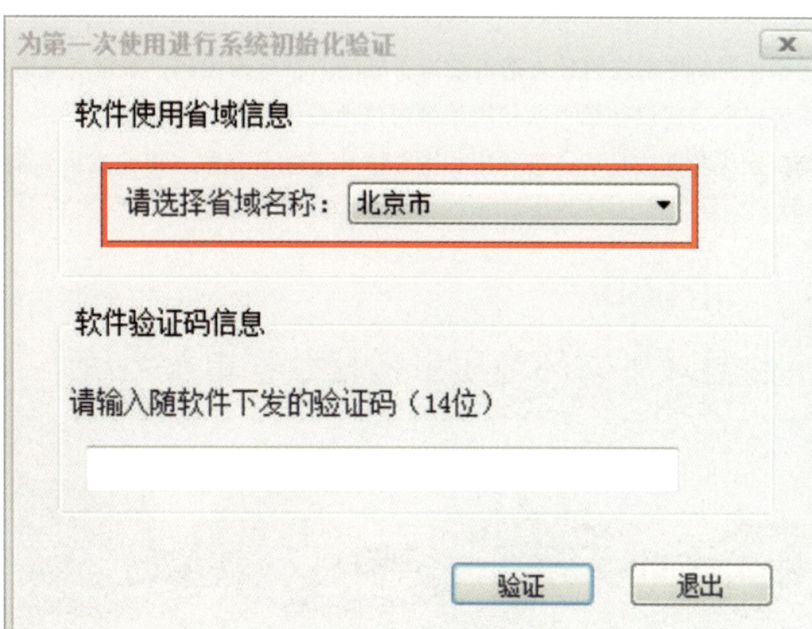

图 273　系统验证界面

在系统验证界面中，如图 273 所示，选择用户所在的省域，并输入随软件下发的 12 位验证码，若点击“验证”按钮，若所选省域正确且验证码正确，则显示如图 274 所示的验证正确提示信息，红框内内容提示用户系统登录的初始密码，请务必在系统登录前修改。若点击“退出”按钮，则退出验证，系统将提示系统没有验证，并提示退出系统。

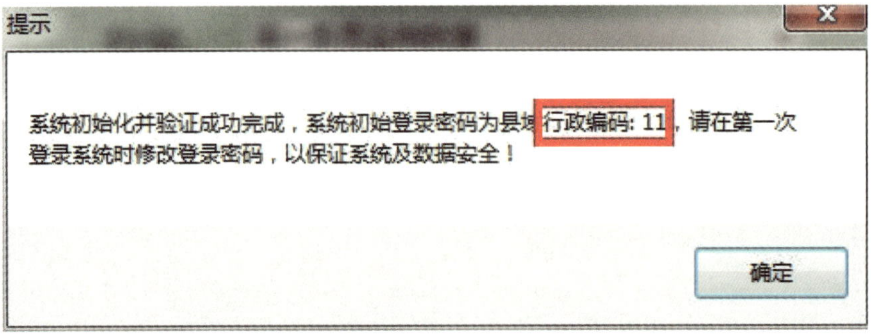

图 274　验证成功提示

点击提示框的“确定”按钮，则进入系统登录界面。

【注】软件验证码随安装光盘一起下发，一般贴于光盘封面上，若没有或是丢失，请联系系统开发商获取新的验证码。

7.5.1.2　修改登录密码

系统初始化时，将系统的登录密码设为省域的两位行政编码，如北京市为 11。为保证数据及系统安全，建议在第一次使用系统时修改登录密码。步骤如下：

在系统初始化验证成功后，会弹出如图 275 所示的登录框（以北京市为例）：

图 275　修改密码

点击“修改密码”按钮，则弹出如图 276 所示的修改登录密码：

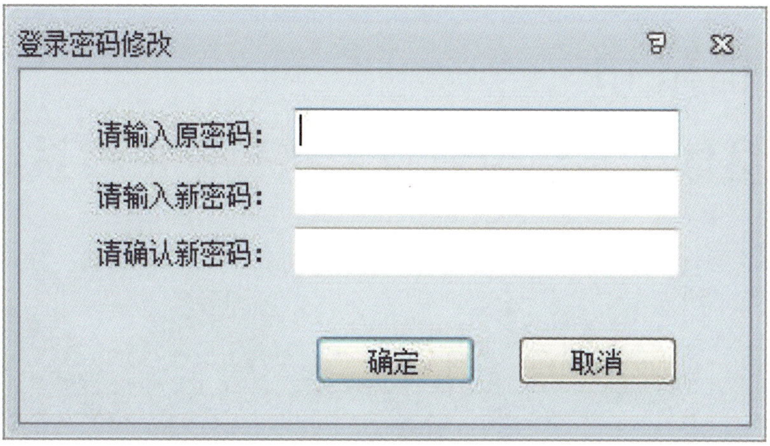

图 276　登录密码修改

在第一个框中输入原密码，第一次登录时为县域代码，以后再修改时为用户修改过的密码。在第二个框中输入新的密码（密码建议由数字和字母组合而成），然后在第三个框中重新输入新密码，以确认新密码没有输错。

输入完成后，点击“确定”按钮，若原密码没有输错，且新密码与确认密码相同，则弹出如图 277 所示的修改密码成功提示框；否则提示原密码错误或是新密码与确认密码不匹配错误。

图 277　密码修改成功提示

7.5.1.3　初始化上报数据库

在系统登录框中，点击“登录”按钮，则开始登录系统，如图 278 所示。

图 278　系统登录

系统第一次登录或是初始化后，会在登录过程中提示用户县级数据库不存在，并引导用户生成省级上报数据库，提示信息如图 279 所示。

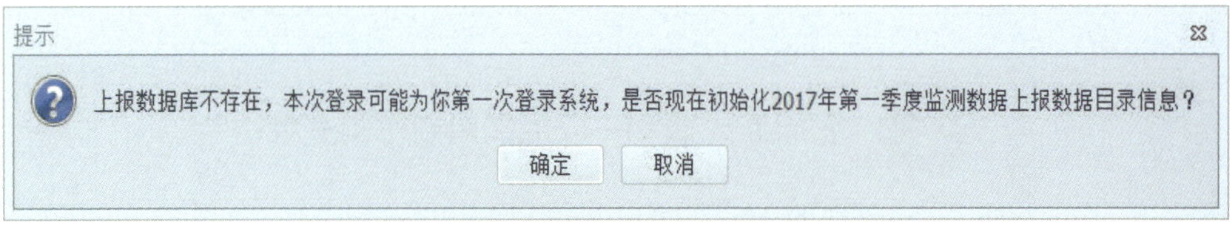

图 279　设置县级上报数据库提示框

点击“确定”按钮，则设置省级上报数据库并登录系统。点击“取消”按钮，则无法登录并将退出登录过程。

7.5.1.4　登录系统

设置县级上报数据库成功后，系统将继续登录，登录过程中的界面如图 280 所示。通过红框内的状态提示信息提示系统登录状态。

图 280　登录状态提示

登录完成后，进入如图 281 所示的系统主界面，系统初始化及登录完成。

图 281　系统主界面

7.5.2 开始菜单

开始菜单面板中的功能主要是省工作组织情况查看修改实现县域填报数据的导入和县域考核数据/材料导入导出，其中县域考核数据导入包括：单县域考核数据导入、县域考核数据批量导入，如图 282 所示。

图 282 开始功能菜单面板

县域考核数据导入包括：单县域考核数据导入、多县域考核数据导入两个功能，通过系统主界面中的“单县域考核导入”和“县域考核数据批量导入”两个功能按钮来实现，如图 283 所示。

图 283 县域数据导入功能按钮

单县域考核数据导入是针对目前上报县域较少，将县域上报数据包一个县域一个县域的导入。多县域考核数据导入功能一般是在已有较多县域上报考核数据包的情况下使用，可一次性导入多个县域填报数据。

单县域具体操作步骤如下：

点击“开始”菜单“县域考核数据/材料导入”栏内的“单县域考核数据导入”按钮，系统将弹出如图 284 所示的“单县域数据导入”界面。

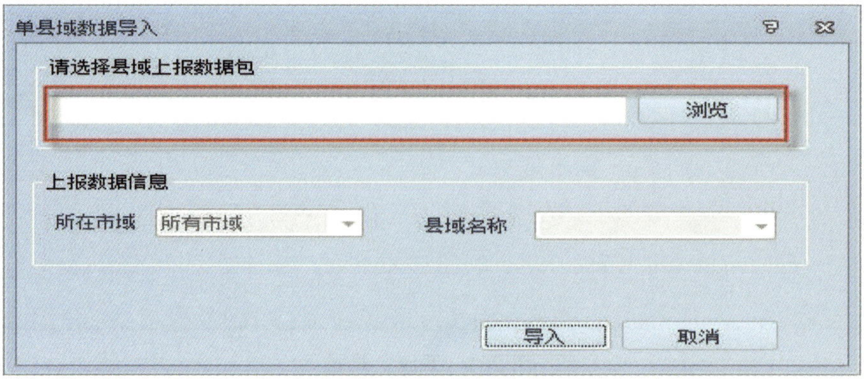

图 284 上报数据包选择界面

在“单县域数据导入”界面中，点击选择县域上报数据包的“浏览”，则弹出监测数据包文件选取对话框，如图 285 所示。

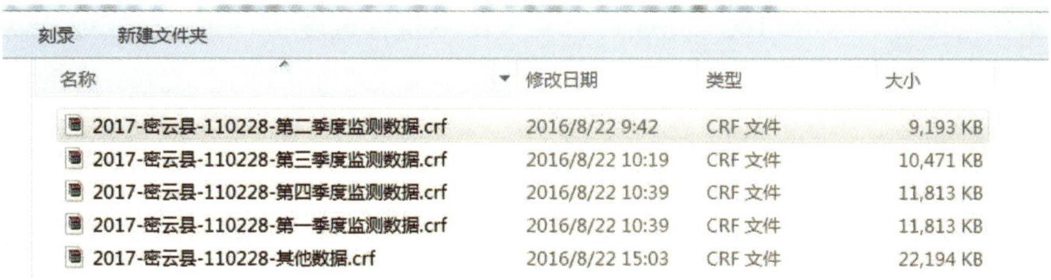

图 285　监测数据包选择对话框

在文件选择对话框中，选中需要导入的县域季度上报文件包［文件名格式为：年份（4 位）-县名称-县代码（6 位数字）-季度.crf，如 2017-密云县-110228-第一季度.crf］，点击“打开”按钮，则该文件将选择至县域上报数据包下的文本框内，同时系统将根据文件名，在上报数据信息中显示该数据包的上报县域所在市及县名称，如图 286 所示。

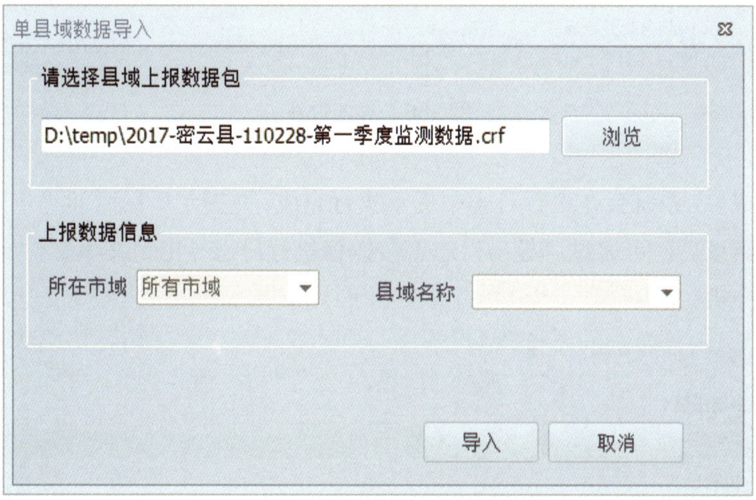

图 286　选择数据包后的界面

在“单县域数据导入”界面中，点击“导入”按钮，若该县域数据以前已导入，则弹出如图 287 所示的提示框，提示用户是否重新导入。

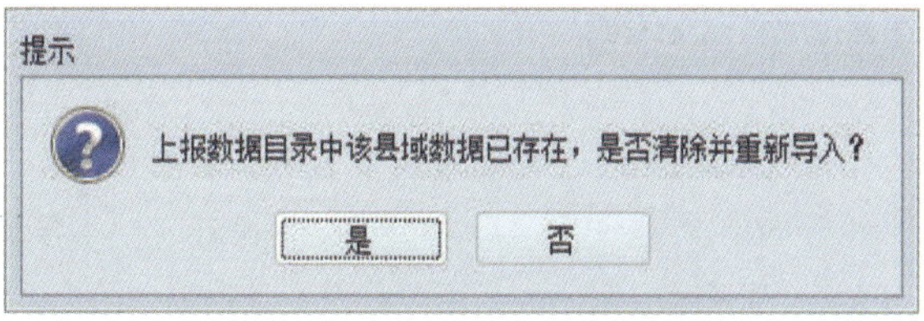

图 287　是否重新导入提示框

在提示框中，点击“是”按钮，则弹出数据导入进度界面，如图 288 所示，在导入过程中，将显示导入步骤、进度以及导入状态日志。在导入过程中，可随时点击“终止”按钮终止导入过程，也可勾选“完成后自动关闭本执行进度窗口？”在完成导入过程后自动关闭该导入进度框。

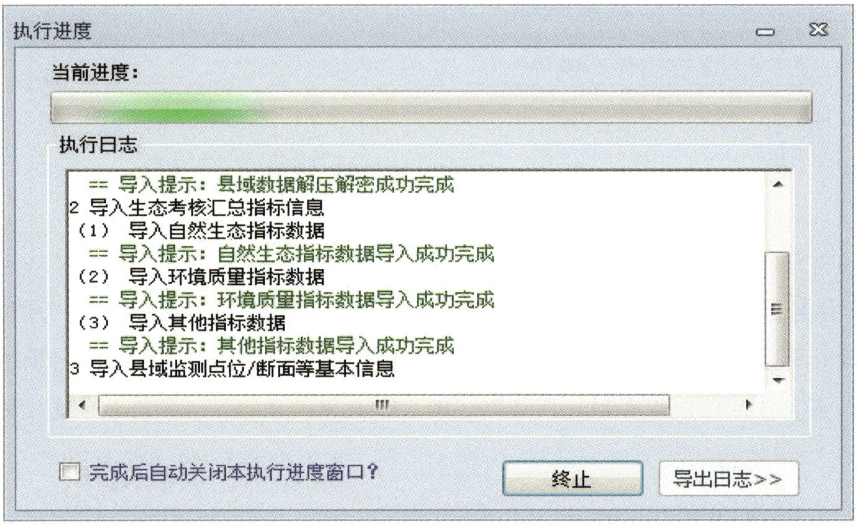

图 288 导入过程

导入完成后，系统会在执行日志中提示执行完成，并提示所用时间等信息，如图 289 所示。导入结束后，可通过“导出日志”按钮将执行日志导出为文本文件（*.txt）以进行进一步的分析。

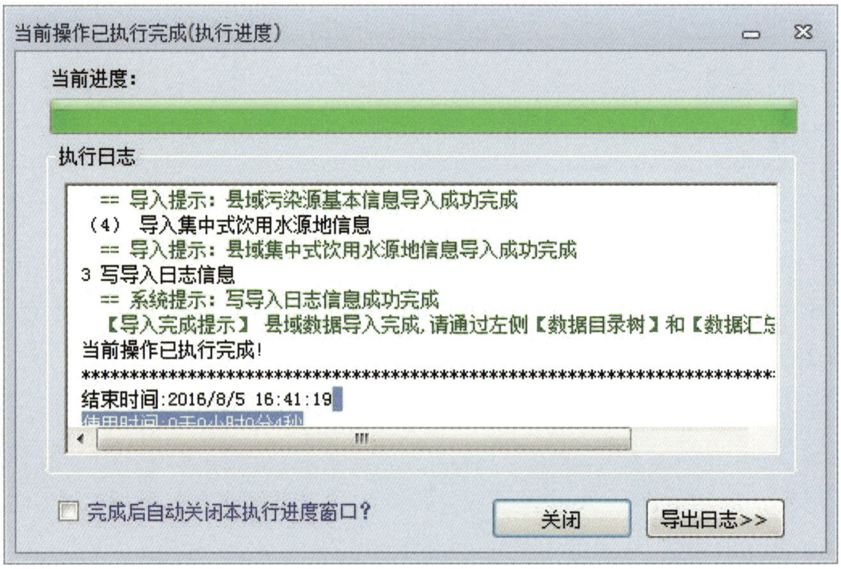

图 289 导入完成

导入完成后，在左侧数据目录树中对应的县节点下将加入该县导入的数据目录列表，可通过点击相应的文件或表节点查看该县域的填报数据。

多县域考核数据导入具体操作步骤如下：

点击“开始”菜单“县域考核数据/材料导入”栏内 “县域考核数据批量导入”按钮，系统将弹出如图 290 所示的“县域上报数据批量导入”界面。

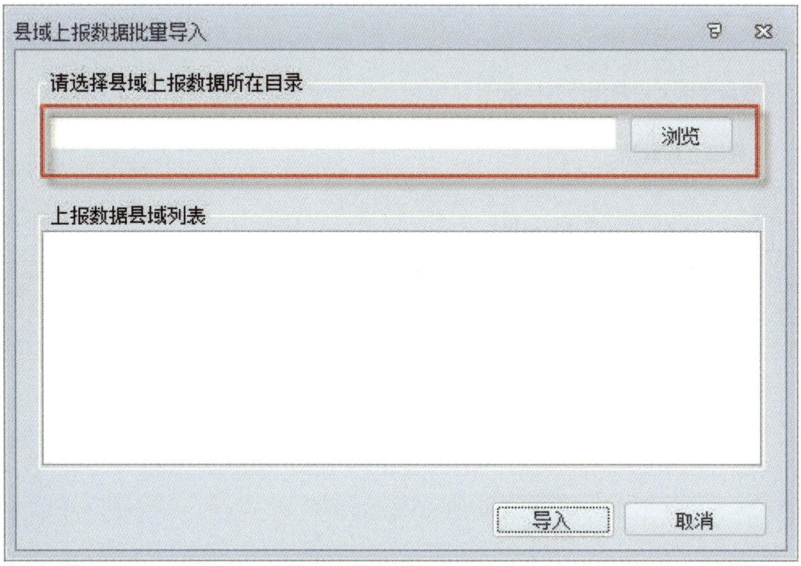

图 290　上报数据包目录选取

在“县域上报数据批量导入”界面中，点击选择县域上报数据所在目录下的“浏览”按钮，则弹出文件目录选取对话框，如图 291 所示。

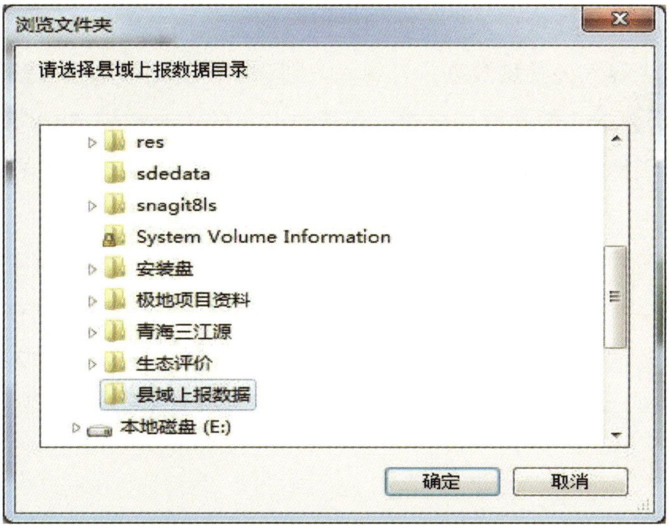

图 291　上报数据目录选择对话框

在文件目录选择对话框中，选中县域上报数据包文件所在的目录（需将各县域上报数据包拷贝至该目录），点击“确定”按钮，则该文件目录名将显示于县域上报数据目录的文本框内，同时将该目录所有上报数据包文件对应的县域名称及编码列于“上报数据县域列表”框内（注意：若目录内包含的上报数据包不为考核季度的，则不列于此框中），如图 292 所示。

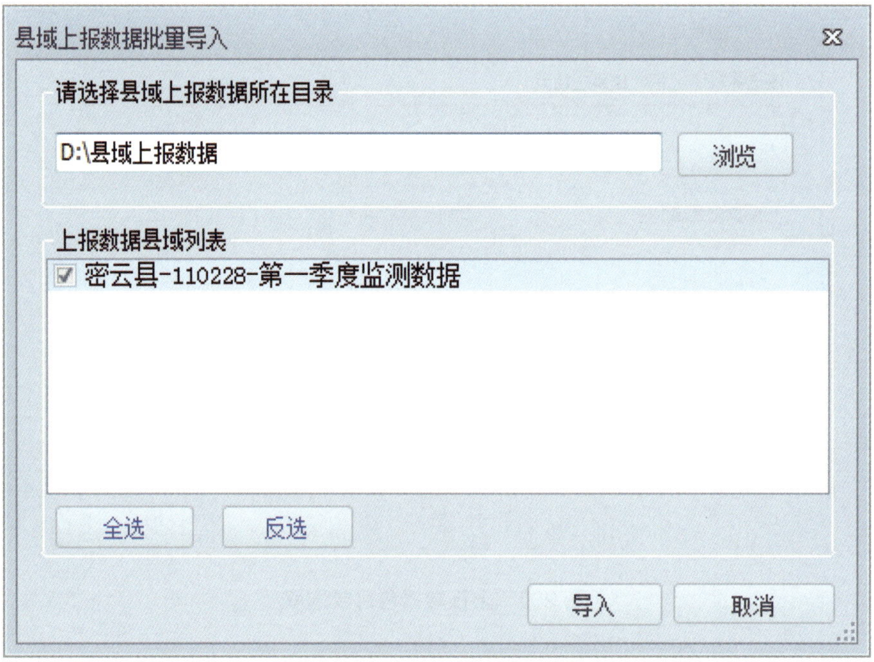

图 292　导入县域选择

在“县域上报数据批量导入”界面的上报数据县域列表中，通过各县域名称前面的复选框来选择是否导入该县域数据，若导入，则选中，否则不选中（默认为全选中，即全导入）。选择需要导入的县域列表时，可通过其下的“全选”、“反选”按钮来辅助选择。点击“全选”是将所有县域都选中，点击“反选”则是将已选中的变为不选中，未选中的改为已选中。

在“县域上报数据批量导入”界面中选择完导入数据县域后，点击“导入”按钮，若所选县域列表中有些县域以前已导入过数据，则弹出“是否覆盖已有数据”提示框，并将已存数据的县域名称列于列表框中，如图 293 所示。若没有已导入过数据的县域，则跳过此界面，直接进入数据导入进度框界面。

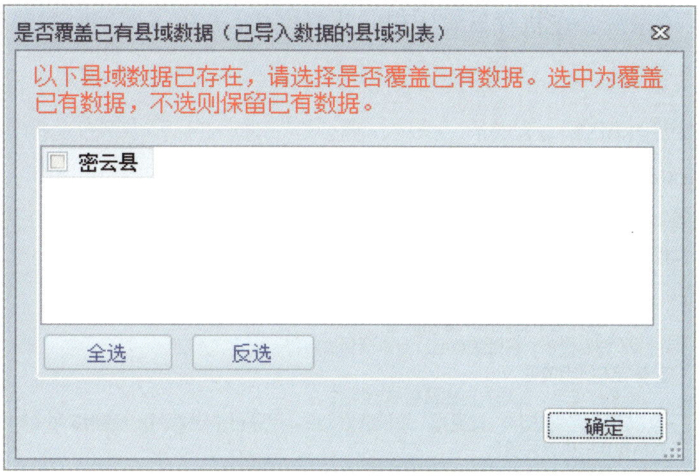

图 293　是否覆盖设置

在“是否覆盖已有数据”界面中，若要覆盖已有数据，则选中该县域前的复选框，否则不选中（默认为未选中，即不覆盖）。在该界面中，若需要确认是否覆盖的县域较多，可通过“全选”和“反选”按钮来快速选取。

在“是否覆盖已有数据”界面中，设定完要覆盖的县域列表后，点击“导入”按钮，则按顺序导入已选中的县域上报数据，并弹出数据导入进度界面，如图 294 所示，在导入过程中，将提示导入进度以及导入日志。在导入过程中，可点击“终止”按钮随时终止导入过程，也可勾选“完成后自动关闭本执行进度窗口？”在完成导入过程后自动关闭该导入进度框。

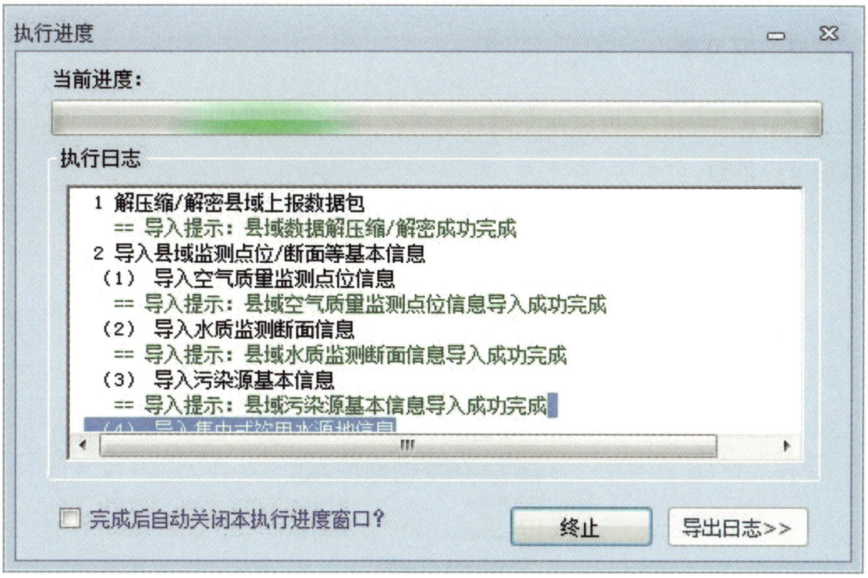

图 294　导入进度

导入完成后，系统会在执行日志中提示执行完成，并提示所用时间等信息，如图 295 所示。可通过“导出日志”按钮将执行日志导出为文本文件（*.txt）。

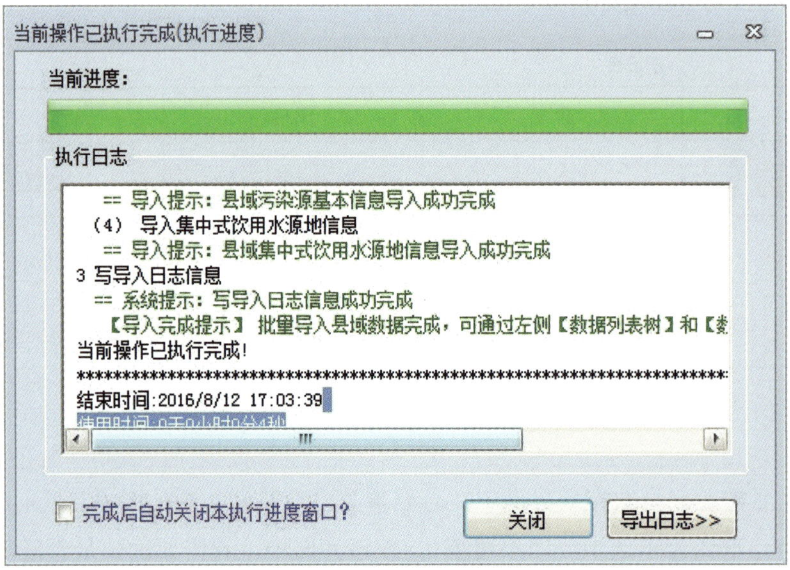

图 295　导入完成提示

导入完成后，左侧数据目录树中对应的所有导入数据的县节点下将加入该县域上报数据目录列表，可通过点击相应的文件或表节点查看该县域的填报数据。

7.5.3　县域上报数据浏览

7.5.3.1　县域数据目录

县域上报数据导入后，可以在左侧目录树查看。如图 296 所示，显示北京市密云县的县域数据节点信息。

图 296　县域数据目录结构

显示为的节点表示该节点下有数据，点击该节点即可展开/收起该节点。节点图标及含义索引，见表 10。

表 10　目录树节点图标及含义

图标	含义	图标	含义
	非空节点		比较数据表
	空节点		pdf 文档
	证明材料		图像、照片
	证明材料不存在		自查报告文档
	数据填报表		

对于非文件夹节点，可以直接点击节点，并在右侧数据显示区显示数据。

7.5.3.2　县域数据浏览

如图 297 所示，为填报数据显示样式。如果表格中有照片字段，则在表格中显示照片的缩略图，如果照片不存在，则显示“无图像”字样；如果表格中有文档相关字段，则在表格中显示为超级链接。

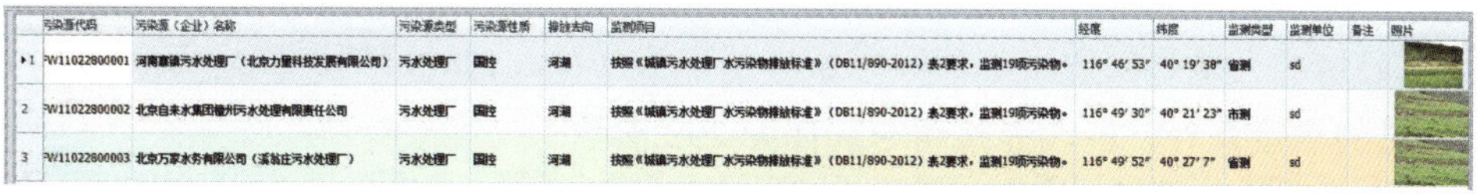

	污染源代码	污染源（企业）名称	污染源类型	污染源性质	排放去向	监测项目	经度	纬度	监测类型	监测单位	备注	照片
▸1	FW11022800001	河南寨镇污水处理厂（北京力量科技发展有限公司）	污水处理厂	国控	河湖	按照《城镇污水处理厂水污染物排放标准》（DB11/890-2012）表2要求，监测19项污染物。	116° 46′ 53″	40° 19′ 38″	省测	sd		
2	FW11022800002	北京自来水集团檀州污水处理有限责任公司	污水处理厂	国控	河湖	按照《城镇污水处理厂水污染物排放标准》（DB11/890-2012）表2要求，监测19项污染物。	116° 49′ 30″	40° 21′ 23″	市测	sd		
3	FW11022800003	北京万家水务有限公司（溪翁庄污水处理厂）	污水处理厂	国控	河湖	按照《城镇污水处理厂水污染物排放标准》（DB11/890-2012）表2要求，监测19项污染物。	116° 49′ 52″	40° 27′ 7″	省测	sd		

图 297　横向表格数据

点击单元格中的缩略图，则弹出如图 298 所示的图片查看界面。若有多张照片，可以点击“前一张”、“后一张”导航浏览。

图 298　图片查看界面

7.5.4　汇总信息

部分或全部县域数据导入后，可查看已导入县域的指标及相关辅助数据的汇总信息，“汇总信息”菜单面板中主要提供县域基本情况及社会经济情况信息与点位/断面等基础信息的浏览查看。各功能按钮布局如图 299 所示。

图 299　汇总信息菜单面板

7.5.4.1　县域基本情况汇总表浏览

县域基本情况信息汇总表是指县域基本情况和县域社会经济情况，可通过“县域基本情况及社会经济情况”栏内的“县域基本情况”功能按钮来查看浏览，布局如图 300 所示。

图 300　县域基本情况功能按钮

下面以“县域基本情况”功能为例来说明操作步骤：

点击“汇总信息”菜单“县域基本情况及社会经济情况”栏内的“县域基本情况”按钮，则弹出如图 301 所示的数据浏览界面，并在界面中以表格的形式显示已上报县域基本情况汇总信息。

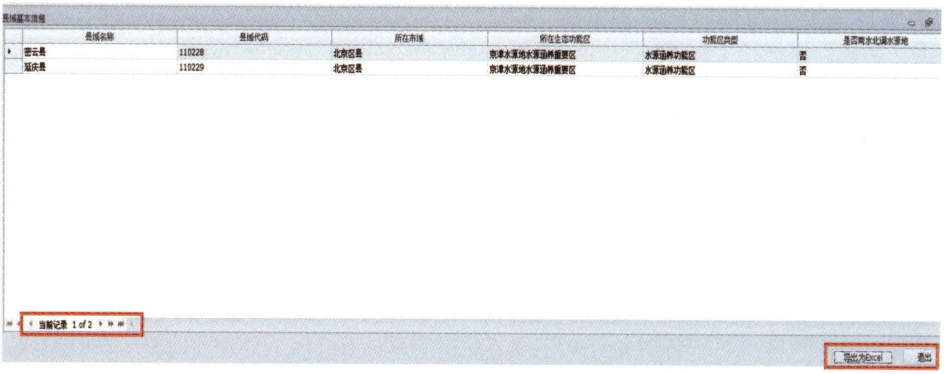

图 301　县域基本情况显示样例

在数据显示页面，可通过左下侧表格操作面板来显示当前记录及总记录条数，并可通过功能按钮实现记录移动及翻页功能。

若需要将当前显示数据导出为 Excel 表格，则在数据显示界面，点击右下侧的“导出为 Excel”按钮来实现当前表格内容的导出，导出格式为 Excel 文件。

若需要退出汇总数据查看界面，则点击该界面右上角的关闭按钮或右下角的“退出”按钮，汇总数据查看界面消失，返回至系统主界面。

7.5.4.2　点位/断面等基础信息汇总表

点位/断面等基础信息汇总表是指各县域填报的水质监测断面信息、空气质量监测点位信息、污染源信息、集中水源地信息。可通过“点位/断面等基础信息汇总表”栏内的“水质监测断面信息”、“空气质量监测点位信息”、“污染源信息”、“集中水源地信息”，4 个功能按钮来查看浏览，如图 302 所示。

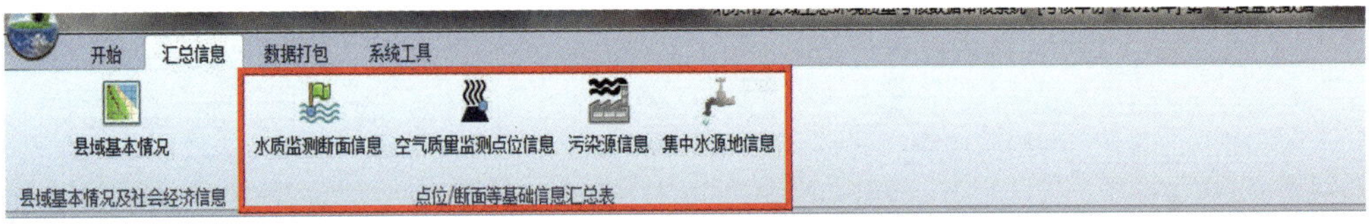

图 302 基础信息查看功能按钮

这 4 个功能操作方式完全相同，只是结果展示的内容不同，下面以“水质监测断面信息”功能为例来说明操作步骤：

点击“汇总信息”菜单“点位/断面等基础信息汇总表”栏内的“水质监测断面信息”按钮，则弹出如图 303 所示的数据浏览界面，并在界面中以表格的形式显示已上报县域内水质监测断面信息的汇总表。

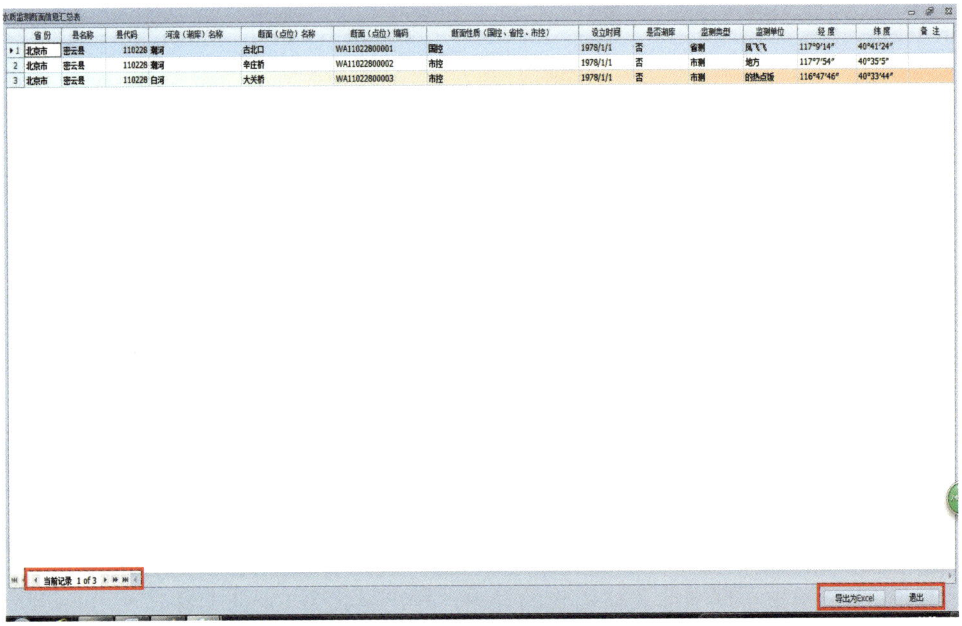

图 303 水质监测断面显示样例

在数据显示页面，可通过左下侧表格操作面板来显示当前记录及总记录条数，并可通过功能按钮实现记录移动及翻页功能。

若需要将当前显示数据导出为 Excel 表格，则在数据显示界面，点击右下侧的“导出为 Excel”按钮来实现当前表格内容的导出，导出格式为 Excel 文件。

若需要退出汇总数据查看界面，则点击该界面右上角的关闭按钮或右下角的“退出”按钮，汇总数据查看界面消失，返回至系统主界面。

7.5.5 数据打包

数据加密打包需要满足两个条件：一是省域内所有考核县域数据填报数据上报且已导入系统内；二是审核报告已生成，若审核报告需要修改，则修改后的报告已更新至系统中。审核结果导出、导入功能是将省域内部分考核县域审核结果相关数据导出，生成加密压缩包文件（*.zip），在通过审核结果导入功能集成到另一个省级审核系统，以实现审核系统多人审核功能。

数据打包包括数据预检、压缩打包两个功能，如图 304 所示。

图 304 数据打包菜单面板

7.5.5.1 数据预检

上报数据预检是在数据打包上报前对省域内各考核县域的填报数据进行检查，一是检查县域是否完整（即所有县域都已上报数据并导入系统）；二是检查各县域上报的数据是否缺少关键文件，如数据库文件等。具体操作步骤为：

点击“数据打包”菜单下“数据预检（县域完整性）”按钮，若以前进行过数据预检操作且预检成功（即县域完整且县域填报数据完整），则弹出如图 305 所示的提示框，询问用户是否仍进行预检。点击“是”按钮则进入数据预检操作并弹出进度提示框。

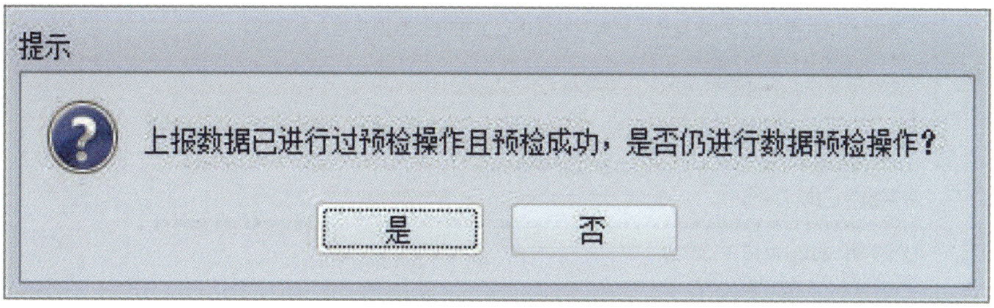

图 305 是否仍预检提示

若以前没有进行过数据预检操作或是进行过预检但预检不成功，则直接进入预检操作并弹出预检进度提示框，第一步是进行考核县域完整性检查（即考核县域填报数据是否导入），如图 306 所示。

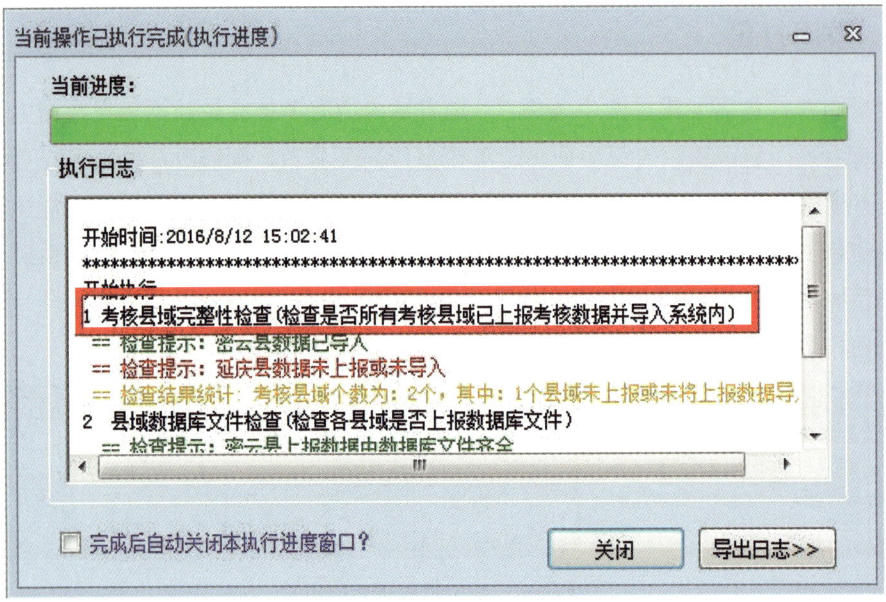

图 306　数据完整性检查提示

预检成功后，则提示有多少个县域数据未导入以及导入数据的县域的数据是否完整，具体提示如图 307 所示。

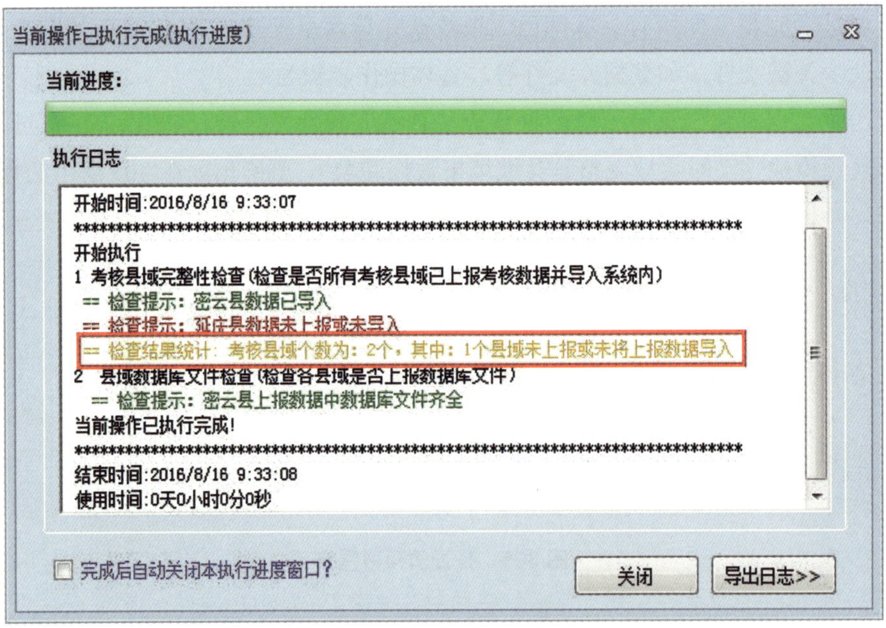

图 307　预检完成提示

预检成功后，可通过“导出日志”按钮将预检日志导出为文本。

7.5.5.2　加密打包

数据加密打包是将省域内所有考核县域的填报数据以及省级审核报告相关内容加密打包，生成加密压缩包文件（*.prf）上报至上级主管部门。具体操作步骤如下：

点击“数据打包”菜单下“加密打包（生成加密包文件）”按钮，若以前进行过数据预检操作且预检成功（即县域完整且县域填报数据完整），则弹出如图 308 所示的提示框，询问用户在打包前是否仍进行预检操作。点击“是”按钮，则在打包前重新进行数据预检；点击“否”按钮，则在打包前不重新进行数据预检。

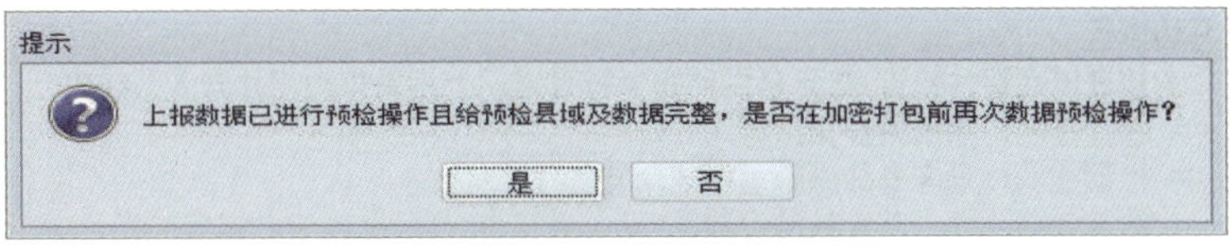

图 308　是否再次预检提示

若以前未进行过数据预检操作或预检不成功（即县域不完整或县域填报数据不完整），则弹出如图 309 所示的提示框，询问用户在打包前是否先进行预检操作。点击“是”按钮，则在打包前先进行数据预检；点击“否”按钮，则在打包前不进行数据预检。

图 309　是否进行预检提示

在上面步骤中，无论是点击“是”还是“否”按钮，都会弹出目录选择对话框，提示用户选择打包文件保存到的目录，如图 310 所示。

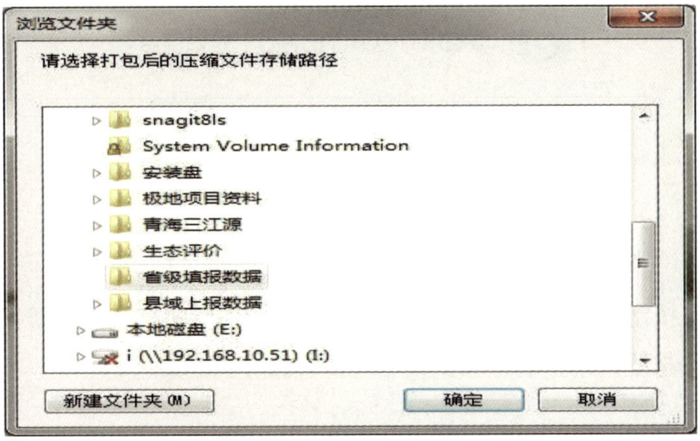

图 310　打包结果存储目录选择

在文件夹选择对话框中选择打包文件的存储目录，并点击“确定”按钮，则进入数据预检和打包进度提示框。若上面步骤中选择“是”按钮，则先进行数据预检操作，并在日志中进行提示，如图 311 所示。

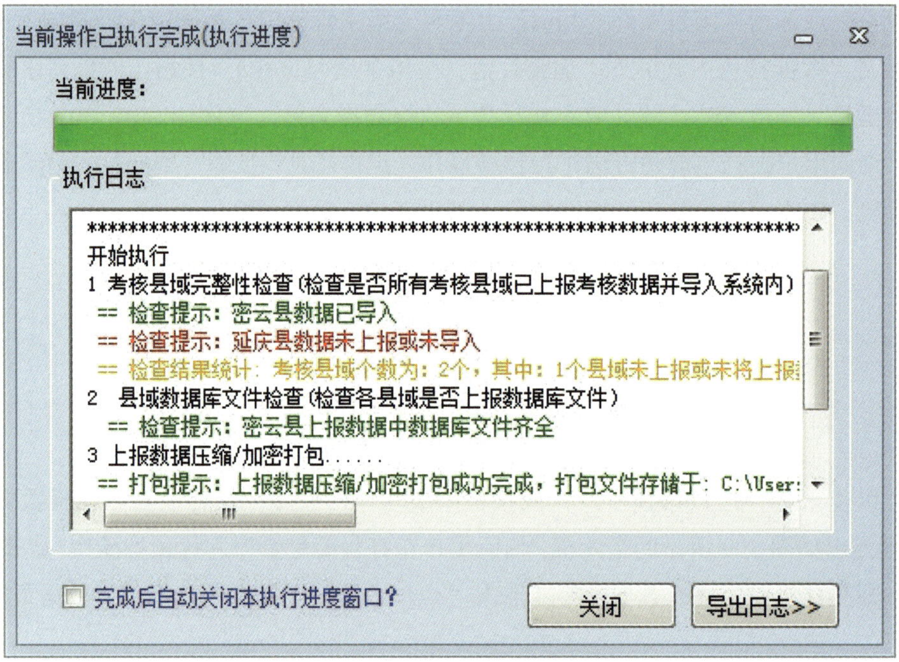

图 311　加密打包进度提示

否则直接进行数据加密打包，运行至加密打包步骤时，若所选目录中已存在省域打包文件，则弹出如图 312 所示的提示框提示用户是否覆盖。

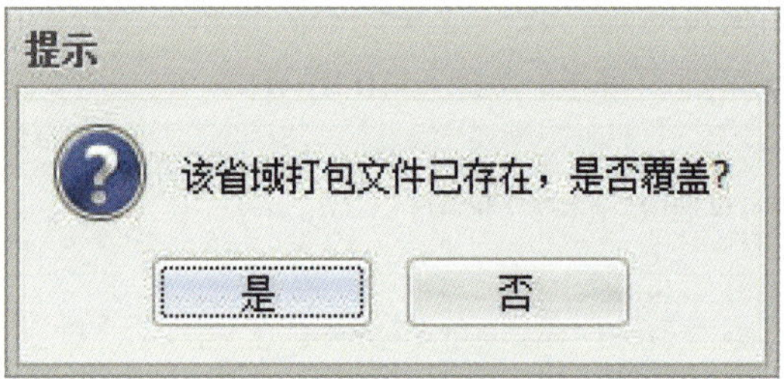

图 312　是否覆盖提示

点击“是”按钮，则重新进行加密打包，并将新生成的打包文件替换已有的打包文件，点击“否”按钮，则不进行加密打包，保留已有打包文件。

7.5.6　系统工具

系统工具菜单项提供了两类功能，一是切换系统界面风格；二是数据管理工具。切换系统界面风格是改变系统主界面的运行风格，包括颜色、界面样式等。数据管理工具是实现对当前系统中填报数据的备份和恢复。

图 313　系统工具菜单面板

7.5.6.1　系统界面风格切换

系统默认的界面风格为 Office 2010 灰色风格，用户可以根据自己的喜好来切换不同的界面风格。系统提供了常用的两种界面风格（Office 2010 蓝色和 Office 2010 银色），若需要切换至该界面风格，直接点击“系统工具”菜单下“常用界面风格”栏内的相应的界面风格按钮即可。另外，系统还提供了一些非常用的界面风格，其切换操作步骤如下：

（1）点击“系统工具”菜单下“常用界面风格”栏右下角的下拉按钮，如图 314 红框内所示。

图 314　展开更多界面风格按钮

（2）系统将弹出所有可供使用的界面风格列表，如图 315 所示。

图 315　更多界面风格列表

（3）在弹出的界面风格选择下拉框内，双击将要切换至的列表项，则将系统主界面风格切换至该风格。图 316 为切换为“Office 2007 Green”风格后的系统主界面。

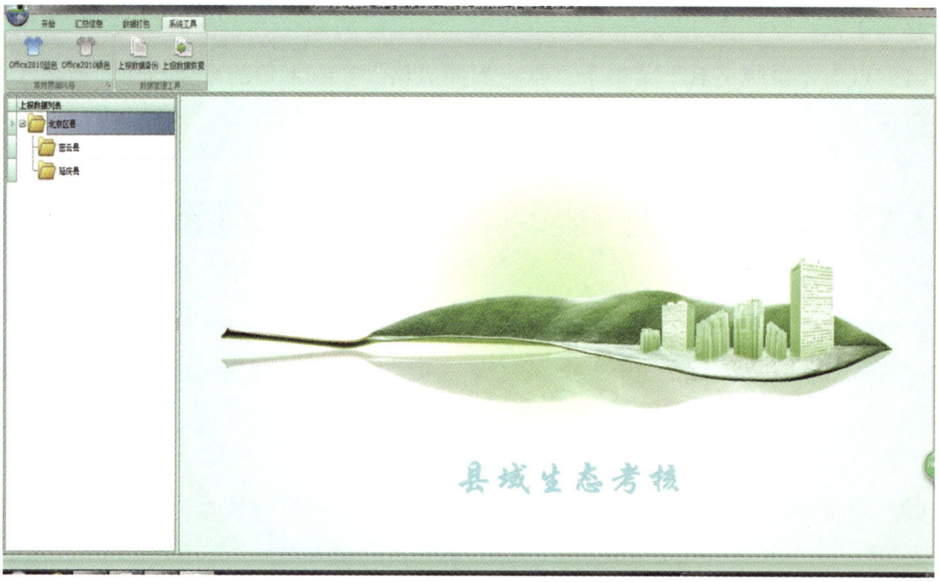

图 316　Office 2007 Green 风格样式

7.5.6.2　数据管理工具

数据管理工具主要是实现系统内已有县域上报数据的备份和恢复，以防操作系统崩溃时导致数据丢失。

（1）上报数据备份

建议用户每天做完数据导入或审核操作后，将数据进行一次备份。数据备份操作步骤为：

点击“系统工具”菜单下“数据管理工具”栏内的“上报数据备份”按钮，系统将弹出如图 317 所示的文件保存路径选择对话框。

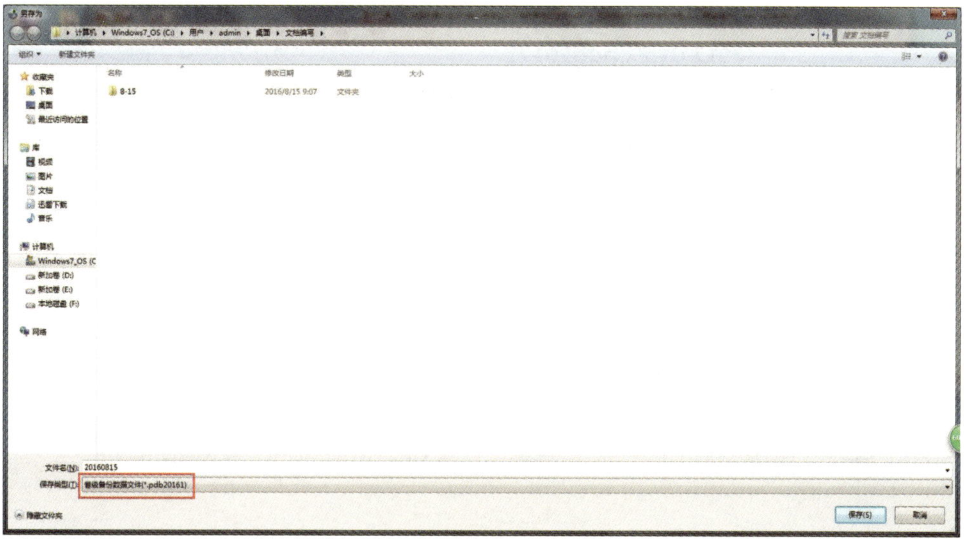

图 317　数据备份文件

在该对话框中，选中备份文件将存储的目录，在文件名框内输入备份文件名（建议以当前日期为文件名，如 20170122 为 2017 年 1 月 22 日的备份文件），并点击“保存”按钮，系统将对当前系统中的数据进行备份，备份文件的扩展名为 pdb。

备份完成后，系统将弹出如图 318 所示的提示框，提示用户备份已成功完成，以及备份文件保存的路径。

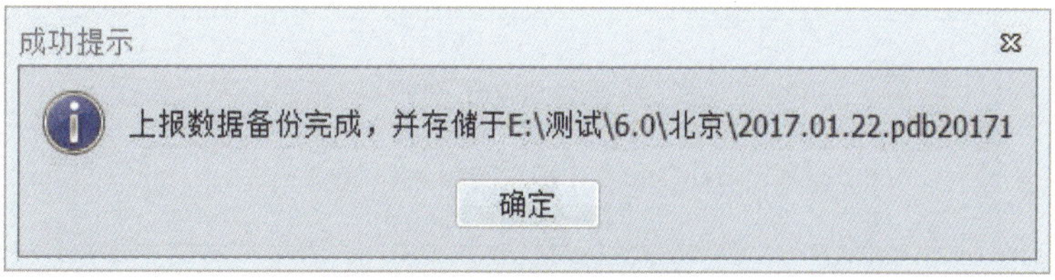

图 318　备份完成提示

（2）上报数据恢复

当操作系统或是本系统发生崩溃或是无法进入时，可重新安装或是对系统进行初始化操作后，将备份数据恢复至系统数据库中，数据恢复操作的步骤如下：

点击“系统工具”菜单下“数据管理工具”栏内的“上报数据恢复”按钮，系统将弹出如图 319 所示的文件选择对话框。

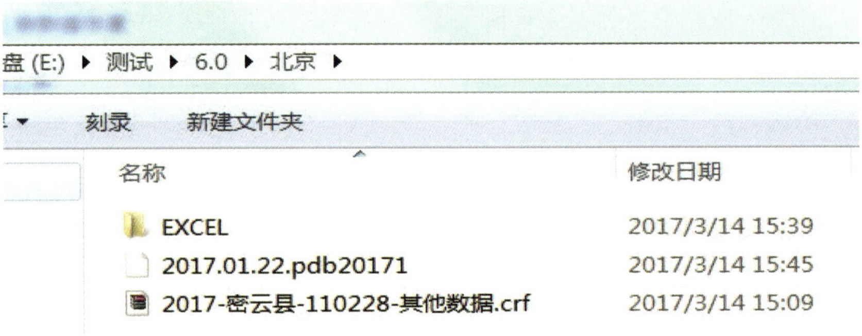

图 319　选择备份文件对话框

在该对话框中，选中最近时间的备份文件并点击“打开”按钮，系统将弹出如图 320 所示的提示框，提示用户是否确实要清除系统中已有数据，并将备份文件中的数据恢复至系统中。

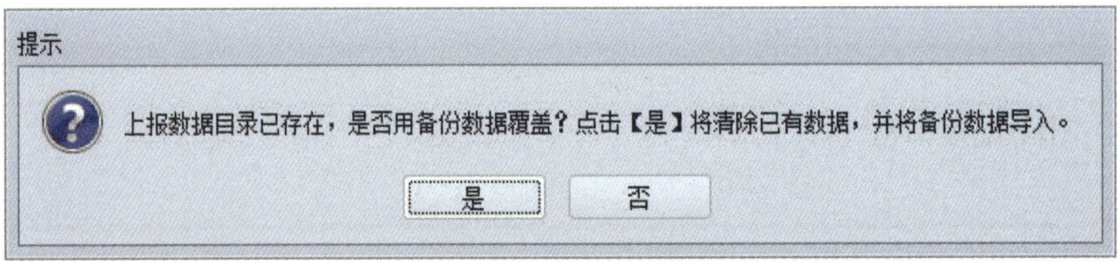

图 320　提示是否覆盖

在提示框中，点击“是”按钮，则将清除已有数据，并将备份数据导入系统中；点击“否”按钮，则退出恢复操作，系统将保留原有数据，并返回系统主界面。

数据恢复完成后，系统将弹出如图 321 所示的提示框，提示数据恢复完成，并可通过“填报数据目录区”进行查看。

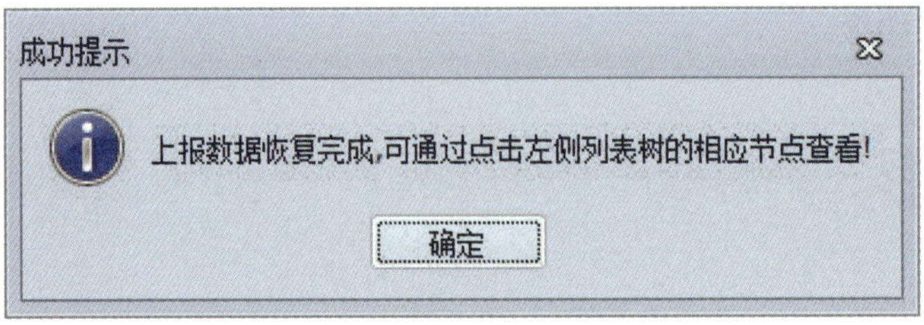

图 321　数据恢复完成提示

7.5.7 县域右键功能菜单

县域右键菜单通过右键点击“填报数据目录区”中县域名称节点时弹出，如图 322 所示，主要是实现针对所选县域（右键点击县域）的填报数据审核和填报数据导入。

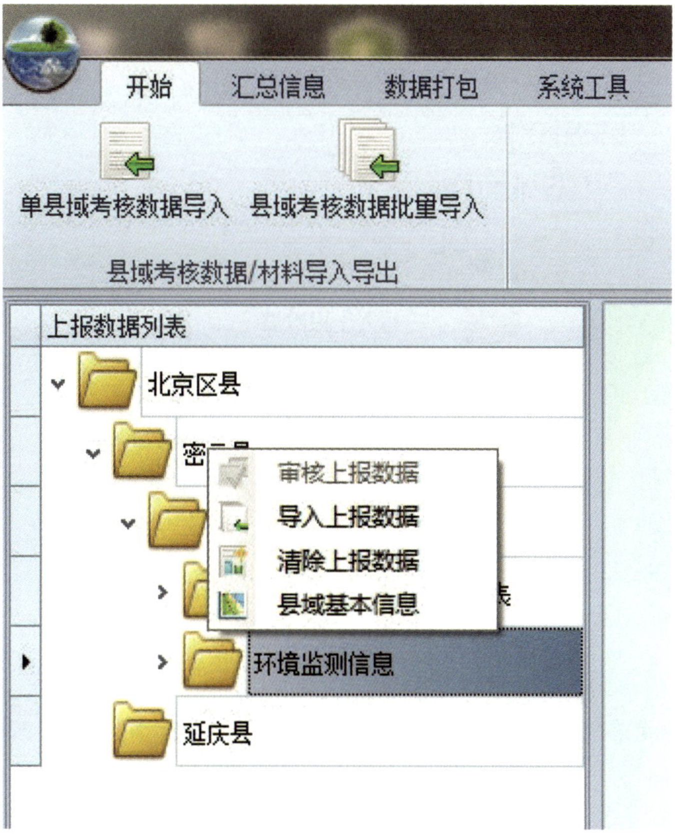

图 322 县域右键菜单

7.5.7.1 导入上报数据

该菜单项功能是导入所选县域的填报数据，通过选择外部县域上报的数据包文件来导入。操作步骤如下：

在“填报数据目录区”展开市级节点，并在需要审核的县域名称（确认已导入数据）节点上右键点击，则弹出如图 323 所示的县域右键功能菜单。

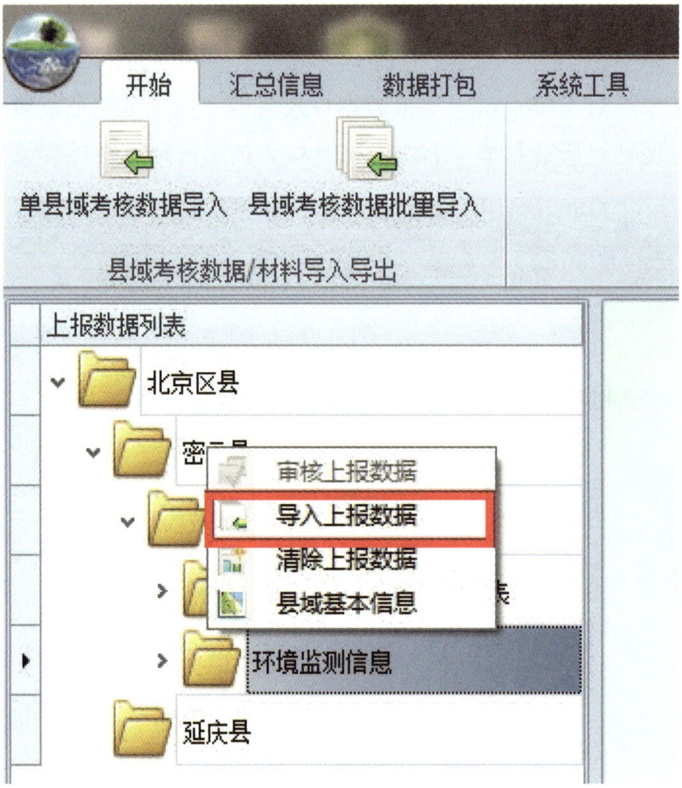

图 323　导入上报数据菜单项

在弹出的功能菜单中，点击“导入上报数据”菜单项，弹出如图 324 所示的县域上报文件选择对话框。

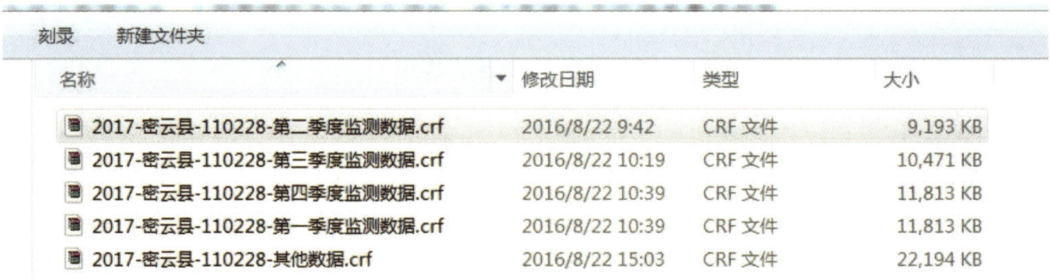

图 324　上报数据包选择对话框

在文件选择对话框中选择该县域的上报数据包文件，如图 324 所示，并点击“打开”按钮。若该县域数据以前已导入，则弹出如图 325 所示的提示框，提示用户是否重新导入。

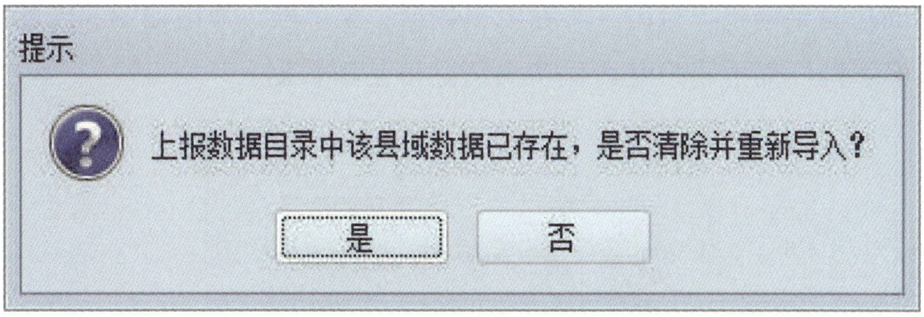

图 325 是否重新导入提示框

点击“是”按钮，则进入县域填报数据导入进度提示框（具体操作请参见 7.5.2 节的数据导入功能操作说明）；点击“否”按钮，则退出导入，并返回系统主界面。

7.5.7.2 清除上报数据

县域名称（确认已导入数据）节点上右键点击，则弹出如图 326 所示的县域右键功能菜单（注意：若没有导入数据，则该菜单不可见）。

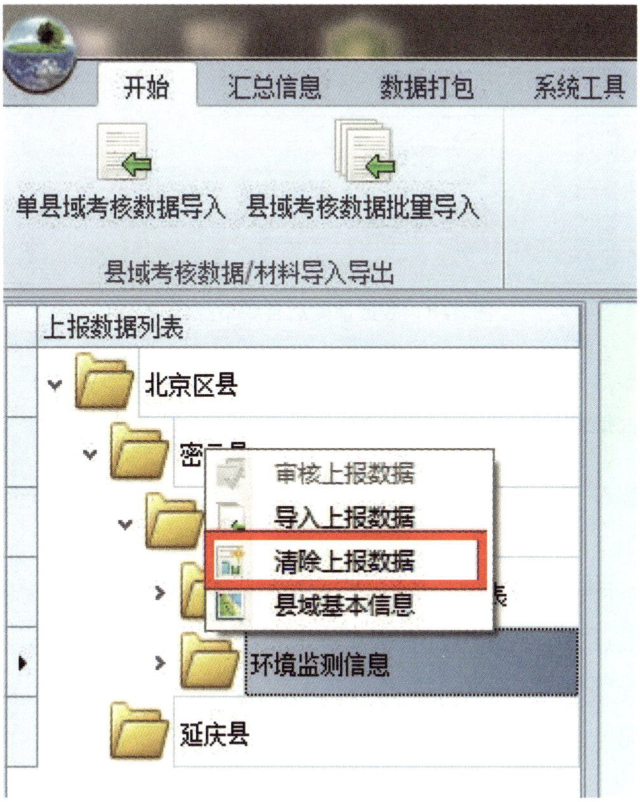

图 326 清除上报数据菜单项

在弹出的功能菜单中，点击“清除上报数据”菜单项，弹出如图 327 所示的县域上报清除确认提示框，提示用户是否确实要清除该县域数据。

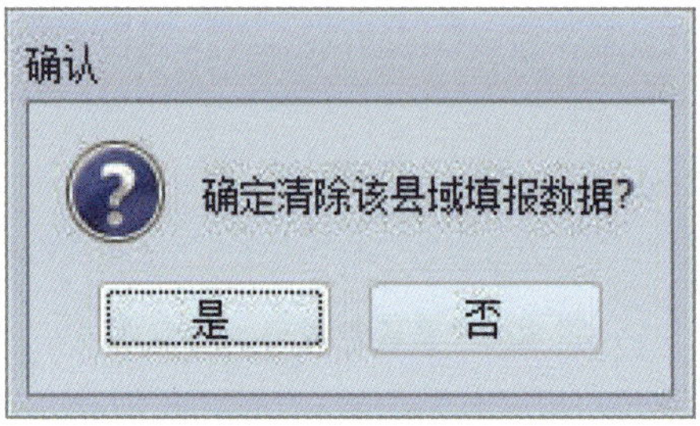

图 327　确认清除提示框

在提示框中，点击“是”按钮，则开始清除该县域数据，系统鼠标状态为等待状态；点击“否”按钮，则不清除，并返回系统主界面。

数据清除完成后，系统鼠标状态恢复正常，且所清除数据县域节点下的数据目录被清空，如图 328 所示。

图 328　数据清除后县域节点样式

7.5.7.3　县域基本信息

该菜单项是查看所选县域的基本信息，包括名称、编号、所在市、所在生态功能区等信息。具体操作步骤为：

在“填报数据目录区”展开市级节点，并在需要清除数据的县域名称（确认已导入数据）节点上右键点击，则弹出如图 329 所示的县域右键功能菜单。

在弹出的功能菜单中，并点击“县域基本信息”菜单项，则弹出如图 330 所示县域基本信息显示界面。

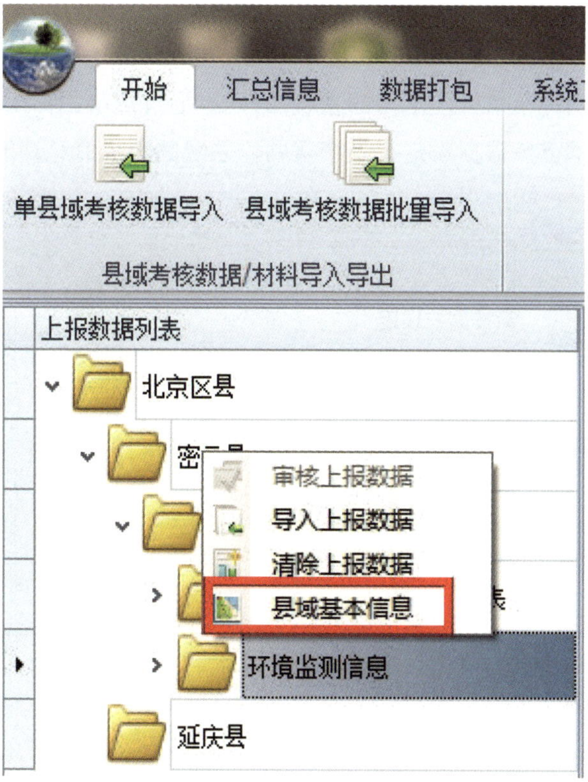

图 329　县域基本信息菜单项

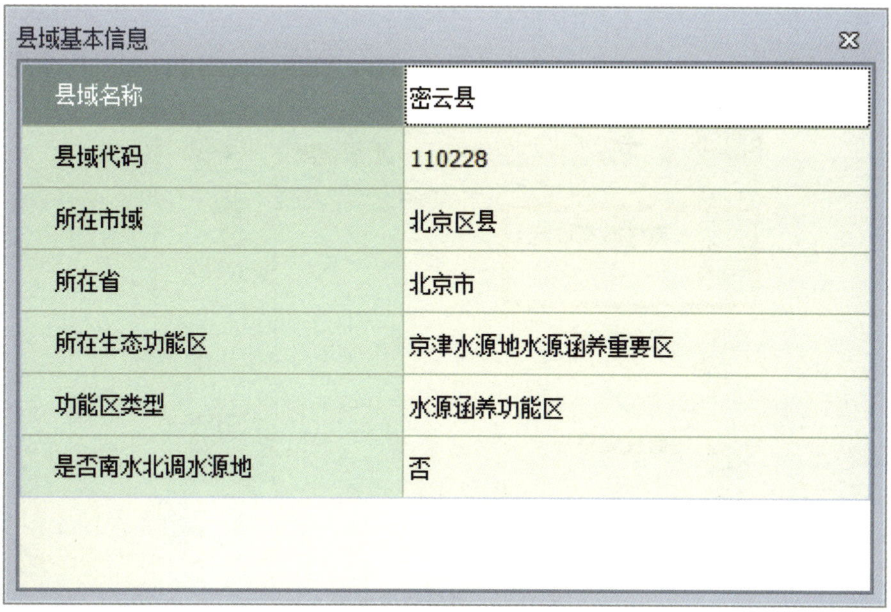

图 330　县域基本信息显示界面

7.5.8 系统菜单

系统菜单位于功能菜单区左上角的系统图标处，通过点击图标来弹出菜单，如图 331 所示。该菜单中提供审核数据设定、系统帮助、系统的版权信息功能。

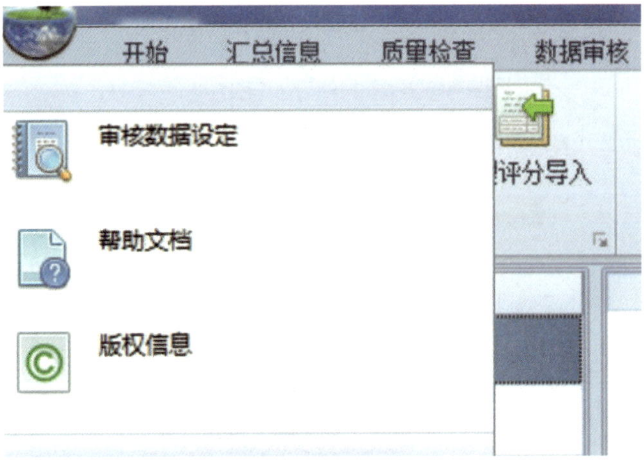

图 331 系统菜单样式

7.5.8.1 审核数据设定

该功能是设定系统审核分季度或其他数据，用来实现系统审核数据之间的切换，操作步骤为：

在系统主界面中，左键点击左上角的系统图标，则弹出如图 332 所示的系统菜单。

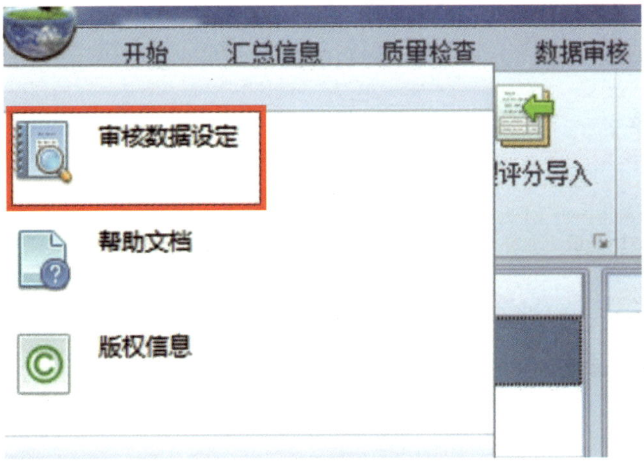

图 332 审核数据设定

在弹出的菜单中，点击“审核数据设定”菜单项，系统弹出如图 333 所示的审核数据设定界面。

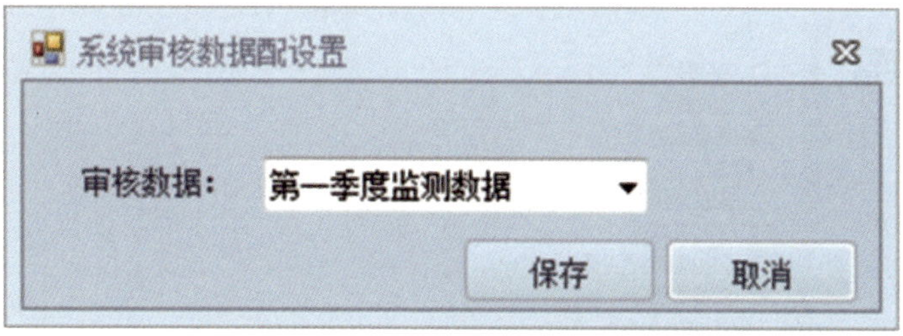

图 333　审核数据设定

在审核数据设定界面，用户可设定审核数据，点击“保存”按钮系统刷新系统功能菜单区和数据列表区。

7.5.8.2　帮助文档

该功能是打开并以主题的方式显示系统帮助文档，操作步骤为：

在系统主界面中，左键点击左上角的系统图标，则弹出如图 334 所示的系统菜单。

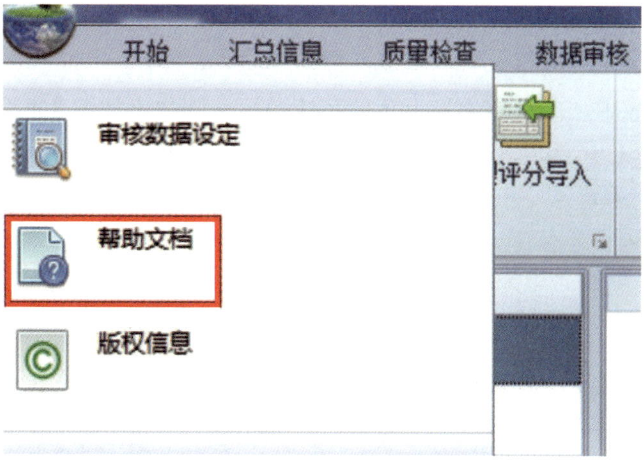

图 334　帮助文档菜单项

在弹出的菜单中，点击“帮助文档”菜单项，系统弹出如图 335 所示的系统帮助文档。

在帮助文档界面，用户可浏览系统帮助文档，并可通过主题查找以及关键字查找的方式快速定位至所关心的文档部分。

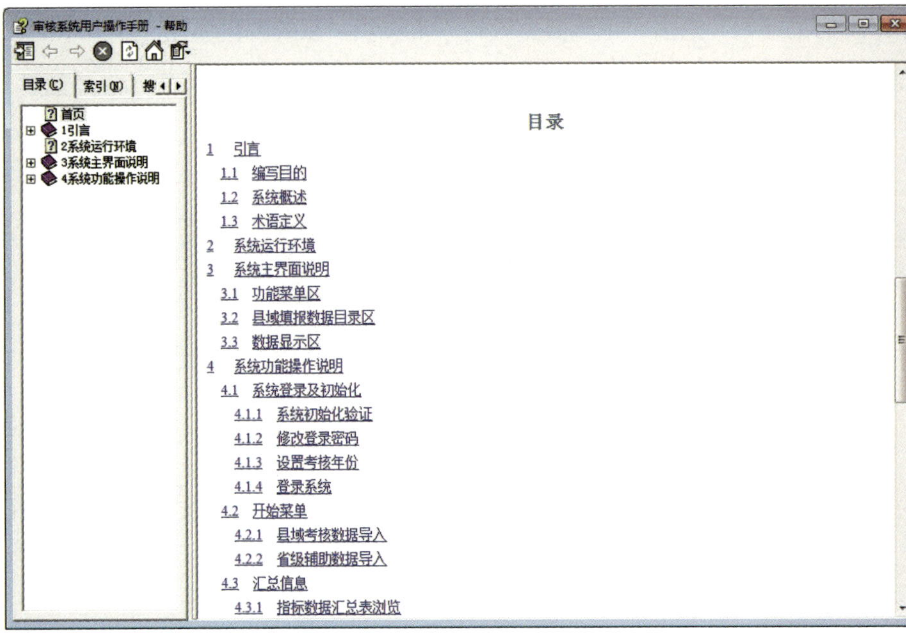

图 335　系统帮助界面

7.5.8.3　版权信息

该功能是显示系统版权及版本信息，操作步骤为：

在系统主界面中，左键点击左上角的系统图标，则弹出如图 336 所示的系统菜单。

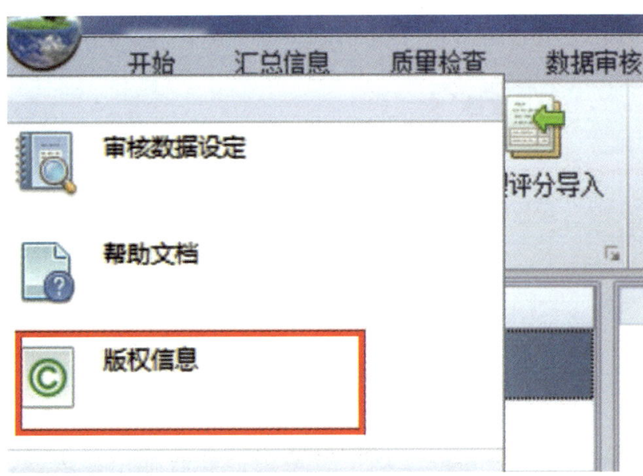

图 336　版权信息菜单项

在弹出的菜单中，点击“版权信息”菜单项，系统弹出如图 337 所示的系统版权信息，包括系统名称、版本号、开发单位、使用单位以及版权单位等。

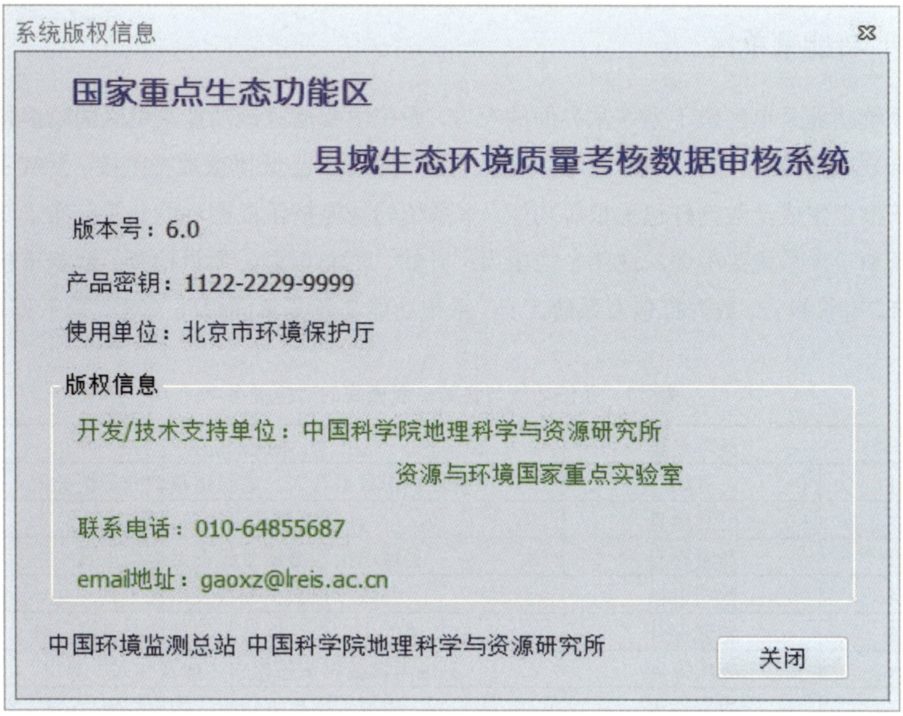

图 337　系统版权信息

7.6　其他数据审核系统主界面说明

本系统主界面采用目前最流行的 Windows Ribbon 风格（类似 Word 2007），整个主界面分为 3 个区，分别为：功能菜单区、县域填报数据目录区和数据显示区，如图 338 所示。

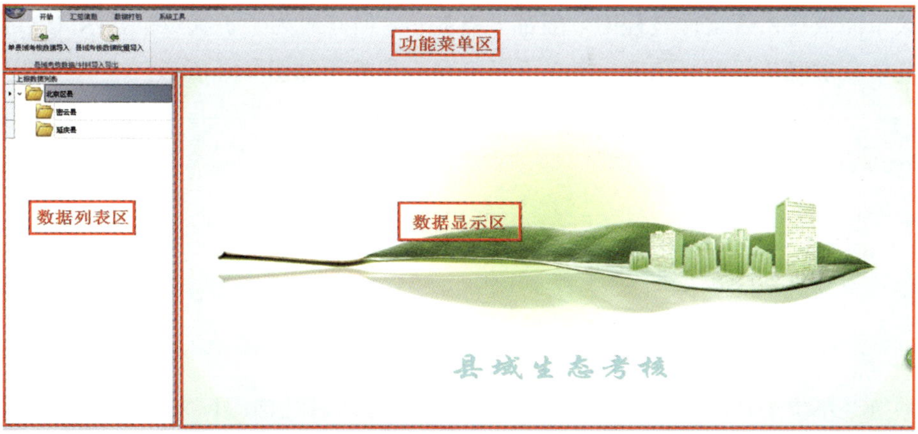

图 338　系统主界面

7.6.1 功能菜单区

系统功能菜单区位于系统主界面的上方，系统主要通过该功能菜单区的功能按钮来完成县域填报数据导入/汇总、县域填报数据质量检查、县域填报数据审核、县域考核数据审核报告生成及数据打包上报等功能。本系统的功能按钮根据功能分类分布于7个菜单面板和一个系统菜单中，这7个面板为：开始、汇总信息、质量检查、数据审核、管理评分、审核报告、数据打包及系统工具。系统功能与各菜单面板间的对应关系见表11。

表11 系统功能与各菜单面板间的对应关系

序号	菜单名称	系统功能
1	开始	县域填报数据导入、省级审核辅助数据导入
2	汇总信息	县域汇总信息浏览查看
3	质量检查	县域填报数据质量检查及检查工具
4	数据审核	县域填报数据审核及审核工具
5	管理评分	对县域的生态环境保护与管理情况进行评分
6	审核报告	县域考核数据审核报告生成及导入、导出
7	数据打包	省域上报数据预检、加密打包
8	系统工具	系统界面风格切换、数据备份、恢复

菜单面板间通过其上方的菜单项的点击来切换，如图339所示。

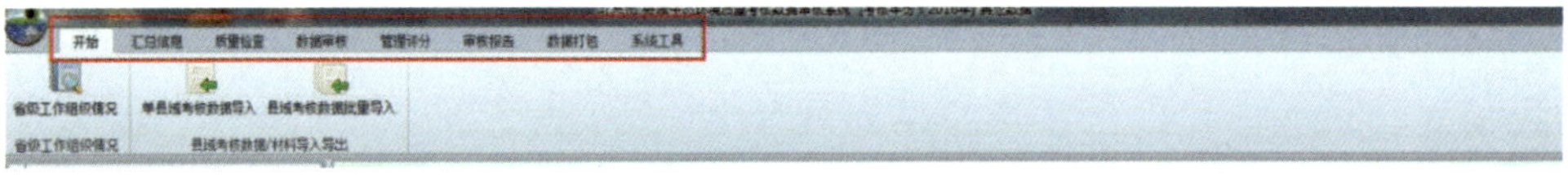

图339 功能菜单切换区

菜单面板在系统运行过程中一般都一直显示，但有时为了扩大数据显示区，可通过双击菜单项实现菜单面板隐现，菜单面板隐藏后的界面如图340所示。

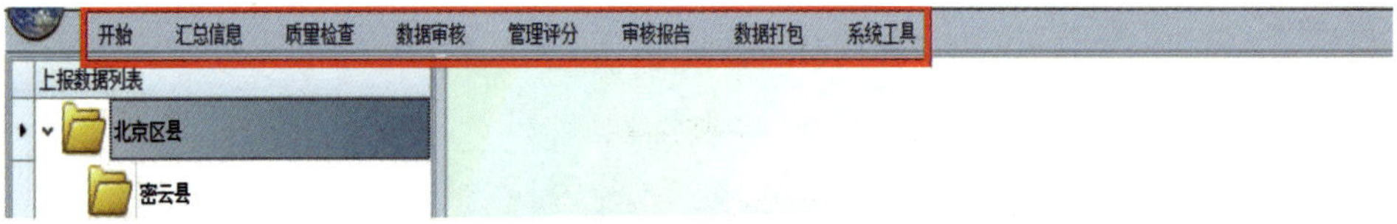

图340 菜单隐藏后的功能菜单区

系统菜单位于功能菜单区左上角的系统图标处，通过点击图标来弹出菜单，如图341所示。该菜单中提供系统帮助文档、系统的版权信息功能。

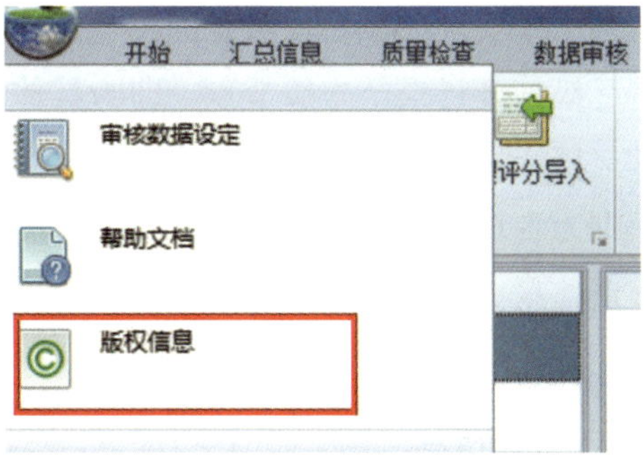

图 341 系统菜单

7.6.2 县域填报数据目录区

县域填报数据目录区位于系统主界面的左侧，以目录树的方式，按市→县→县域填报数目录的结构对各县域的填报数据进行组织。初始状态下，目录树中一级节点为省域内有考核县域的市名称，二级节点为各市域内的考核县域名称，三级节点则为县域填报数据目录，如图 342 所示。

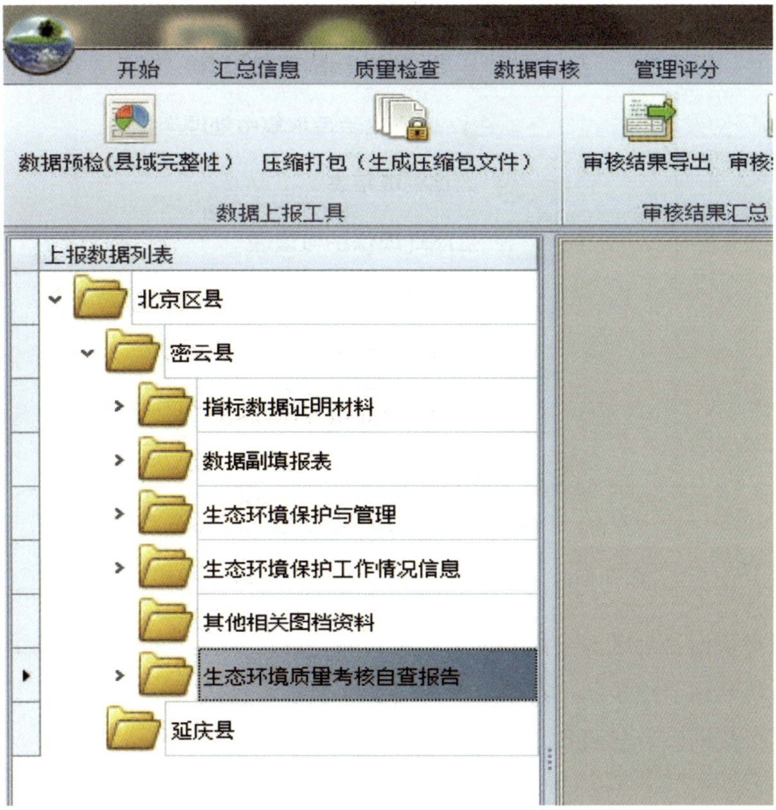

图 342 县域填报数据目录

系统将通过点击该目录树来实现县域填报数据的浏览，其操作方式与 Windows 的目录操作完全相同，只需逐级打开目录至末级节点，即为具体数据对应的文件或表格，点击即可在数据显示区以文档或表格的方式显示相应数据。

县域填报数据目录下则为各填报数据，具体按照数据填报要求进行组织，图 343 为指标证明材料目录下的节点信息。

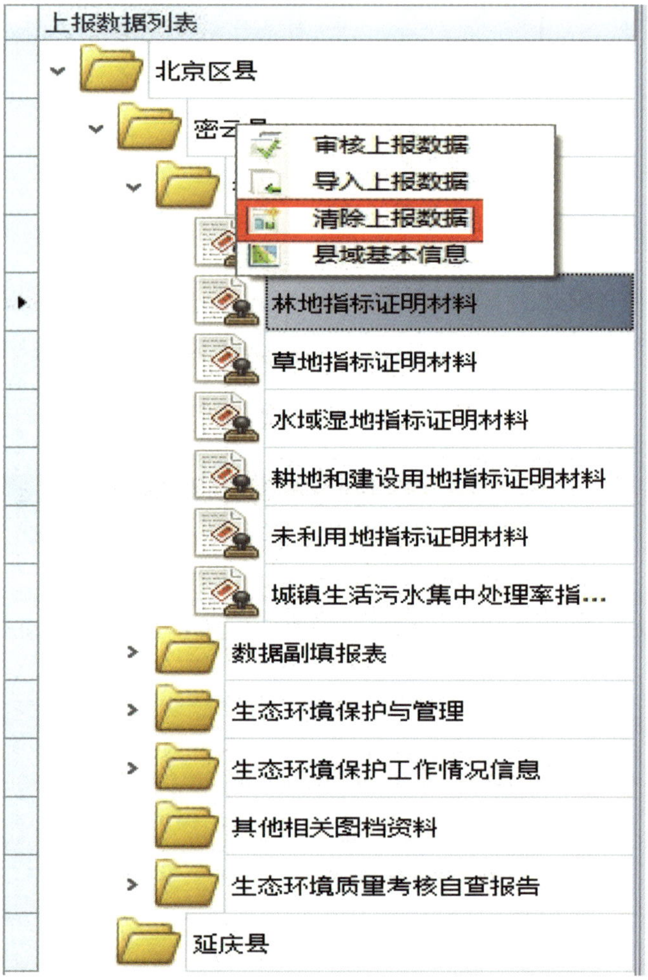

图 343 证明材料组织

县域填报数据目录区的县域名称节点有针对县域数据操作的右键功能菜单，可通过右键点击县域名称节点显示，右键菜单如图 344 所示，包括审核上报数据、导入上报数据、清除上报数据以及县域基本信息 4 个菜单项。

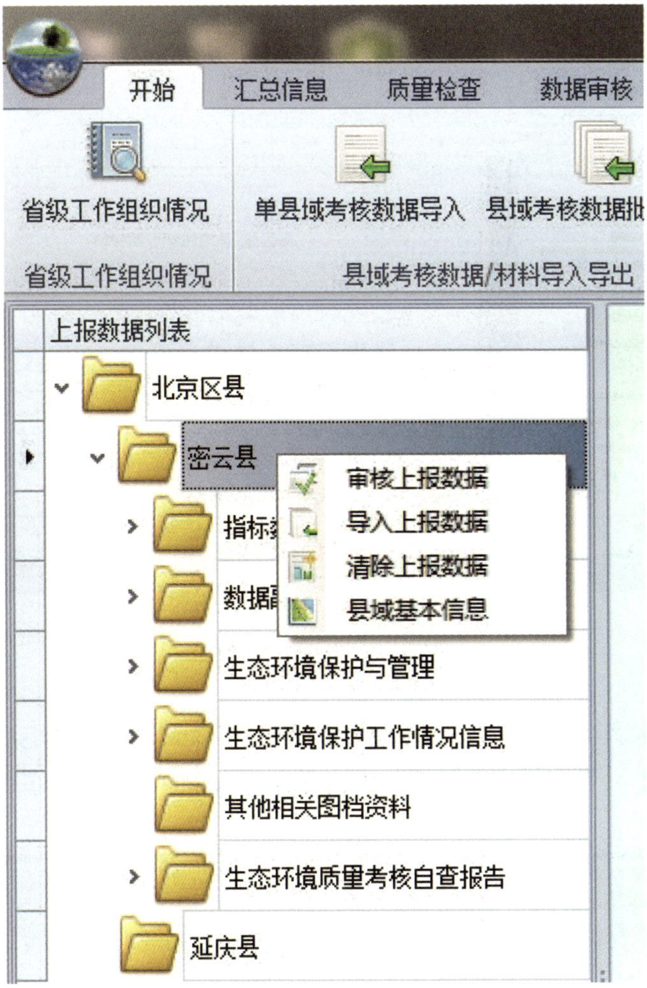

图 344　县域节点右键菜单

图 344 显示的为已有数据导入的县域的右键菜单，若所点击县域没有导入数据，则只显示导入上报数据和县域基本信息两个菜单项。

7.6.3　数据显示区

数据显示区主要是显示填报数据目录区所选中数据节点对应的文档或表格内容，另外还显示系统生成的审核报告文本及报告附表。

不同数据内容，其显示样式各不相同，图 345 为文档类数据的显示样式，在文档类显示窗口，可实现文档的打印、换页和显示比例等操作。

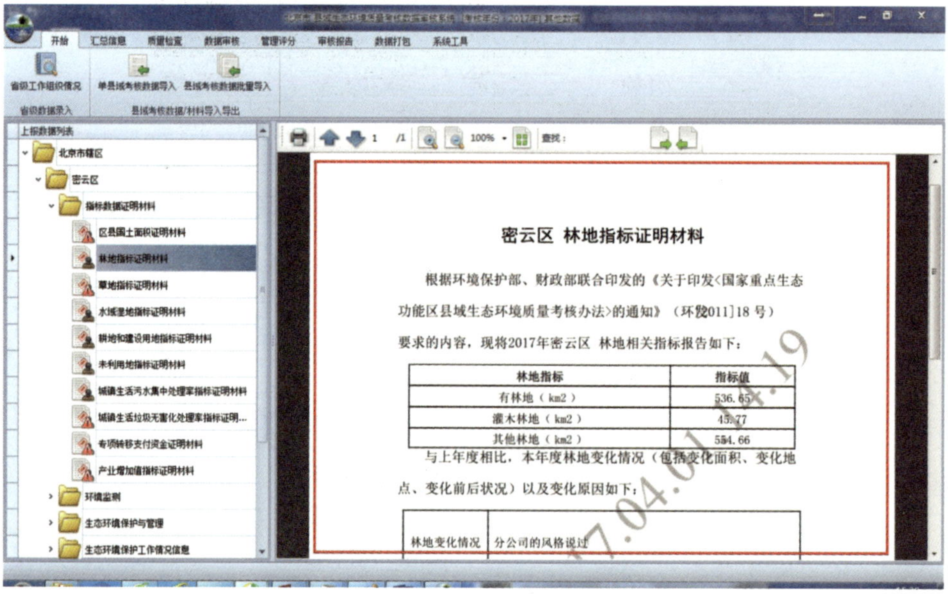

图 345　文档类显示样式

图 346 为数据库表格类数据的显示样式，在表格类显示窗口，可实现数据表的排序（双击排序列即可）、翻页等功能（通过表格下方的功能区，如图 346 红框内所示）。

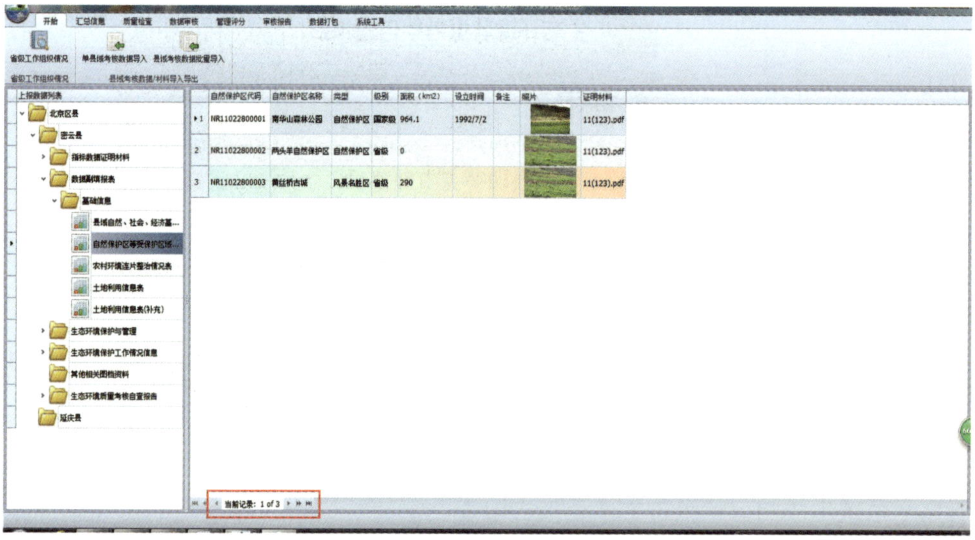

图 346　表格类显示样式

图 347 为审核报告附表（Excel 表格）的显示样式。

省 份	县名称	受保护区代码	受保护区域名称	类型（自然保护区、世界文化自然遗产、国家级风景名胜区、国家森林公园、国家地质公园）	级别（国家级、省级、市级、县级）	保护区面积（公顷）	设立时间
北京市	密云县	NR11022800003	黄丝桥古城	风景名胜区	省级	290	
北京市	密云县	NR11022800002	两头羊自然保护区	自然保护区	省级	0	
北京市	密云县	NR11022800001	南华山森林公园	自然保护区	国家级	964.1	1992/7/2

图 347　Excel 表格显示样式

图 348 为照片显示样式。

图 348　照片显示样式

7.7　其他数据审核系统功能操作说明

功能菜单区的功能菜单和县域填报数据列表区的右键菜单是本系统的主要功能入

口，本部分将详细说明菜单功能区功能菜单和县域填报数据列表区右键菜单的功能操作。

本部分的功能操作说明将按系统功能菜单区的菜单面板来分类详述，不以用户的操作流程及业务习惯来介绍说明。

7.7.1 系统登录及初始化

若用户在计算机上对“审核系统”进行了安装，则用户计算机系统桌面上、计算机系统开始菜单中将产生“数据审核系统”的快捷方式，如图 349 所示。若用户未安装，则参照《国家重点生态功能区县域生态环境质量考核数据审核系统安装手册》来完成系统软件的安装，并进入系统初始化及登录界面工作。系统运行及登录的具体步骤包括系统初始化验证、修改登录密码及登录系统三部分。

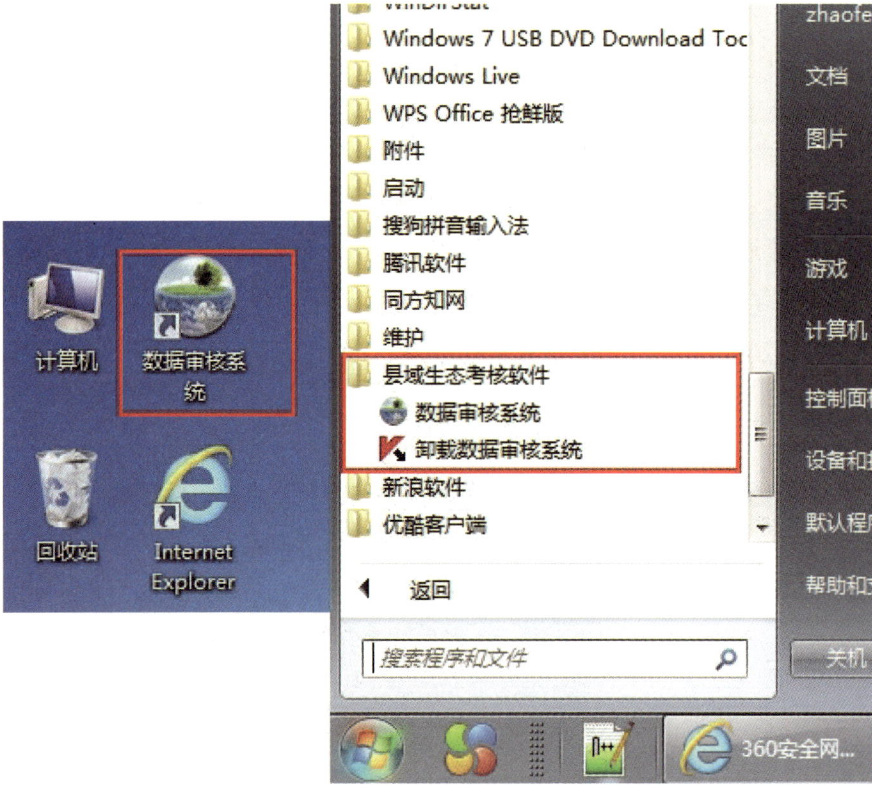

图 349 “数据审核系统”桌面及开始菜单快捷方式

7.7.1.1 系统初始化验证

双击桌面上的“数据审核系统”快捷方式或者点击计算机操作系统开始菜单中的“数据审核系统”，则开始运行系统。若在系统安装完成后没有进行系统验证或是验证未成功，则需先进行系统验证，验证步骤如下：

运行系统时，系统弹出如图 350 所示的界面提示是否验证。

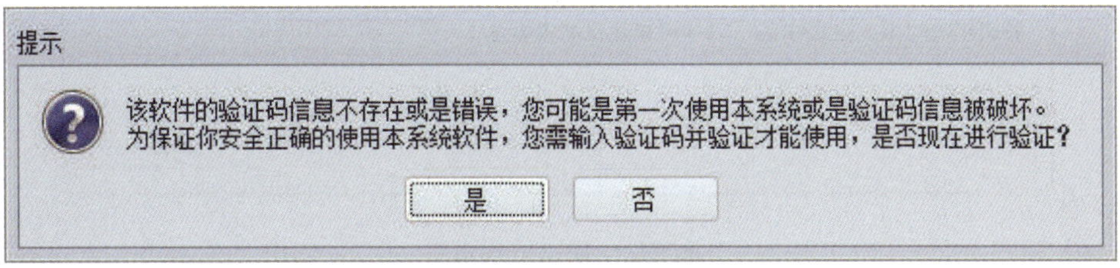

图 350　系统未验证提示

在提示框中，点击“是”按钮，则进入如图 351 所示的系统验证界面；点击“否”按钮，则提示系统未验证，并退出系统登录。

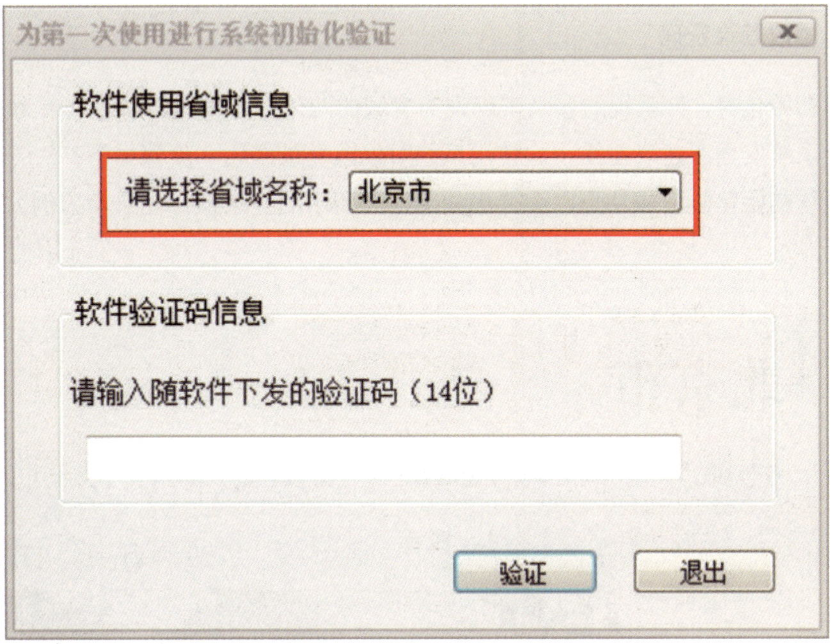

图 351　系统验证界面

在系统验证界面中，如图 351 所示，选择用户所在的省域，并输入随软件下发的 12 位验证码（3 组 4 位数字），若点击“验证”按钮，若所选省域正确且验证码正确，则显示如图 352 所示的验证正确提示信息，红框内内容提示用户系统登录的初始密码，请务必在系统登录前修改。若点击“退出”按钮，则退出验证，系统将提示系统没有验证，并提示退出系统。

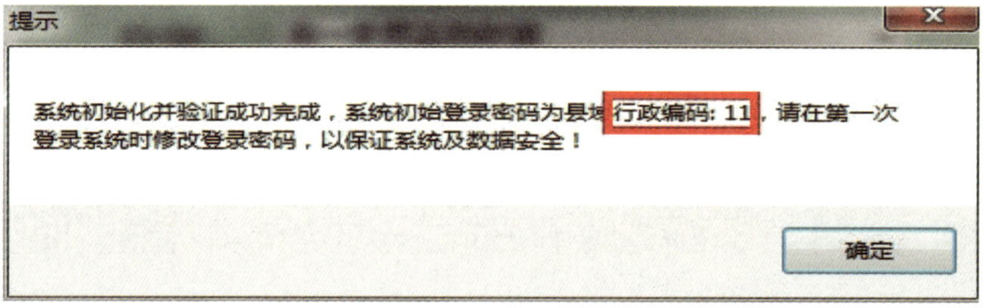

图 352　验证成功提示

点击提示框的“确定”按钮，则进入系统登录界面。

【注】软件验证码随安装光盘一起下发，一般贴于光盘封面上，若没有或是丢失，请联系系统开发商获取新的验证码。

7.7.1.2　修改登录密码

系统初始化时，将系统的登录密码设为省域的两位行政编码，如北京市为 11。为保证数据及系统安全，建议在第一次使用系统时修改登录密码。步骤如下：

在系统初始化验证成功后，会弹出如图 353 所示的登录框（北京市为例）。

图 353　修改密码

点击"修改密码"按钮，则弹出如图 354 所示的修改登录密码。

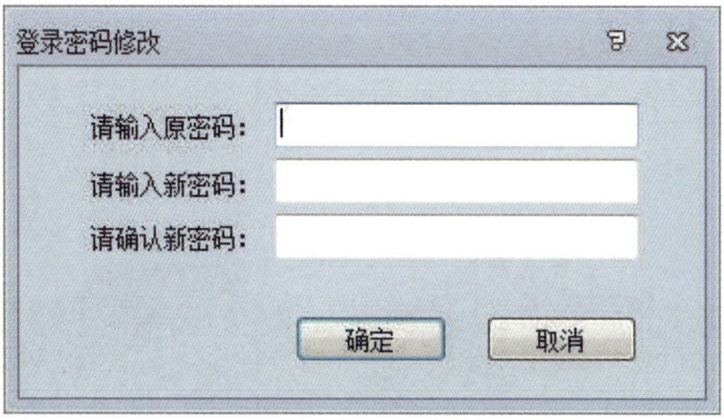

图 354　登录密码修改

在第一个框中输入原密码，第一次登录时为县域代码，以后再修改时为用户修改过的密码。在第二个框中输入新的密码（密码建议由数字和字母组合而成），然后在第三个框中重新输入新密码，以确认新密码没有输错。

输入完成后，点击"确定"按钮，若原密码没有输错，且新密码与确认密码相同，则弹出如图 355 所示的修改密码成功提示框；否则提示原密码错误或是新密码与确认密码不匹配错误。

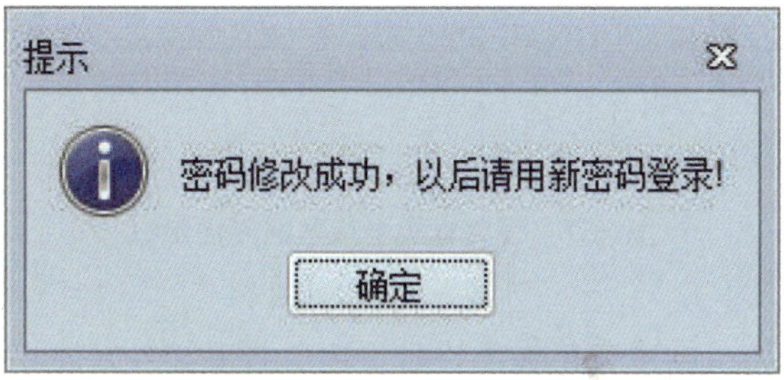

图 355　密码修改成功提示

7.7.1.3　初始化上报数据库

在系统登录框中，如图 356 所示，点击"登录"按钮，则开始登录系统。

图 356　系统登录

系统第一次登录或是初始化后，会在登录过程中提示用户县级数据库不存在，并引导用户生成县级上报数据库，提示信息如图 357 所示。

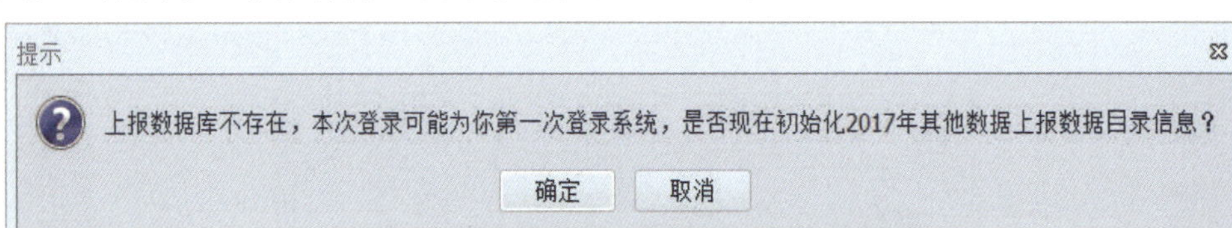

图 357　设置省级上报数据库提示框

点击“确定”按钮，则设置县级上报数据库并登录系统。点击“取消”按钮，则无法登录并将退出登录过程。

7.7.1.4　登录系统

设置省级上报数据库成功后，系统将继续登录，登录过程中的界面如图 358 所示。通过红框内的状态提示信息提示系统登录状态。

图 358 登录状态提示

登录完成后，进入如图 359 所示的系统主界面，系统初始化及登录完成。

图 359 系统主界面

7.7.2 开始菜单

开始菜单面板中的功能主要是省级工作组织情况查看修改和县域审核数据县域导入导出两类功能，其中县域考核数据导入包括：单县域考核数据导入、县域考核批量导入，如图 360 所示。

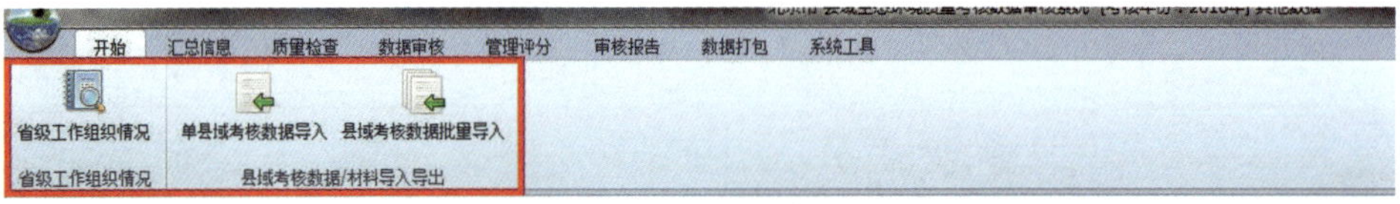

图 360 开始功能菜单面板

7.7.2.1 省级工作组织情况

省级工作组织情况是通过开始菜单下的“省级工作组织情况”按钮来实现的，其作用是查看全省各县的数据是否符合要求。如图 361 所示。

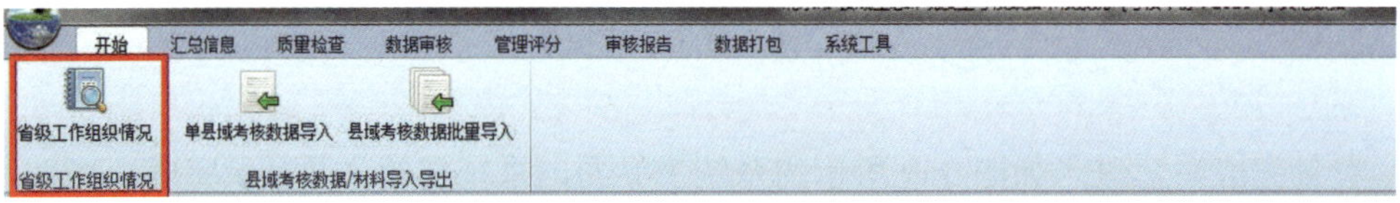

图 361 自查工作组织情况

单击开始菜单下的“省级工作组织情况”按钮，弹出省级工作组织情况表，如图 362 所示，填写省级工作组织情况表，点击“保存”则修改成功，点击“清空”则清空省级工作组织填报表，点击“退出”，则退出省级工作组织情况表。

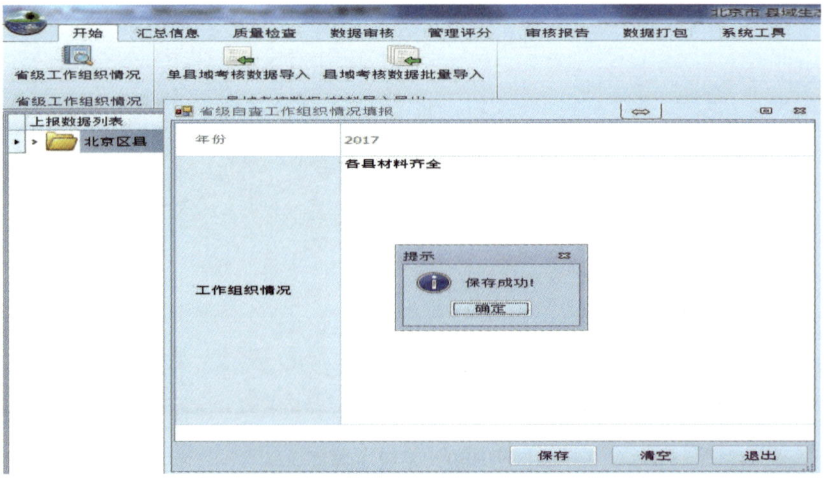

图 362 省级工作组织情况表

7.7.2.2　县域考核数据/材料导入导出

县域考核数据导入包括：单县域考核数据导入、多县域考核数据导入两个功能，通过系统主界面中的“单县域考核导入”和“县域考核数据批量导入”两个功能按钮来实现，如图 363 所示。

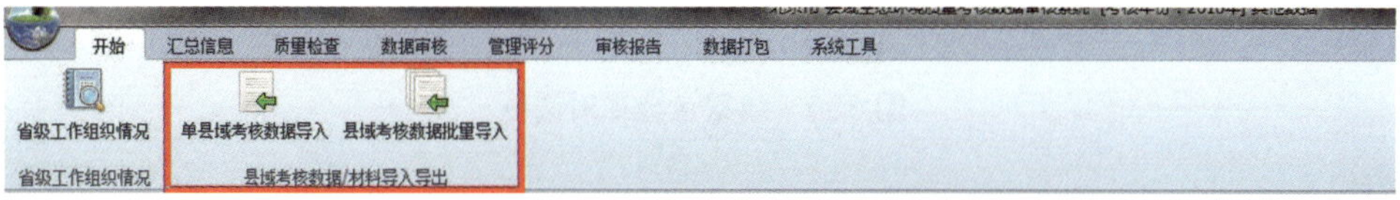

图 363　县域数据导入功能按钮

单县域考核数据导入是针对目前上报县域较少，将县域上报数据包一个县域一个县域的导入。多域考核数据批量导入功能一般是在已有较多县域上报考核数据包的情况下使用，可一次性导入多个县域填报数据。

单县域具体操作步骤如下：

点击“开始”菜单“县域考核数据/材料导入导出”栏内的“单县域考核数据导入”按钮，系统将弹出如图 364 所示的“单县域数据导入”界面。

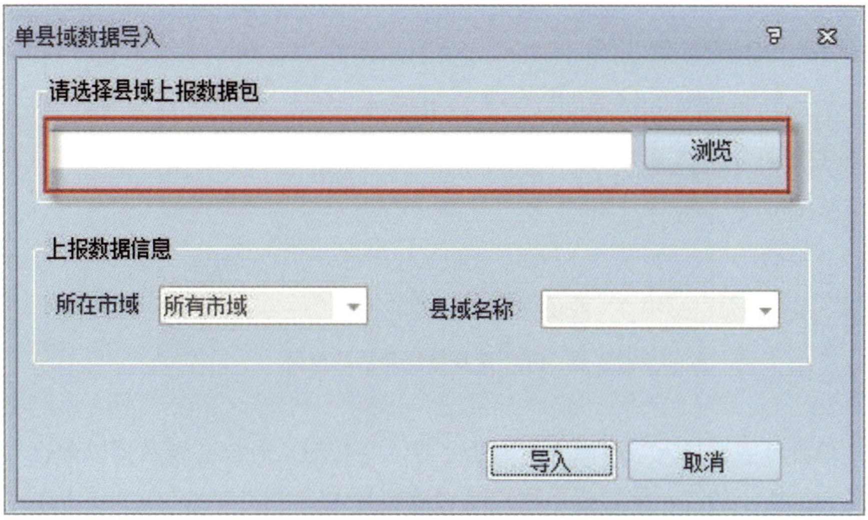

图 364　上报数据包选择界面

在“单县域数据导入”界面中，点击选择县域上报数据包的“浏览”，则弹出数据包文件选取对话框，如图 365 所示。

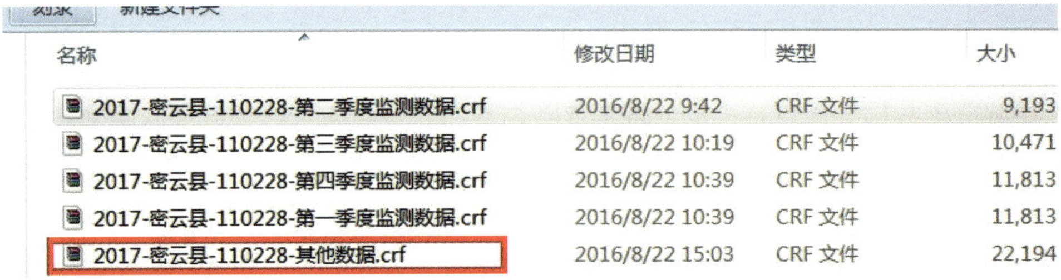

图 365　数据包选择对话框

在文件选择对话框中，选中需要导入的县域上报文件包［文件名格式为：年份（4位）-县名称-县代码（6 位数字）-其他数据.crf，如 2017-密云县-110228-其他数据.crf］，点击“打开”按钮，则该文件将选择至县域上报数据包下的文本框内，同时系统将根据文件名，在上报数据信息中显示该数据包的上报县域所在市及县或称，如图 366 所示。

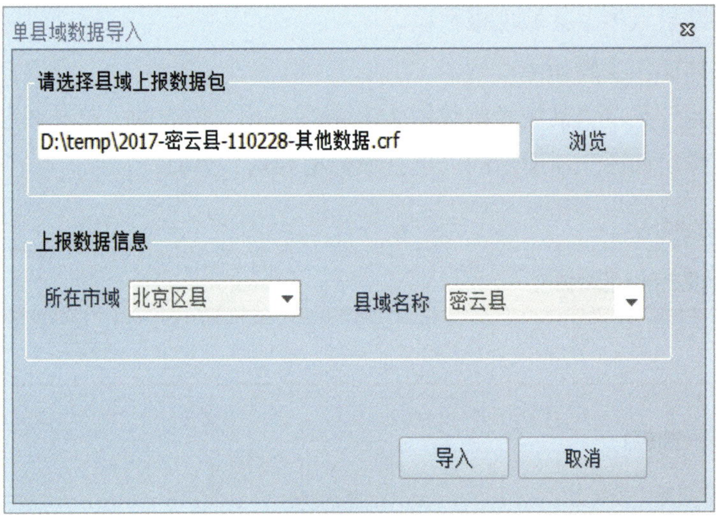

图 366　选择数据包后的界面

在“单县域数据导入”界面中，点击“导入”按钮，若该县域数据以前已导入，则弹出如图 367 所示的提示框，提示用户是否重新导入。

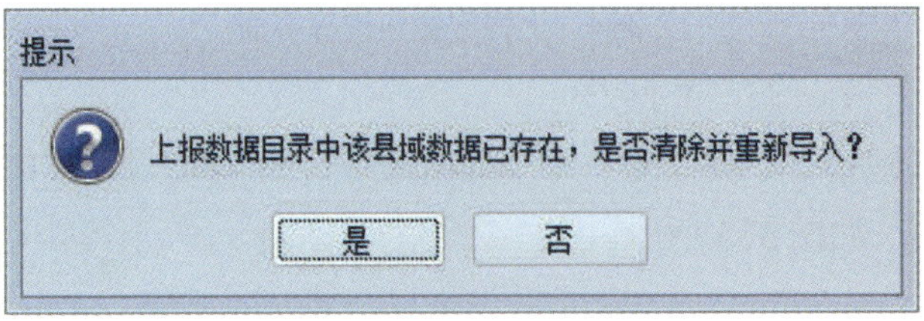

图 367　是否重新导入提示框

在提示框中，点击“是”按钮，则弹出数据导入进度界面，如图 368 所示，在导入过程中，将显示导入步骤、进度以及导入状态日志。在导入过程中，可随时点击“终止”按钮终止导入过程，也可勾选“完成后自动关闭本执行进度窗口？”在完成导入过程后自动关闭该导入进度框。

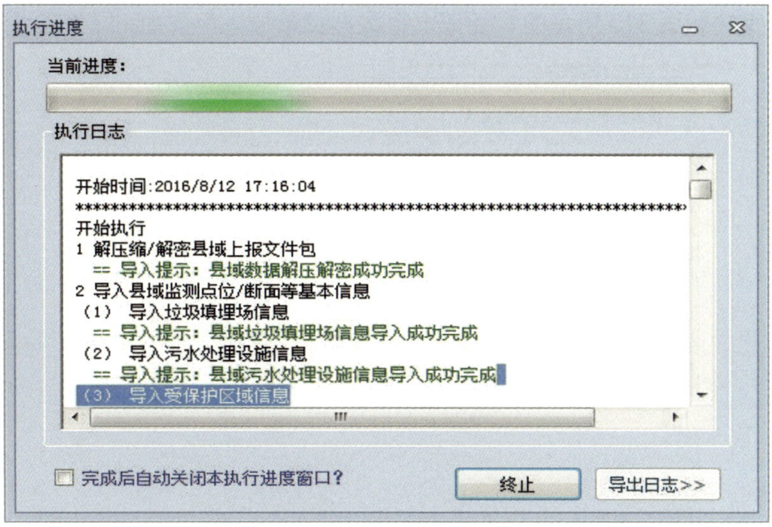

图 368　导入过程

导入完成后，系统会在执行日志中提示执行完成，并提示所用时间等信息，如图 369 所示。导入结束后，可通过“导出日志”按钮将执行日志导出为文本文件（*.txt）以便进一步的分析。

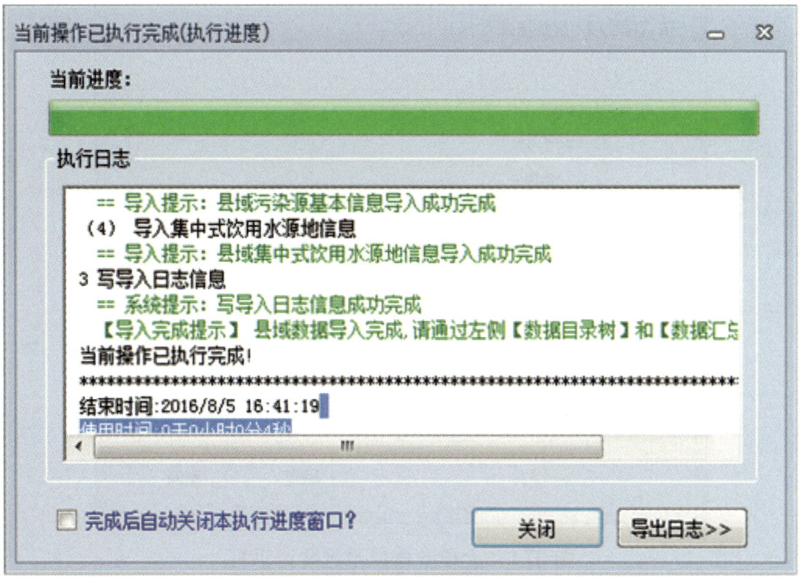

图 369　导入完成提示

导入完成后，在左侧数据目录树中对应的县节点下将加入该县导入的数据目录列表，可通过点击相应的文件或表节点查看该县域的填报数据。

多县域考核数据导入具体操作步骤如下：

点击“开始”菜单“县域考核数据/材料导入”栏内“县域考核数据批量导入”按钮，系统将弹出如图 370 所示的“县域上报数据批量导入”界面。

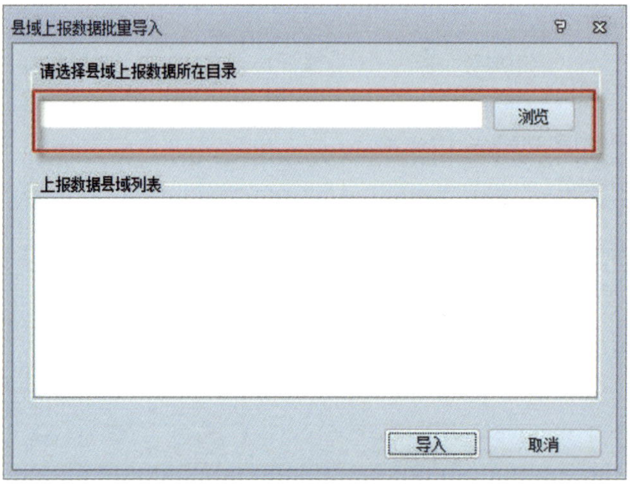

图 370　上报数据包目录选取

在“县域上报数据批量导入”界面中，点击选择县域上报数据所在目录下的“浏览”按钮，则弹出文件目录选取对话框，如图 371 所示。

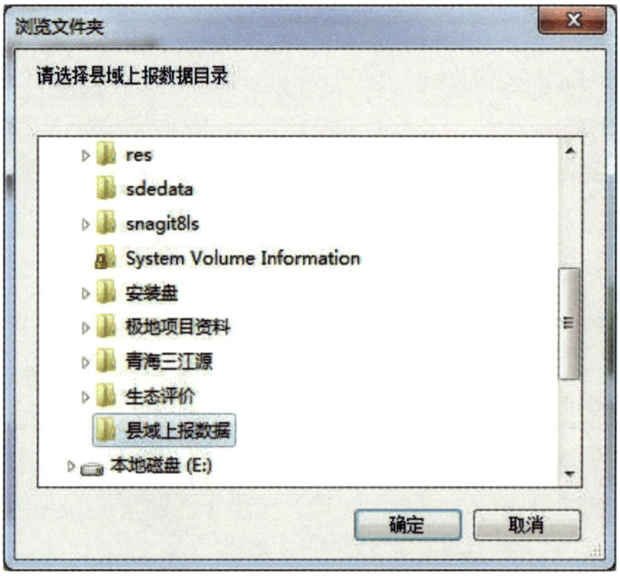

图 371　上报数据目录选择对话框

在文件目录选择对话框中，选中县域上报数据包文件所在的目录（需将各县域上报数据包拷贝至该目录），点击“确定”按钮，则该文件目录名将显示于县域上报数据目录的文本框内，同时将该目录所有上报数据包文件对应的县域名称及编码列于“上报数据县域列表”框内（注意：若目录内包含的上报数据包不为考核年度的，则不列于此框中），如图 372 所示。

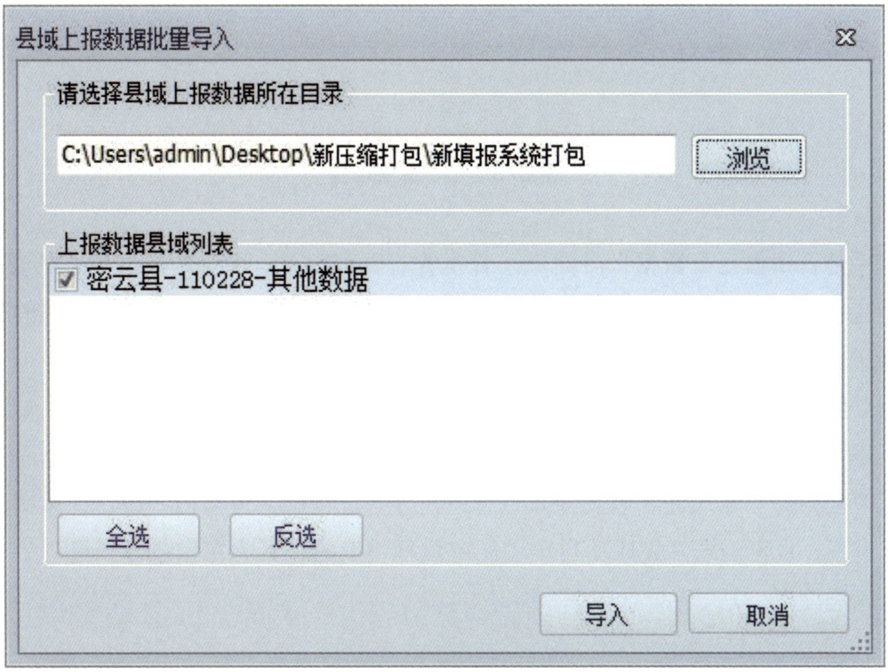

图 372　导入县域选择

在“县域上报数据批量导入”界面的上报数据县域列表中，通过各县域名称前面的复选框来选择是否导入该县域数据，若导入，则选中，否则不选中（默认为全选中，即全导入）。选择需要导入的县域列表时，可通过其下的“全选”、“反选”按钮来辅助选择。点击“全选”是将所有县域都选中，点击“反选”则是将已选中的变为不选中，未选中的改为已选中。

在“县域上报数据批量导入”界面中选择完导入数据县域后，点击“导入”按钮，若所选县域列表中有些县域以前已导入过数据，则弹出如下“是否覆盖已有数据”提示框，并将已存数据的县域名称列于列表框中，如图 373 所示。若没有已导入过数据的县域，则跳过此界面，直接进入数据导入进度框界面。

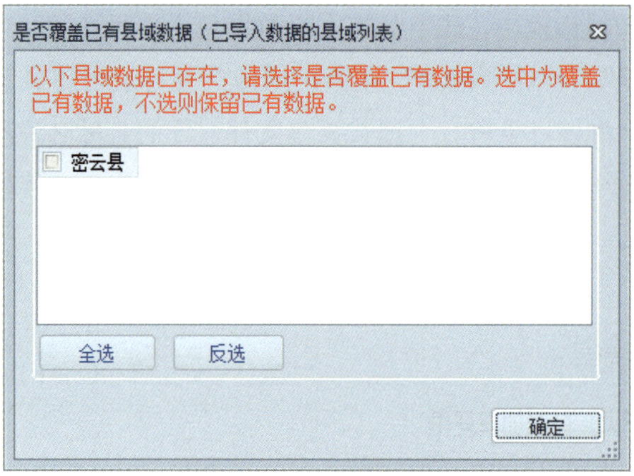

图 373　是否覆盖设置

在“是否覆盖已有数据”界面中，若要覆盖已有数据，则选中该县域前的复选框，否则不选中（默认为未选中，即不覆盖）。在该界面中，若需要确认是否覆盖的县域较多，可通过“全选”和“反选”按钮来快速选取。

在“是否覆盖已有数据”界面中，设定完要覆盖的县域列表后，点击“导入”按钮，则按顺序导入已选中的县域上报数据，并弹出数据导入进度界面，如图 374 所示，在导入过程中，将提示导入进度以及导入日志。在导入过程中，可点击“终止”按钮随时终止导入过程，也可勾选“完成后自动关闭本执行进度窗口？”在完成导入过程后自动关闭该导入进度框。

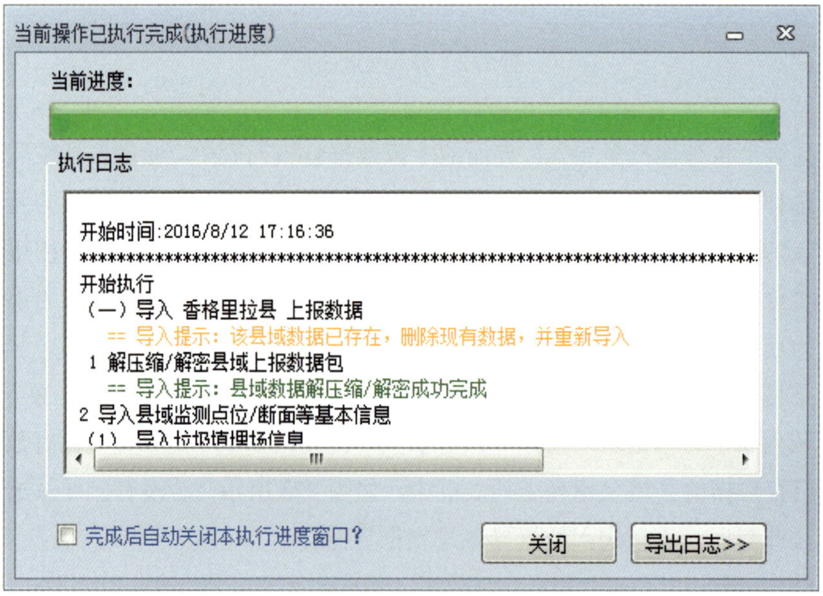

图 374　导入进度

导入完成后，系统会在执行日志中提示执行完成，并提示所用时间等信息，如图 375 所示。可通过“导出日志”按钮将执行日志导出为文本文件（*.txt）。

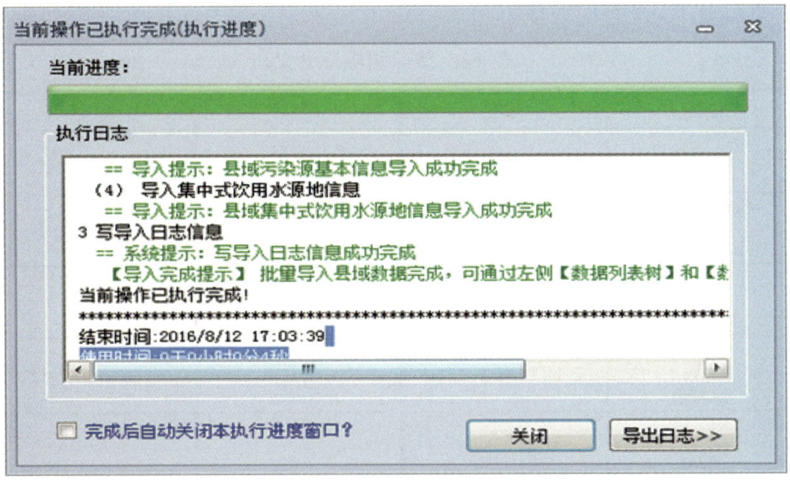

图 375　导入完成提示

导入完成后，左侧数据目录树中对应的所有导入数据的县节点下将加入该县域上报数据目录列表，可通过点击相应的文件或表节点查看该县域的填报数据。

7.7.2.3　县域数据目录

县域上报数据导入后，可以在左侧目录树查看。如图 376 所示，显示密云县的县域数据节点信息。

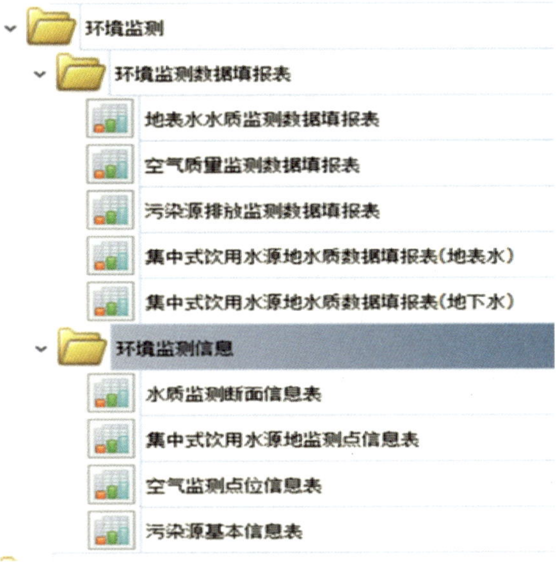

图 376　县域数据目录结构

显示为  的节点表示该节点下有数据，点击该节点即可展开/收起该节点。节点图标及含义索引，见表 12。

表 12　节点图标及含义

图标	含义	图标	含义
	非空节点		比较数据表
	空节点		pdf 文档
	证明材料		图像、照片
	证明材料不存在		自查报告文档
	数据填报表		

对于非文件夹节点，可以直接点击节点，并在右侧数据显示区显示数据。

7.7.2.4　县域数据浏览

图 377 为证明材料显示样式。

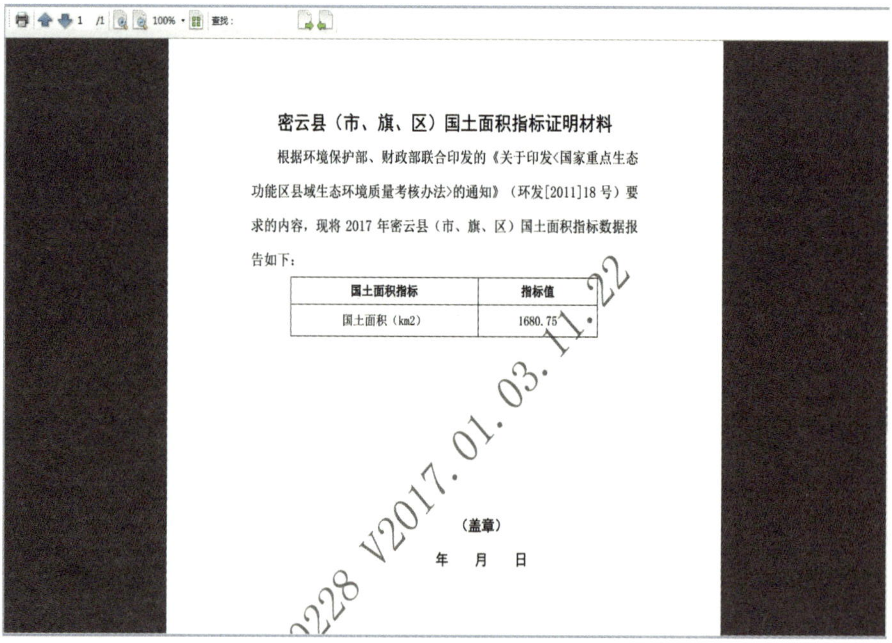

密云县（市、旗、区）国土面积指标证明材料

根据环境保护部、财政部联合印发的《关于印发<国家重点生态功能区县域生态环境质量考核办法>的通知》（环发[2011]18 号）要求的内容，现将 2017 年密云县（市、旗、区）国土面积指标数据报告如下：

国土面积指标	指标值
国土面积（km2）	1680.75

（盖章）

年　月　日

图 377　证明材料

图 378 为填报数据显示样式。如果表格中有照片字段，则在表格中显示照片的缩略图，如果照片不存在，则显示“无图像”字样；如果表格中有文档相关字段，则在表格中显示为超级链接。

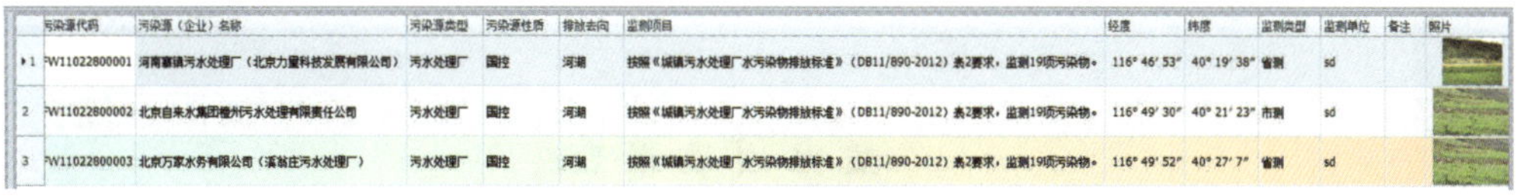

	污染源代码	污染源（企业）名称	污染源类型	污染源性质	排放去向	监测项目	经度	纬度	监测类型	监测单位	备注	照片
1	FW11022800001	河南寨镇污水处理厂（北京力量科技发展有限公司）	污水处理厂	国控	河湖	按照《城镇污水处理厂水污染物排放标准》（DB11/890-2012）表2要求，监测19项污染物。	116° 46′ 53″	40° 19′ 38″	省测	sd		
2	FW11022800002	北京自来水集团檀州污水处理有限责任公司	污水处理厂	国控	河湖	按照《城镇污水处理厂水污染物排放标准》（DB11/890-2012）表2要求，监测19项污染物。	116° 49′ 30″	40° 21′ 23″	市测	sd		
3	FW11022800003	北京万家水务有限公司（溪翁庄污水处理厂）	污水处理厂	国控	河湖	按照《城镇污水处理厂水污染物排放标准》（DB11/890-2012）表2要求，监测19项污染物。	116° 49′ 52″	40° 27′ 7″	省测	sd		

图 378　横向表格数据

点击单元格中的缩略图，则弹出如图 379 所示的图片查看界面。若有多张照片，可以点击“前一张”、“后一张”导航浏览。

图 379　图片查看界面

点击单元格中的超级链接，则弹出如图 380 所示的附件查看界面。如有多个附件则可以点击“前一个”、“后一个”导航查看。

数 据 副 填 报 表

a. 水质监测数据填报表

单位：mg/L，pH 无量纲

序号	断面名称	监测时间(年月日)	水温(℃)	pH	溶解氧	高锰酸盐指数	化学需氧量	五日生化需氧量	氨氮	总磷	总氮	铜	锌
1	交洲	2013/1/10	2.00	7.05	11.89	2.20	-	2L	0.080	-	-	-	-
2	交洲	2013/2/11	2.00	7.15	11.25	2.20	-	2L	0.360	-	-	-	-
3	交洲	2013/3/10	3.00	7.21	10.48	2.81	-	2L	0.100	-	-	-	-
4	交洲	2013/4/11	3.00	7.22	10.03	2.15	-	2L	0.240	-	-	-	-
5	交洲	2013/5/9	8.00	7.47	9.82	2.55	-	2L	0.260	-	-	-	-
6	交洲	2013/6/10	14.00	7.31	9.45	2.88	-	2L	0.280	-	-	-	-

图 380　附件查看界面

图 381 为图档资料显示样式。

图 381　图档资料显示样式

图 382 为自查报告数据显示样式。

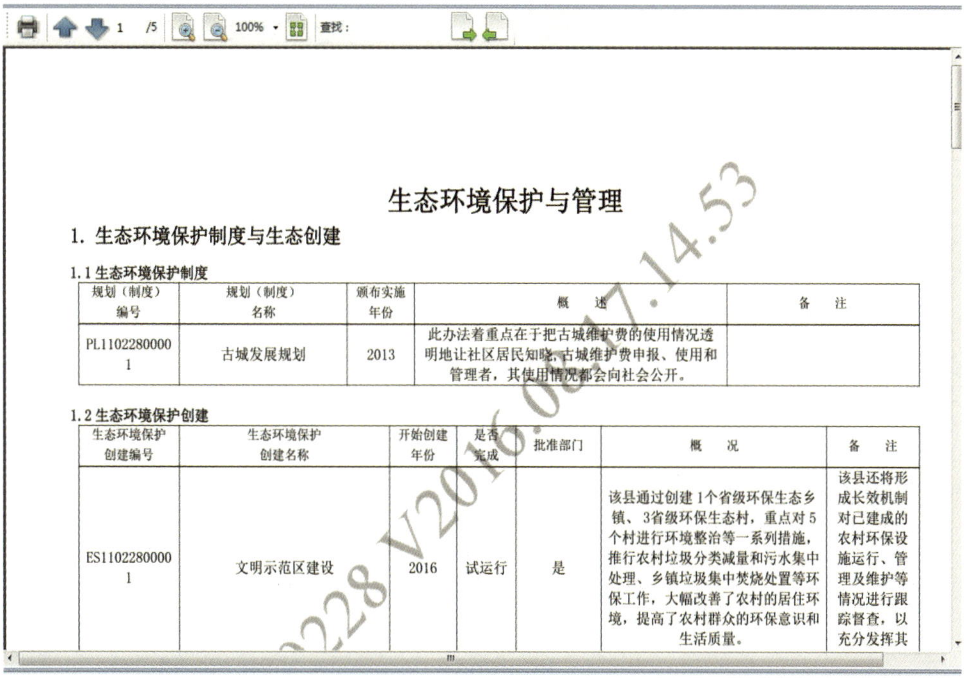

生态环境保护与管理

1. 生态环境保护制度与生态创建

1.1 生态环境保护制度

规划（制度）编号	规划（制度）名称	颁布实施年份	概　述	备　注
PL11022800001	古城发展规划	2013	此办法着重点在于把古城维护费的使用情况透明地让社区居民知晓，古城维护费申报、使用和管理者，其使用情况都会向社会公开。	

1.2 生态环境保护创建

生态环境保护创建编号	生态环境保护创建名称	开始创建年份	是否完成	批准部门	概　况	备　注
ES11022800001	文明示范区建设	2016	试运行	是	该县通过创建1个省级环保生态乡镇、3省级环保生态村，重点对5个村进行环境整治等一系列措施，推行农村垃圾分类减量和污水集中处理、乡镇垃圾集中焚烧处置等环保工作，大幅改善了农村的居住环境，提高了农村群众的环保意识和生活质量。	该县还将形成长效机制对已建成的农村环保设施运行、管理及维护等情况进行跟踪督查，以充分发挥其

图 382　自查报告显示样式

7.7.3　汇总信息

部分或全部县域数据导入后，可查看已导入县域的指标及相关辅助数据的汇总信息，“汇总信息”菜单面板中主要提供指标数据汇总表、考核县域基本情况及社会经济情况信息、点位/断面辅助信息的浏览查看。各功能按钮布局如图 383 所示。

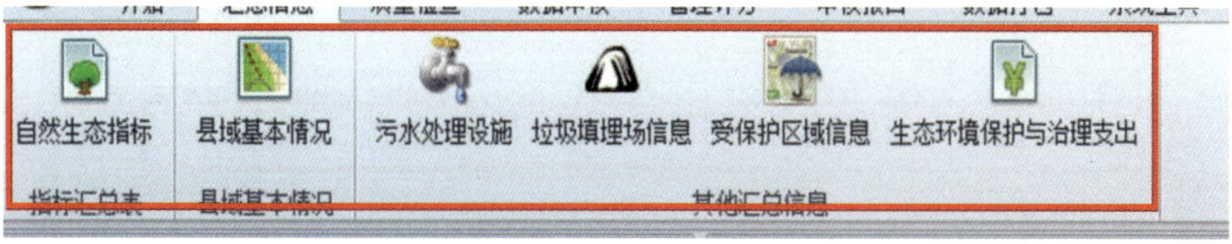

图 383　汇总信息菜单面板

7.7.3.1　指标数据汇总表浏览

指标数据汇总表主要是指自然生态指标数据汇总表、环境状况指标数据汇总表，通过点击“汇总信息”菜单下的“指标汇总表”栏中的“自然生态指标”来浏览，布局如图 384 所示。

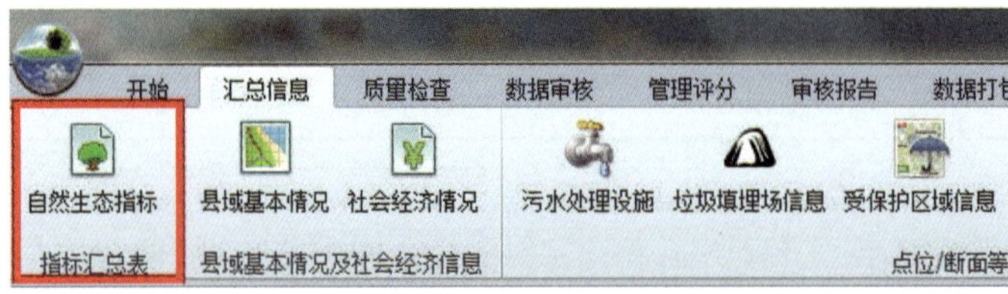

图 384　指标汇总表功能按钮

点击“汇总信息”菜单“指标汇总表”栏内的“自然生态指标”按钮，则弹出如图 385 所示的指标数据浏览界面，并在界面中以表格的形式显示已上报县域数据的汇总指标信息。

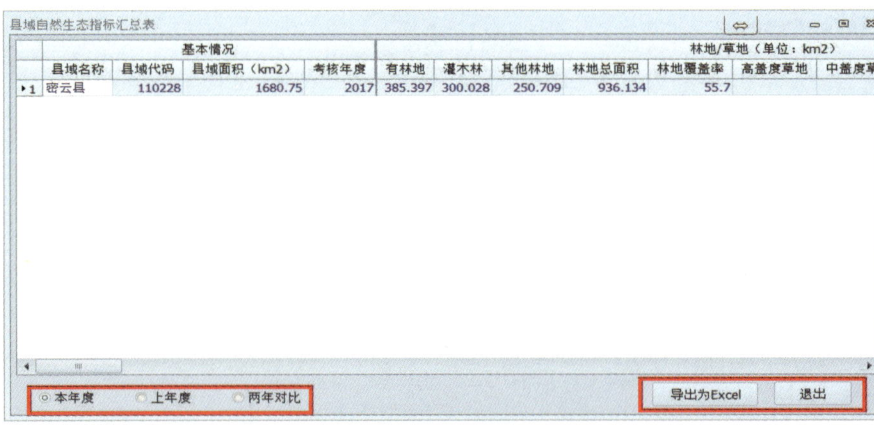

图 385　自然生态指标汇总表样式

在数据显示页面，可通过左侧的单选框来选择是查看本年度数据、上年度数据或是两年数据对比（显示两年数据），图 386 为显示两年数据对比的样例。

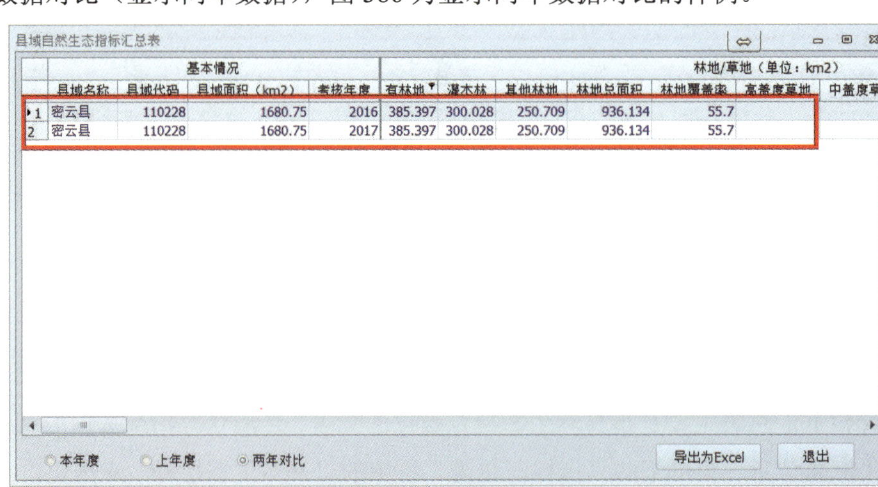

图 386　两年对比情况

若需要将当前显示数据导出为 Excel 表格，则在数据显示界面，点击右下侧的“导出为 Excel”按钮，则弹出如图 387 所示的文件保存按钮。

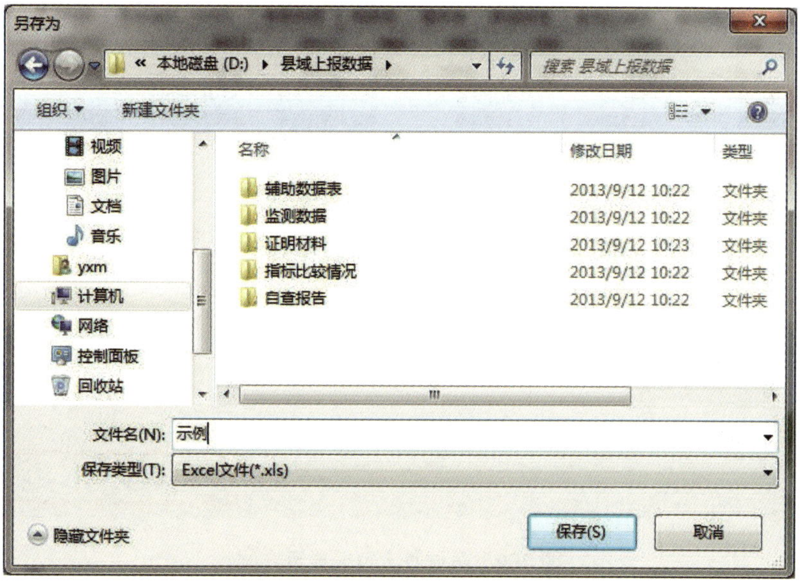

图 387　导出文件名设置对话框

在文件保存对话框中，输入将保存的文件名，点击“保存”按钮，则将当前表格内容保存为 Excel 文件。

若需要退出汇总数据查看界面，则点击该界面右上角的“关闭”按钮或右下角的“退出”按钮，汇总数据查看界面消失，返回至系统主界面。

7.7.3.2　县域基本情况汇总表浏览

县域基本情况信息汇总表是指县域基本情况和县域社会经济情况，可通过“县域基本情况及社会经济情况”栏内的“县域基本情况”功能按钮来查看浏览，布局如图 388 所示。

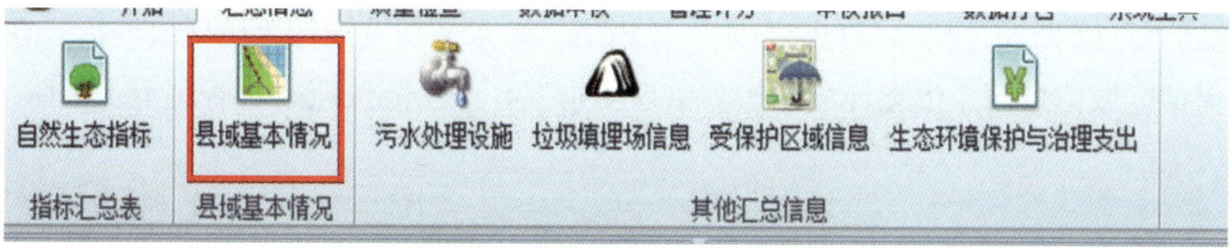

图 388　县域基本情况功能按钮

操作步骤：

点击“汇总信息”菜单“县域基本情况及社会经济情况”栏内的“县域基本情况”

按钮，则弹出如图 389 所示的数据浏览界面，并在界面中以表格的形式显示已上报县域基本情况汇总信息。

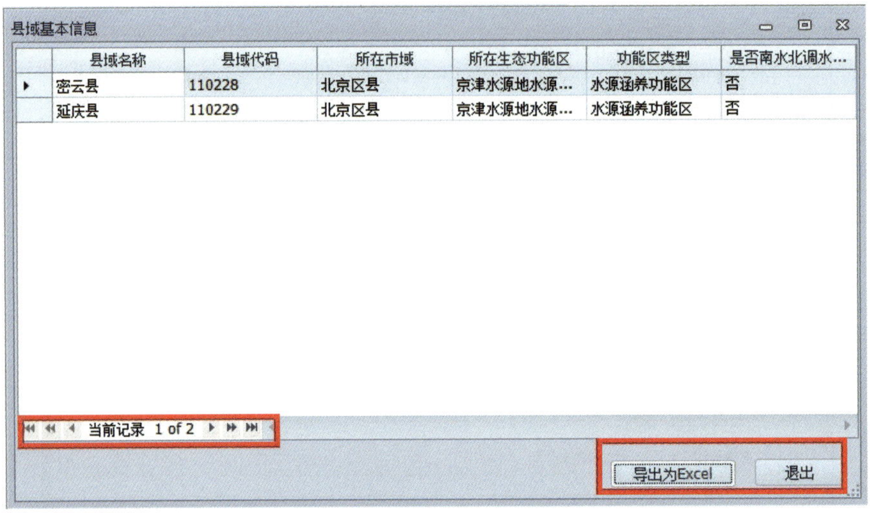

图 389　县域基本情况显示样例

在数据显示页面，可通过左下侧表格操作面板来显示当前记录及总记录条数，并可通过功能按钮实现记录移动及翻页功能。

若需要将当前显示数据导出为 Excel 表格，则在数据显示界面，点击右下侧的“导出为 Excel”按钮来实现当前表格内容的导出，导出格式为 Excel 文件。

若需要退出汇总数据查看界面，则点击该界面右上角的关闭按钮或右下角的“退出”按钮，汇总数据查看界面消失，返回至系统主界面。

7.7.3.3　点位/断面等其他信息汇总表

点位/断面等基础信息汇总表是指各县域填报的污水处理设施、垃圾填埋场、受保护区域、生态建设工程（项目）情况、生态环境保护资金投入等设施的基本信息汇总表。可通过“点位/断面等辅助信息汇总表”栏内的“污水处理设施”、“垃圾填埋场信息”、“受保护区域信息”、“生态环境保护与治理支出”4 个功能按钮来查看浏览。如图 390 所示。

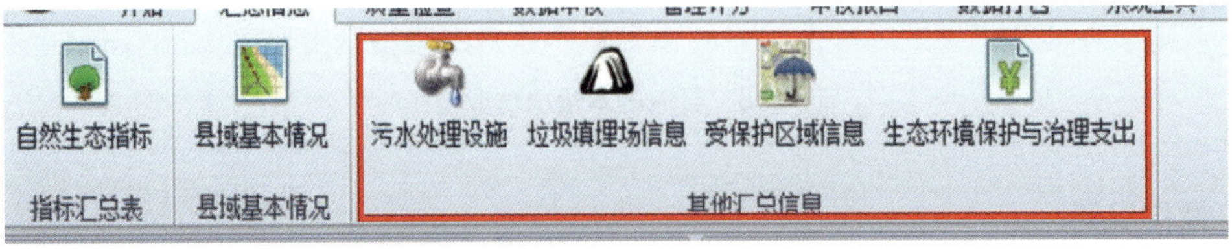

图 390　其他汇中信息查看功能按钮

这 5 个功能操作方式完全相同，只是结果展示的内容不同，下面以“污水处理设施”功能为例来说明操作步骤：

点击“汇总信息”菜单“点位/断面等辅助信息汇总表”栏内的“污水处理设施”按钮，则弹出如图 391 所示的数据浏览界面，并在界面中以表格的形式显示已上报县域内污水处理设施信息的汇总表。

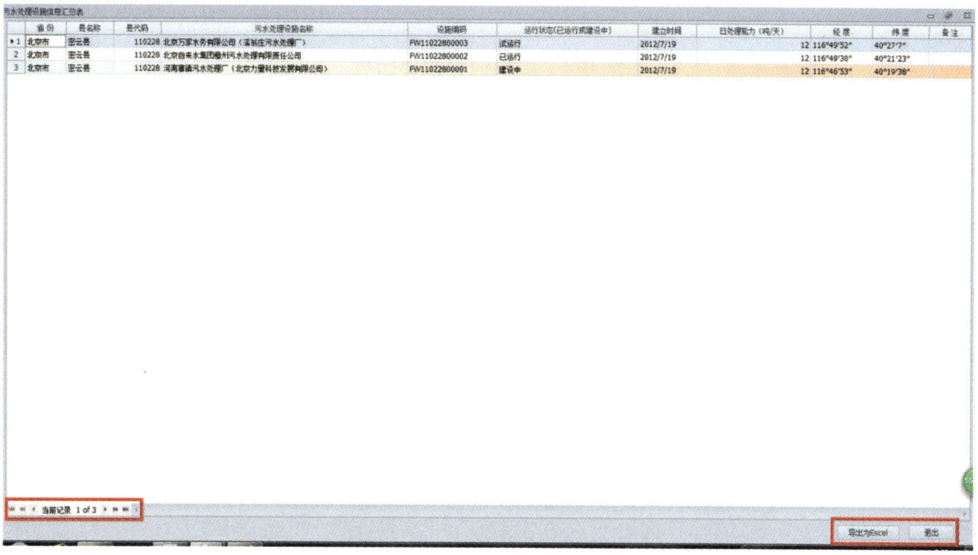

图 391　污水处理设施显示样例

在数据显示页面，可通过左下侧表格操作面板来显示当前记录及总记录条数，并可通过功能按钮实现记录移动及翻页功能。

若需要将当前显示数据导出为 Excel 表格，则在数据显示界面，点击右下侧的“导出为 Excel”按钮来实现当前表格内容的导出，导出格式为 Excel 文件。

若需要退出汇总数据查看界面，则点击该界面右上角的“关闭”按钮或右下角的“退出”按钮，汇总数据查看界面消失，返回至系统主界面。

7.7.4　质量检查

在部分县域或所有县域填报的数据上报并导入系统后，即可进行质量检查。质量检查主要是针对县域填报的原始环境质量监测数据及相关辅助表的质量检查，检查监测数据填写是否规范，以及各监测项数据是否存在质量问题。质量检查功能主要是通过“质量检查”功能菜单面板中的功能按钮来实现，其布局如图 392 所示。

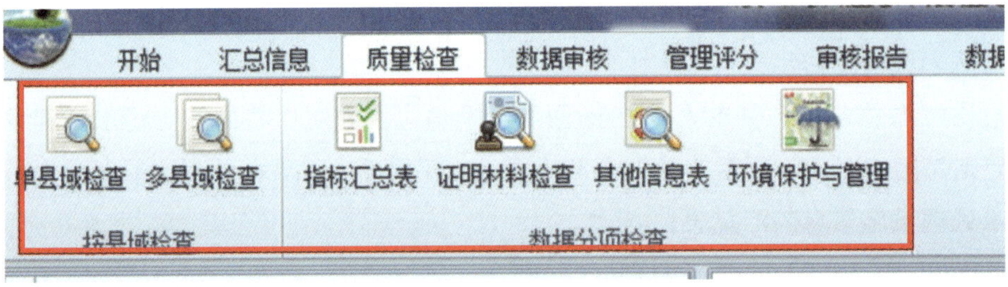

图 392　质量检查菜单面板

质量检查功能按其功用分为两类：按县域检查和数据分项检查。

7.7.4.1　按县域检查

按县域检查是选择需检查县域，批量检查该县域内所有填报数据的质量，具体分为单县域数据质量检查和多县域数据质量检查，通过“按县域检查”栏内的“单县域检查”和“多县域检查”两个功能按钮来实现，如图 393 所示。

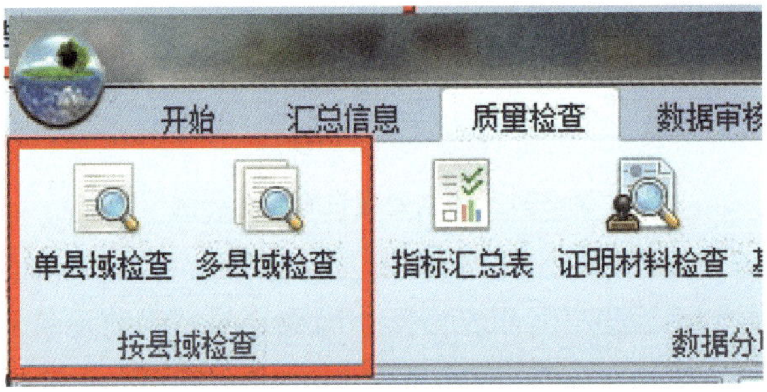

图 393　按县域检查功能按钮

两个功能的执行功能和步骤基本相同，只是“单县域检查”在选择检查县域时只能选择一个县域，“多县域检查”可以选择多个县域，下面以“多县域检查”为例来介绍具体操作步骤：

点击“质量检查”菜单下“按县域检查”栏内的“多县域检查”按钮，系统将弹出如图 394 所示的县域选择及检查输出结果保存路径选取的对话框，在该对话框的县域列表框中将显示所有已上报并导入数据的县域名称。通过县域列表框各县域名称前的复选框来选择需要审核的县域（默认为全选中）。若县域较多，可通过县域列表左下方的“全选”和“反选”按钮来辅助选择。

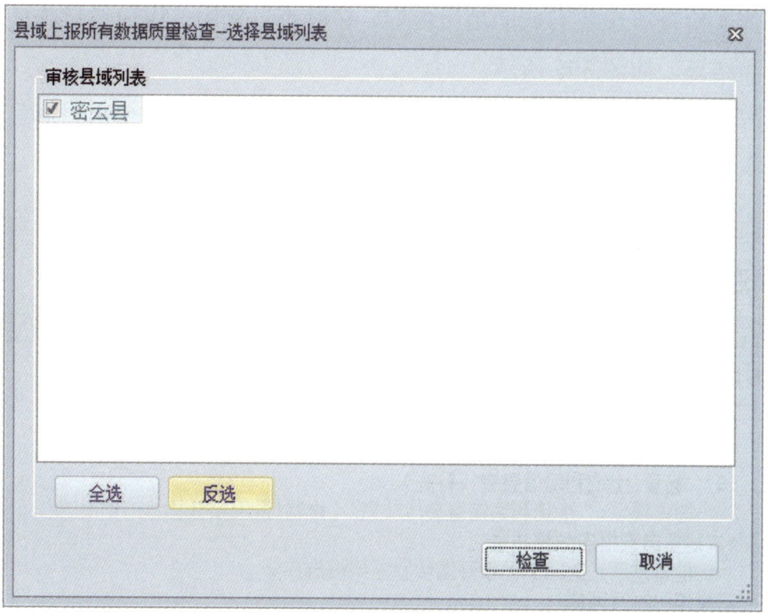

图 394　县域选择界面

选择县域列表后，点击“检查”按钮，则进入县域数据质量检查过程，系统将弹出检查进度提示框，如图 395 所示。

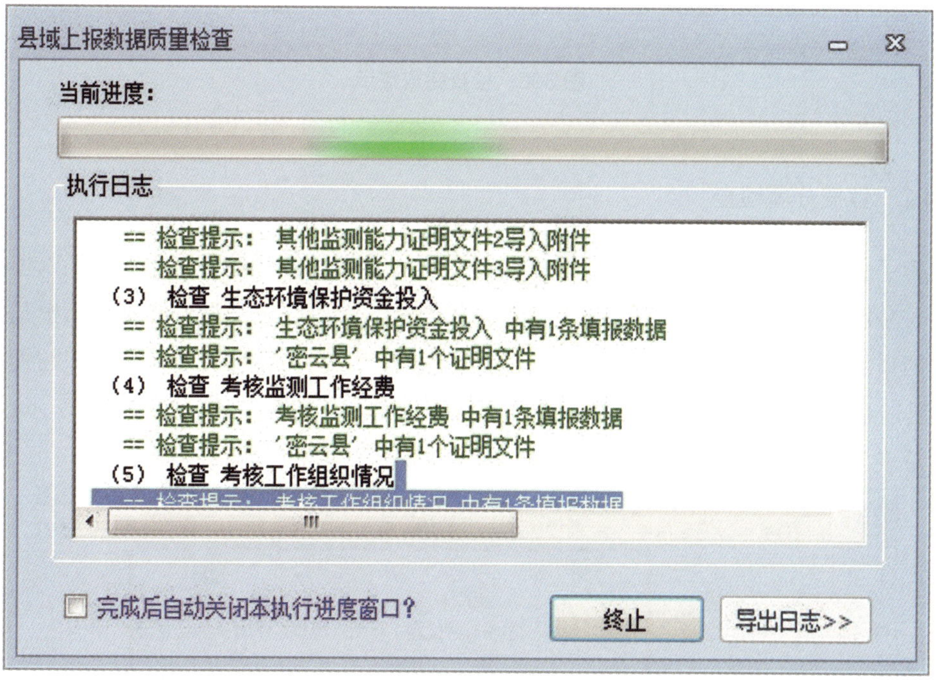

图 395　检查进度

系统将依次检查所选各县域的填报内容，在检查过程中，将通过日志的方式动态显示检查提示和结果，如图 395 所示。

检查结束后，将提示检查结果，如图 396 所示，并可通过“导出日志”按钮导出检查日志为文本文件。

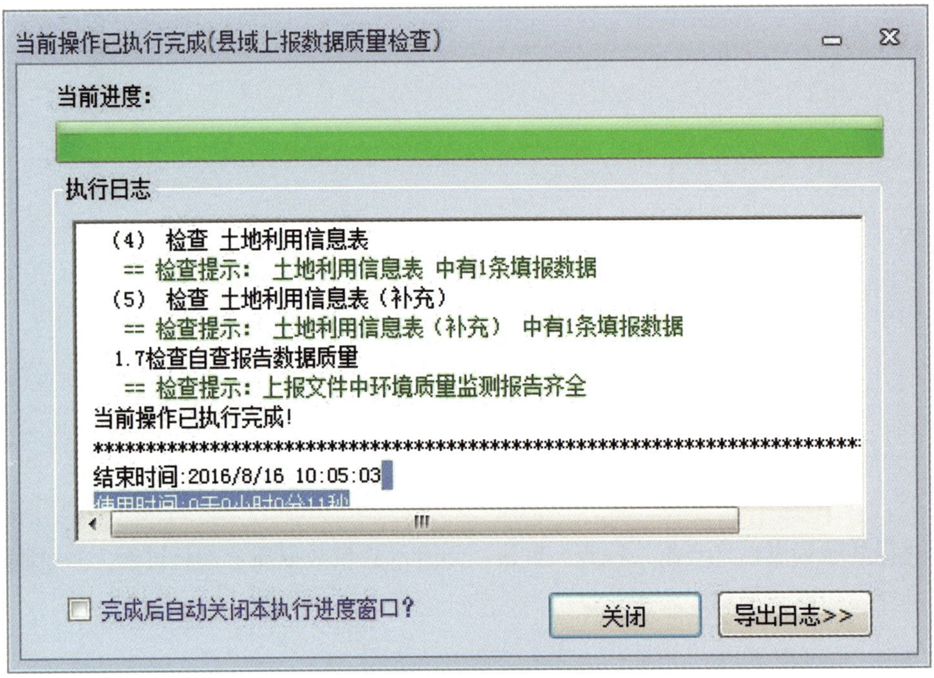

图 396　检查完成提示

7.7.4.2　数据分项检查

为了使质量检查更有针对性，系统除提供了按县域的批量检查，还提供了以填报数据项（易出现质量问题的填报数据）为单位的检查，针对所选县域，检查其填报某一类数据的质量，具体包括：指标汇总表、证明材料检查、基础信息表及环境保护与管理信息，通过系统主界面中“数据分项检查”中的 4 个功能按钮来实现，如图 397 所示：“指标汇总表”、“证明材料”、“其他信息表”、“环境保护与管理”。

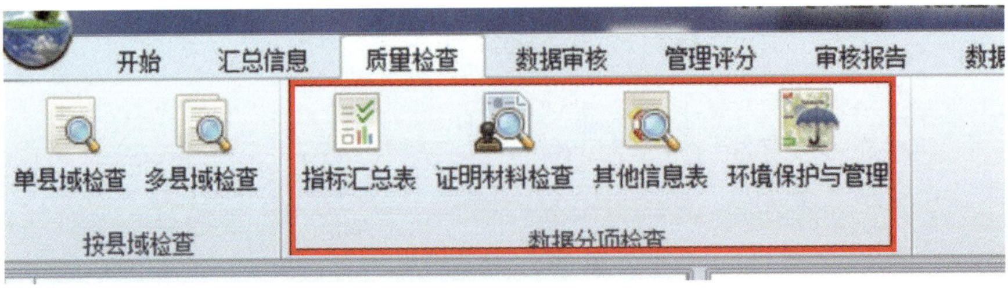

图 397　数据分项检查功能按钮

这 4 个功能针对不同类型数据进行检查，其操作步骤完全相同，只是在执行时所检查的对象不同，下面以“证明材料检查”为例来说明其操作步骤：

点击“质量检查”菜单下“数据分项检查”栏内的“证明材料检查”按钮，系统将弹出如图 398 所示的县域选择及检查输出结果保存路径选取的对话框，在该对话框的县域列表框中将显示所有已上报并导入数据的县域名称。通过县域列表框各县域名称前的复选框来选择需要审核的县域（默认为全选中）。若县域较多，可通过县域列表左下方的“全选”和“反选”按钮来辅助选择。

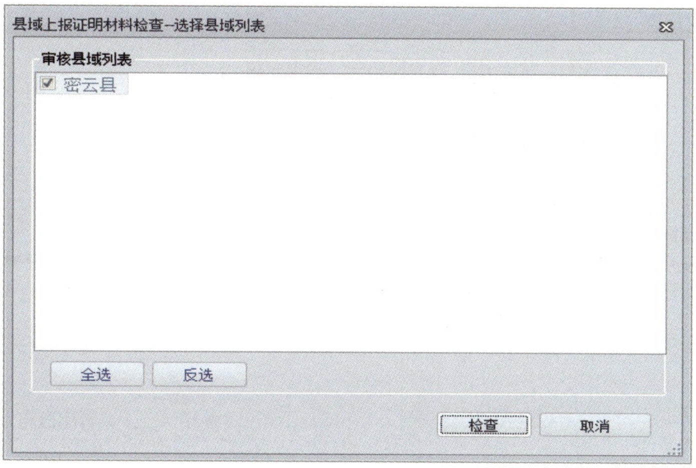

图 398 检查县域选择界面

选择县域列表后，点击“检查”按钮，则进入县域数据质量检查操作，系统将弹出检查进度提示框，如图 399 所示。

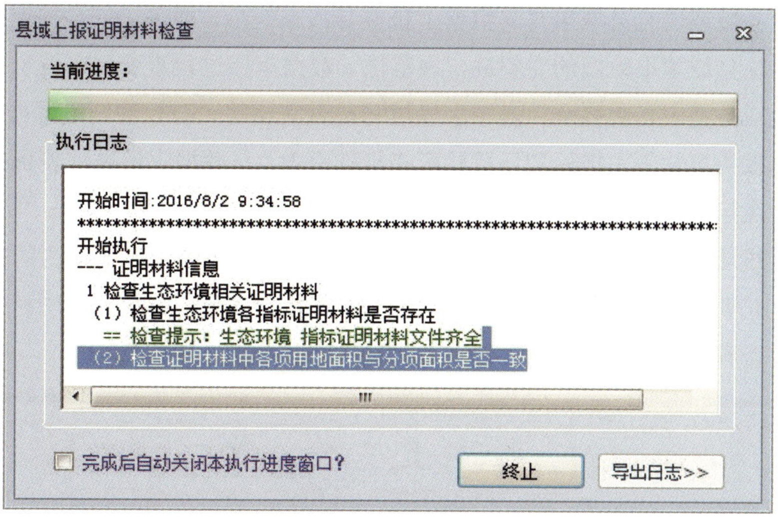

图 399 检查过程

系统将检查所选各县域证明材料，在检查过程中，将通过日志的方式动态显示检查提示和结果，如图 399 所示。

检查结束后，将提示检查结果，如图 400 所示，并可通过“导出日志”按钮导出检查日志为文本文件。

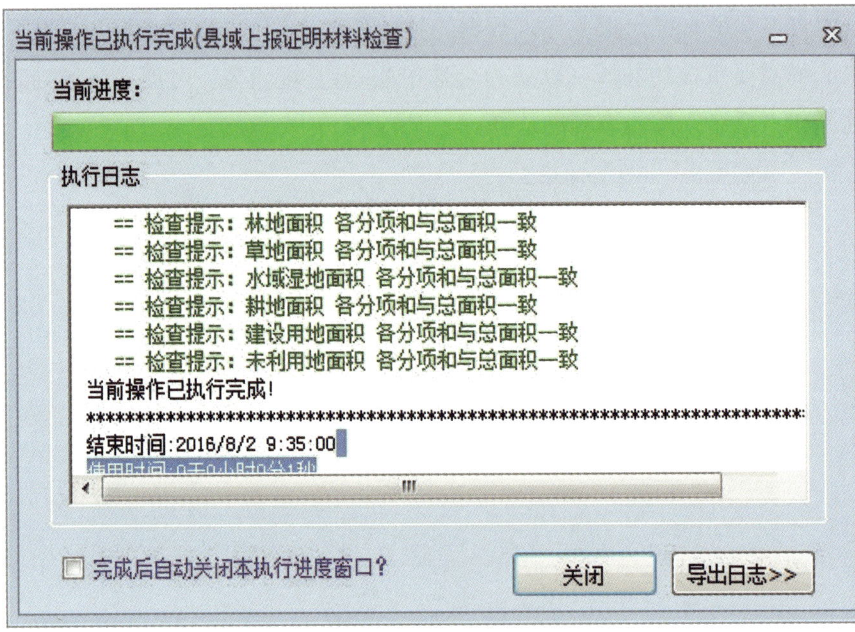

图 400 检查完成提示

7.7.5 数据审核

在部分县域或所有县域填写的数据上报并导入系统后，即可进行数据审核。数据审核主要是审核县域填报数据的完整性、规范性、数据审核过程查看和审核意见修改，完整性主要包括数据表是否齐全、表中字段填写是否完整等。有效性则是根据审核原则，审核县域填报的自然生态指标和环境状况指标的有效性。数据审核过程表是查看生态指标、环境状况指标、数据完整性和数据规范性的审核结果。

数据审核功能主要是通过系统功能菜单区的“数据审核”菜单面板内的功能按钮来实现，包括五类审核功能：按县域审核、完整性审核、规范性审核和证明材料核对，数据审核结果查看及审核意见修改功能。具体功能布局如图 401 所示。

图 401 数据审核菜单面板

7.7.5.1　按县域审核

按县域审核是选择需要审核的县域，以审核该县域所有填报数据的完整性和指标的规范性，包括：单县域审核和多县域审核两个功能，如图 402 所示。

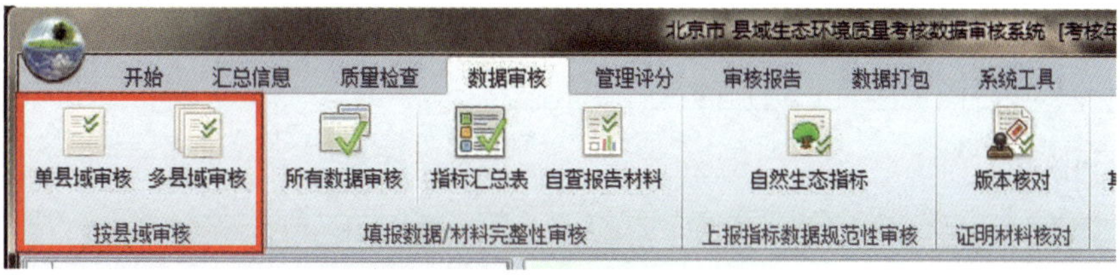

图 402　按县域审核功能按钮

两个功能的执行功能和步骤基本相同，只是“单县域审核”在选择检查县域时只能选择一个县域，“多县域审核”可以选择多个县域，下面以“多县域审核”为例来介绍具体操作步骤：

点击“数据审核”菜单下“按县域审核”栏内的“多县域审核”按钮，系统将弹出县域选择对话框，如图 403 所示。

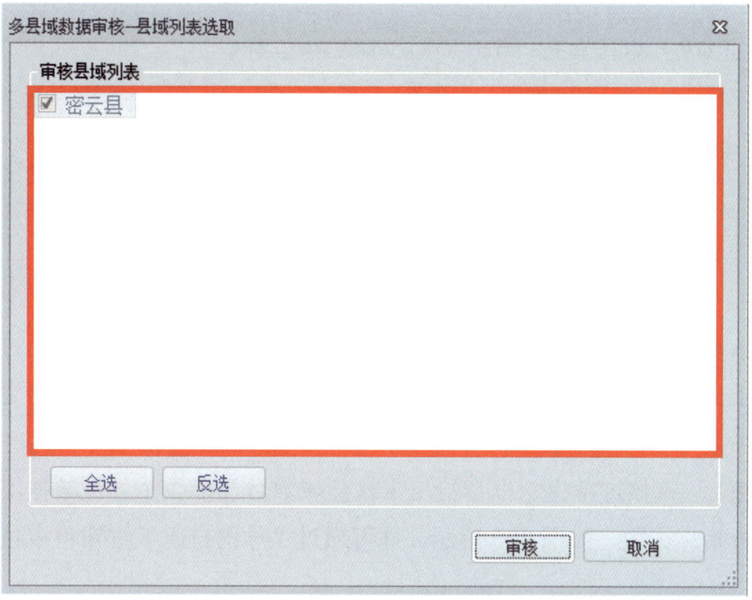

图 403　审核县域选择界面

在选择对话框中，县域列表框中将显示所有已上报并导入数据的县域名称。通过县域列表框各县域名称前的复选框来选择需要审核的县域（默认为全选中）。若县域较多，可通过县域列表左下方的“全选”和“反选”按钮来辅助选择。

在县域选择对话框内选中需审核县域后，点击“审核”按钮，则进入审核操作，并弹出审核进度提示框，如图 404 所示。

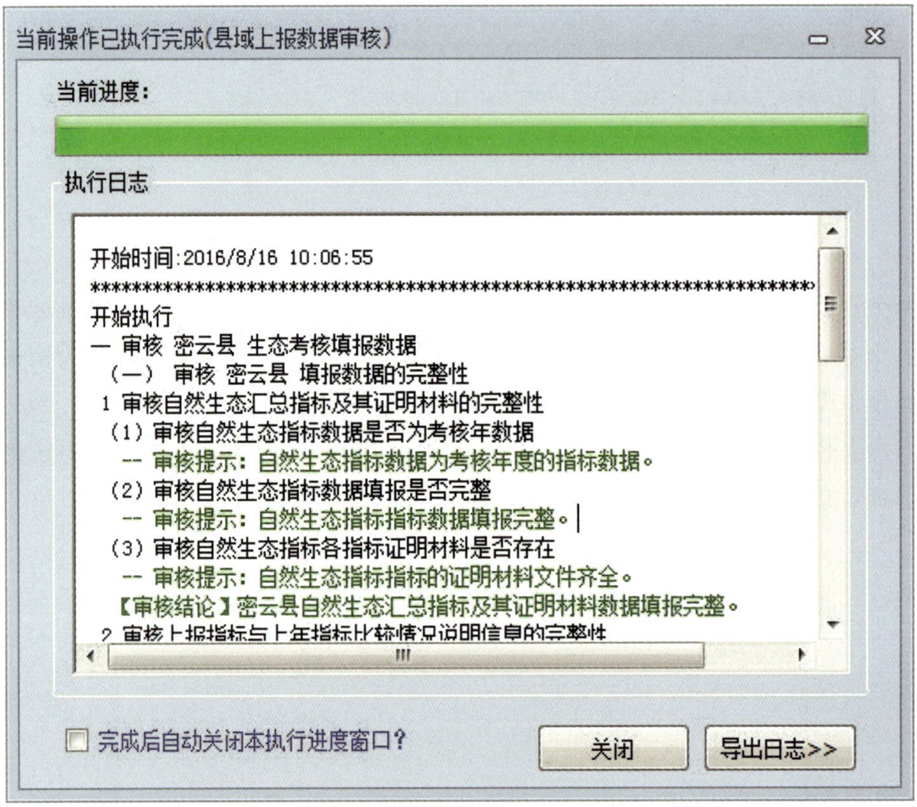

图 404　审核过程

系统将依次审核所选县域填报数据的完整性和有效性，审核过程将通过日志的方式动态地显示于日志框内，日志内容包括审核是否成功及审核结果（如是否完整、是否有效等）。

审核结束后，审核进度提示框会给出审核县域数目及多少个县域数据不完整以及多少个县域部分指标无效，如图 405 所示。并可通过“导出日志”按钮将审核日志导出为文本文件。

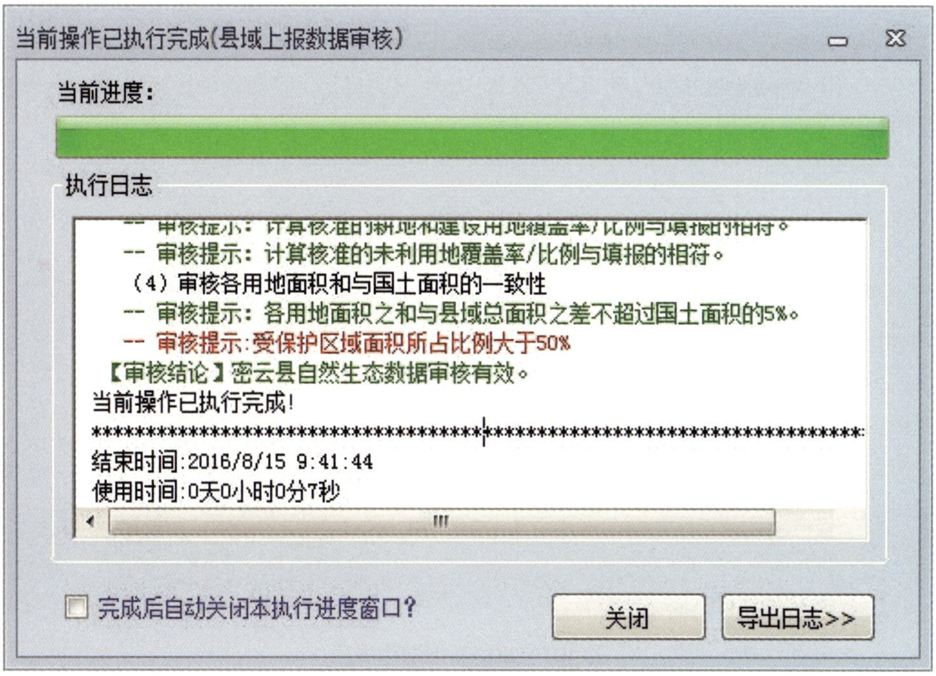

图 405　审核结果提示

7.7.5.2　完整性审核

完整性审核是针对各县域填报的各项数据及材料进行完整性审核，具体包括：县域所有数据的完整性审核、指标汇总表的完整性审核以及自查报告材料的完整性审核。具体功能按钮如图 406 所示。

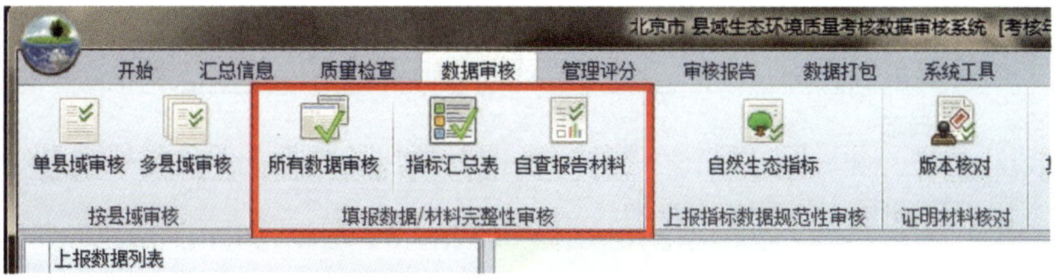

图 406　完整性审核功能按钮

针对各类数据的完整性审核的操作方法和流程完全相同，只是在审核过程所审核数据内容不同，下面以所有数据审核为例来说明该类功能的操作步骤：

点击“数据审核”菜单下“填报数据/材料完整性审核”栏内的“所有数据审核”按钮，系统将弹出县域选择对话框，如图 407 所示。

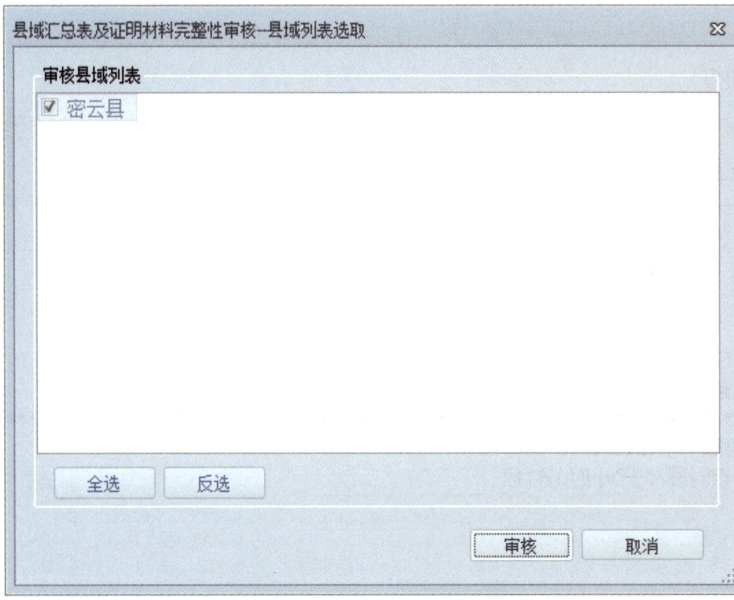

图 407　审核县域选择界面

在选择对话框中，县域列表框中将显示所有已上报并导入数据的县域名称。通过县域列表框各县域名称前的复选框来选择需要审核的县域（默认为全选中）。若县域较多，可通过县域列表左下方的“全选”和“反选”按钮来辅助选择。

在县域选择对话框内选中需审核的县域后，点击“审核”按钮，则进入审核操作，并弹出审核进度提示框，如图 408 所示。

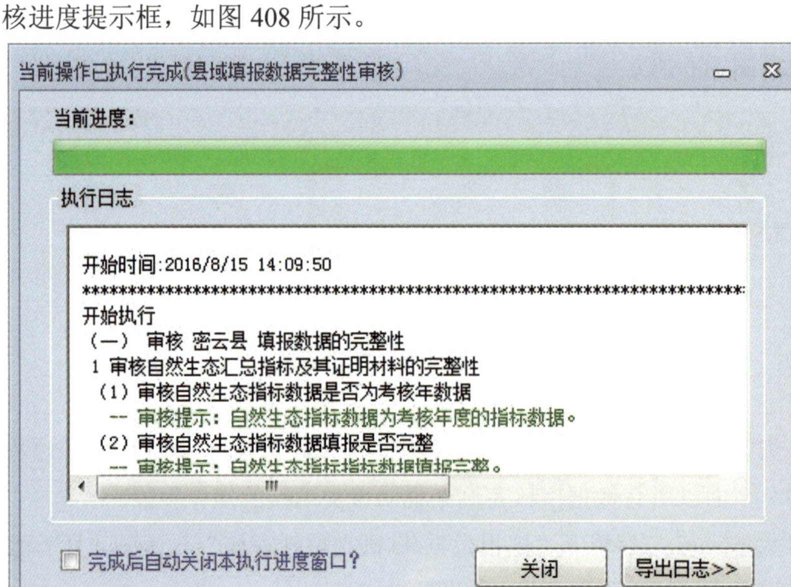

图 408　审核过程

系统将依次审核所选县域填报数据的完整性，审核过程将通过日志的方式动态地显示于日志框内，日志内容包括审核是否成功及审核结果。

审核结束后，审核进度提示框会给出审核县域数目及多少个县域数据不完整信息，如图 409 所示。并可通过“导出日志”按钮将审核日志导出为文本文件。

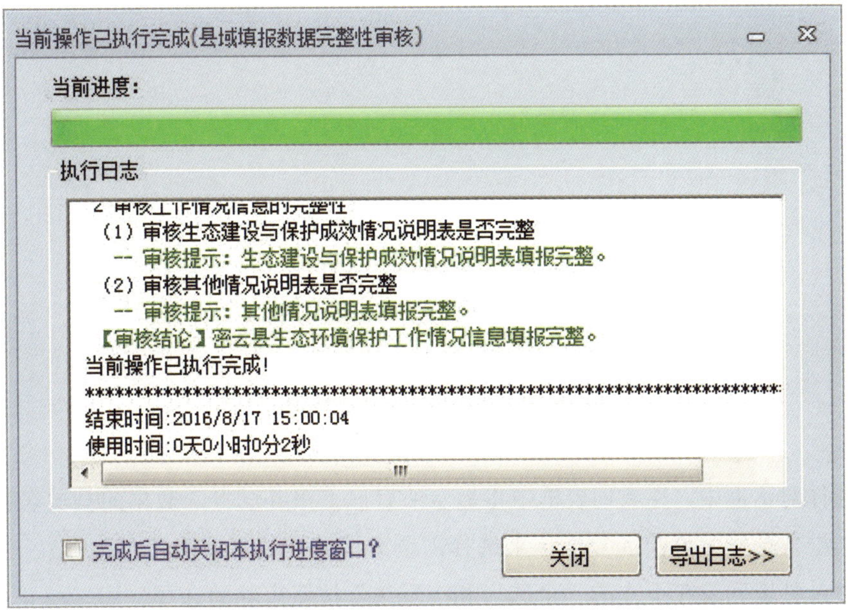

图 409　审核结果提示

7.7.5.3　规范性审核

规范性审核是针对各县域填报指标数据的规范性进行审核，具体包括生态指标的规范性审核。具体功能按钮如图 410 所示，操作步骤如下。

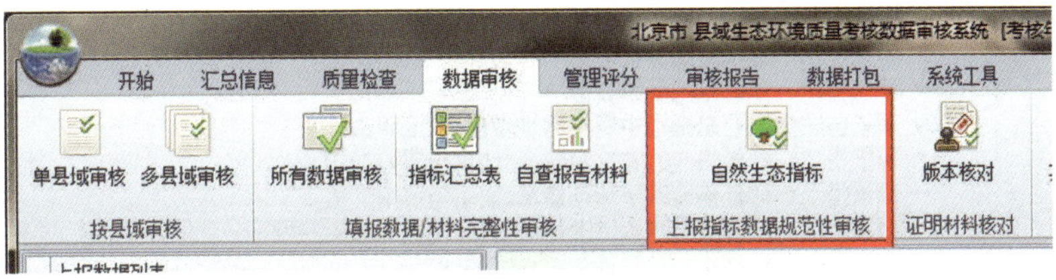

图 410　规范性审核功能按钮

点击“数据审核”菜单下“上报指标数据规范性审核”栏内的“自然生态指标”按钮，系统将弹出县域选择对话框，如图 411 所示。

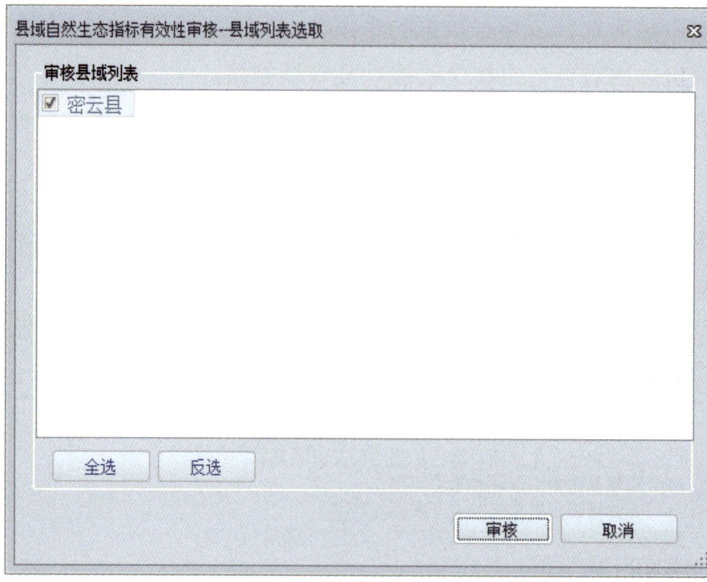

图 411 审核县域选择界面

在选择对话框中，县域列表框中将显示所有已上报并已导入数据的县域名称。通过县域列表框各县域名称前的复选框来选择需要审核的县域（默认为全选中）。若县域较多，可通过县域列表左下方的“全选”和“反选”按钮来辅助选择。

在县域选择对话框内选中需审核县域后，点击“审核”按钮，则进入审核操作，并弹出审核进度提示框，如图 412 所示。

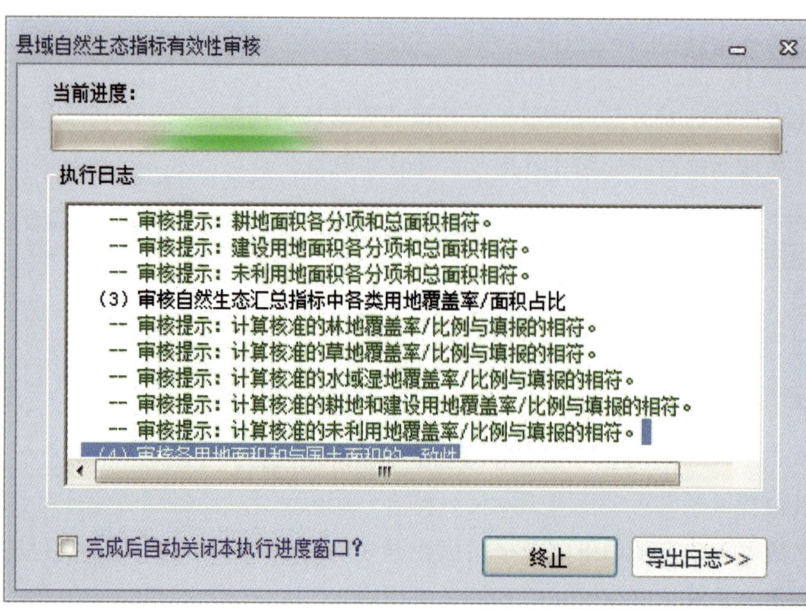

图 412 审核过程界面

系统将依次审核所选县域填报数据的完整性，审核过程将通过日志的方式动态地显示于日志框内，日志内容包括审核是否成功及审核结果。

审核结束后，审核进度提示框会给出审核县域数目及多少个县域数据不完整信息，如图 413 所示。并可通过“导出日志”按钮将审核日志导出为文本文件。

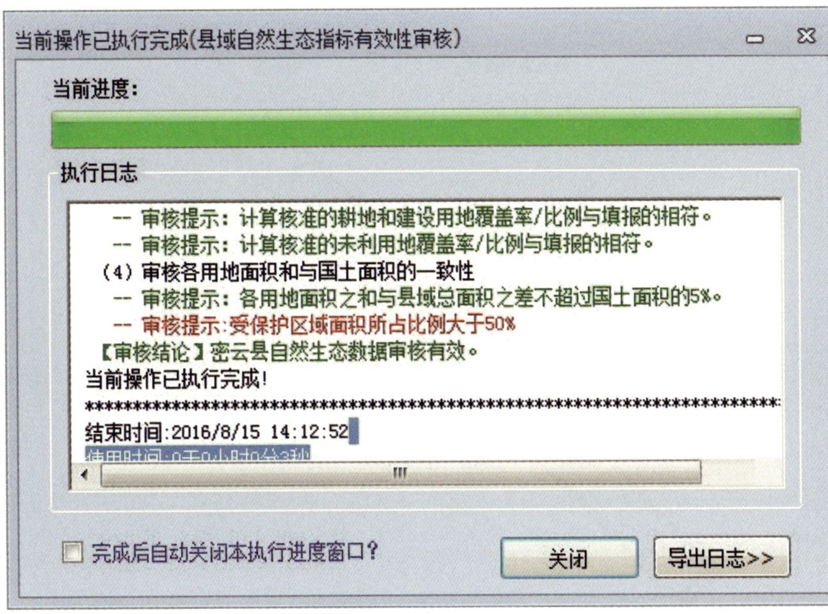

图 413　审核过程提示

7.7.5.4　证明材料核对

在各县域填报系统中导入自然生态指标和环境状况指标证明材料时，为保证纸质证明材料与系统内电子证明材料的一致性，在各证明材料中添加了版本号水印，水印样式如图 414 所示。

各省在审核考核县域提交的证明材料时，需核对打印并盖章的纸质证明材料上的水印与系统内电子证明材料的水印是否一致。常规模式是需要审核人员通过系统左侧数据列表树来打开各证明材料并与纸质材料进行核对，这种方法费时费力。本系统提供了简便的版本核对功能，即通过一个表格将各县域内证明材料的水印版本号列出，审核人员只需核对该表格内的版本号与纸质材料的水印一致即可。操作步骤如下：

点击“数据审核”菜单下“证明材料核对”栏内的“证明材料版本核对”按钮，系统将弹出如图 415 所示的界面显示各县域的证明材料版本号。

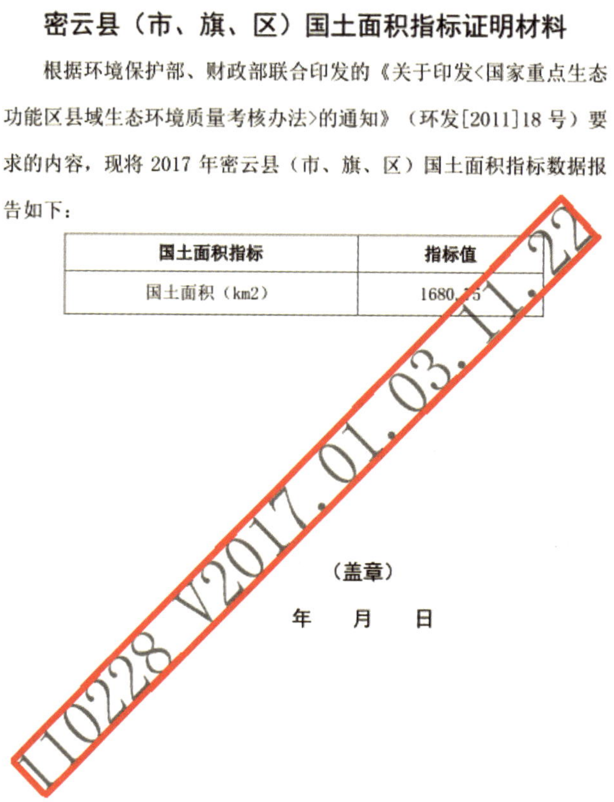

密云县（市、旗、区）国土面积指标证明材料

根据环境保护部、财政部联合印发的《关于印发<国家重点生态功能区县域生态环境质量考核办法>的通知》（环发[2011]18号）要求的内容，现将2017年密云县（市、旗、区）国土面积指标数据报告如下：

国土面积指标	指标值
国土面积（km2）	1680.75

（盖章）

年　月　日

图414　水印样例

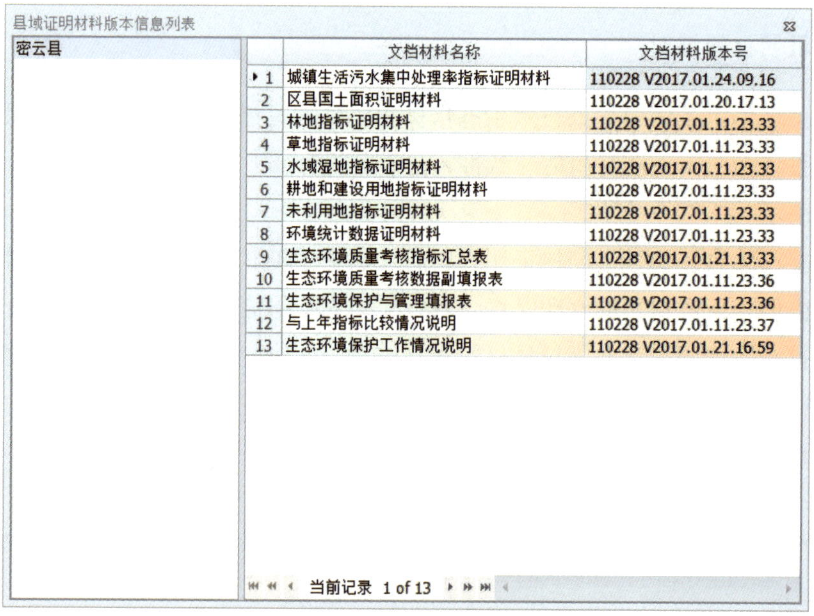

县域证明材料版本信息列表

密云县

	文档材料名称	文档材料版本号
1	城镇生活污水集中处理率指标证明材料	110228 V2017.01.24.09.16
2	区县国土面积证明材料	110228 V2017.01.20.17.13
3	林地指标证明材料	110228 V2017.01.11.23.33
4	草地指标证明材料	110228 V2017.01.11.23.33
5	水域湿地指标证明材料	110228 V2017.01.11.23.33
6	耕地和建设用地指标证明材料	110228 V2017.01.11.23.33
7	未利用地指标证明材料	110228 V2017.01.11.23.33
8	环境统计数据证明材料	110228 V2017.01.11.23.33
9	生态环境质量考核指标汇总表	110228 V2017.01.21.13.33
10	生态环境质量考核数据副填报表	110228 V2017.01.11.23.36
11	生态环境保护与管理填报表	110228 V2017.01.11.23.36
12	与上年指标比较情况说明	110228 V2017.01.11.23.37
13	生态环境保护工作情况说明	110228 V2017.01.21.16.59

当前记录 1 of 13

图415　水印号列表

在版权信息界面中，可通过点击左侧的县域名称列表中的县域名称来切换不同县域的文档材料的版本号。审核人员只需打开纸质自查报告证明材料部分，逐一核对版本号与水印是否一致即可。

7.7.5.5　数据人工审核

系统通过主菜单中的“数据审核”菜单下的“人工审核”栏中的按钮来查看、审核空气监测站点及其他指标人工审核，如图 416 所示。

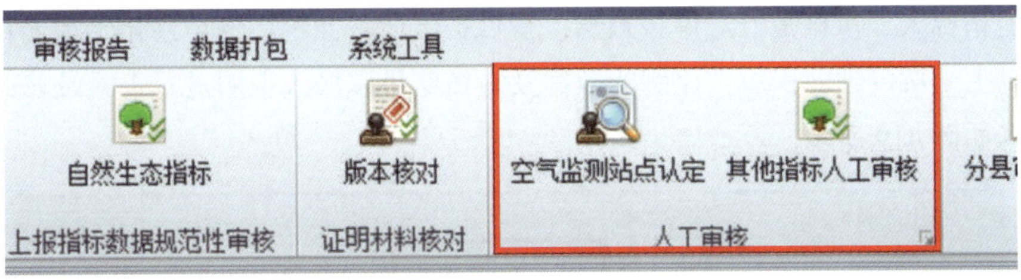

图 416　数据审核情况功能按钮

空气监测站点认定操作步骤：

空气监测站点认定是空气自动站建成、联网数据显示及认定，以方便管理评分时自动评分。具体功能布局如图 417 所示。

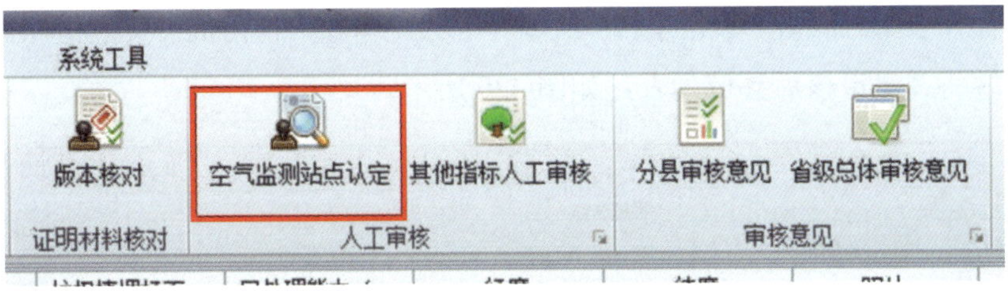

图 417　空气监测站点认定按钮

具体操作步骤：点击“数据审核”菜单下“人工审核”栏内的“空气监测站点认定”按钮，系统将弹出省内空气监测站点列表，如图 418 所示。

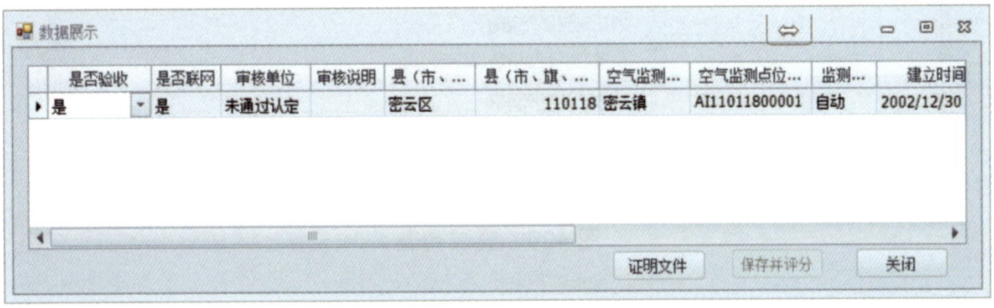

图 418　空气监测站点列表

审核人员可以根据实际情况修改：是否验收、是否联网、审核单位及审核说明等内容。审核单位内容由于审核权限的原因不可以进行国家认定的修改，如审核单位已是国家认定的不可以改成省认定或未通过认定；也不可以将审核单位修改成国家认定。数据修改后点击“保存并评分”按钮系统将修改后的数据保存，然后对空气站进行自动评分。评分结果可在管理评分菜单栏查看修改；通过“证明文件”按钮将省空气自动站自动联网证明文件上传至系统。

其他指标人工审核操作步骤：

其他指标人工审核是针对审核数据：受保护区所占面积比例、沙化土地面积比例、中度及以上土壤侵蚀面积所占比例的数据及审核结果和修改说明进行查看及修改。具体功能布局如图 419 所示。

图 419　其他指标人工审核按钮

具体操作步骤：点击“数据审核”菜单下“人工审核”栏内的“其他指标人工审核”按钮，系统将弹出审核后县域列表，如图 420 所示。

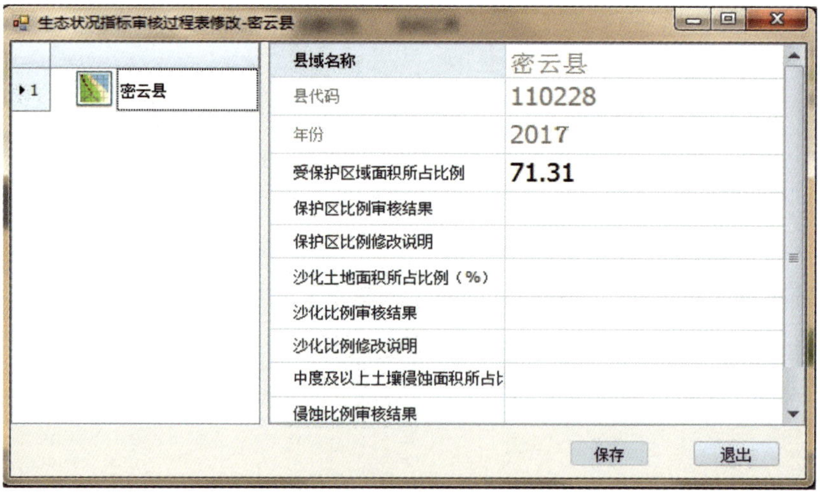

图 420　县域列表

如果某县域上报数据全部审核完成后可点击县域名称系统弹出审核结果修改界面，

如图 421 所示，可以对受保护区域面积所占比例、沙化土地面积所占比例、中度及以上土壤侵蚀面积所占比例进行修改。其中受保护区域面积所占比例、沙化土地面积所占比例、中度及以上土壤侵蚀面积审核结果操作过程相同，下面将以受保护区域面积所占比例结果修改为例来说明，包括修改受保护区域面积所占比例、修改审核结果有效无效及审核结果的描述，点击“保存”按钮将保存修改结果。

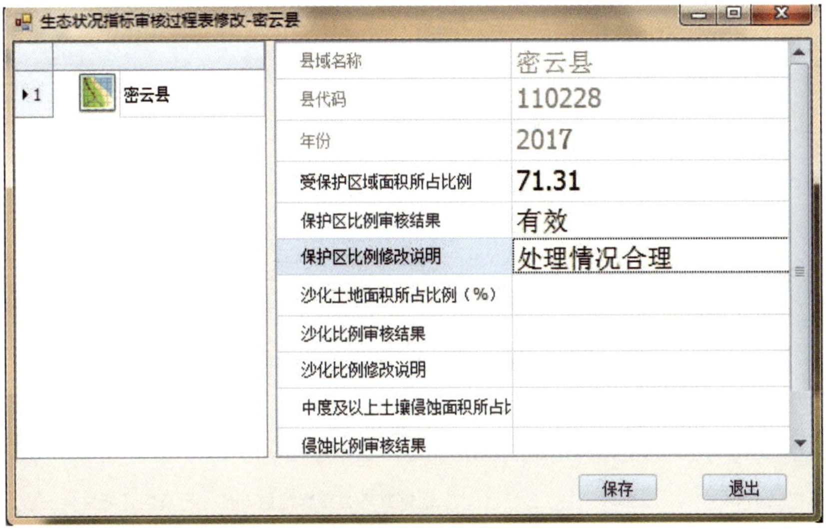

图 421　审核结果修改界面

【重要提示】原则上只需要通过单县域或多县域数据审核即可完成数据审核工作。完整性审核工具和有效性审核工具只是辅助用户快速地对某一项数据的审核。在实际工作中，可先进行整个县域指标数据的审核，若发现某类/项指标有问题，再针对某一类指标利用审核工具进行完整性或有效性审核，可对审核结果进行查看并且可以对监测数据监测频次进行修改以改变达标率。

7.7.5.6　审核意见结果查看、修改

系统通过主菜单中的“数据审核”菜单下的“数据审核结果表”栏中的按钮来查看已完成审核的县域情况，如图 422 所示，主要包括分县审核意见、省级总体审核意见。

图 422　数据审核情况功能按钮

点击“数据审核”菜单下“数据审核结果表”栏中的“分县审核意见”，如图 423 所示，则弹出县级审核意见表，表中显示各个县，点击各个县的按钮则可查看每个县的审核情况，如图 424 所示。

图 423　分县审核意见按钮

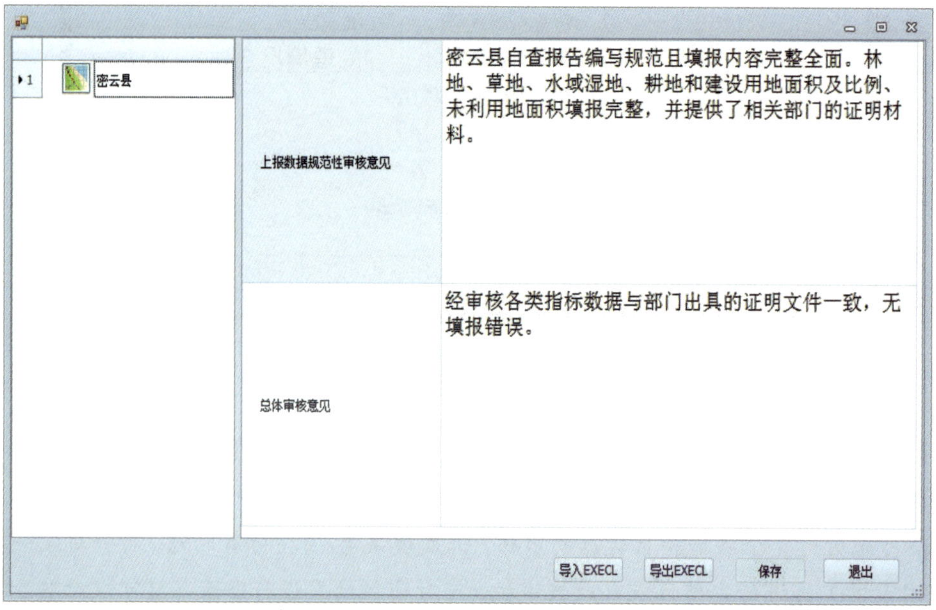

图 424　分县审核意见表

在审核意见表中，可以对表格进行修改，如果修改表格，关闭表格时会弹出如图 425 所示对话框。

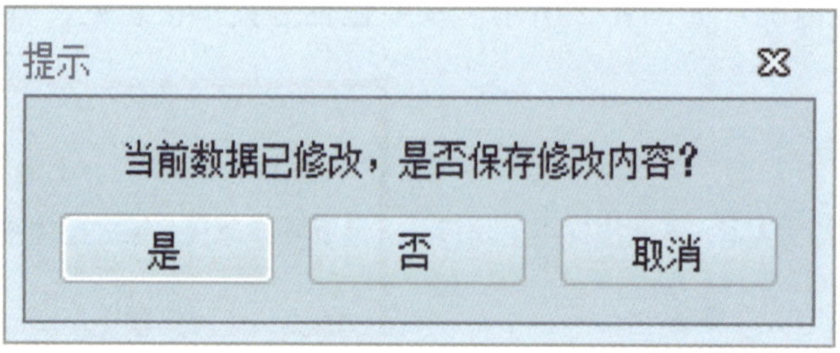

图 425　是否保存修改数据

如果保存修改则点击“是”，否则为“否”。

点击“数据审核”菜单下的“数据审核结果表”栏中的“省级总体审核意见”按钮，如图 426 所示，弹出省级审核意见及建议表，如图 427 所示。

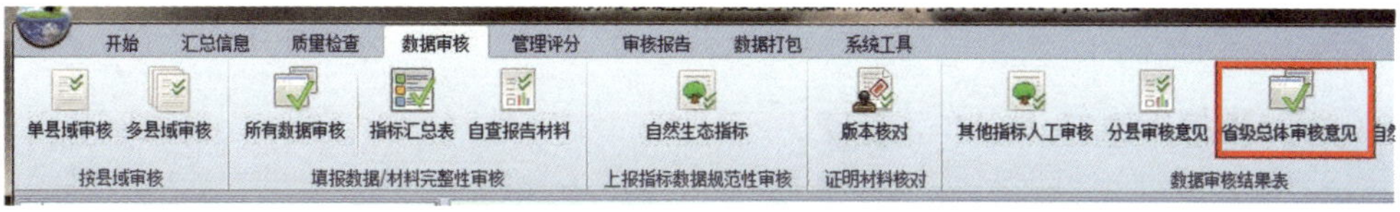

图 426　省级总体审核意见按钮

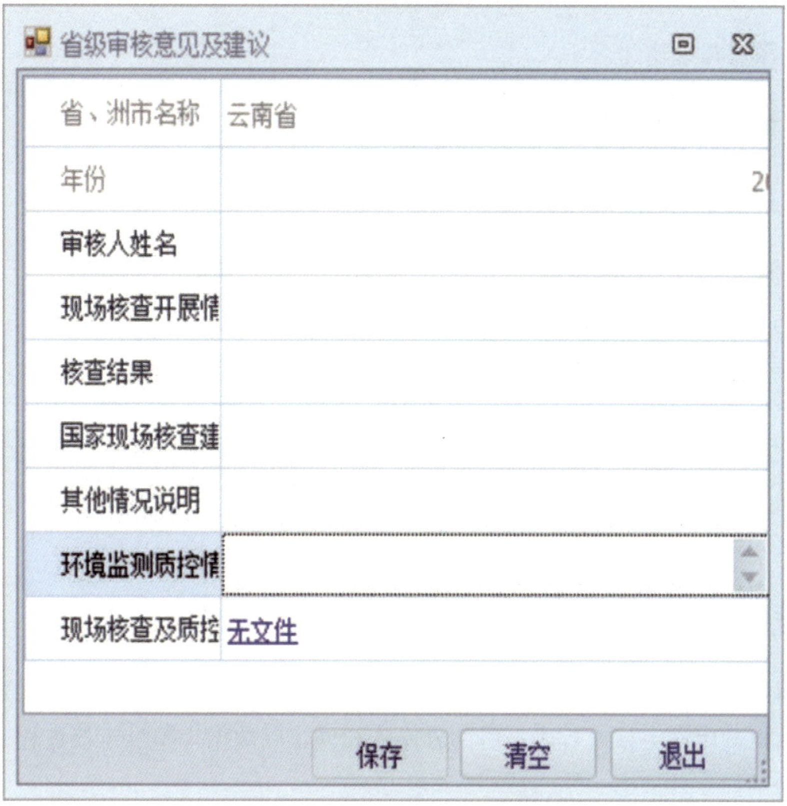

图 427　省级审核意见及建议表

在省级审核意见及建议表中，依次添加各项内容，然后点击“保存”按钮，则弹出保存成功提示框，如图 428 所示；点击“清空”按钮，则清空表格中所有内容；点击“退出”按钮，关闭该省级审核意见及建议表。

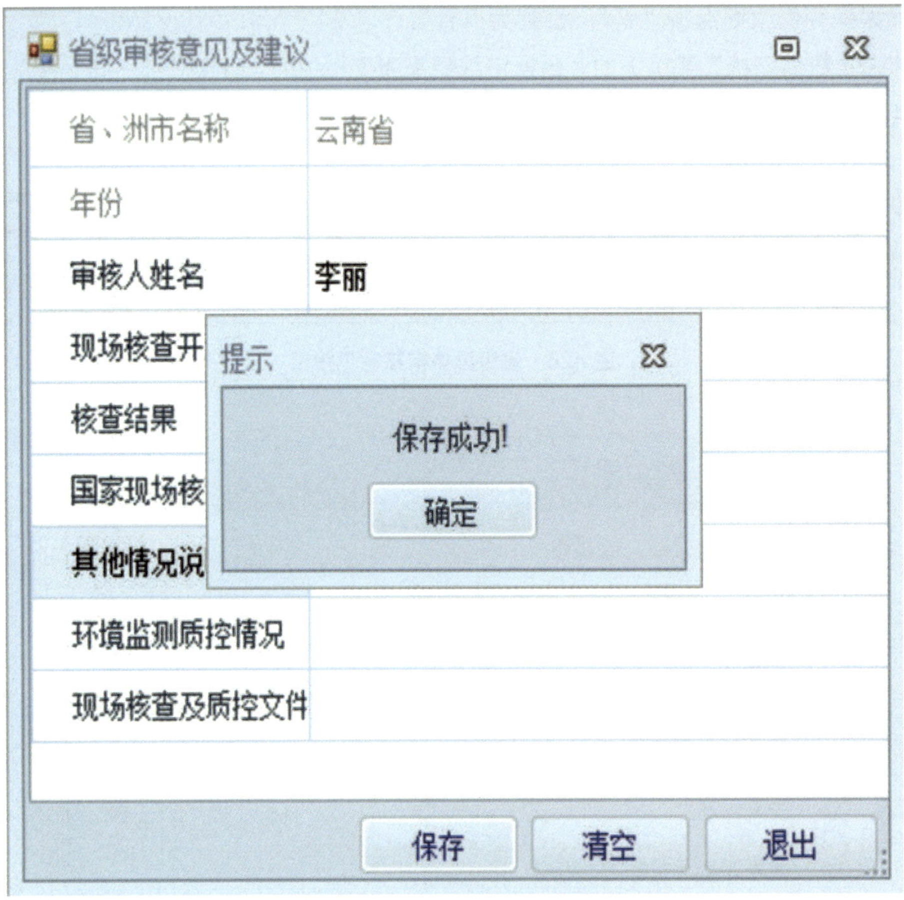

图 428　保存成功提示框

7.7.5.7　数据审核结果浏览

数据审核结果表是对数据完整性、有效性审核结果的查看，包括：数据完整性审核过程表和数据规范性审核过程表。两部分操作相同，以数据完整性审核过程表为例，其操作步骤如下：

点击“数据审核”菜单下的“数据审核结果表”栏中的“数据完整性审核过程表”，如图 429 所示。

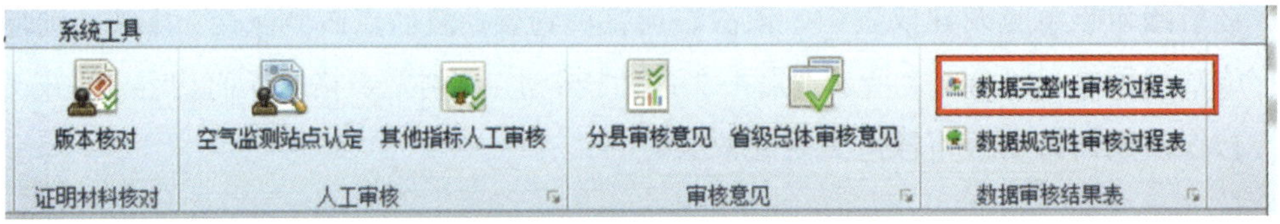

图 429　自然生态数据完整性按钮

点击“数据完整性审核过程表”，则弹出数据完整性审核过程表表格，表中显示各审核并核准后的指标数据，同时显示各县域数据完整性审核结果。通过该表格可以检查是否所有县域都进行了填报的审核，以及审核结果如何，如图430所示。

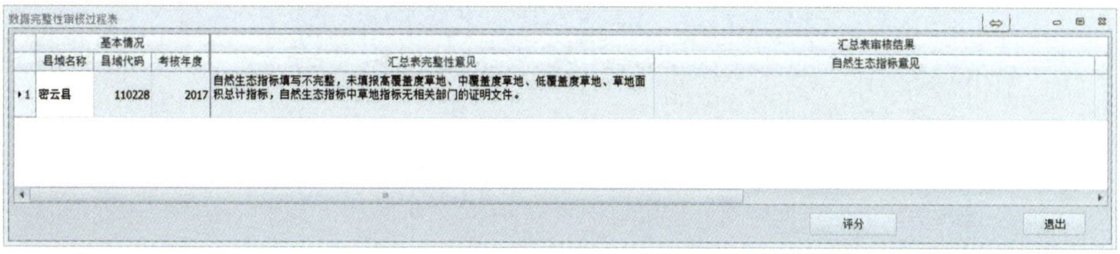

图430　数据完整性审核过程表

点击数据审核完整性审核过程表界面右下角“评分”按钮，则弹出对生态环境保护成效、环境污染防治、环境基础设施运行、县域考核工作组织等项的评分，如图431所示，通过该表格可以查看各项目的评分情况。

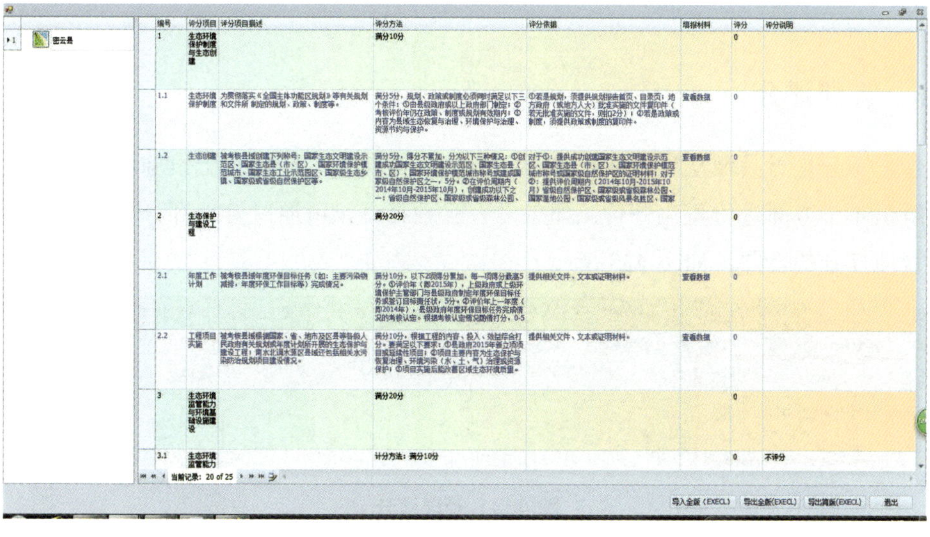

图431　数据完整性评分表

点击图431中“查看数据”单元格，可以查看该项目的具体情况，如图432所示。

审核过程表显示界面，可通过右下角的“导出全版（Excel）”或“导出简版（Excel）”按钮，将当前表格中的内容输出为Excel文件。

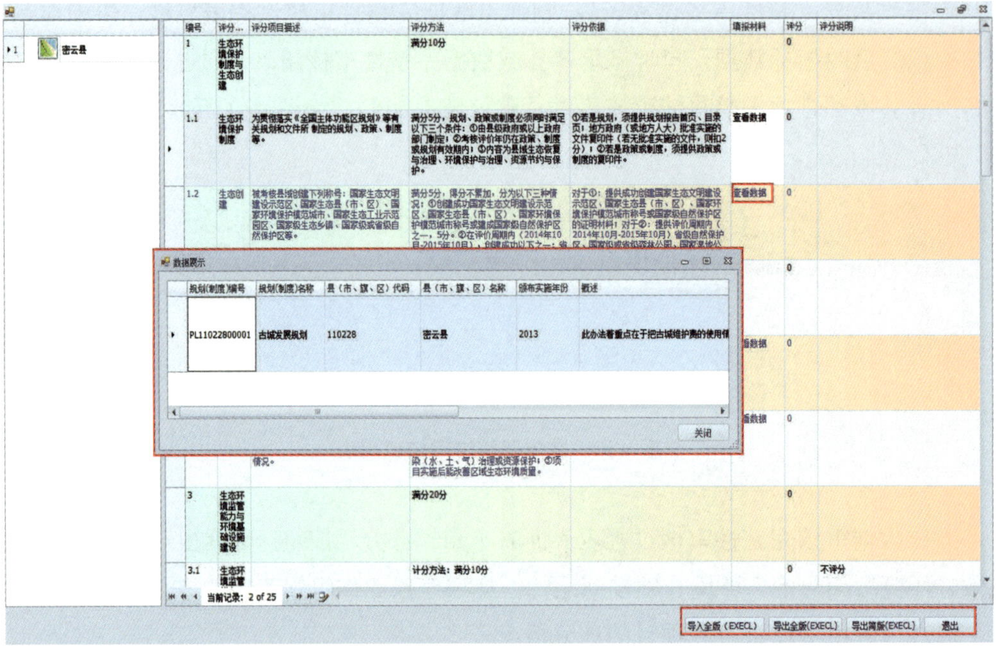

图 432　查看填报材料

7.7.6　管理评分

管理评分是对县域从生态保护成效、环境污染防治、环境基础设施运行、县域考核工作组织 4 个方面进行量化评价。如果多人管理打分，可通过管理评分导出、导入功能进行管理打分的合并，如图 433 所示。

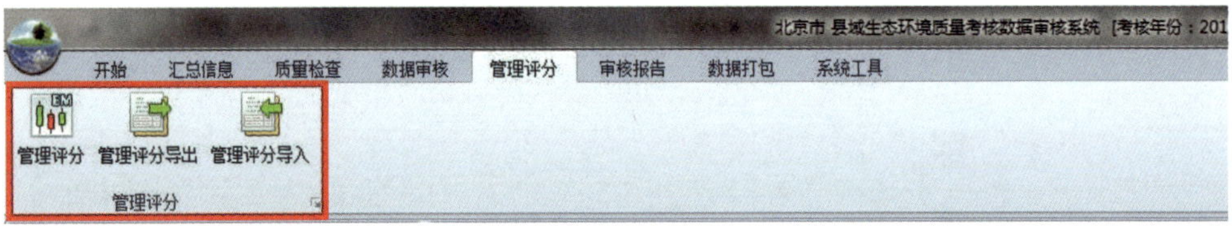

图 433　管理评分

7.7.6.1　管理评分

操作步骤为：

（1）“管理评分”菜单下“管理评分”按钮，如图 434 所示。

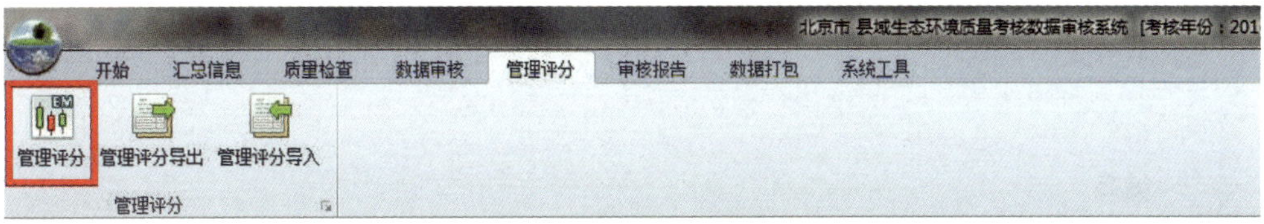

图 434 管理评分按钮

（2）点击“管理评分”，则弹出各县级表，表中显示各县级，点击每个县级可查看这个县级的情况，包括评分项目、评分的项目描述、评分方法、评分依据、数据展示、评分、评分说明，如图 435 所示。

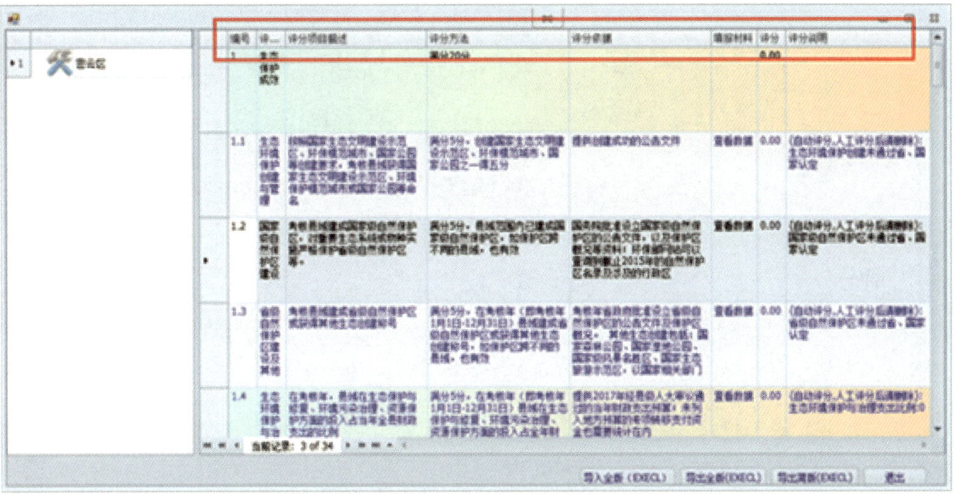

图 435 管理评分表

（3）文字显示为蓝色为可评分项，点击文字显示为蓝色的表格（除查看数据外），如果弹出如图 436 所示对话框。则表明可以修改数据，填写评分和评分说明。如果填写的分数超过评分方法中的满分，则会弹出如图 437 所示对话框。

点击“确定”，重新评分，如果填写的分数小于零，则弹出如图 438 所示对话框。

点击“确定”，重新评分，如果填写的分数满足条件，但是没有填写评分说明，则弹出如图 439 所示话框。

点击“确定”，重新填写，如果填写的分数满足条件，并且填写评分说明，则弹出如图 440 所示对话框。

点击“确定”即可。

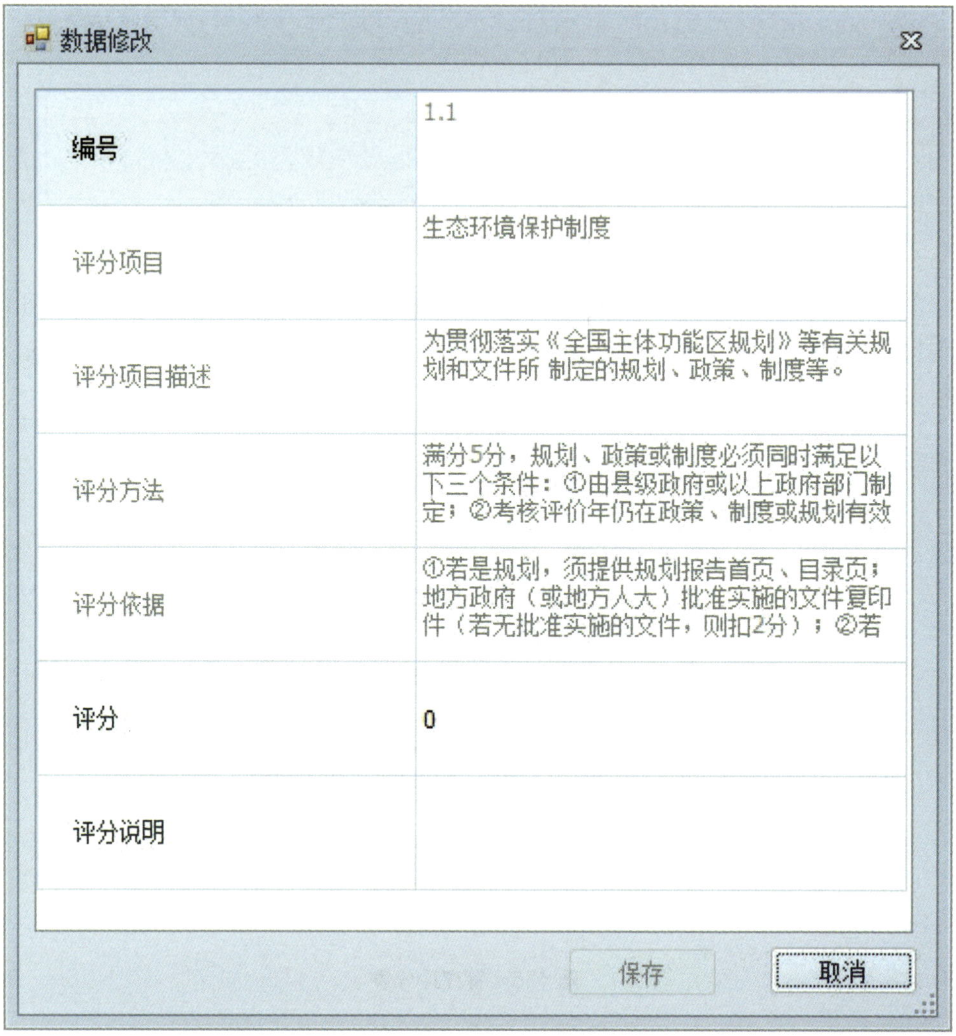

图 436　数据修改

图 437　评分数据过大

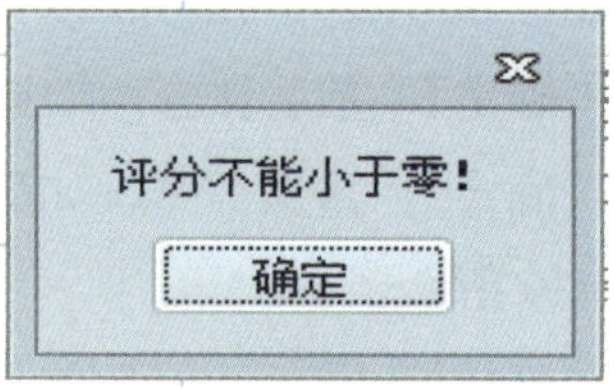

图 438　评分数据过小

图 439　无评分说明

图 440　修改是否成功

（4）点击表格中任何一个填报材料项文字显示“查看数据”单元格会弹出数据查看界面，如图 441、图 442 所示。

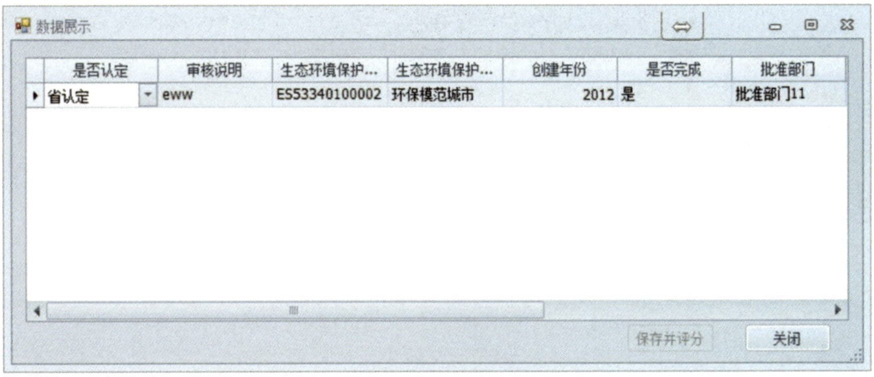

图 441　查看数据横表

图 442　查看数据竖表

可修改是否认定（省级审核没有修改国家认定的权限）、修改城镇污水处理厂生活污水处理量及城镇生活污水处理总量，系统自动计算出城镇生活污水集中处理率，并填写审核说明，点击“保存并评分”按钮系统将根据城镇生活污水集中处理率进行自动评分。

7.7.6.2 管理评分导出

（1）点击“管理评分”菜单下“管理评分导出”按钮，如图 443 所示，弹出如图 444 所示对话框。

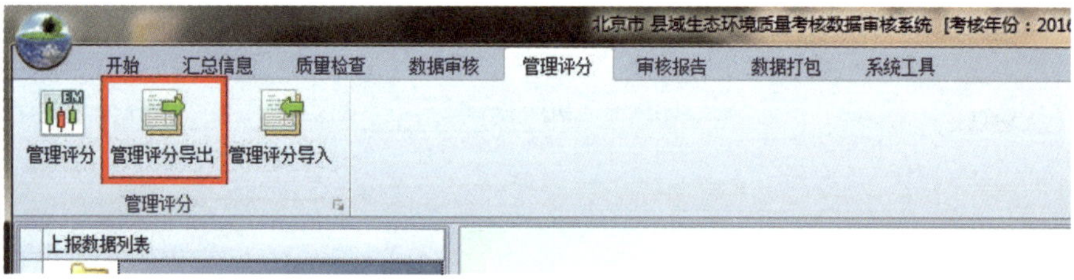

图 443 管理评分导出按钮

图 444 选择导出县域列表及途径

（2）如在县域列表里选择需要导出的县域，在选择评分编号区域里选择需要评分的编号，点击文件选择，出现如图 445 所示对话框，编辑文件名称，点击“保存”，则对话框如图 446 所示。点击“导出”，则出现导出的进度条，如图 447 所示。

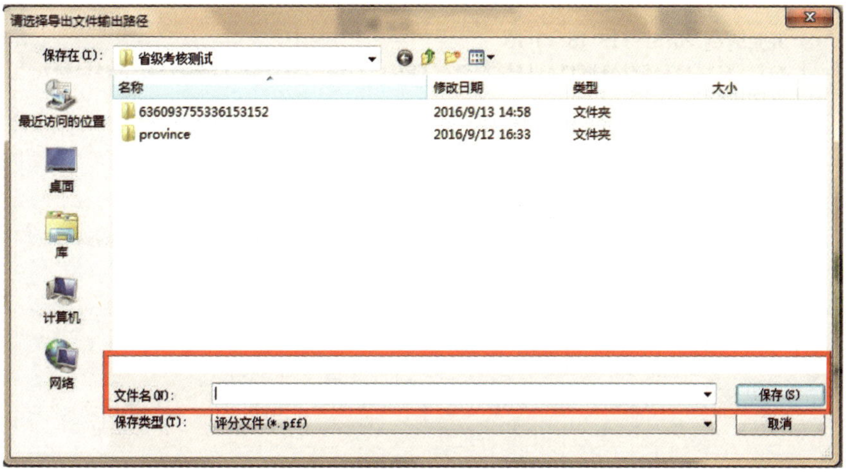

图 445　文件输出路径

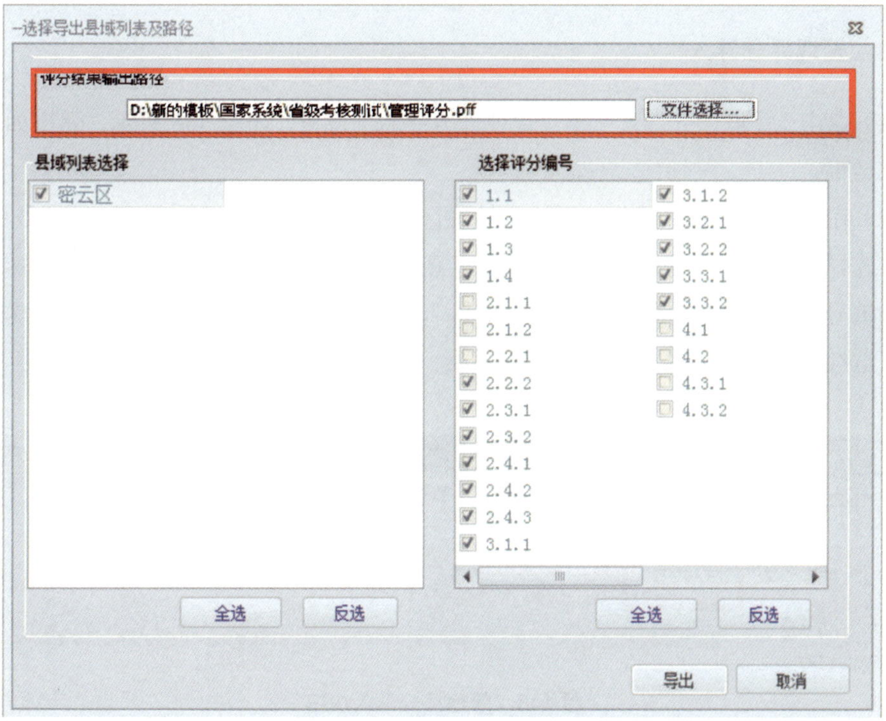

图 446　评分结果输出路径

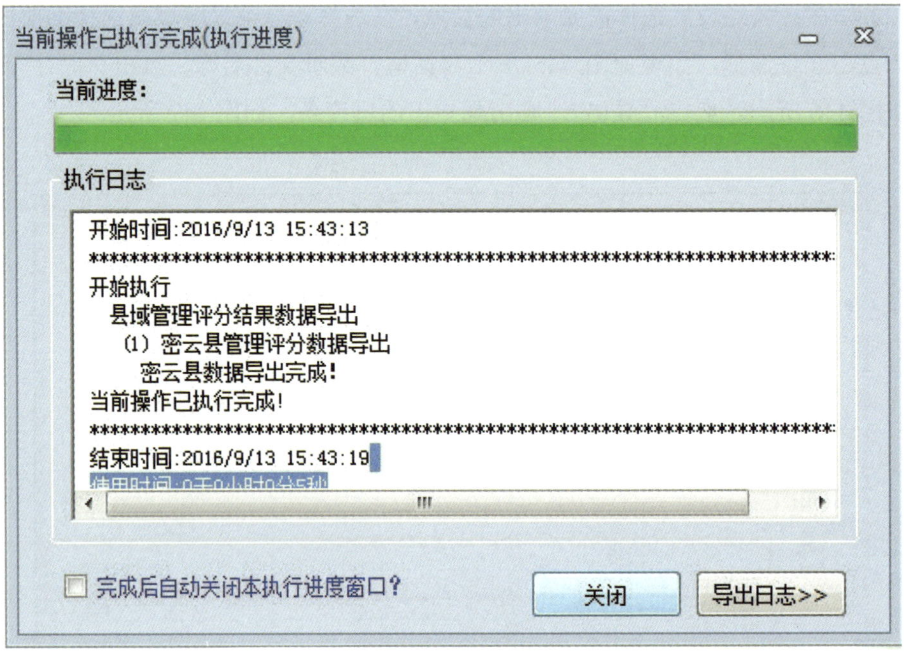

图 447　导出进度条

7.7.6.3　管理评分导入

（1）点击“管理评分”菜单下“管理评分导入”按钮，如图 448 所示，弹出如图 449 所示对话框。

（2）在如图 449 所示评分结果输出途径区域，点击文件选择，弹出如图 450 所示对话框，选择管理评分文件，如图 451 所示，在县域选择区域选择需要导入的县域，在选择评分编号区域选择评分编号。点击“导入”，出现如图 452 所示提示对话框，选择是，则导入继续进行出现如图 453 所示导入进度，如选择“否”则导入结束。

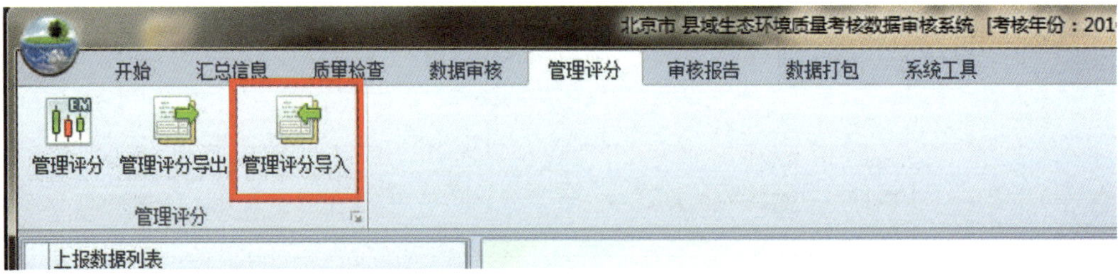

图 448　管理评分导入按钮

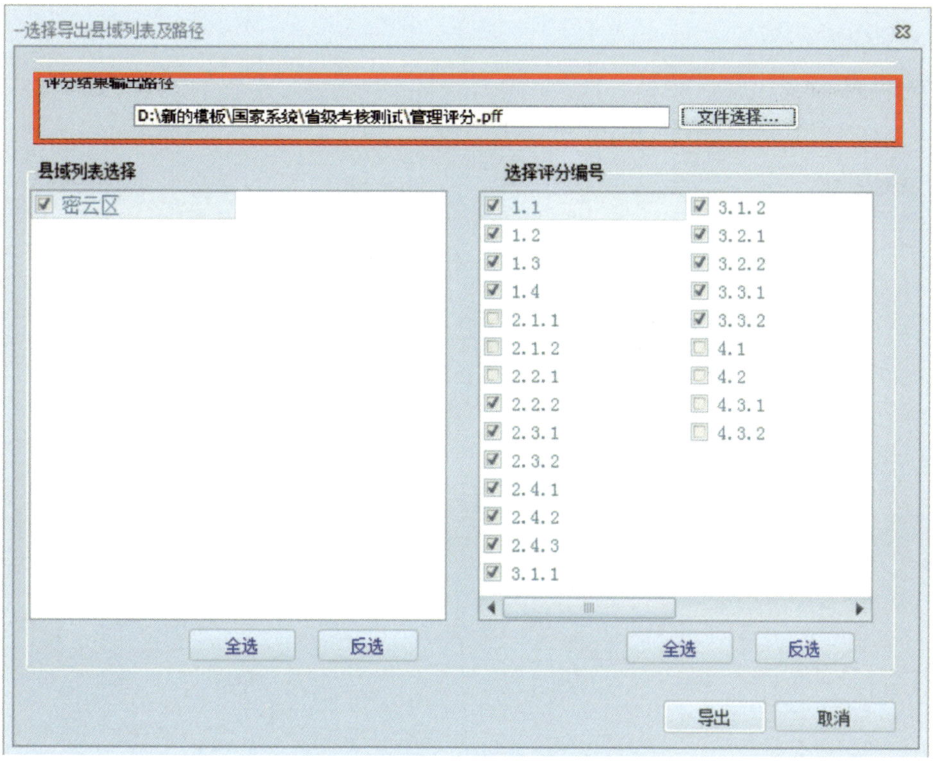

图 449　选择导入县域列表及途径

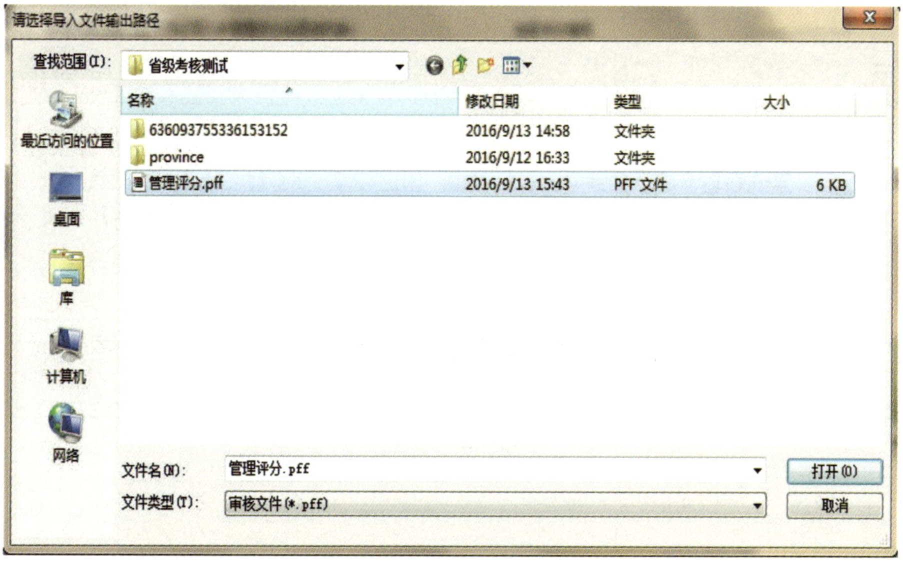

图 450　文件输出途径

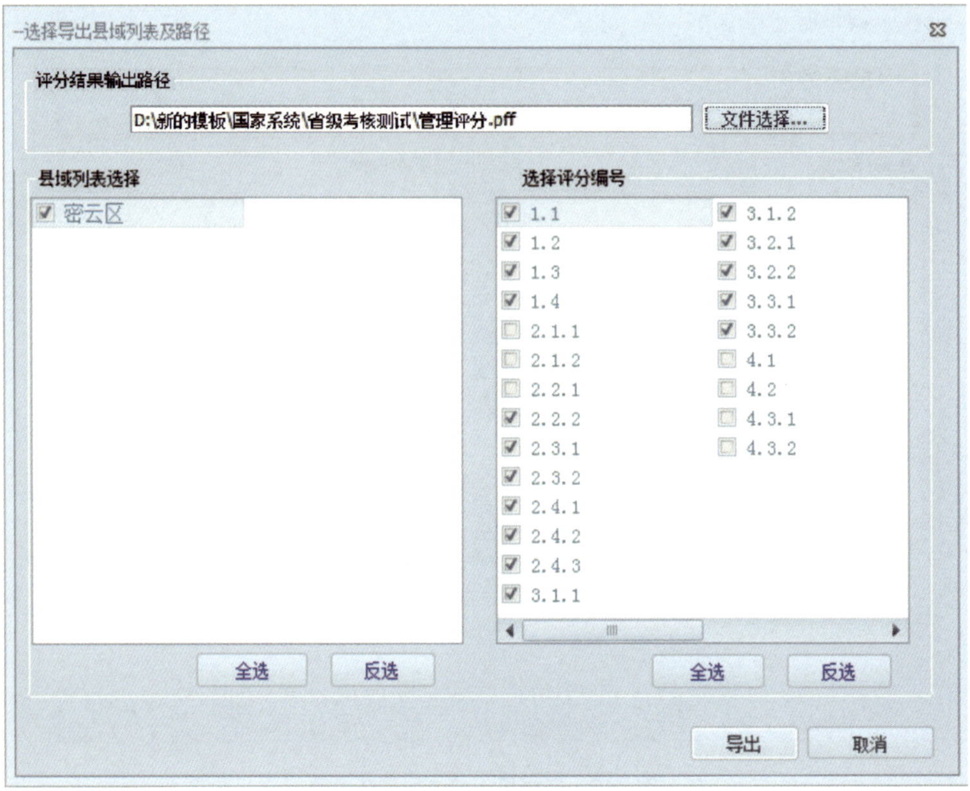

图 451　选择县域与编号

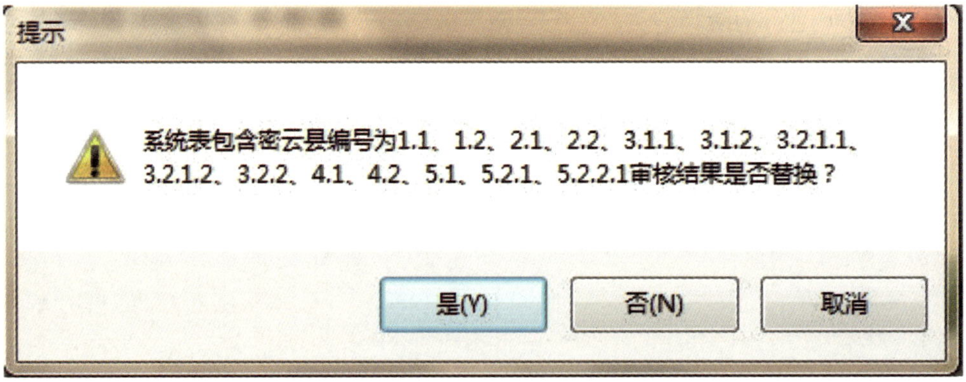

图 452　提示

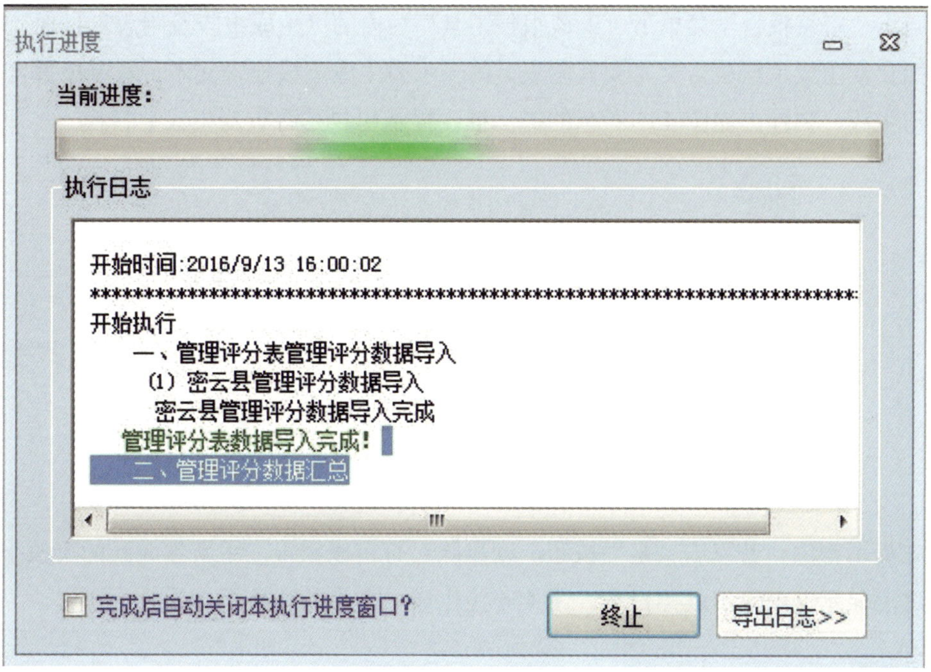

图 453　导入进度

7.7.7　审核报告

审核报告菜单项主要是实现省级审核报告及附表的生成和导出。有审核报告工具功能，如图 454 所示，审核报告工具主要是实现省级审核报告及附表（报告和附表的内容为《国家重点生态功能区县域生态环境质量考核数据省级审核指南》规定的内容）的生成、查看及导出功能。

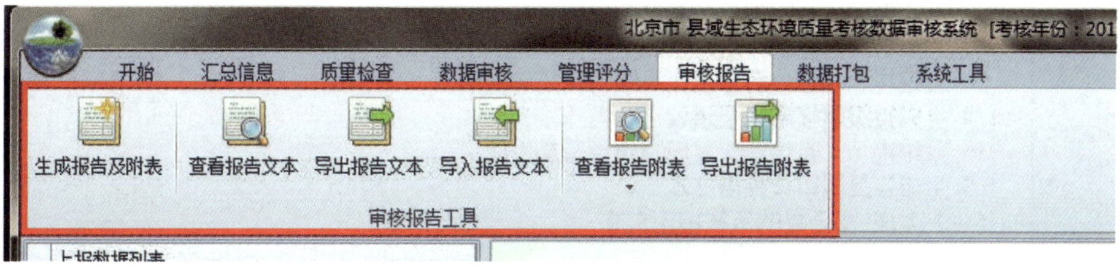

图 454　审核报告菜单面板

7.7.7.1　生成报告及附表

该功能主要是生成省级审核报告文本初稿及其附表，以供用户进行修改后的打印并上报。具体操作步骤为：

点击“审核报告”菜单下“审核报告工具”栏内的“生成报告及附表”按钮，系统将开始自动生成审核报告文本及其附表。第一步为生成审核报告文本，若审核报告文本以前已生成，则弹出如图 455 所示的提示框，提示用户是否重新生成并替换。

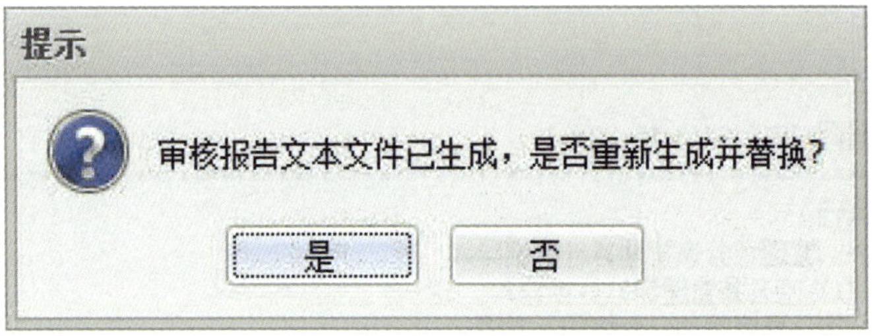

图 455　是否替换提示

在提示框中，若点击“是”按钮，则删除已有审核报告，重新生成新的审核报告，并在进度显示框内输出过程日志，图 456 为生成一个县的审核报告的过程日志。

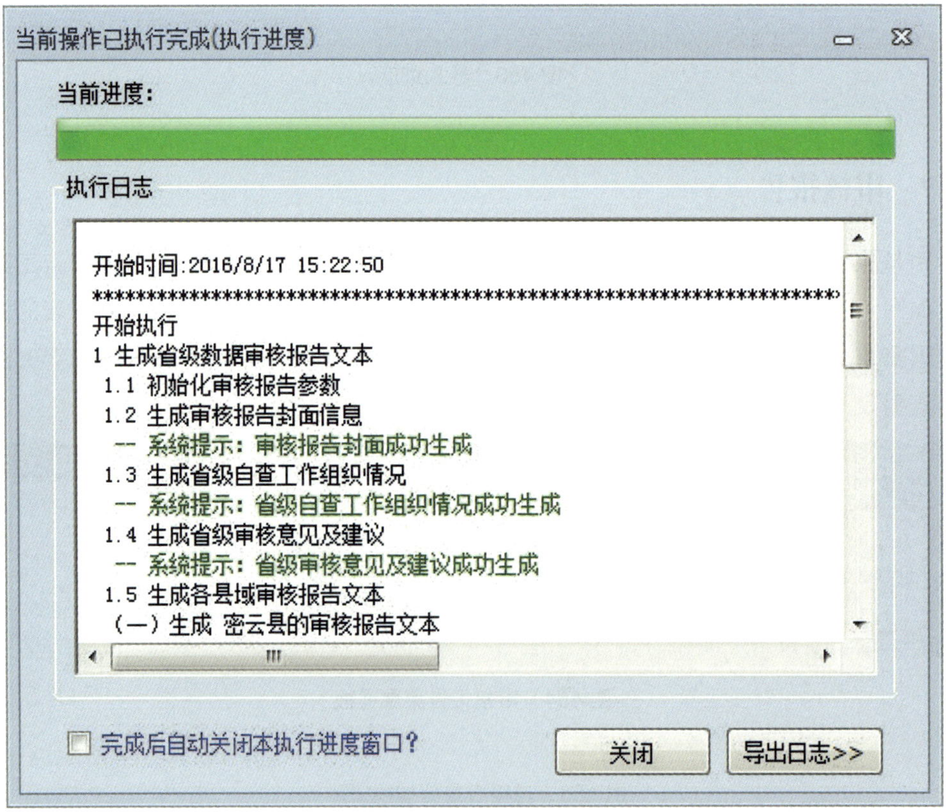

图 456　生成过程

若县域数据未导入或是县域数据未审核，则在日志框内输出如图 457 所示的相应提示。

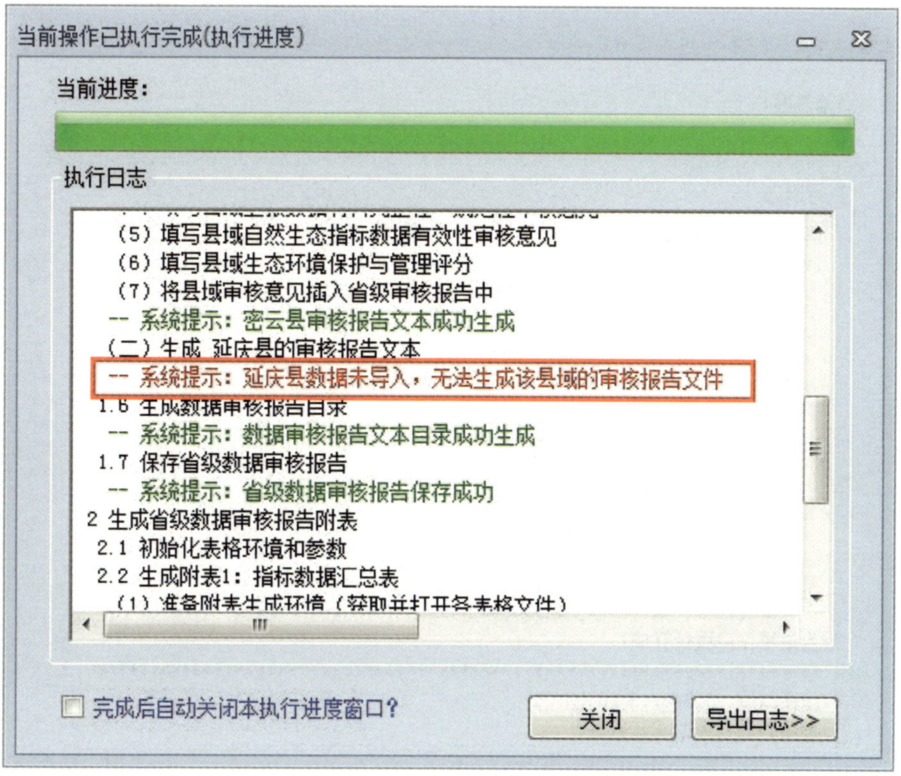

图 457　无数据提示信息

审核报告文本生成完成后，则进入报告附表生成阶段，数据附表共有 3 个：数据审核过程表、指标数据汇总表和辅助信息汇总表，若以前已生成过这些附表，则在生成具体附表前会弹出如图 458 所示的提示框，提示用户是否重新生成并替换。

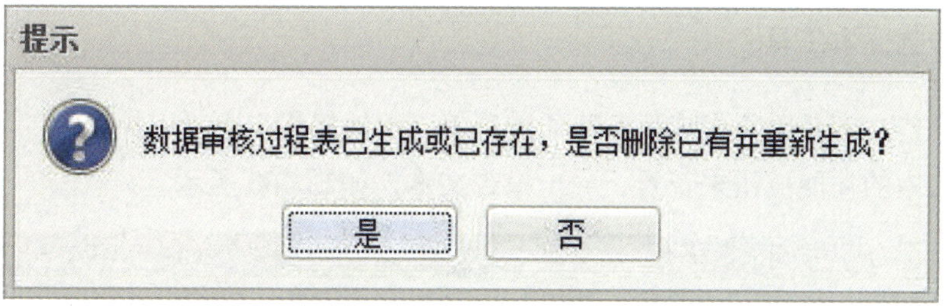

图 458　过程表是否替换提示

点击“是”则重新生成，否则跳过该步骤。

审核报告文本及附表生成成功后，系统会在数据显示窗口自动显示审核报告文本，并在进度提示框中显示报告成功生成，如图 459 所示。在进度提示框中，可通过“导出日志”按钮导出执行日志为文本文件。

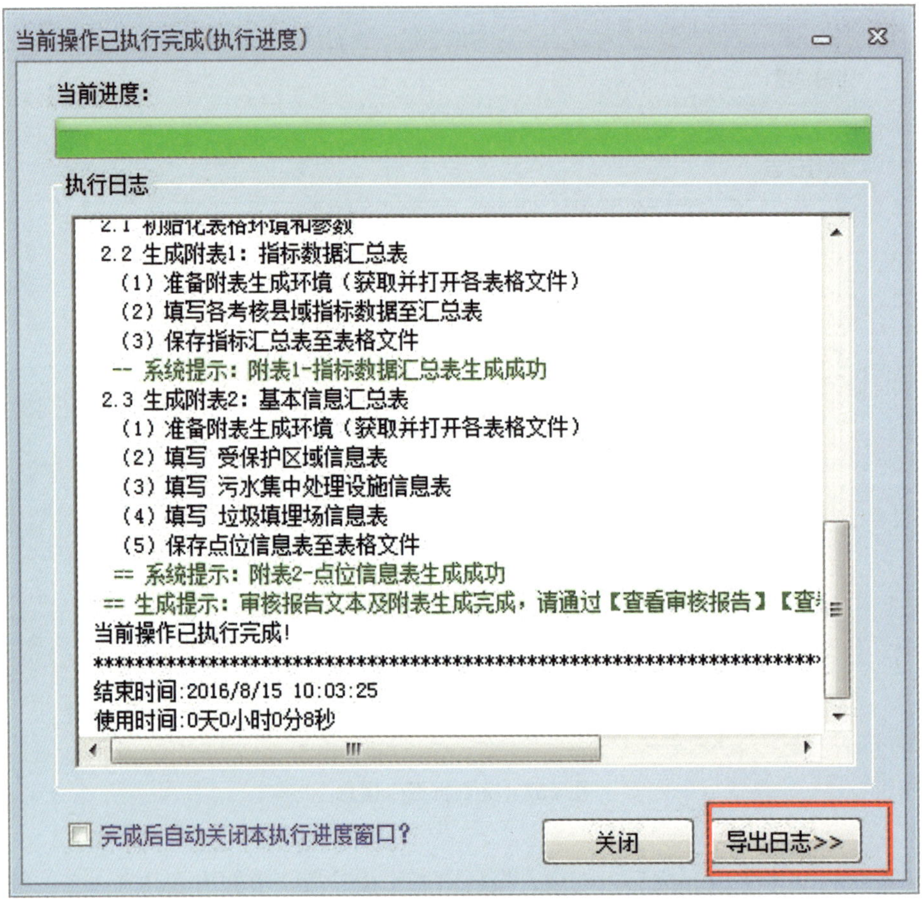

图 459 生成完成提示

7.7.7.2 报告文本工具

审核报告文本及附表生成后，可通过菜单“审核报告”下“审核报告工具”栏中的针对报告文本的功能按钮来查看、导出报告文本，如图 460 所示。

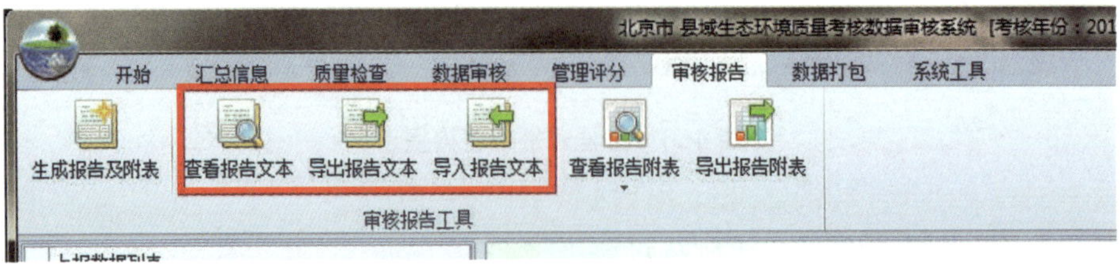

图 460 审核报告文本工具

各功能按钮的操作说明如下：

（1）查看报告文本

点击“审核报告”菜单下“审核报告工具”栏内的“查看报告文本”按钮，若审核报告文本已生成，则在系统的数据显示区内直接显示省级审核报告文本，如图 461 所示。否则系统将出现“审核报告还未生成，请生成后再试”的提示框。

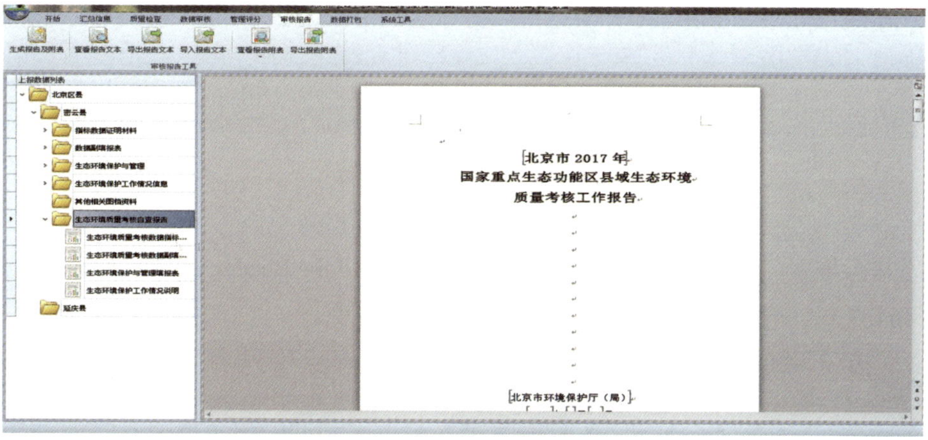

图 461　审核报告查看

（2）导出报告文本

审核报告文本导出是将系统生成的审核报告初稿导出为 PDF 文档。

点击“审核报告”菜单下“审核报告工具”栏内的“导出报告文本”按钮，则弹出文件保存对话框并提示用户选择并输入报告文本保存路径及文件名，图 462 为选择了目录并输入文件名的对话框示例。

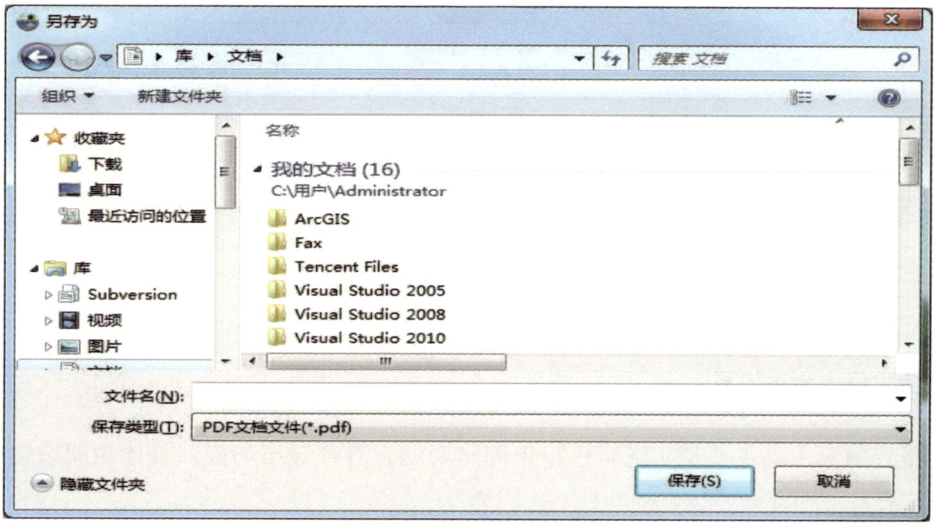

图 462　审核报告导出

选择好保存目录并输入文件名后，点击“保存”按钮，则将当前系统内的报告文本导出到指定的文件，若导出成功，则弹出如图 463 所示的提示框，提示用户是否现在打开报告并进行修改。

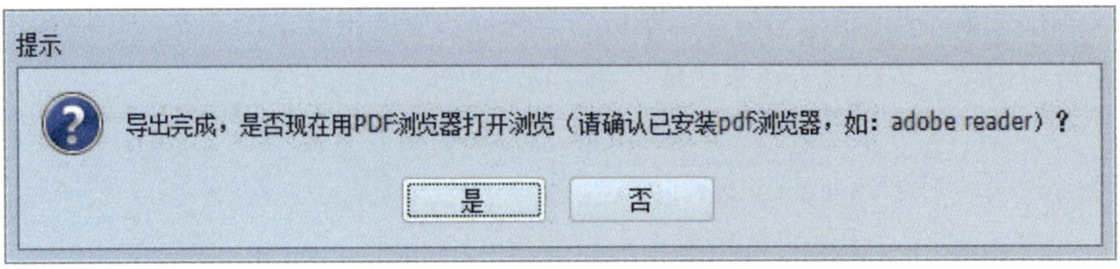

图 463　导出完成提示框

在提示框中，若点击“是”按钮，则系统将通过 Adobe Reader 打开导出的报告文本，如图 464 所示。若点击“否”按钮，则返回系统主界面。

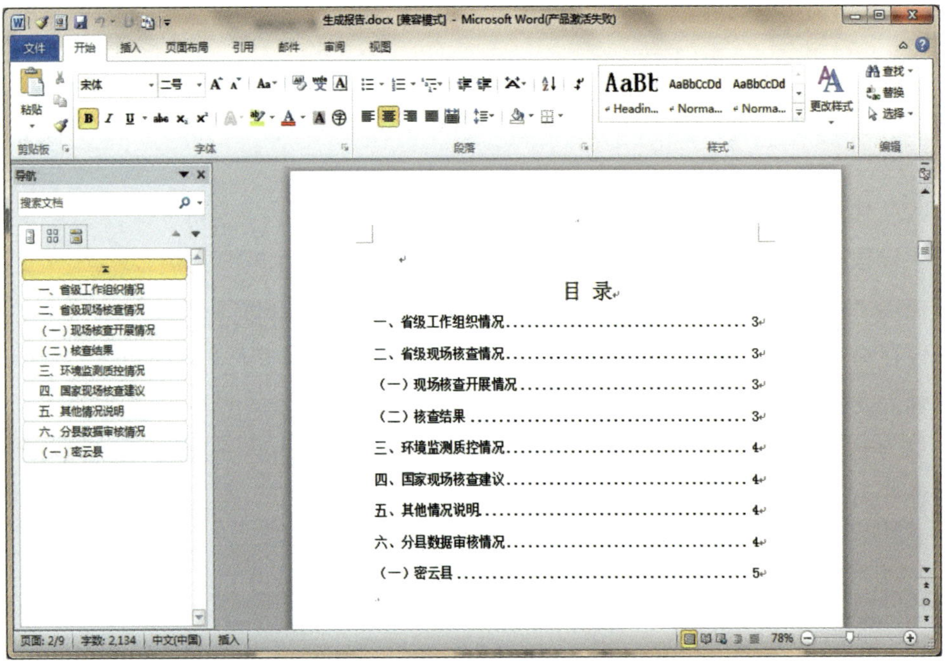

图 464　导出后的报告样式

7.7.7.3　报告附表工具

报告附表工具主要是实现审核报告的附表的查看及导出功能，具体功能按钮如图 465 所示。

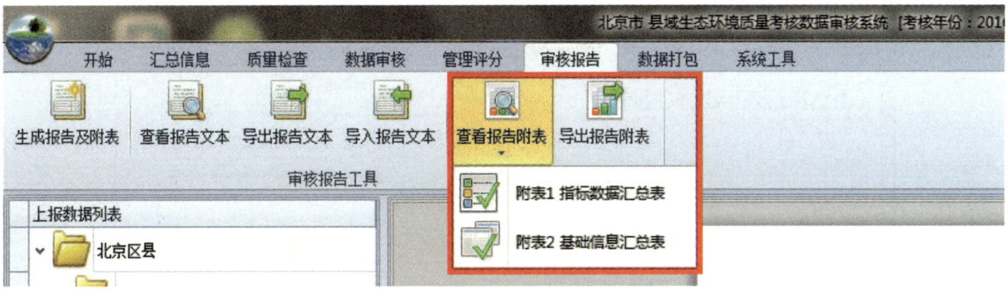

图 465　查看报告附表菜单项

（1）查看报告附表

查看附表下有两个功能子菜单，以分别查看审核报告的两张附表：指标数据汇总表、基础信息汇总表。各表查看的操作方法相同，具体操作步骤为：

点击“审核报告”菜单下“审核报告工具”栏内的“查看报告附表”按钮的下拉子菜单项（查看哪张表点击其相应的按钮），若审核报告附表已生成，则在系统的数据显示区内以 Excel 的模式直接显示审核报告的相应附表，图 466 为审核过程表显示样例。否则系统将出现“审核报告附表还未生成，请生成后再试”的提示框。

图 466　附表查看示例

（2）导出报告附表

导出附表功能是将已生成的审核报告附表导出为 Excel 文件以进行打印输出，具体操作步骤为：

点击“审核报告”菜单下“审核报告工具”栏内的“导出报告附表”按钮，系统将弹出如图 467 所示的目录选择对话框。

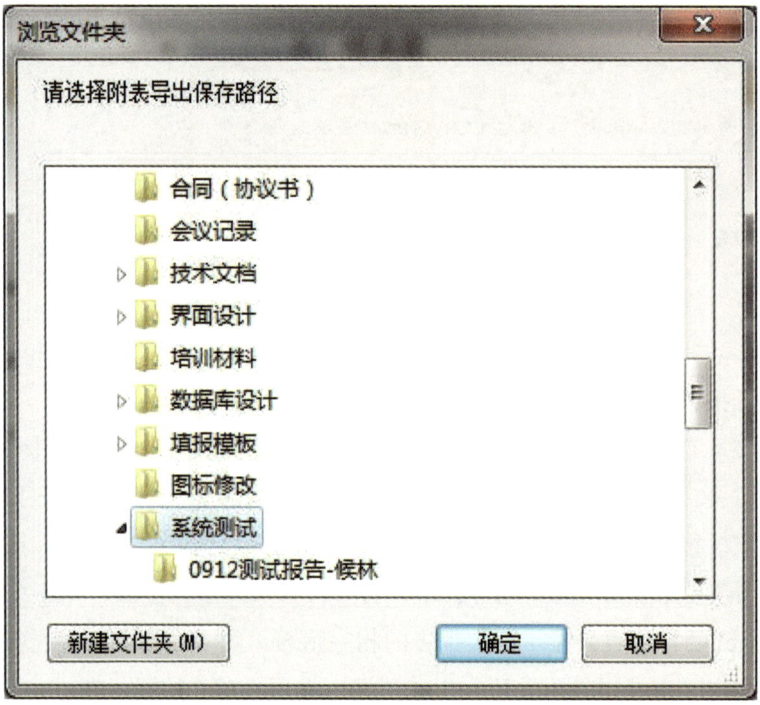

图 467 导出目录选择

在目录选择对话框中，选择附表将导出的目录，并点击“确定”按钮，则开始导出报告附表。在导出过程中，若附表没有生成或不存在，则弹出相应提示框，提示用户附表未生成，并继续导出。

附表导出完成后，弹出如图 468 所示的提示框，提示用户是否现在打开导出附表所在的目录。

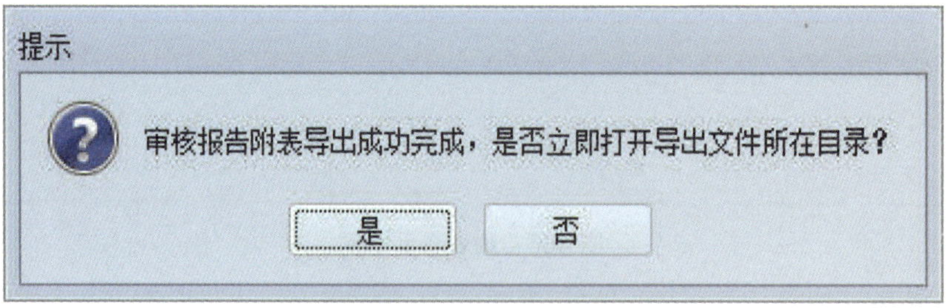

图 468 导出成功提示

在提示框中，点击“是”按钮，则弹出 Windows 的文件浏览对话框，并打开导出附表所在的目录，如图 469 所示。

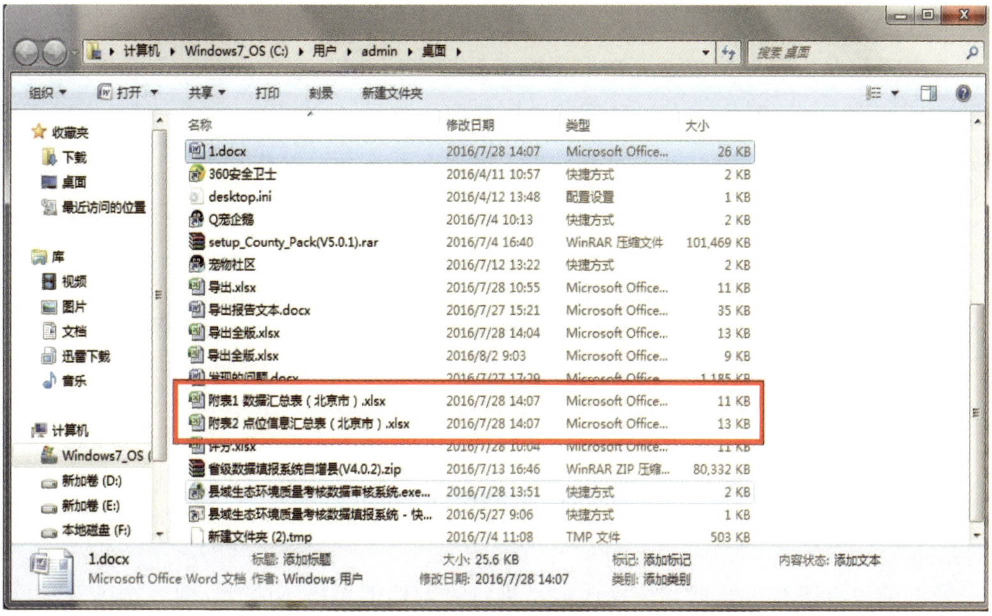

图 469　导出文件样例

7.7.8　数据打包

数据加密打包需要满足两个条件：一是省域内所有考核县域填报数据已上报且已导入系统内；二是审核报告已生成，若审核报告需要修改，则修改后的报告已更新至系统中。审核结果导出、导入功能是将省域内部分考核县域审核结果相关数据导出，生成加密压缩包文件（*.zip），再通过审核结果导入功能集成到另一个省级审核系统，以实现审核系统多人审核功能。

数据打包包括数据预检、压缩打包、审核数据导出导入四个功能，如图 470 所示。

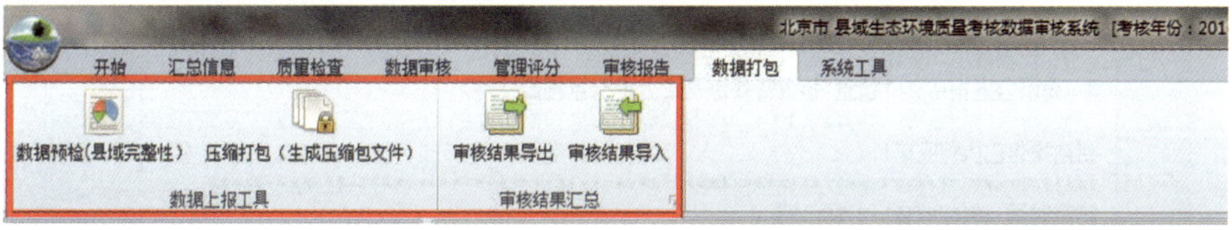

图 470　数据打包菜单面板

7.7.8.1　数据预检

上报数据预检是在数据打包上报前对省域内各考核县域的填报数据进行检查，一是检查县域是否完整（即所有县域都已上报数据并导入系统）；二是检查各县域上报的数据是否缺少关键文件，如自查报告、数据库文件等。具体操作步骤为：

点击“数据打包”菜单下“数据预检（县域完整性）”按钮，若以前进行过数据预检操作且预检成功（即县域完整且县域填报数据完整），则弹出如图 471 所示的提示框，询问用户是否仍进行预检。点击“是”按钮则进入数据预检操作并弹出进度提示框。

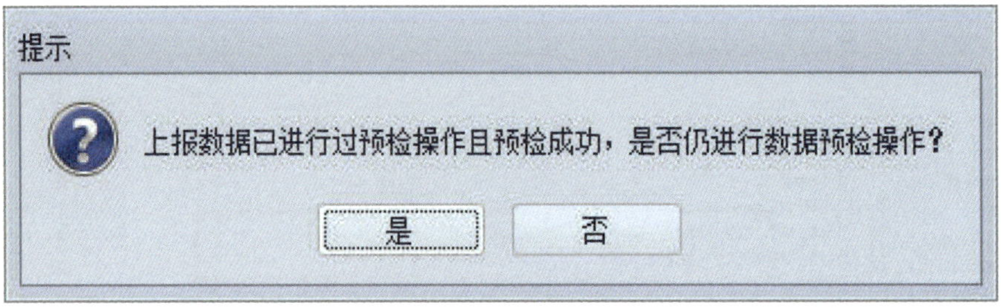

图 471　是否仍预检提示

若以前没有进行过数据预检操作或是进行过预检但预检不成功，则直接进入预检操作并弹出预检进度提示框，第一步是进行考核县域完整性检查（即考核县域填报数据是否导入），如图 472 所示。

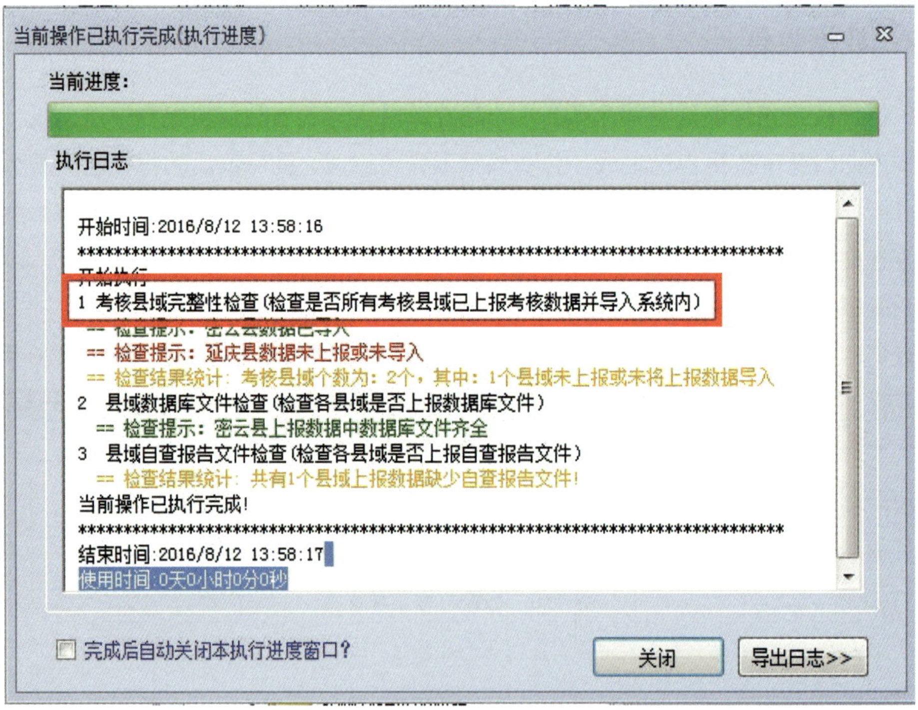

图 472　数据完整性检查提示

预检成功后，则提示有多少个县域数据未导入以及导入数据的县域的数据是否完整，具体提示如图 473 所示。

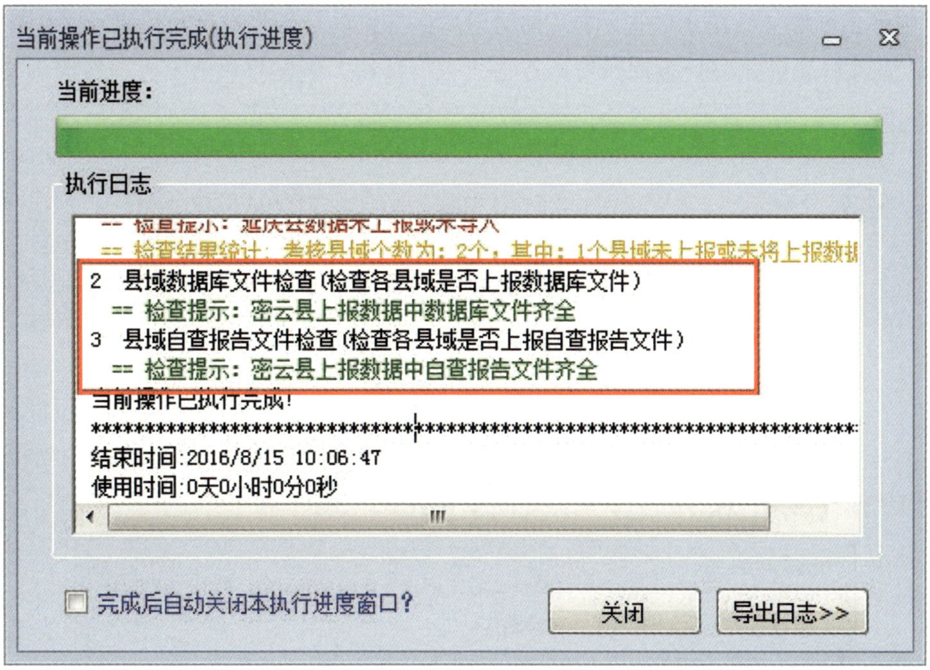

图 473　预检完成提示

预检成功后，可通过“导出日志”按钮将预检日志导出为文本。

7.7.8.2　加密打包

数据加密打包是将县域所有填报数据以及审核报告相关内容加密打包，生成加密压缩包文件（*.prf）上报至上级主管部门。具体操作步骤如下：

点击“数据打包”菜单下“压缩打包（生成加密包文件）”按钮，若以前进行过数据预检操作且预检成功（即县域完整且县域填报数据完整），则弹出如图 474 所示的提示框，询问用户在打包前是否仍进行预检操作。点击“是”按钮，则在打包前重新进行数据预检；点击“否”按钮，则在打包前不重新进行数据预检。

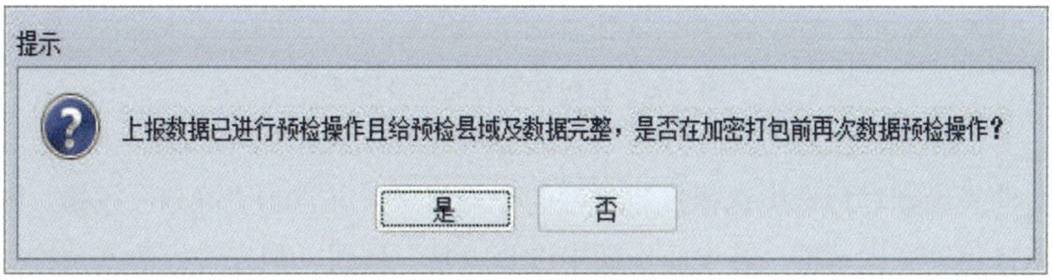

图 474　是否再次预检提示

若以前未进行过数据预检操作或预检不成功（即县域不完整或县域填报数据不完整），则弹出如图 475 所示的提示框，询问用户在打包前是否先进行预检操作。点击“是”按钮，则在打包前先进行数据预检；点击“否”按钮，则在打包前不进行数据预检。

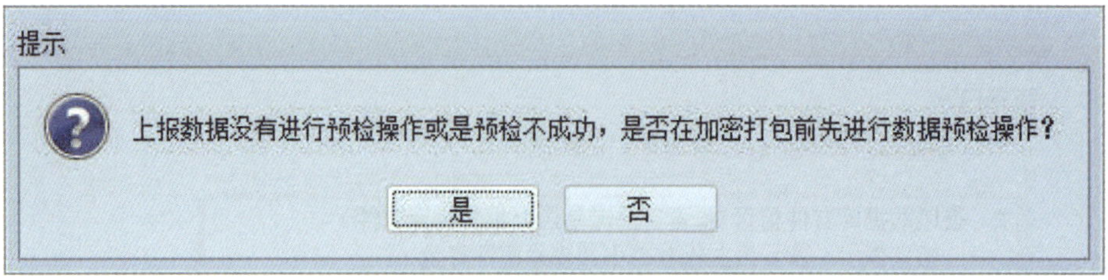

图 475　是否进行预检提示

在上面步骤中，无论是点击“是”还是“否”按钮，都会弹出目录选择对话框，提示用户选择打包文件保存到的目录，如图 476 所示。

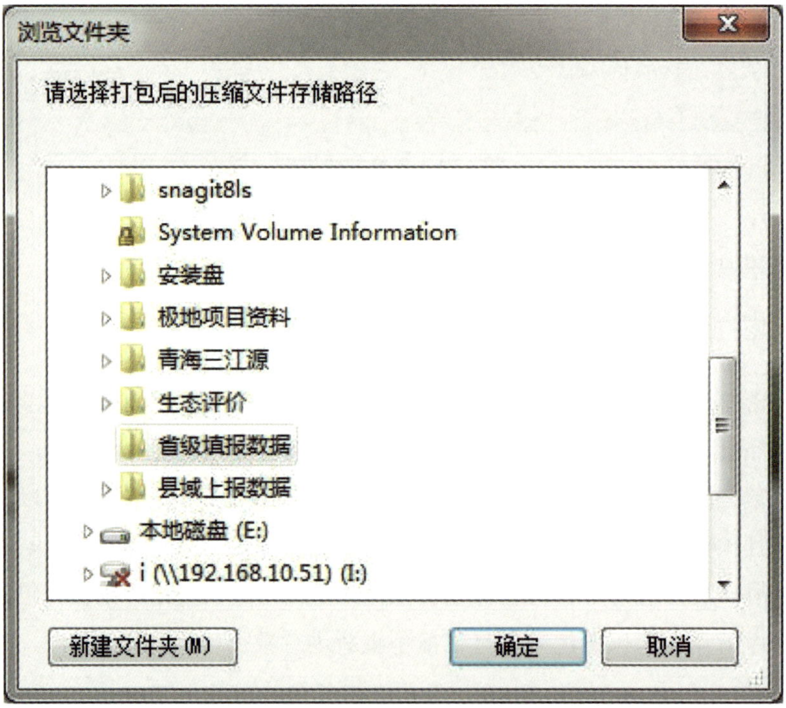

图 476　打包结果存储目录选择

在文件夹选择对话框中选择打包文件的存储目录，并点击“确定”按钮，则进入数据预检和打包进度提示框。若上面步骤中选择“是”按钮，则先进行数据预检操作，并在日志中进行提示，如图 477 所示。

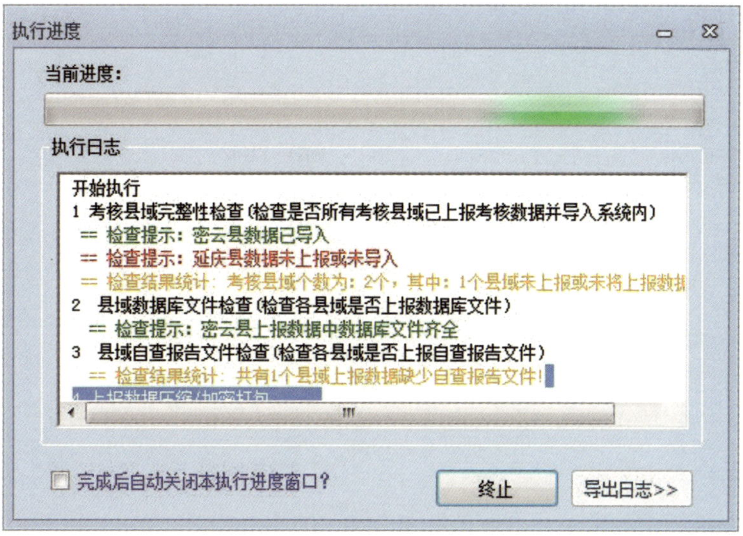

图 477　加密打包进度提示

否则直接进行数据加密打包，运行至加密打包步骤时，若所选目录中已存在县域打包文件，则弹出如图 478 所示的提示框提示用户是否覆盖。

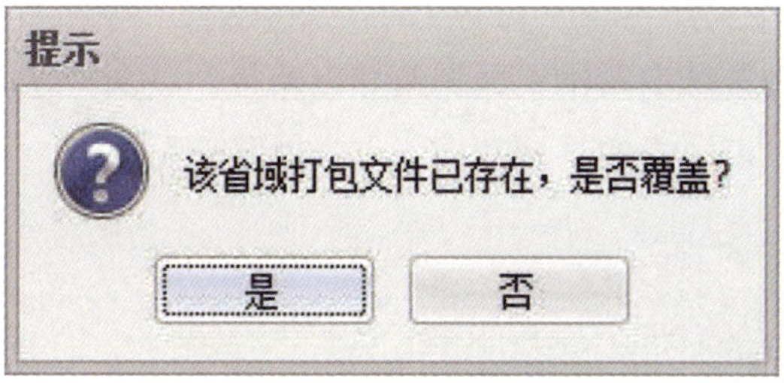

图 478　是否覆盖提示

点击“是”按钮，则重新进行加密打包，并将新生成的打包文件替换已有的打包文件，点击“否”按钮，则不进行加密打包，保留已有打包文件。

7.7.8.3　审核结果导出

审核结果导出功能是将县域内部分考核县域审核结果相关数据导出，生成打包文件(*.shf)。增加管理评分选择列表可以同步评分审核的填报材料数据，以实现多人分县域、分编号审核。管埋评分导出导入无填报材料数据同步功能。

具体操作步骤如下：

(1) 点击“数据打包”菜单下“审核结果导出”按钮则弹出导出县域列表、管理评分编号及路径的选择界面，如图 479 所示。

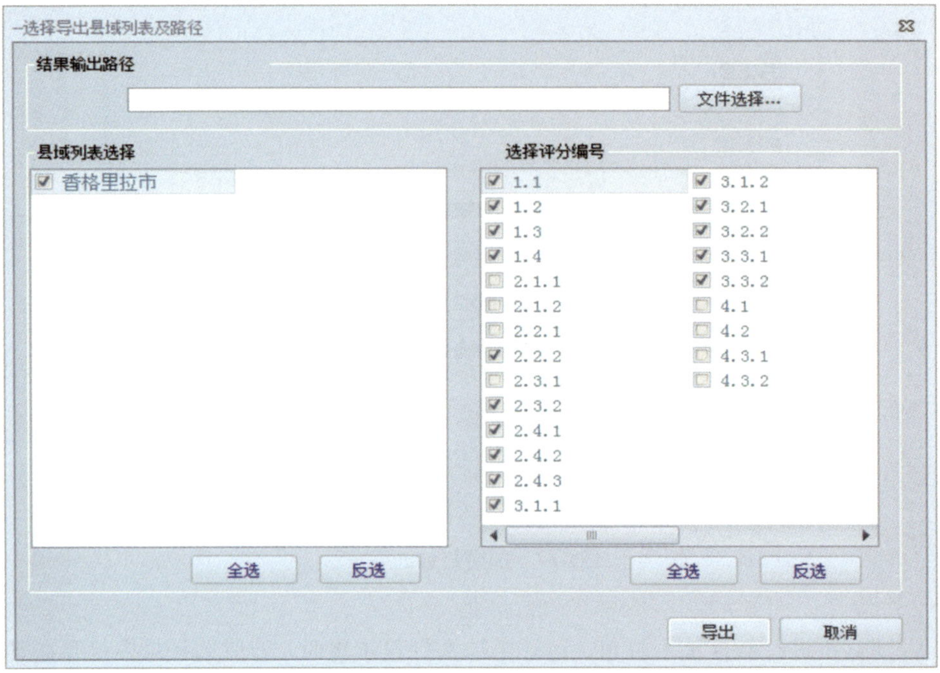

图 479　选择导出县域列表、管理评分编号及路径界面

（2）选择要导出的县域审核结果数据及导出路径。点击“导出”按钮，则执行导出数据操作，并提示结果表缺少的县域数据；点击“取消”按钮，则取消导出。导出过程如图 480 所示。

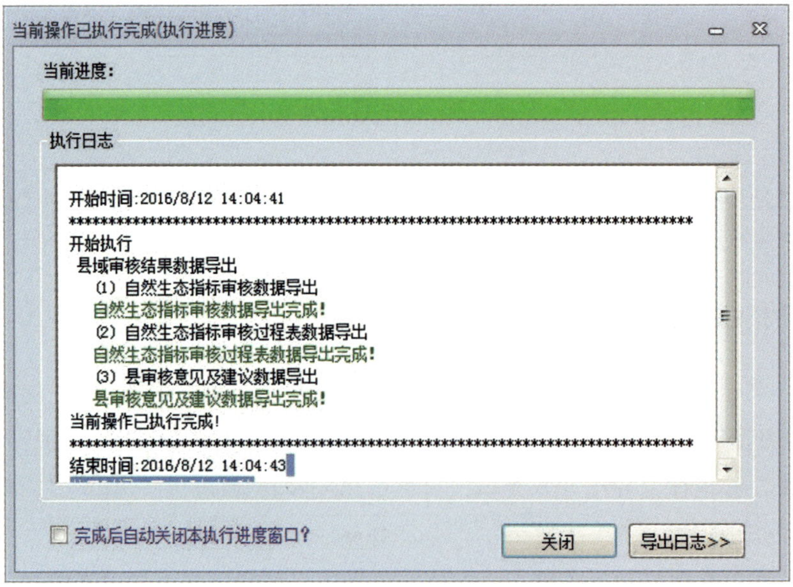

图 480　导出县域审核结果过程

7.7.8.4　审核结果导入

各县审核结果数据通过审核结果导入功能集成到一个审核系统中。具体操作步骤如下：

（1）点击“数据打包”菜单下“审核结果导入”按钮则弹出，导入县域列表、评分编码及路径选择界面。如图 481 所示。

图 481　导入县域列表及路径选择界面

（2）点击文件选择按钮选取想要导入的审核结果文件，可以选择要导入的县域及评分编码，点击“导入”按钮，则执行审核结果数据导入功能，执行过程中提示数据库中已存在审核结果数据是否替换，如图 482 所示；点击“是”，执行导入操作；点击“否”，取消数据导入。数据导入过程如图 483 所示。

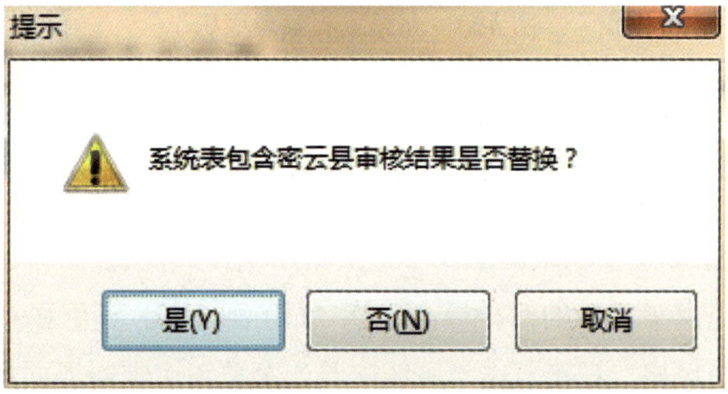

图 482　是否替换原有数据

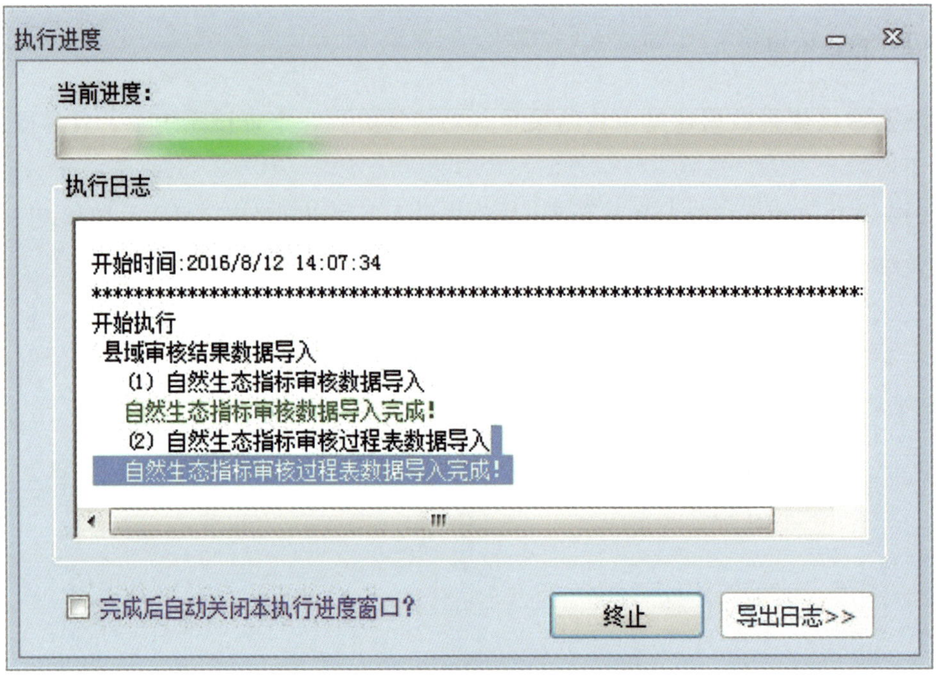

图 483 审核结果数据导入过程

7.7.9 系统工具

系统工具菜单项提供了两类功能：一是切换系统界面风格；二是数据管理工具。切换系统界面风格是改变系统主界面的运行风格，包括颜色、界面样式等，如图 484 所示。数据管理工具是实现对当前系统中填报数据的备份和恢复。

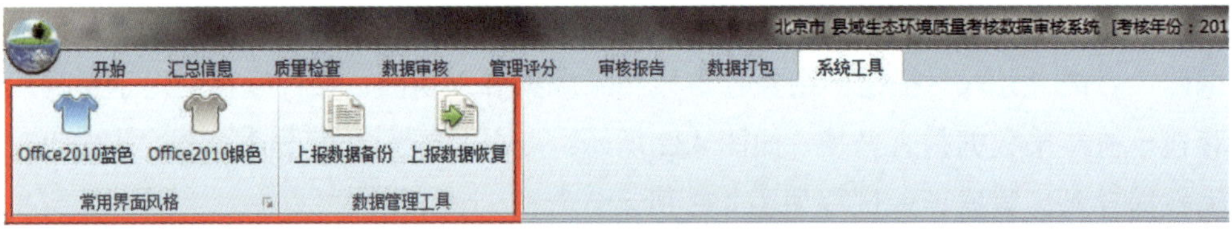

图 484 系统工具菜单面板

7.7.9.1 系统界面风格切换

系统默认的界面风格为 Office 2010 灰色风格，用户可以根据自己的喜好来切换不同的界面风格。系统提供了常用的两种界面风格（Office 2010 蓝色和 Office 2010 银色），若需要切换至该界面风格，直接点击“系统工具”菜单下“常用界面风格”栏内相应的界面风格按钮即可。另外，系统还提供了一些非常用的界面风格，其切换操作步骤如下：

（1）点击“系统工具”菜单下“常用界面风格”栏右下角的下拉按钮，如图 485 红框内所示。

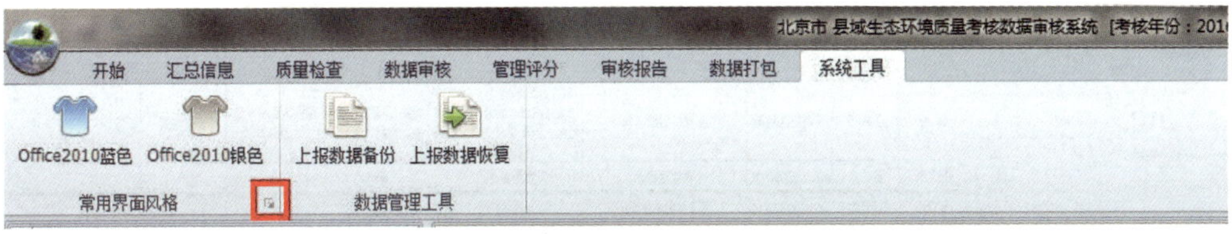

图 485　展开更多界面风格按钮

（2）系统将弹出所有可供使用的界面风格列表，如图 486 所示。

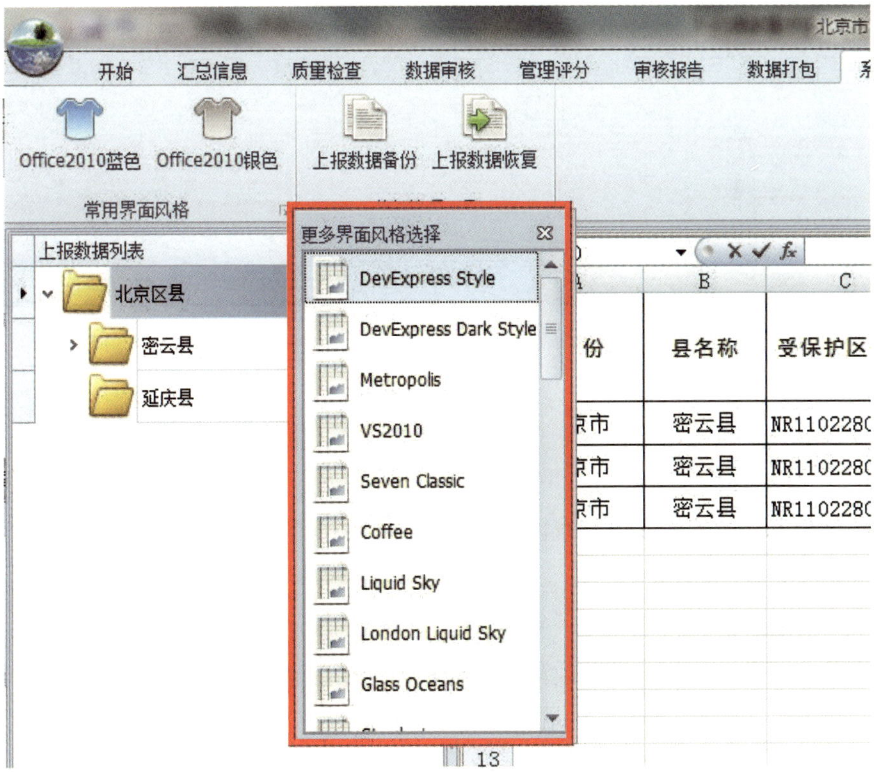

图 486　更多界面风格列表

（3）在弹出的界面风格选择下拉框内，双击将要切换至的列表项，则将系统主界面风格切换至该风格。图 487 为切换为“Office 2007 Green”风格后的系统主界面。

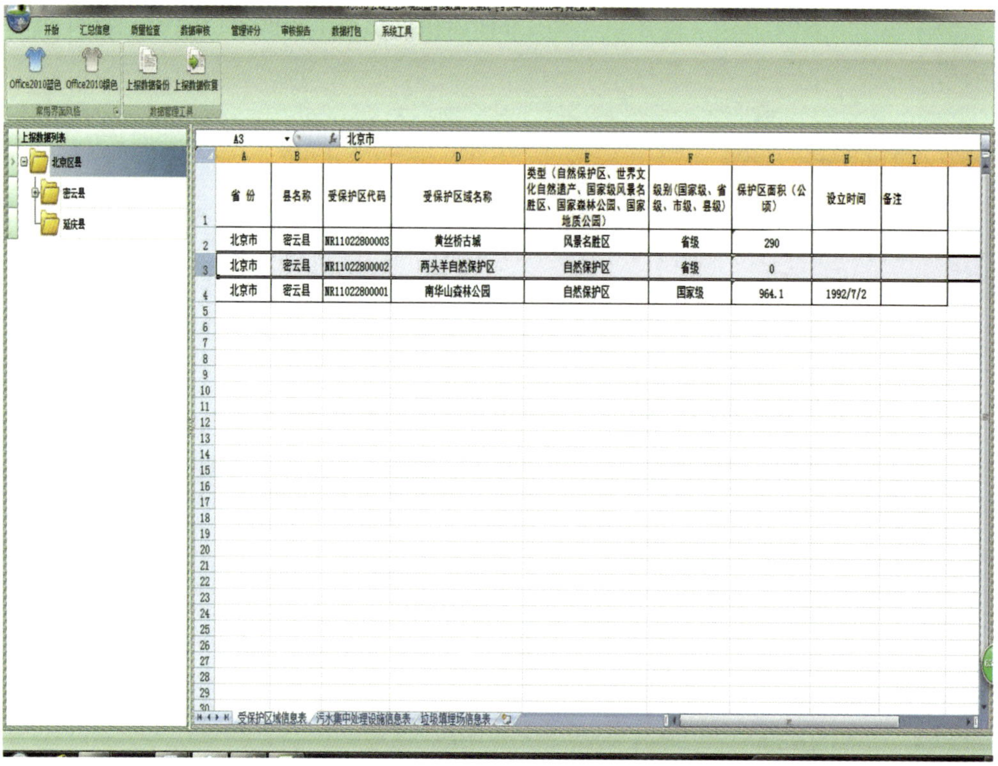

图 487　Office 2007 Green 风格样式

7.7.9.2　数据管理工具

数据管理工具主要是实现系统内已有县域上报数据的备份和恢复，以防操作系统崩溃时导致数据丢失。

（1）上报数据备份

建议用户每天做完数据导入或审核操作后，将数据进行一次备份。数据备份操作步骤为：

点击“系统工具”菜单下“数据管理工具”栏内的“上报数据备份”按钮，系统将弹出如图 488 所示的文件保存路径选择对话框。

在该对话框中，选中备份文件将存储的目录，在文件名框内输入备份文件名（建议以当前日期为文件名，如 20170122 为 2017 年 1 月 22 日的备份文件），并点击“保存”按钮，系统将对当前系统中的数据进行备份，备份文件的扩展名为 pdb20170。

备份完成后，系统将弹出如图 489 所示的提示框，提示用户备份已成功完成，以及备份文件保存的路径。

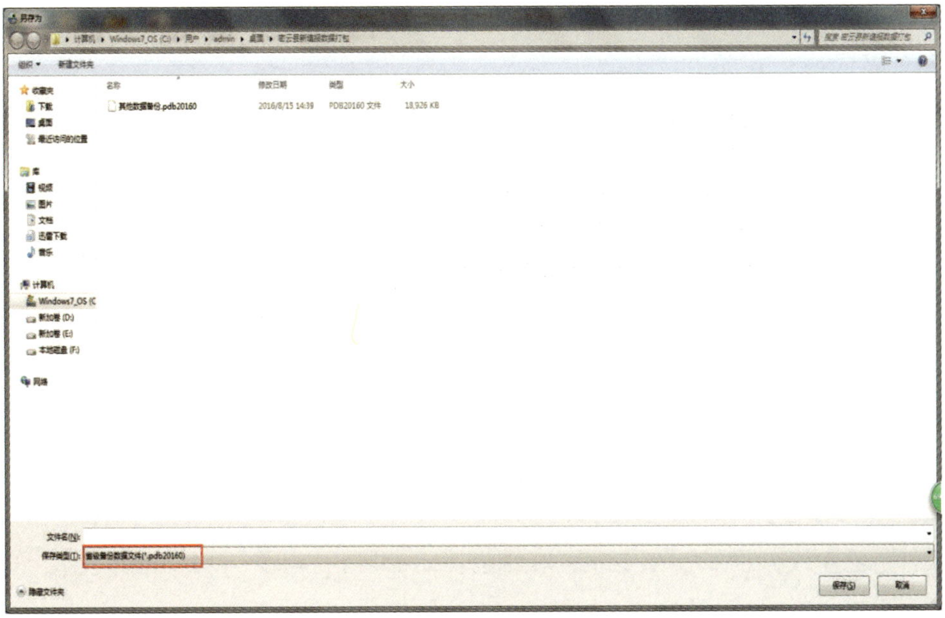

图 488　数据备份文件

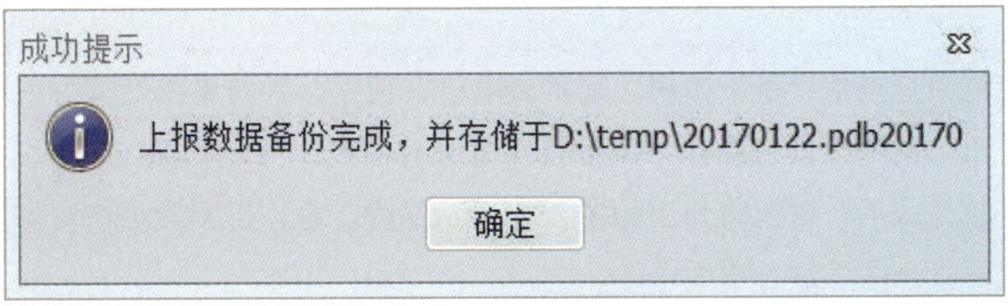

图 489　备份完成提示

（2）上报数据恢复

当操作系统或是本系统发生崩溃或是无法进入时，可重新安装或是对系统进行初始化操作后，将备份数据恢复至系统数据库中，数据恢复操作的步骤如下：

点击“系统工具”菜单下“数据管理工具”栏内的“上报数据恢复”按钮，系统将弹出如图 490 所示的文件选择对话框。

在该对话框中，选中最近时间的备份文件并点击“打开”按钮，系统将弹出如图 491 所示的提示框，提示用户是否确实要清除系统中已有数据，并将备份文件中的数据恢复至系统中。

图 490　选择备份文件对话框

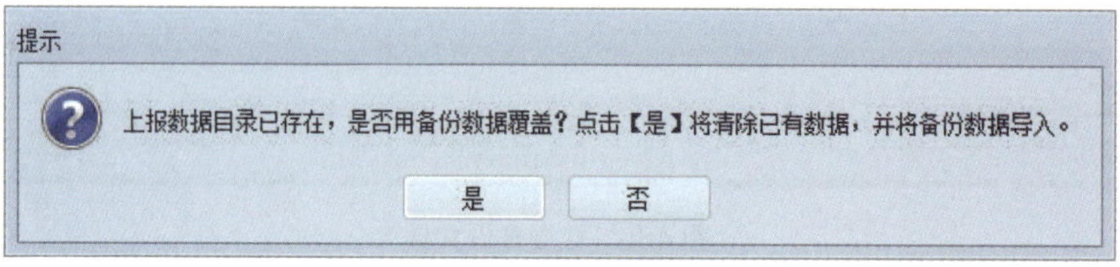

图 491　提示是否覆盖

在提示框中，点击“是”按钮，则将清除已有数据，并将备份数据导入系统中；点击“否”按钮，则退出恢复操作，系统将保留原有数据，并返回系统主界面。

数据恢复完成后，系统将弹出如图 492 所示的提示框，提示数据恢复完成，并可通过“填报数据目录区”进行查看。

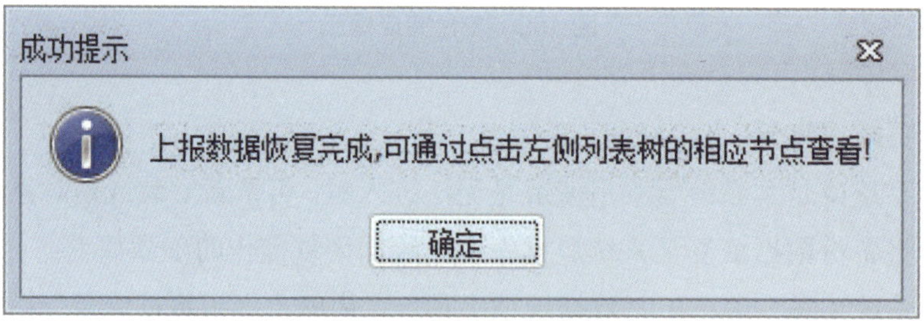

图 492　数据恢复完成提示

7.7.10　县域右键功能

该菜单项功能是清除所选县域的填报数据，若所选县域还未导入数据，则该菜单项不可见。具体操作步骤如下：

在“填报数据目录区”展开市级节点，并在需要清除数据的县域右键功能菜单，县域右键菜单通过右键点击“填报数据目录区”中县域名称节点时弹出，如图 493 所示，主要是实现针对所选县域（右键点击县域）的填报数据审核、填报数据导入、填报数据清除以及该县域基本信息查看。

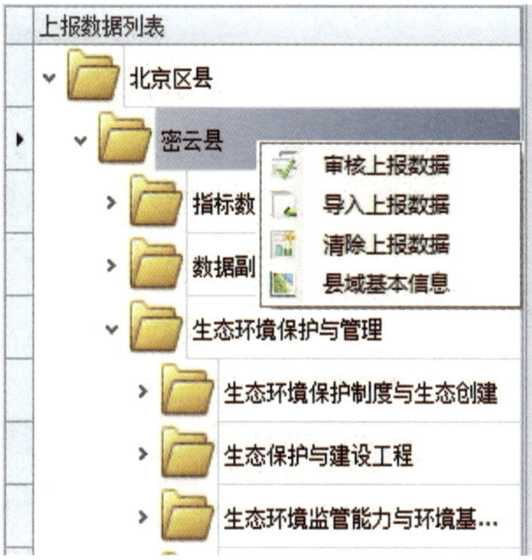

图 493　县域右键菜单

7.7.10.1　审核上报数据

该菜单项功能是审核所选县域的填报数据，若所选县域还未导入数据，则该菜单项不可见。操作步骤如下：

在“填报数据目录区”展开市级节点，并在需要审核的县域名称（确认已导入数据）节点上右键点击，则弹出如图 494 所示的县域右键功能菜单（注意：若没有导入数据，则该菜单不可见）。

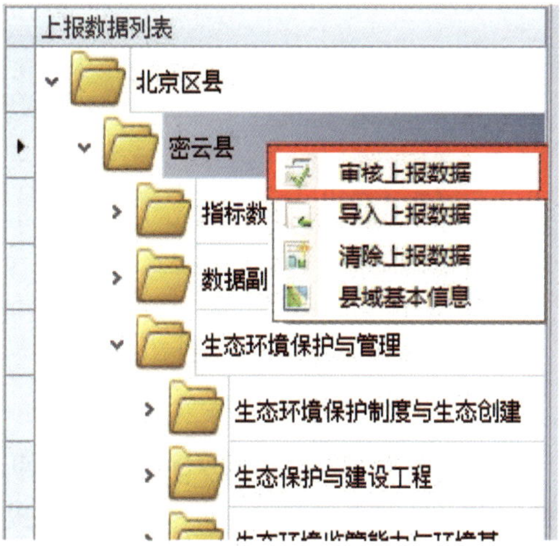

图 494　审核上报数据菜单项

在弹出的功能菜单中，点击“审核上报数据”菜单项，则系统开始审核所选县域的填报数据，审核过程与本书6.5节的数据审核过程类似，在此不再赘述。

7.7.10.2 导入上报数据

该菜单项功能是导入所选县域的填报数据，通过选择外部县域上报的数据包文件来导入。操作步骤如下：

在“填报数据目录区”展开市级节点，并在需要审核的县域名称（确认已导入数据）节点上右键点击，则弹出如图495所示的县域右键功能菜单。

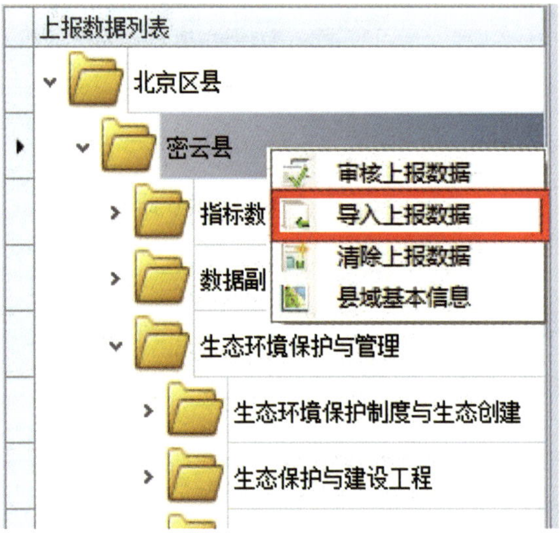

图495　导入上报数据菜单项

在弹出的功能菜单中，点击“导入上报数据”菜单项，弹出如图496所示的县域上报文件选择对话框。

图496　上报数据包选取对话框

在文件选择对话框中选择该县域上报的其他数据包文件，如图496所示，并点击“打开”按钮。若该县域数据以前已导入，则弹出如图497所示的提示框，提示用户是否重新导入。

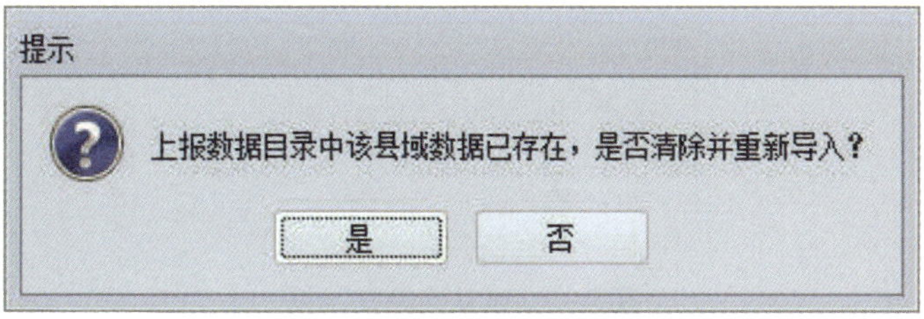

图 497　是否重新导入提示框

点击“是”按钮，则进入县域填报数据导入进度提示框（具体操作请参见 6.2.2 节的数据导入功能操作说明）；点击“否”按钮，则退出导入，并返回系统主界面。

7.7.10.3　清除上报数据

县域名称（确认已导入数据）节点上右键点击，则弹出如图 498 所示的县域右键功能菜单（注意：若没有导入数据，则该菜单不可见）。

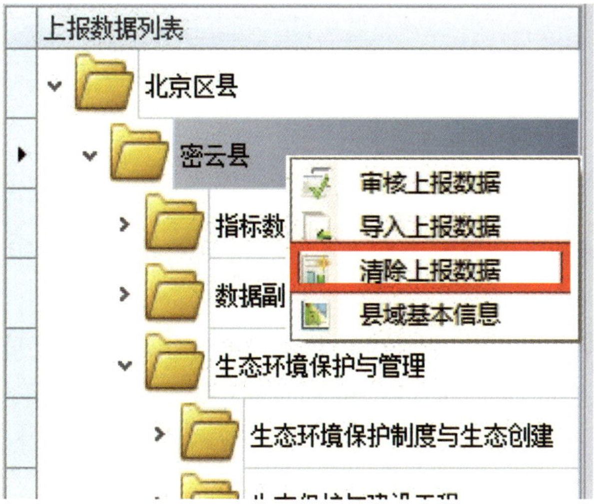

图 498　清除上报数据菜单项

在弹出的功能菜单中，点击“清除上报数据”菜单项，弹出如图 499 所示的县域上报清除确认提示框，提示用户是否确实要清除该县域数据。

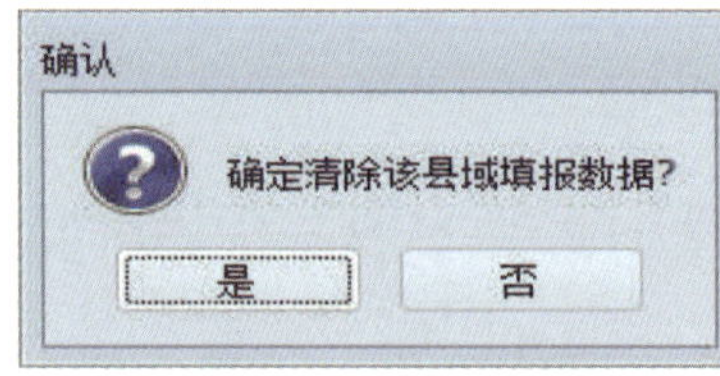

图 499　确认清除提示框

在提示框中，点击“是”按钮，则开始清除该县域数据，系统鼠标状态为等待状态；点击“否”按钮，则不清除，并返回系统主界面。

数据清除完成后，系统鼠标状态恢复正常，且所清除数据县域节点下的数据目录被清空，如图 500 所示。

图 500　数据清除后县域节点样式

7.7.10.4　县域基本信息

该菜单项是查看所选县域的基本信息，包括名称、编号、所在市、所在生态功能区等信息。具体操作步骤为：

在“填报数据目录区”展开市级节点，并在需要清除数据的县域名称（确认已导入数据）节点上右键点击，则弹出如图 501 所示的县域右键功能菜单。

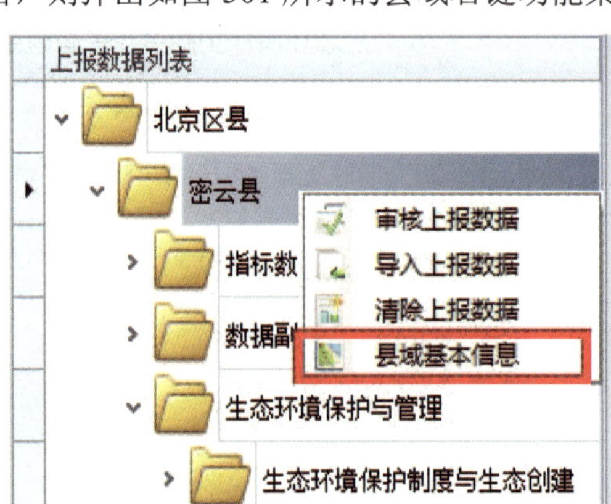

图 501　县域基本信息菜单项

在弹出的功能菜单中，并点击“县域基本信息”菜单项，则弹出如图 502 所示县域基本信息显示界面。

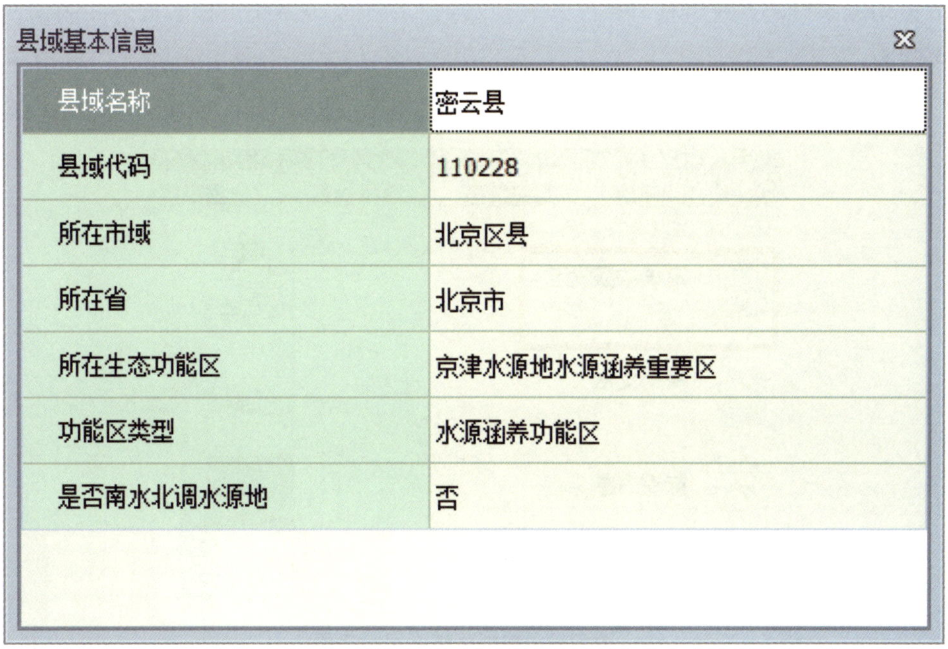

图 502　县域基本信息显示界面

7.7.11　系统菜单

系统菜单位于功能菜单区左上角的系统图标处，通过点击图标来弹出菜单，如图 503 所示。该菜单中提供审核数据设定、系统帮助文档、系统的版权信息功能。

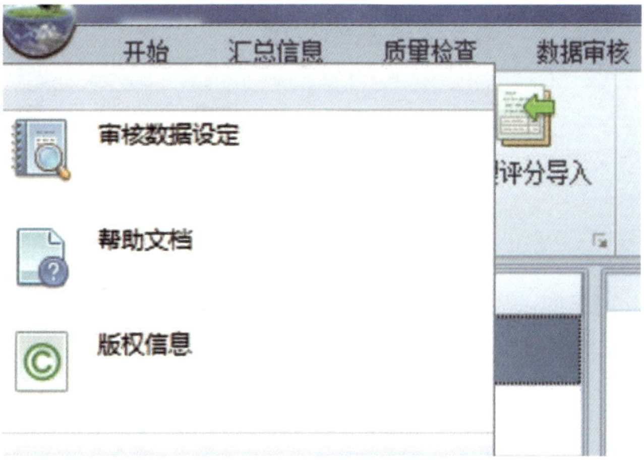

图 503　系统菜单样式

7.7.11.1 审核数据设定

该功能是设定系统审核分季度或其他数据，用来实现系统审核数据之间的切换，操作步骤为：

在系统主界面中，左键点击左上角的系统图标，则弹出如图 504 所示的系统菜单。

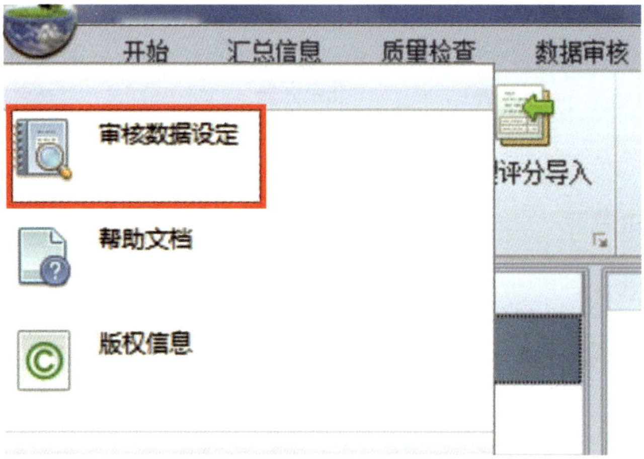

图 504 数据审核设定菜单项

在弹出的菜单中，点击“审核数据设定”菜单项，系统弹出如图 505 所示的审核数据设定界面。

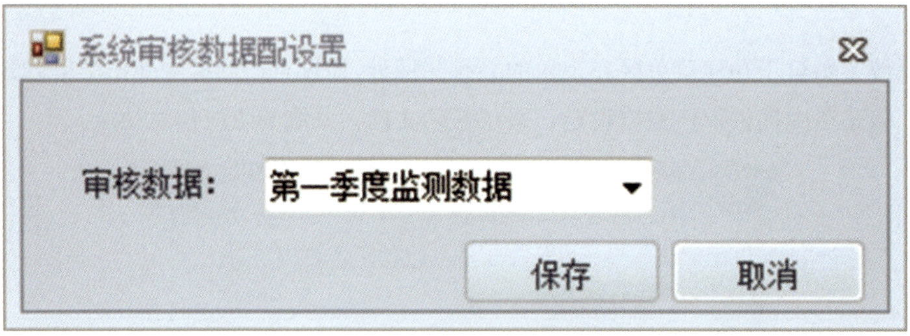

图 505 审核数据设定

在审核数据设定界面，用户可设定审核数据，点击“保存”按钮刷新系统功能菜单区和数据列表区。

7.7.11.2 帮助文档

该功能是打开并以主题的方式显示系统帮助文档，操作步骤为：

在系统主界面中，左键点击左上角的系统图标，则弹出如图 506 所示的系统菜单。

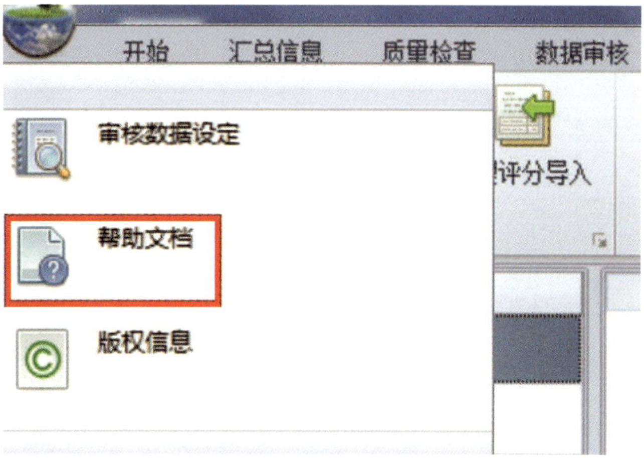

图 506　帮助文档菜单项

在弹出的菜单中，点击“帮助文档”菜单项，系统弹出如图 507 所示的系统帮助文档。

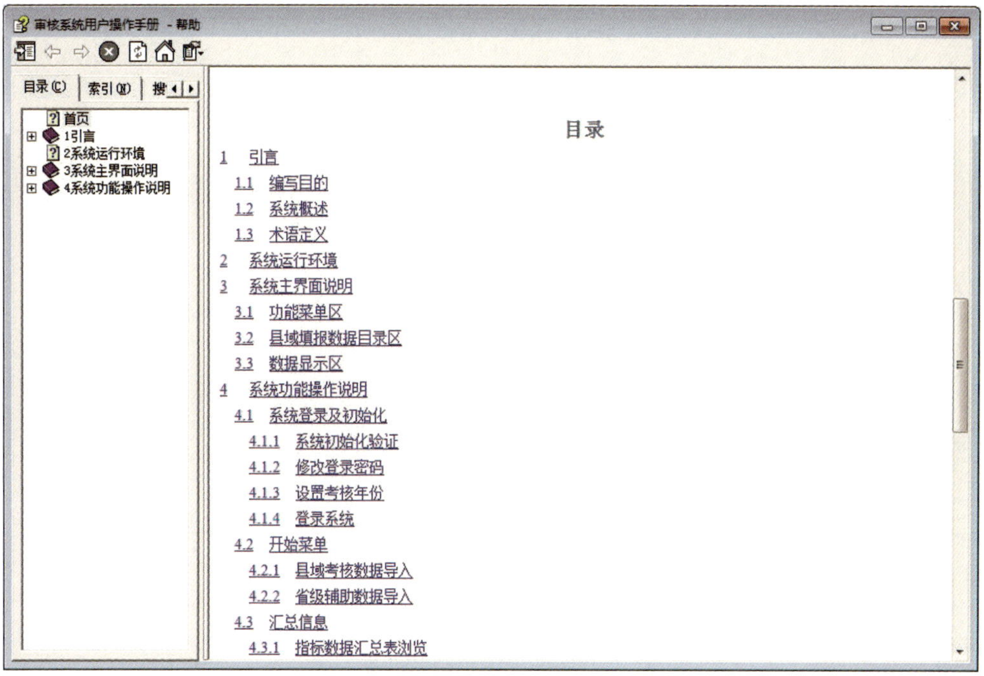

图 507　系统帮助界面

在帮助文档界面，用户可浏览系统帮助文档，并可通过主题查找以及关键字查找的方式快速定位至所关心的文档部分。